全国信息技术水平考试指定教材

互联网应用理论与实践教程

信息产业部电子教育与考试中心　组编

石　强　马晓雪　杜瑞忠　杨　成　编著

北京邮电大学出版社
·北京·

内 容 简 介

本书是全国信息技术水平考试指定教材,由信息产业部电子教育与考试中心组编。

本书对数据通信、计算机网络体系结构、Internet 接入技术、Internet 安全、互联网应用、互联网建设、网络编程等内容进行了阐述。

全书分为 4 个部分,共 13 章。第一部分为互联网理论,主要内容有数据通信概述、计算机网络体系结构、Internet/Intranet 概述;第二部分为互联网技术,主要内容有 Internet 接入技术、Internet 安全;第三部分为互联网应用,主要内容有万维网和搜索引擎、电子邮件、FTP 服务与文件下载、网上联络和常用工具软件、电子商务;第四部分为互联网建设与案例,主要内容有常用 Internet 服务器安装与配置、网站的规划与建设、基于 TCP/IP 协议的网络编程。

本书适合于参加"计算机网络管理高级技术证书"考试的考生使用,也可以作为高等院校的教材,还适合于与互联网管理相关的技术人员使用。

图书在版编目(CIP)数据

互联网应用理论与实践教程/石强等编著.—北京:北京邮电大学出版社,2008.4(2019.1 重印)
ISBN 978-7-5635-1587-5

Ⅰ. 互… Ⅱ. 石… Ⅲ. 因特网—水平考试—教材 Ⅳ. TP393.4

中国版本图书馆 CIP 数据核字(2008)第 050259 号

书　　　名：	互联网应用理论与实践教程
作　　　者：	石　强　马晓雪　杜瑞忠　杨　成
责任编辑：	黄建清
出版发行：	北京邮电大学出版社
社　　　址：	北京市海淀区西土城路 10 号(邮编:100876)
发　行　部：	电话:010-62282185　传真:010-62283578
E-mail：	publish@bupt.edu.cn
经　　　销：	各地新华书店
印　　　刷：	北京鑫丰华彩印有限公司
开　　　本：	787 mm×1 092 mm　1/16
印　　　张：	22.75
字　　　数：	561 千字
版　　　次：	2008 年 5 月第 1 版　2019 年 1 月第 5 次印刷

ISBN 978-7-5635-1587-5　　　　　　　　　　　　　　　　　　　定　价:42.00 元
· 如有印装质量问题,请与北京邮电大学出版社发行部联系 ·

序

  随着信息技术在经济社会各领域不断深化的应用，信息技术对生产力以至于人类文明发展的巨大作用越来越明显。党的"十七大"提出要"全面认识工业化、信息化、城镇化、市场化、国际化深入发展的新形势新任务"，"发展现代产业体系，大力推进信息化与工业化融合"，明确了信息化的发展趋势，首次鲜明地提出了信息化与工业化融合发展的崭新命题，赋予了我国信息化全新的历史使命。近年来，日新月异的信息技术呈现出新的发展趋势，信息技术与其他技术的结合更加紧密，信息技术应用的深度、广度和专业化程度不断提高。信息技术人才在综合国力竞争中越来越占有重要地位。

  为了抓住机遇，迎接挑战，实施人才强国战略，信息产业部启动了"全国信息技术人才培养工程"。该项工程旨在通过政府政策引导，充分发挥全行业和全社会教育培训资源的作用，建立规范的信息技术教育培训体系、科学的培训课程体系、严谨的信息技术人才评测服务体系，培养造就大批行业急需的、结构合理的高素质信息技术应用型人才，以促进信息产业持续快速协调健康发展。

  全国信息技术水平考试是根据信息产业部有关规定组织并委托信息产业部电子教育与考试中心负责具体实施的全国统一考试，是全国信息技术人才培养工程的重要组成部分，该考试坚持客观公正，中立权威，走国际化道路，以严格的认证质量赢得社会认可。

  为了配合全国信息技术水平考试，由各方专家依据信息产业对技术人才素质与能力的需求，在充分吸取国内外先进信息技术培训课程优点的基础上，信息产业部电子教育与考试中心精心组织编写了全国信息技术水平考试用书。这些教材注重提升信息技术人才分析问题和解决问题的能力，对各层次信息技术人才的培养工作具有现实的指导意义。

信息产业部电子教育与考试中心

前　言

　　互联网的发展极大地改变了人们的生活,互联网技术也越来越受到广泛的重视和关注。在各行业、各领域都广泛使用着互联网技术,如电子邮件、网络新闻、搜索引擎、网络股市以及电子商务等,Internet 应用已经慢慢地融入了人们几乎所有的活动领域,成为工作、生活的一部分。因此,这些应用所依赖的互联网络技术也成为人们了解和研究的焦点。

　　本书从网络的基础知识开始,对数据通信、计算机网络体系结构、Internet 接入技术、Internet 安全、互联网应用、互联网建设、网络编程等内容进行了深入浅出的阐述。

　　本书共分13章,其中第4,6,7,8,9,11,12章由石强编写,第1,2,3,5,13章由马晓雪编写,第10章由杜瑞忠编写。全书由杨成统稿。

　　在本书的编写过程中,多次得到了信息产业部电子教育与考试中心盛晨嫒的指导及宝贵意见,促使我们不断地改进书中的内容及形式,另外还得到了相关领导的大力支持,在此,向他们表示深深的谢意!

　　限于作者的时间和水平有限,书中难免会有不足之处,恳请读者批评指正。

编　者

2007 年 7 月

目 录

第一部分 互联网理论

第1章 数据通信概述
1.1 数据通信的基本概念 ………………………………………………… 3
   1.1.1 模拟数据通信和数字数据通信 ……………………………… 3
   1.1.2 数据通信中的主要技术指标 ………………………………… 4
   1.1.3 数据编码技术和时钟同步 …………………………………… 5
   1.1.4 多路复用技术 ………………………………………………… 9
1.2 数据交换技术 ………………………………………………………… 12
   1.2.1 电路交换 ……………………………………………………… 12
   1.2.2 存储转发交换 ………………………………………………… 13
   1.2.3 交换技术的比较 ……………………………………………… 13
   1.2.4 数据通信模式 ………………………………………………… 14
1.3 传输介质 ……………………………………………………………… 15
   1.3.1 双绞线 ………………………………………………………… 15
   1.3.2 同轴电缆 ……………………………………………………… 16
   1.3.3 光纤 …………………………………………………………… 17
   1.3.4 无线传输介质 ………………………………………………… 18
   1.3.5 传输介质的选择 ……………………………………………… 19
1.4 数据传输中的差错控制 ……………………………………………… 19
   1.4.1 差错和热噪声 ………………………………………………… 19
   1.4.2 差错的产生和控制 …………………………………………… 20
   1.4.3 差错控制方法 ………………………………………………… 20
   1.4.4 差错检错方法 ………………………………………………… 20

第2章 计算机网络体系结构
2.1 OSI 参考模型 ………………………………………………………… 28
   2.1.1 层次模型 ……………………………………………………… 28
   2.1.2 开放系统互连参考模型 ……………………………………… 29
   2.1.3 层间服务 ……………………………………………………… 30

- 2.2 物理层 31
  - 2.2.1 物理层协议 31
  - 2.2.2 物理层接口标准举例 32
- 2.3 数据链路层 34
  - 2.3.1 帧同步功能 35
  - 2.3.2 差错控制功能 36
  - 2.3.3 流量控制功能 36
  - 2.3.4 链路管理功能 37
- 2.4 网络层 37
  - 2.4.1 通信子网的操作方式 37
  - 2.4.2 路由选择 39
  - 2.4.3 拥塞控制 40
  - 2.4.4 网络互连 41
- 2.5 传输层 43
- 2.6 会话层 44
- 2.7 表示层 44
- 2.8 应用层 44
- 2.9 OSI 模型的数据传输 45
- 2.10 网络计算模式 45

第 3 章 Internet/Intranet 概述

- 3.1 因特网的发展历程和展望 51
  - 3.1.1 因特网的发展历程 51
  - 3.1.2 互联网在中国的发展 53
  - 3.1.3 互联网发展的新阶段 54
- 3.2 TCP/IP 参考模型 55
- 3.3 主机至网络层协议 58
  - 3.3.1 SLIP 协议 59
  - 3.3.2 PPP 协议 59
- 3.4 互联层协议 60
  - 3.4.1 IP 地址 61
  - 3.4.2 IP 协议 67
  - 3.4.3 地址解析协议与反向地址解析协议 74
  - 3.4.4 因特网控制数据报协议 75
  - 3.4.5 因特网组管理协议 77
  - 3.4.6 IPv6 协议 78
- 3.5 传输层协议 80
  - 3.5.1 TCP 协议 81
  - 3.5.2 UDP 协议 87

3.6 应用层协议 ……………………………………………………………… 89
　　3.6.1 DNS ……………………………………………………………… 89
　　3.6.2 电子邮件 ………………………………………………………… 94
　　3.6.3 WWW …………………………………………………………… 96
　　3.6.4 FTP 协议 ………………………………………………………… 98
　　3.6.5 Telnet 协议 ……………………………………………………… 103
3.7 内部网与外部网 ………………………………………………………… 103
　　3.7.1 内部网 …………………………………………………………… 103
　　3.7.2 外部网 …………………………………………………………… 104
3.8 VPN 技术 ………………………………………………………………… 106
　　3.8.1 VPN 概述 ………………………………………………………… 106
　　3.8.2 VPN 的特点 ……………………………………………………… 106
　　3.8.3 VPN 的类型 ……………………………………………………… 107
　　3.8.4 VPN 协议 ………………………………………………………… 107
　　3.8.5 Windows 操作系统下 VPN 的配置 …………………………… 109
3.9 Internet 的相关术语 …………………………………………………… 112

第二部分　互联网技术

第 4 章　Internet 接入技术

4.1 基于电话铜线的拨号接入技术 ………………………………………… 117
　　4.1.1 电路交换拨号接入技术 ………………………………………… 118
　　4.1.2 数字专线接入技术 ……………………………………………… 122
　　4.1.3 基于分组交换的专线接入技术 ………………………………… 123
　　4.1.4 xDSL 接入技术 ………………………………………………… 124
4.2 光接入技术 ……………………………………………………………… 126
4.3 线缆调制解调器接入技术 ……………………………………………… 127
　　4.3.1 线缆调制解调器接入技术简介 ………………………………… 127
　　4.3.2 线缆调制解调器的技术原理 …………………………………… 128
4.4 基于宽带 IP 的以太网接入技术 ……………………………………… 129
　　4.4.1 以太网 …………………………………………………………… 129
　　4.4.2 以太网接入技术 ………………………………………………… 131
4.5 无线接入技术 …………………………………………………………… 133
　　4.5.1 主要的宽带无线接入技术 ……………………………………… 133
　　4.5.2 宽带无线接入的优势及适用范围 ……………………………… 134

第 5 章　Internet 安全

5.1 网络安全概述 …………………………………………………………… 136
　　5.1.1 网络的脆弱性 …………………………………………………… 137

- 5.1.2 网络安全基本概念 … 138
- 5.1.3 网络的安全威胁 … 139
- 5.2 网络安全体系结构 … 140
- 5.3 Internet 安全 … 143
  - 5.3.1 访问控制 … 143
  - 5.3.2 Internet 的安全 … 146
- 5.4 黑客 … 151
  - 5.4.1 黑客的动机 … 151
  - 5.4.2 黑客的攻击手段 … 152
- 5.5 防火墙 … 156
  - 5.5.1 防火墙的类别 … 156
  - 5.5.2 防火墙的使用 … 157
  - 5.5.3 使用防火墙的问题 … 159
  - 5.5.4 防火墙的管理 … 159
  - 5.5.5 常用软件防火墙 … 160
- 5.6 入侵检测 … 162
  - 5.6.1 入侵检测定义 … 162
  - 5.6.2 入侵检测功能 … 163
  - 5.6.3 入侵检测系统的分类 … 163
  - 5.6.4 入侵检测系统的基本结构 … 164
  - 5.6.5 入侵防护系统 … 166
- 5.7 计算机病毒 … 169
  - 5.7.1 计算机病毒的定义 … 169
  - 5.7.2 计算机病毒的特点 … 170
  - 5.7.3 计算机病毒的分类 … 171
  - 5.7.4 计算机病毒的传播途径 … 173
  - 5.7.5 计算机病毒的危害 … 174
  - 5.7.6 病毒的一般结构 … 175
  - 5.7.7 杀毒技术 … 177

第三部分 互联网应用

第 6 章 万维网和搜索引擎

- 6.1 万维网服务概述 … 188
- 6.2 万维网简史 … 188
- 6.3 万维网中常用术语 … 189
- 6.4 如何进入万维网 … 192
  - 6.4.1 常用的浏览器 … 192
  - 6.4.2 IE 浏览器的使用与配置 … 193

6.4.3 其他常用浏览器的使用与设置 ………………………………… 196
6.5 搜索引擎 …………………………………………………………… 199
6.5.1 搜索引擎工作原理 ……………………………………………… 200
6.5.2 搜索引擎类型 …………………………………………………… 200
6.5.3 搜索引擎的使用 ………………………………………………… 202
6.5.4 用什么样的搜索引擎搜索 ……………………………………… 204

第 7 章 电子邮件

7.1 电子邮件服务工作原理 …………………………………………… 206
7.2 利用 Web 页面使用电子邮件 …………………………………… 207
7.3 Outlook Express 的使用与设置 ………………………………… 207
7.4 Foxmail 的使用与设置 …………………………………………… 209

第 8 章 FTP 服务与文件下载

8.1 FTP 服务 …………………………………………………………… 211
8.1.1 FTP 服务工作原理 ……………………………………………… 211
8.1.2 使用 FTP 服务 …………………………………………………… 213
8.2 文件下载与常用下载工具的使用 ………………………………… 215
8.2.1 网络蚂蚁 ………………………………………………………… 215
8.2.2 BitComet ………………………………………………………… 217
8.2.3 电驴下载 ………………………………………………………… 219

第 9 章 网上联络和常用工具软件

9.1 QQ …………………………………………………………………… 222
9.2 Windows Live Messenger 概述 ………………………………… 224
9.3 Telnet 与 BBS ……………………………………………………… 225
9.4 网络会议 …………………………………………………………… 227
9.4.1 NetMeeting 的启动 ……………………………………………… 228
9.4.2 NetMeeting 的呼叫 ……………………………………………… 229
9.4.3 NetMeeting 的通信 ……………………………………………… 230

第 10 章 电子商务

10.1 电子商务概述 ……………………………………………………… 234
10.2 电子商务的内涵及应用 …………………………………………… 236
10.3 电子商务分类 ……………………………………………………… 238
10.4 电子商务的功能 …………………………………………………… 240
10.5 电子商务的特点 …………………………………………………… 242
10.6 电子商务的交易过程 ……………………………………………… 243
10.7 电子商务的产生和发展 …………………………………………… 245

10.7.1 电子商务的产生与起步 …………………………………………………… 245
10.7.2 专用网络与 EDI 电子商务 ………………………………………………… 246
10.7.3 Internet 的电子商务发展 ………………………………………………… 248

第四部分 互联网建设与案例

第 11 章 常用 Internet 服务器安装与配置

11.1 WWW 服务器的建立与配置 ……………………………………………………… 253
    11.1.1 Windows 平台下 WWW 服务器的建立与配置 …………………………… 253
    11.1.2 Linux 平台下 WWW 服务器的建立与配置 ……………………………… 261
    11.1.3 利用其他软件建立 WWW 服务器 ………………………………………… 266
11.2 FTP 服务器的建立与配置 ………………………………………………………… 268
    11.2.1 Windows 平台下 FTP 服务器的建立与配置 ……………………………… 268
    11.2.2 Linux 平台下 FTP 服务器的建立与配置 ………………………………… 272
    11.2.3 利用软件 Serv-U 建立 FTP 服务器 ……………………………………… 274
11.3 DNS 服务器的建立与配置 ………………………………………………………… 275
    11.3.1 Windows Server 2003 中 DNS 服务器的安装 …………………………… 276
    11.3.2 DNS 服务器中区域的建立 ………………………………………………… 277
    11.3.3 Windows Server 2003 中 DNS 服务器的配置 …………………………… 279
11.4 DHCP 服务器 ……………………………………………………………………… 283

第 12 章 网站的规划与建设

12.1 网站的规划 ………………………………………………………………………… 285
    12.1.1 建立网站的目的 …………………………………………………………… 285
    12.1.2 网站的分类 ………………………………………………………………… 286
    12.1.3 网站的建设和运作费用 …………………………………………………… 287
12.2 域名注册 …………………………………………………………………………… 288
12.3 建立网上环境 ……………………………………………………………………… 288
12.4 网站设计原则和方法 ……………………………………………………………… 290
12.5 网页制作技术 ……………………………………………………………………… 291
    12.5.1 HTML ……………………………………………………………………… 291
    12.5.2 JavaScript ………………………………………………………………… 308
    12.5.3 ASP ………………………………………………………………………… 310
12.6 网页制作工具 ……………………………………………………………………… 316
    12.6.1 Microsoft FrontPage 2003 ………………………………………………… 316
    12.6.2 Macromedia Dreamweaver 8 ……………………………………………… 319

第 13 章 基于 TCP/IP 协议的网络编程

13.1 TCP/IP 协议 ………………………………………………………………………… 322

13.1.1　TCP/IP 协议 …………………………………………………… 322
　　13.1.2　客户机/服务器模式 …………………………………………… 323
　13.2　TCP/IP 应用编程接口 ……………………………………………… 324
　　13.2.1　Socket 概述 …………………………………………………… 324
　　13.2.2　Socket 分类 …………………………………………………… 325
　　13.2.3　套接口的数据结构 ……………………………………………… 325
　13.3　Socket 编程的基本原理 …………………………………………… 326
　　13.3.1　字节处理 ………………………………………………………… 327
　　13.3.2　基本系统调用和库函数 ………………………………………… 329
　　13.3.3　套接字编程例子 ………………………………………………… 335
　13.4　Windows Sockets …………………………………………………… 338
　　13.4.1　Windows Sockets 概述 ………………………………………… 338
　　13.4.2　Windows Sockets 对 BSD Socket 的修改与扩展 …………… 339
　　13.4.3　Windows Sockets 编程原理 …………………………………… 340
　　13.4.4　Windows Sockets 编程示例 …………………………………… 341

参考文献 ……………………………………………………………………… 347

第一部分　互联网理论

第1章 数据通信概述

数据通信是通信技术和计算机技术相结合而产生的一种新的通信方式,因此数据通信技术在计算机网络中占有非常重要的地位。

本章知识要点:
➜ 数据通信的基本概念;
➜ 数据交换技术;
➜ 传输介质;
➜ 数据传输中的差错控制。

1.1 数据通信的基本概念

数据通信是以计算机参与、能直接进行各种数据传输为特征的现代通信技术中的一种。如图1-1所示,数据通信系统模型主要由信源、信宿、信号变换设备和信道构成。

- 信源:通信过程中产生和发送信息的设备或计算机。
- 信宿:通信过程中接收和处理信息的设备或计算机。
- 信号变换设备:对数据进行转换,使其能够在信道上进行传输的设备,如调制解调器就是其中一个典型代表。
- 信道:信源和信宿之间的通信线路。

数据通信可分为模拟数据通信和数字数据通信两种。

图1-1 数据通信系统模型

1.1.1 模拟数据通信和数字数据通信

先介绍几个基本概念和术语。

- 数据:数据可定义为有意义的实体,它涉及事物的存在形式。数据可以分为模拟数据和数字数据两大类。模拟数据是在某个区间内连续变化的值,例如声音和视频、温度和压力等都是连续变化的值;数字数据的值是离散的,例如文本信息和整数等。
- 信号:信号是数据的电子或电磁编码,它是数据在通信过程中的物理表示。信号也可分为模拟信号和数字信号。模拟信号可以是随时间变化的电流、电压或电磁波;数字信号则是一系列电脉冲。
- 信息:信息是数据的内容和解释。

无论信源传输的是模拟数据还是数字数据,在传输过程中都要转换成适合于信道传输的某些信号形式。模拟数据可以用模拟信号表示,也可以用数字信号表示;同样数字数据可以用数字信号表示,也可以用模拟信号表示。任何类型的数据只要通过适当的转换都可以在模拟信道或数字信道上传输。

模拟数据是时间的函数,并占有一定的频率范围,即频带。这种数据可以直接用占有相同频带的电信号,即对应的模拟信号来表示。如模拟电话系统就是根据语音数据的可懂度的频率范围(300~3 400 Hz)直接把语音数据表示成模拟信号在系统中占用 300~3 400 Hz 的频带进行传输的。

数字数据也可以用模拟信号来表示,在模拟信道上传输。此时需用调制解调器(Modem)对数字数据进行转换。

数字数据可以直接用二进制形式的数字脉冲信号来表示,在数字信道上传输。模拟数据也可以用数字信号表示,在数字信道上传输。把模拟数据表示成数字信号可以使用脉冲编码调制(Pulse Code Modulation,PCM)技术。

1.1.2 数据通信中的主要技术指标

数据通信的任务是传输数据信息,为了取得理想的通信效果,用户总是希望传输速度快、出错率低、信息量大、可靠性高、既经济又便于维护。这些要求可以用下列指标来描述。

1. 数据传输速率

数据传输速率是指每秒钟能传输的二进制信息位数,单位是比特/秒(bits per second),记作 bit/s,其计算公式为

$$S = (\log_2 N)/T$$

其中,T 为数字脉冲信号的宽度(全宽码情况时)或重复周期(归零码情况时),单位为 s;N 为一个码元所取的有效离散值的个数,也称调制电平数。如二进制数字信号的调制电平数为 2,此时 N 等于 2,$S=1/T$,即数据传输速率等于码元脉冲的重复频率。由此,可以引出另一个数据通信系统的指标——信号传输速率。

2. 信号传输速率

信号传输速率和数据传输速率是两个不同的概念。前者是指单位时间里通过信道传输的码元的个数,所以也叫码元速率、调制速率或波特率,单位为波特(Baud);而后者则是指

每秒钟内传送的二进制信息位数。两者之间的关系为

$$S = B\log_2 N \quad 或 \quad B = S/\log_2 N$$

其中，S 为数据传输速率，B 为信号传输速率，N 为一个码元所取的有效离散值的个数。

由此可知，在二元调制方式中，数据传输速率和信号传输速率在数值上是相等的，而在多元调制方式中则不相等。如把信号传输速率比作公路上单位时间内经过的卡车的数目，那么数据传输速率便是单位时间里经过的卡车上所装货物的箱数，显然，只有在每辆卡车上都只装一箱货物时，两者才相等。

3. 信道容量

如果数据传输速率表示了数据在信道上传输速度的快慢，那么信道容量则代表了信道传输数据的能力，单位也用 bit/s 表示。两者是有区别的，前者表示数据实际的传输速度，而后者是信道的最大数据传输速率。

信道容量与信道本身的情况有关系。奈奎斯特(H. Nyquist)给出了无噪声情况下码元速率的极限值与信道带宽的关系，表示为

$$B = 2H$$

其中，B 是码元速率(信号传输速率)的极限值；H 为信道带宽，即信道能传输的上、下限速率的差值，单位为 Hz。

由此可推出信道容量的奈奎斯特公式为

$$C = 2H\log_2 N$$

奈奎斯特公式只是给出了在理想情况下，信道容量与带宽的关系，而实际中没有噪声的系统是不存在的。香农(Claude Shanon)通过进一步研究，给出在有热噪声存在的情况下，信道容量的计算公式为

$$C = H\log_2(1 + S/N)$$

其中，S/N 为信道功率与噪声功率的比值。信噪比的单位为分贝(dB)，用 $10\lg(S/N)$ 表示。

例如，信噪比为 30 dB，带宽为 3 kHz 的信道的容量为

$$C = 3k \times \log_2(1 + 10^{30/10}) = 3k \times \log_2(1 + 1\,000) \approx 30 \text{ kbit/s}$$

由香农公式可知，只要提高信道的信噪比，就能提高信道的容量。

4. 误码率

误码率是衡量数据通信系统在正常工作时的传输可靠性的指标，定义为二进制数据位在传输时出错的概率。设传输的二进制数据为 N 位，其中出错的位数为 N_e，则误码率表示为

$$P_e = N_e/N$$

计算机网络中，一般要求误码率不能超过 10^{-6}。如果达不到这个指标，可以通过差错控制方法进行检错和纠错。

1.1.3 数据编码技术和时钟同步

除了模拟数据的模拟信号传输外，数字数据的模拟信号传输、数字数据的数字信号传输

和模拟数据的数字信号传输,这3种情况都需要对数据进行某种形式的表示,即数据编码。

1. 数字数据的模拟信号编码

一般在公共交换电话网中,传输数字信号必须使用调制解调器对数字数据进行模拟信号编码,原因是公共交换电话网是一种模拟信道,它的频带范围仅为300~3 400 Hz,而数字信号由于含有极其丰富的高次谐波成分而使得频宽范围可以从0一直延伸到几千兆赫兹,如果不加任何措施地利用模拟信道来传输数字信号,必将出现极大的失真和差错。

使用调制解调器进行远程通信的系统如图1-2所示。工作站A发送的数字数据经调制解调器编码成模拟信号后放入模拟信道上进行传输,接收方收到模拟信号表示的数据后,由调制解调器将其还原成数字信号表示的数据,再送到接收方的工作站B。

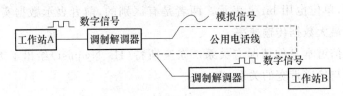

图1-2 使用调制解调器进行远程通信的系统

使用调制解调器对数字数据进行模拟信号编码的原理是:用被编码的数字数据控制载波信号的基本要素。载波具有3大要素,即振幅、频率和相位,数字数据可以针对载波的不同要素或它们的组合进行调制。

图1-3给出了数字调制的3种基本形式,即幅移键控(Amplitude Shift Keying,ASK)、频移键控(Frequency Shift Keying,FSK)和相移键控(Phase Shift Keying,PSK)。

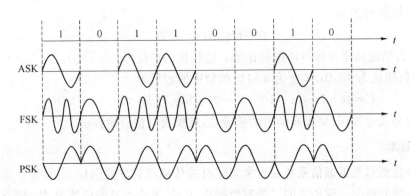

图1-3 3种数字调制方式

在幅移键控方式下,用两种不同的幅位来分别表示二进制值的两种状态。由于该方式容易受增益变化的影响,故这是一种效率相当低的调制技术。

在频移键控方式下,用载波频率附近的两种不同频率来分别表示二进制的"0"和"1"。

相移键控方式是利用载波信号相位移动来表示数据的。图1-3中的相移键控方式是一个二相系统的例子,在这个系统中用相移0表示"0",用相移π的频率表示"1"。实际应用中,也可以使用多于二相的相移,如四相、八相等,这样就可以使一个码元取4种、8种等离散状态,从而使数据传输速率增加到原来的2~3倍。

为了提高数据传输速率,实际中还可以把相移键控方式和幅移键控方式结合起来,采用相位幅度调制(Phase Amplitude Modulation,PAM)方式。

2. 数字数据的数字信号编码

数字信号可以直接采用基带传输。基带传输就是在线路中直接传输数字信号的电脉冲。基带传输时,需要解决数字数据的数字信号表示以及收、发两端之间的信号同步问题。

数字信号表示最简单、最常用的方法是用不同的电压电平来表示两个二进制数字。如图1-4所示,有4种基本的数字信号脉冲编码方法。

- 单极性不归零码,用电压(或电流)的有、无分别表示"1"和"0"。
- 双极性不归零码,用电压(或电流)的正、负分别表示"1"和"0"。
- 单极性归零码,发送"1"码时,发出正电流(持续时间短于一个码元的时间宽度),且在码元周期内不需要回到0电流,即发出一个正的窄脉冲;发送"0"码时,不发电流。
- 双极性归零码,发送"1"时用正的窄脉冲,发送"0"时用负的窄脉冲。

由于前两种编码(不归零码)每一位都占用了全部码元宽度,故称全宽码。后两种编码(归零码)可以解决前者边界不易识别的问题,但占用频带较宽。如果把上述4种基本编码按极性分类,又可分成单极性和双极性两类。单极性编码会造成直流分量积累,不但不能使用变压器在通信设备和所处环境之间提供良好绝缘的交流耦合,而且直流分量还会损坏连接点的表面电镀层;而双极性编码的直流分量会大大减少,有利于数据传输。

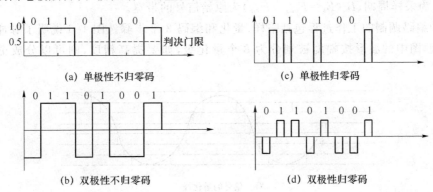

图1-4 数字信号脉冲编码方法

基带传输中另一个重要问题是同步问题,即接收方和发送方在传输数据序列时必须取得同步,以便能准确地区分和接收发来的每位数据。这就要求发送方时钟与接收方时钟要同频同相。实现同步有两种方法,一种是外同步法,另一种是自同步法。

在外同步法中,接收方的同步信号由发送方事先送来。在发送实际数据之前,发送方先向接收方发送一串同步时钟脉冲,接收方按照这一时钟脉冲频率和时序锁定接收频率,以便在随后接收数据的过程中始终与发送方保持同步。

自同步法是指从数据信号中提取同步信号的方法。典型的例子是局域网中经常采用的曼彻斯特编码。如图1-5(a)所示,在曼彻斯特编码中,每一位数字信号中间有一个跳变,既作为时钟信号,又作为数据信号,接收方从数据信号本身就可以获得发送方的时钟。这种方法不需要发送方事先发送时钟脉冲,所以叫自同步法。能够自带时钟的编码除曼彻斯特编码外,还有差分曼彻斯特编码,如图1-5(b)所示,这种编码每位中间的跳变仅提供时钟定时,而用每位开始时有、无跳变分别表示"0"和"1"。

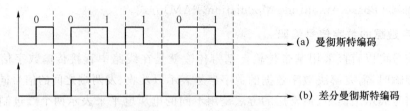

图 1-5 数字信号的同步编码

以上两种编码,每一个码元都被调制成两个电平,所以数据传输速率只有调制速率的一半,因此对带宽有更高的要求。但由于它们具有自同步和抗干扰的优点,所以在局域网中仍被广泛使用。

3. 模拟数据的数字信号编码

对模拟数据进行数字信号编码的最常用方法是脉冲编码调制,它是以采样定理为基础的,该定理已从数学上证明:若对连续变化的模拟信号进行周期性采样,只要采样频率大于等于有效信号最高频率或其带宽的两倍,则采样值便可包含原始信号的全部信息。设原始信号的最高频率为 F_{max},最低频率为 F_{min},采样频率为 F_s,则采样定理可以表示为

$$F_s = 1/T_s \geqslant 2F_{max} \quad \text{或} \quad F_s \geqslant 2B_s$$

其中,T_s 为采样周期,$B_s(B_s = F_{max} - F_{min})$ 为原始信号的带宽。

脉冲编码调制的工作过程包括采样、量化和编码 3 个步骤。图 1-6 说明了脉冲编码调制的原理,图中的波形按幅度被划分为 8 个量化级,如要提高精度,则可以分成更多的量化级。

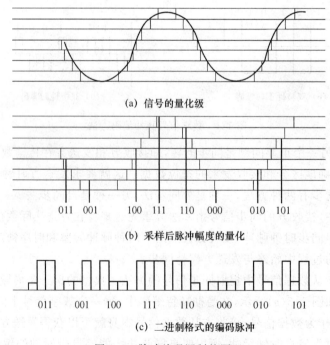

图 1-6 脉冲编码调制的原理

第一步是采样,以采样频率 F_s 把模拟信号的值采出;第二步是量化,也就是分级的过程,把采样的值按级取整,从而将连续的模拟量变换为时间轴上的离散值;第三步是编码,将离散值编成一定位数的二进制数码,称为一个码字。码字长度是量化级数 N 的对数($\log_2 N$)。如图中量化级数为8,则每个采样值量化编码后对应的码字长为 $\log_2 8 = 3$ 位。脉冲编码调制的原理和过程与 A/D 转换类似。目前,语音量化级数一般为 128 或 256,即用 7 位或 8 位二进制数表示一个采样值。

在数字信道上传输语音等模拟数据时,发送方使用脉冲编码调制技术将其编码成二进制数字信号,接收方收到二进制数码脉冲序列后对其进行解码,将二进制数码转换成代表原来模拟信号的幅度不等的量化脉冲,然后再经过滤波还原成原来的模拟信号。

语音频率一般限定在 4 000 Hz 以下,根据采样定理,在进行脉冲编码调制时,采样频率为 8 000 Hz,如果每次采样值的量化等级为 128 的话,显然在数字信道上传输一路话音需要的带宽为 $7 \times 8\,000 = 56\,000$ bit/s。

1.1.4 多路复用技术

在数据通信系统或计算机网络系统中,传输介质的带宽或容量往往超过传输单一信号的需求,为了有效地利用通信线路,希望一个信道同时传输多路信号,这就是所谓的多路复用技术(Multiplexing)。采用多路复用技术能把多个信号组合起来,在一条物理信道上进行传输,这可以大大节省电缆安装、维护和通信的费用。多路复用技术有多种,目前比较流行的主要有频分多路复用(Frequency Division Multiplexing,FDM)、时分多路复用(Time Division Multiplexing,TDM)和码分多路复用(Code Division Multiplexing,CDM)等。

1. 频分多路复用

频分多路复用的原理是将物理信道的总带宽分割成若干个与传输单个信号带宽相同的子信道,每个子信道传输一路信号。多路原始信号在频分复用前,先要通过频谱搬移技术将多路信号的频谱搬移到物理信道频谱的不同段上,使信号的带宽不相互重叠,这可通过采用不同的载波频率进行调制来实现。

图 1-7 给出了一个频分多路复用的例子。其中 8 个信号源输入到一个多路复用器中,该复用器用 8 个不同的频率($f_1 \sim f_8$)调制每一路信号,每路信号需要一个以它的载波频率为中心的一定带宽的通道。为了防止互相干扰,使用保护带隔离每一个通道。保护带是一些不使用的频谱区,起警戒作用,所以也叫警戒信道。

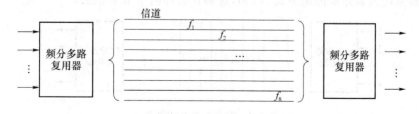

图 1-7 频分多路复用举例

世界上使用的频分多路复用方案在一定程度上已经标准化。一个广泛使用的标准是 12 个 4 000 Hz 的语音通道(用户使用 3 000 Hz,再加上两个 500 Hz 的防护频带)被多路复用到一个带宽为 48 kHz 的频带上,可以是 12～60 kHz 或 60～108 kHz 等,这个单位叫做群(Group)。许多通信公司以群为单位提供 48～56 kbit/s 的租用线路服务。5 个群(60 个语音通道)可被多路复用成一个超群(Supergroup),超群上面的单位是主群(Mastergroup),它相当于 5 个 CCITT 标准超群或 10 个贝尔系统超群。

波分多路复用(Wavelength Division Multiplexing,WDM)是频分多路复用在光信号信道上的一种变种。图 1-8 给出一种在光纤上获得波分多路复用的简单方法。在这种方法中,两根光纤连到一个棱柱(或衍射光栅)上,每根光纤的能量处于不同的波段。两束光通过棱柱或光栅,合成到一根共享的光纤上,传输到远方的目的地,随后再将它们分解开来。

与频分多路复用相比,波分多路复用的光纤系统使用的衍射光栅是无源的,因此极其可靠。

图 1-8 波分多路复用举例

2. 时分多路复用

若介质能达到的传输速率超过传输数据所需的数据传输速率,则可采用时分多路复用技术,将一条物理信道按时间分成若干个时间片轮流地分配给多个信号使用,而不像频分多路复用那样在同一时间发送多路信号。这样,就可以使一个复用的信号占用一个时间片,采用信号在时间上的交叉,在一个物理信道上传输多个数字信号实现多路复用。交叉可以是位一级的,也可以是字节组成的块,或更大的信息组。

时分多路复用和频分多路复用相比,频分多路复用需要使用模拟电路,而时分多路复用可以完全由数字电路实现,因此时分多路复用更适用于计算机网络中的数字通信系统;另外,频分多路复用技术的特性是共享时间、独占频率,而时分多路复用技术的特性则是共享频率、独占时间。

图 1-9 是一个时分多路复用的例子,有 8 个输入,每个输入的数据速率为 9.6 kbit/s,这样一个容量为 76.8 kbit/s 的线路就可容纳 8 个信号源。如图 1-9 所示的时分多路复用方案称为同步时分多路复用,它的时间片是预先分配好的,固定不变,因此传输定时是同步的。与此相反,异步的时分多路复用允许动态地分配传输介质的时间片。采用异步时分多路复用技术的典型代表是异步传输模式 ATM,这将在后面的章节中介绍。

图 1-9 时分多路复用举例

时分多路复用不仅仅局限于传输数字信号,也可以同时交叉传输模拟信号。另外,对于模拟信号,有时可以把频分和时分多路复用技术结合起来使用。一个传输系统可以先频分成若干子信道,每条子信道再利用时分多路复用技术进行细分。

采用时分多路复用技术的例子有很多,其中广泛用于北美和日本的 T1 信道就是一个典型的代表。该线路中每 125 μs 传输 193 bit,构成一帧(注意,这里的"帧"并非 OSI 模型中数据链路层的帧),故其数据速率为 193/125＝1.544 Mbit/s。如图 1-10 所示,193 bit 按时分多路复用方式细分为 24 个信道,每条信道 8 位。8 位中的 7 位正好用来传输一路话音的 128 级量化脉冲编码调制技术产生的脉冲编码(每 125 μs 一个样本,每个样本 7 位)。每个信道中多余的 1 位用来传输控制信号,控制信号容量为 1/125＝8 kbit/s。8×24＝192 bit,每帧中还多余 1 位,用于区分帧边界,或者进行位同步,连续帧中的该位要保持"0"和"1"交替出现的模式。

与 T1 信道类似,CCITT 的 E1 信道也采用时分多路复用技术,区别在于 E1 信道中每帧时分成 32 个子信道,每个子信道 8 bit,总数据传输速率为 (8×32)/125＝2.048 Mbit/s,这 32 个子信道中有 30 个用来传输语音数据,另外两个用来传输控制信号和进行帧同步。E1 信道广泛应用于欧洲,我国采用的也是 E1 信道标准。

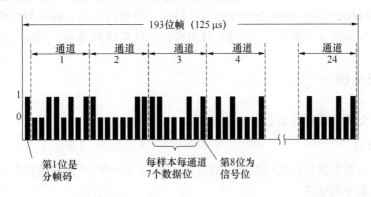

图 1-10　T1 信道的时分多路复用

3. 码分多路复用

码分多路复用(CDM)又称码分多址(Code Division Multiple Access,CDMA),与频分多路复用和时分多路复用不同的是,它既共享信道的频率,也共享时间,是一种真正的动态复用技术。其原理是每比特时间被分成 m 个更短的时间槽(称为芯片),通常情况下每比特有 64 个或 128 个芯片。每个站点(通道)被指定一个唯一的 m 位的代码或芯片序列。当发送 1 时,站点就发送芯片序列;发送 0 时,站点就发送芯片序列的反码。当两个或多个站点同时发送时,各路数据在信道中被线性相加。为了从信道中分离出各路信号,要求各个站点的芯片序列是相互正交的,即假如用 S 和 T 分别表示两个不同的芯片序列,用 $\overline{S}$ 和 $\overline{T}$ 表示各自芯片序列的反码,那么应有 $S \cdot T=0, S \cdot \overline{T}=0, S \cdot S=1, S \cdot \overline{S}=-1$。当某个站点想要接收站点 X 发送的数据时,首先必须知道 X 的芯片序列(设为 S)。假如从信道中收到的和矢量为 P,那么通过计算 $S \cdot P$ 的值就可以提取出 X 发送的数据:$S \cdot P=0$ 说明 X 没有发送数据;$S \cdot P=1$ 说明 X 发送了 1;$S \cdot P=-1$ 说明 X 发送了 0。

码分多路复用原用于军事通信,现已广泛应用于移动通信系统中。

1.2 数据交换技术

数据经编码后在通信线路上进行传输的最简单形式是两个互连设备之间直接进行数据通信。但是，网络中所有设备都直接两两相连是不现实的，通常要经过中间节点才能将其数据从信源传送到信宿。这些中间节点可能也是一台计算机，但它和作为站点的计算机不同，它不关心所传数据的内容，不对数据进行计算，而只是提供数据交换的功能。正是由这些节点构成了计算机网络的通信子网。

目前常采用的交换技术主要分两类。一类是电路交换，即在数据传输期间，在源节点和目标节点之间建立一条专用线路，这条专用线路由一系列中间节点构成，数据传输结束时专用线路被拆除，电话交换网是使用电路交换技术的典型例子；另一类是存储转发交换，这种交换技术不需要建立一条专用线路，中间交换节点收到信源方向传来的数据时，先在交换节点暂存，然后根据输出端口的状态选择合适的输出线路进行转发。根据数据单位的大小，存储转发交换又分为报文交换和分组交换，目前运行的计算机网络多采用分组交换技术。

1.2.1 电路交换

采用电路交换技术进行数据传输要经历以下3个过程。

1. 电路建立

如同打电话要先拨号以在通信双方建立起一条通路一样，在传输数据之前，也要经过呼叫过程建立一条专用电路。

例如在图 1-11 中，站点 A 给中间节点 4 发送请求，请求建立一条到站点 F 的连接（线路）。一般 A 和 4 之间是一条专线，无须重新建立连接。节点 4 根据一定的算法（如路由选择算法）选择节点 5,1,7 中的一个，比如选择节点 5 作为 A 和 F 之间的连接的一部分，并且发送连接请求。接着节点 5 选择节点 6 作为连接中的下一个节点。最后节点 6 检测站点 F 是忙(Busy)还是准备接受连接(Ready)，若为 Ready，则可以完成连接建立过程。

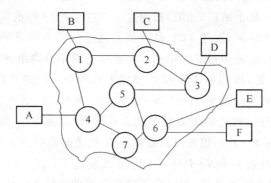

图 1-11 简单交换网络

2. 数据传输

A 到 F 的电路建立好后,数据就可以从 A 通过网络传送给 F。传送的数据可能是模拟或数字信号。数据首先从 A 送到节点 4,然后由节点 4 送到节点 5,再由节点 5 送到节点 6,最后由节点 6 传送给站点 F。电路一般都是全双工的,这种数据传输的延迟非常短,而且没有阻塞问题,这也是电路交换的主要优点。

3. 电路释放

数据传输结束后,由某一方发出电路释放请求,收到请求的节点逐步拆除连接,直到另一方拆除连接时为止。电路释放后呈空闲状态,可以被其他通信使用。

电路交换的优点是:一旦连接建立后,网络对用户是透明的,数据以一种固定速率传输,传输可靠、不会丢失、不会失序、延迟的时间短。其缺点是:信道使用率低,有时会造成宝贵的带宽资源浪费,不能很好地适应数据突发性的要求。

1.2.2 存储转发交换

为了解决交换数据随机性和突发性造成的信道容量不足和有效时间浪费的问题,在计算机网络中常采用的交换技术是存储转发交换。根据交换时传输数据的单位,存储转发交换又可分为报文交换(Message Switching)和分组交换(Packet Switching)两种。

报文交换不需要在两个站之间建立专用通路。当一个站要发送报文(长度不限且可变的数据块)时,它先将一个目的地址附加到报文上,网络节点收下整个报文后,根据报文上的目的地址信息把报文转发到下一个节点,一直逐个节点地转送到目的节点。交换节点操作的具体过程是:节点收下整个报文并检查,检查无误后暂存这个报文,然后利用路由信息找出下一个节点的地址,并把整个报文转发给下一个节点。

报文交换节点通常是一台小型计算机,它必须具有足够的存储容量来缓存进入的报文。一个报文在每个节点的延迟时间等于接收报文所需的时间与向下一个节点转发时的排队延迟时间之和。报文交换的延迟时间不仅长,而且不定,因此不能用于对时间敏感的实时和交互通信。为了克服报文交换的这个缺点,又引入了分组交换技术。

分组交换和报文交换的原理和操作过程完全相同,只是交换节点传输数据的单位不同。分组交换传输数据的单位是分组,分组是比报文更小的数据块,而长度是受限制、固定不变的。因此,分组交换降低了对交换节点存储能力的要求,使得分组可以直接暂存到路由器的内存(报文交换为了存储大的报文可能需要使用硬盘),不仅提高了交换速度,而且延迟时间可控,可支持交互式通信。

1.2.3 交换技术的比较

电路交换和分组交换有许多不同之处,其中关键的不同之处在于,电路交换静态地保留了需要的带宽,而分组交换则在需要时才申请并随后释放。因此,电路交换对带宽的浪费是明显存在的,而分组交换中无须专用电路,因此带宽可得到充分利用。但是,由于没有专用电路,突发的输入流量可能会"淹没"路由器,从而使其存储空间耗尽而造成分组丢失。

与使用电路交换相比,在使用分组交换时路由器可以提供高速的代码转换和某种程度上的错误纠正能力。

另一个不同之处是,电路交换不仅数据传输延时小,而且是完全透明的,发送方和接收方可使用任何比特速率、格式或分帧方法。这种特性不仅使其可以很好地支持实时交互通信,而且可以使声音、数据和传真等共存于一个系统中。

电路交换和分组交换还有一个区别就是,在计费方式上,分组交换常常按流量计费,而电路交换则基于时间和距离进行计费。

表 1-1 简单地总结了电路交换和分组交换的不同之处。

表 1-1 电路交换与分组交换的比较

项 目	电路交换	分组交换
独占电路	是	不是
可用带宽	固定	动态可变
本质上浪费带宽	是	不是
存储-转发传输	不是	是
每个分组都走同一通路	是	不一定
呼叫建立	需要	不需要
出现拥塞时刻	连接建立时	每个分组传输时
计费方式	根据时间和距离	根据流量

1.2.4 数据通信模式

数据通信按信号在传输线路上的传输方向,可分为单工通信、半双工通信和全双工通信。

1. 单工通信

单工通信是指数据信息总是沿着单方向传送,即信道传输方向是固定不变的,如图1-12所示。

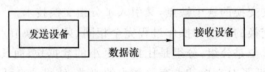

图 1-12 单工通信

2. 半双工通信

半双工通信是指数据信息可沿着两个方向传送,但同一时刻只能沿一个方向传送,如图1-13所示。

图 1-13 半双工通信

3. 全双工通信

全双工通信是指数据信息可同时沿相反的两个方向传送,如图1-14所示。

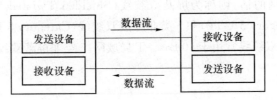

图1-14 全双工通信

1.3 传 输 介 质

传输介质是通信网络中发送方和接收方之间的物理通路。计算机网络中采用的传输介质可以分为有线、无线两大类。双绞线、同轴电缆和光纤是常用的有线传输介质;无线电、微波、红外线和激光等都属于无线传输介质。传输介质本身的特性对网络数据通信质量有很大的影响,这些特性包括:

- 物理特性,包括外观、直径等内容。
- 传输特性,包括信号形式、调制技术、传输速率及频带宽度等内容。
- 连通性,采用点到点连接还是多点连接。
- 地理范围。
- 抗干扰性,即防止噪声、电磁干扰影响数据传输的能力。
- 价格。

以下分别介绍几种常用的传输介质。

1.3.1 双绞线

双绞线(Twisted Pair)由螺旋状扭在一起的两根绝缘导线组成,线对扭在一起可以减少相互之间的电磁辐射干扰。双绞线是最常用的传输介质,不仅可以用于模拟信号传输,也可用于数字信号传输。

1. 物理特性

双绞线一般是铜制的,能够提供良好的传导率。

2. 传输特性

双绞线既可用于模拟信号传输,也可用于数字信号传输。对于模拟信号,每5~6 km需要一个放大器;对于数字信号来说,每2~3 km需要一个中继器。在传输模拟信号时,双绞线带宽可达到268 kHz,因此,可以使用频分多路复用技术实现24路语音传输。双绞线上可以直接传输数字信号,使用T1线路的总数据传输速率可达1.544 Mbit/s。达到更高的数据传输速率也是有可能的,但与距离有关。

双绞线用于局域网,如10 Base-T和100 Base-T总线可分别提供10 Mbit/s和

100 Mbit/s 的数据传输速率。实际应用中，一般将多对双绞线封装于特富龙(Teflon)材料的绝缘套里做成双绞线电缆，称为非屏蔽双绞线(Unshielded Twisted Pair,UTP)。如果绝缘套里还有一层屏蔽网的话，则称为屏蔽双绞线(Shielded Twisted Pair,STP)。常用的3类非屏蔽双绞线(Category 3 UTP)和5类非屏蔽双绞线(Category 5 UTP)均由4对双绞线组成，其中3类非屏蔽双绞线常用于10 Base-T局域网，5类非屏蔽双绞线常用于100 Base-T局域网。

3. 连通性

双绞线普遍用于点到点连接，也可用于多点连接，但只支持很少的几个站点，而且性能比较差。

4. 地理范围

双绞线可以很容易地在15 km范围内(或更大范围内)提供模拟语音数据传输。若用于局域网，则传输距离不超过100 m。

5. 抗干扰性

在低频传输时，双绞线的抗干扰性相当于同轴电缆；在高频传输时，双绞线的抗干扰性远比同轴电缆要差。

6. 价格

非屏蔽双绞线价格便宜，屏蔽双绞线价格昂贵，因此屏蔽双绞线从未流行过。

1.3.2 同轴电缆

同轴电缆(Coaxial Cable)也像双绞线一样，由一对导体按同轴形式构成线对，其结构如图1-15所示。最里层是内芯，依次为绝缘层、屏蔽层和起保护作用的塑料外壳。内芯和屏蔽层构成一对导线。

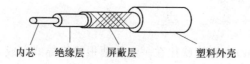

图 1-15 同轴电缆

同轴电缆分为基带(Baseband)同轴电缆和宽带(Broadband)同轴电缆。基带同轴电缆又分粗缆和细缆两种，都用于传输数字信号。宽带同轴电缆用于频分多路复用的模拟信号传输，也可用于不使用频分多路复用的数字信号和模拟信号的传输。

1. 物理特性

单根同轴电缆的直径在0.5～1 cm之间，可在较宽的频率范围内工作。

2. 传输特性

基带同轴电缆仅用于数字信号传输，并使用曼彻斯特编码，数据传输速率最高可达10 Mbit/s；宽带同轴电缆可用于传输模拟信号和数字信号，对于模拟信号，带宽可达300～450 MHz。

3. 连通性

适用于点到点和多点连接。基带同轴电缆阻抗为 50 Ω，每段可支持几百台设备，在大系统中，还可以用转接器将多段连接起来；宽带同轴电缆阻抗为 75 Ω，可以支持数千台设备。

4. 地理范围

传输距离取决于传输的信号形式和传输速率，基带同轴电缆的最大传输距离限制在几千米，而在同样的数据传输速率条件下，宽带同轴电缆的传输距离更远，可达几十千米。

5. 抗干扰性

同轴电缆的抗干扰性比双绞线强。

6. 价格

安装同轴电缆的费用比双绞线贵，比光纤便宜。

1.3.3 光纤

光纤是光导纤维(Optical Fiber)的简称，它由能传导光波的石英玻璃纤维，外加保护层构成。相对金属导线来说，光纤具有重量轻、粒径细的特点。

用光纤传输电信号时，在发送方先要将其转换成光信号，而在接收方又要由光检测器将其还原成电信号。光纤的电信号传送过程如图 1-16 所示。

图 1-16　光纤的电信号传送过程

发送方的光源可以采用发光二极管（Light Emitting Diode，LED）和注入型激光二极管（Injection Laser Diode，ILD）。发光二极管是一种价格便宜的固态器件，电流经过时就产生可见光，但定向性较差，是通过在光纤石英玻璃媒介内不断反射而向前传播的，这种光纤称为多模光纤。注入型激光二极管也是一种固态器件，它根据激光器原理进行工作，即以激励量子电子效应来产生一个窄带的超辐射光束——激光。由于激光的定向性好，它可沿着光纤直线传播，减少了折射和损耗，效率更高，也能传播更远的距离，而且可以保持很高的数据传输率，这样的光纤称为单模光纤。

在接收方把光波转换为电信号的检测器是一个光电二极管，目前常用两种固态器件，即 PIN 检测器和 APD 检测器。PIN 检测器是在二极管的 P 层和 N 层之间增加了一小段纯硅，APD 检测器的外部特性和 PIN 检测器相似，但使用较强的电磁场。PIN 检测器的价格便宜，但不如 APD 检测器灵敏。

对光载波的调制属于幅移键控调制，也称为量度调制。典型的做法是，在给定的频率下，以光的出现和消失分别来表示两个二进制数字"1"和"0"。

1. 物理特性

在计算机网络中，一般采用两根光纤(一根发送，一根接收)组成传输系统，按波长范围可分为3种:0.85 μm 波长区(0.8～0.9 μm)、1.3 μm 波长区(1.25～1.35 μm)和 1.55 μm 波长区(1.53～1.58 μm)。不同波长范围的光纤,其损耗特性是不同的,其中 0.85 μm 的波长区为多模光纤通信方式;1.55 μm 的波长区为单模光纤通信方式;而 1.3 μm 的波长区既可用于多模光纤通信方式,也可用于单模光纤通信方式。

2. 传输特性

光纤通过内部的全反射来传输一束经过编码的光信号,内部的全反射可以在任何折射指数高于包层媒介折射指数的透明媒介中进行。光纤作为频率范围为 $10^{14} \sim 10^{15}$ Hz 的波导管,其频率范围覆盖了可见光谱和部分红外光谱。光纤的数据传输速度可达到几 Gbit/s,传输距离达数十千米。

3. 连通性

光纤普遍用于点到点的链路。总线拓扑结构的多点系统目前也已经建成,只是价格昂贵。由于光纤具有功率损失小、衰减小的特性以及有较大的带宽潜力,因此一段光纤能支持的分接头数比双绞线和同轴电缆都多得多。

4. 地理范围

从目前的技术来看,可在 6～8 km 的距离内传输,且不需要中继器。

5. 抗干扰性

光纤具有不受电磁干扰和噪声影响的独特特性,能在长距离内保持数据传输速率,而且能提供良好的安全性能。

6. 价格

目前,光纤的价格比较昂贵,但随着技术的进步,光纤的降价空间还是很大的。

由于光纤通信具有损耗低、频带宽、抗电磁干扰性强等特点,光纤已逐渐成为传输介质的主流。

1.3.4 无线传输介质

无线(Wireless)传输介质通过空间传输,不需要架设或铺埋电缆或光纤。目前,常用的无线传输介质有无线电波(Radio Wave)、微波(Microwave)、红外线(Infrared Wave)和激光(Laser Light)。

微波通信的载波频率为 2～40 GHz,由于频率很高,可同时传输大量信息,如一个带宽为 2 MHz 的频段可容纳 500 条话音线路,用来传输数字数据的速率可达 Mbit/s 级。

微波通信的工作频率很高,它与正常的无线电波不一样,是沿直线传播的。由于地球表面是曲面,微波在地面传输的距离有限,直接传输的距离与天线的高度有关,天线越高,传输距离越远,超过一定的距离就要使用中继器接力。

红外通信和微波通信一样,有较强的方向性,也是沿直线传播,只不过直接传输的距离更小,并且不能通过墙壁等障碍物,所以多用于室内传播。

微波通信、红外通信以及激光通信都需要在接收方和发送方之间有一条视线(Line of Sight)通路,故统称为视线介质。视线介质对环境、气候(如雨雾和雷电)较为敏感。

卫星通信是微波通信中的特殊形式,它利用地球同步卫星作中继来转发微波信号,因此可以克服地面微波通信距离的限制。一个同步卫星可以覆盖地球 1/3 以上的表面,3 个这样的卫星就可以覆盖地球上全部的通信区域。卫星通信的优点是容量大、传输距离远;缺点是传播延迟时间长。对于数万千米高度的卫星来说,以 200 m/μs 的信号传播速度来计算,从发送站通过卫星转发到接收站的传播延迟有数百毫秒。

1.3.5 传输介质的选择

传输介质的选择取决于网络拓扑的结构、实际需要的通信容量、可靠性要求以及价格等因素。

双绞线的显著特点是价格便宜,但与同轴电缆相比,其带宽受到限制。对于单个建筑物内低通信容量的局域网来说,双绞线的性能价格比是最好的。

同轴电缆的价格要比双绞线贵一些。在需要连接较多设备而且通信容量较大时,可选择同轴电缆。

光纤作为传输介质,与双绞线和同轴电缆相比,具有频带宽、速率高、体积小、重量轻、衰减小、能隔离电磁、误码率低等一系列的优点,因此在高速数据通信中有广泛的应用。随着光纤产品价格的降低、性能的提高,光纤作为主流媒介将进一步被广泛采用。

目前,便携式计算机有了很大的发展和普及,对可移动的无线网的要求日益增加。因而,作为可移动无线网的可视传输介质,将有十分广阔的应用前景。

1.4 数据传输中的差错控制

信号在物理信道上的传输过程中,由于线路本身电气特性产生的随机噪声(又称热噪声)会引起信号幅度、频率和相位的衰减或畸变,电信号在线路上反射造成的回音效应、相邻线路间的串扰以及各种外界因素(如闪电、开关跳闸、强电磁场变化等)会造成信号失真,从而出现数据传输错误。一个实用的通信系统必须能发现(检测)这种差错,并且能采取措施纠正它。把这种用于对差错进行检测与校正的技术称为差错控制。

1.4.1 差错和热噪声

差错就是在数据通信中,接收端接收到的数据与发送端实际发出的数据出现不一致的现象。差错包括:

(1) 数据传输过程中位丢失;

(2) 发出的位值为"0",而接收到的位值为"1";或发出的位值为"1",而接收到的位值为"0",即发出的位值与接收到的位值不一致。

热噪声(分为随机热噪声和冲击热噪声)是影响数据在通信媒介中正常传输的各种因素。数据通信中的热噪声主要包括:

(1) 在数据通信中,由线路本身的电气特性随机产生的信号幅度、相位的畸变和衰减；

(2) 电信号在线路上产生反射造成的回音效应；

(3) 相邻线路之间的串线干扰；

(4) 大气中的闪电、电源开关的跳闸、自然界磁场的变化，以及电源的波动等外界因素。

1.4.2 差错的产生和控制

数据传输中所产生的差错都是由热噪声引起的。由于热噪声会造成传输中的数据信号失真，产生差错，所以在传输中要尽量减少热噪声。

差错控制就是指在数据通信过程中发现差错，并对差错进行纠正，从而把差错控制在数据传输所允许的尽可能的范围内的技术和方法。在数据传输中，没有差错控制的传输通常是不可靠的。

差错控制的核心是差错控制编码。差错控制编码的基本思想是通过对信息序列进行某种变换，使原来彼此独立、没有相关性的信息码元序列经过变换产生某种相关性，接收端据此来检查和纠正传输序列中的差错。不同的变换方法构成不同的差错控制编码。

用以实现差错控制的编码分检错码和纠错码两种。检错码是能够自动发现错误的编码；纠错码是既能发现错误，又能自动纠正错误的编码。

1.4.3 差错控制方法

利用差错控制编码进行差错控制的方法基本上有两类，一类是自动请求重发（Automatic Repeat reQuest，ARQ），另一类是前向纠错（Forward Error Correction，FEC）。

自动请求重发又称检错重发，它是利用编码的方法在数据接收端检测差错，当检测出差错后，设法通知发送数据端重新发送数据，直到无差错为止。自动请求重发的特点是：只能检测出错码是在哪些接收码之中，但无法确定出错码的准确位置，应用自动请求重发需要系统具备双向信道。

前向纠错是利用编码方法，在接收数据端不仅对接收的数据进行检测，而且当检测出差错后能自动纠正差错。前向纠错的特点是：接收端能够准确地确定出错码的位置，应用前向纠错不需要反向信道，不存在重发延时问题，所以实时性强，但纠错设备比检错设备复杂。

衡量编码性能好坏的一个重要参数是编码效率 R，它是传输码字中信息位所占的比例。若码字中信息位为 k 位，编码时外加冗余位为 r 位，则编码后的码字长度为 $n=k+r$ 位，编码效率 $R=k/n=k/(k+r)$。显然，编码效率越高，即 R 越大，则信道中用来传送信息码元的有效利用率就越高。

1.4.4 差错检错方法

1. 奇偶校验码

奇偶校验码是通过增加冗余位来使码字中"1"的个数保持为奇数或偶数的编码方法，是一种检错码。在实际使用时又可分为垂直奇偶校验、水平奇偶校验和水平垂直奇偶校验 3 种。

(1) 垂直奇偶校验

垂直奇偶校验又称纵向奇偶校验,它是将要发送的整个信息块分为定长 p 位的若干段(如 q 段),每段后面按"1"的个数为奇数或偶数的规律加上一位奇偶位,如图 1-17 所示。

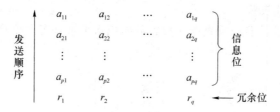

图 1-17 垂直奇偶校验

图中 pq 位信息位按列每 p 位分成一段 $(a_{11},a_{21},\cdots,a_{p1},a_{12},a_{22},\cdots,a_{p2},\cdots,a_{1q},a_{2q},\cdots,a_{pq})$,共 q 段,每段加上 1 位奇偶校验冗余位,即图中的 $r_i(i=1,2,\cdots,q)$。

编码规则如下:

若用偶校验,则

$$r_i = a_{1i} \oplus a_{2i} \oplus \cdots \oplus a_{pi} \quad (i=1,2,\cdots,q)$$

若用奇校验,则

$$r_i = a_{1i} \oplus a_{2i} \oplus \cdots \oplus a_{pi} \oplus 1 \quad (i=1,2,\cdots,q)$$

图中箭头给出了串行发送的顺序,即逐位先后次序为 $a_{11},a_{21},\cdots,a_{p1},r_1,a_{12},a_{22},\cdots,a_{p2},r_2,\cdots,a_{1q},a_{2q},\cdots,a_{pq},r_q$。在编码和校验过程中,用硬件方法或软件方法很容易实现上述连续串加运算,而且可以边发送边产生冗余位;同样,在接收端也可以边接收边进行校验后去掉校验位。

垂直奇偶校验方法的编码效率为 $R=p/(p+1)$。垂直奇偶校验能检测出每一列中的奇数位错。对于突发错误来说,奇数位错与偶数位错的发生概率相等,因为对差错的漏检率接近 1/2。

(2) 水平奇偶校验

为了降低对突发错误的漏检率,可以采用水平奇偶校验方法。水平奇偶校验又称横向奇偶校验,它是对每个信息段的相应位进行横向编码,产生一个奇偶校验冗余位,如图 1-18 所示。

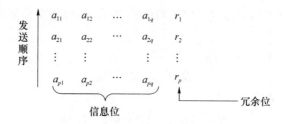

图 1-18 水平奇偶校验

编码规则如下:

若用偶校验,则

$$r_i = a_{i1} \oplus a_{i2} \oplus \cdots \oplus a_{iq} \quad (i=1,2,\cdots,p)$$

若用奇校验,则

$$r_i = a_{i1} \oplus a_{i2} \oplus \cdots \oplus a_{iq} \oplus 1 \quad (i=1,2,\cdots,p)$$

(3) 水平垂直奇偶校验

同时进行水平奇偶校验和垂直奇偶校验就构成水平垂直奇偶校验,又称纵横奇偶校验,如图 1-19 所示。

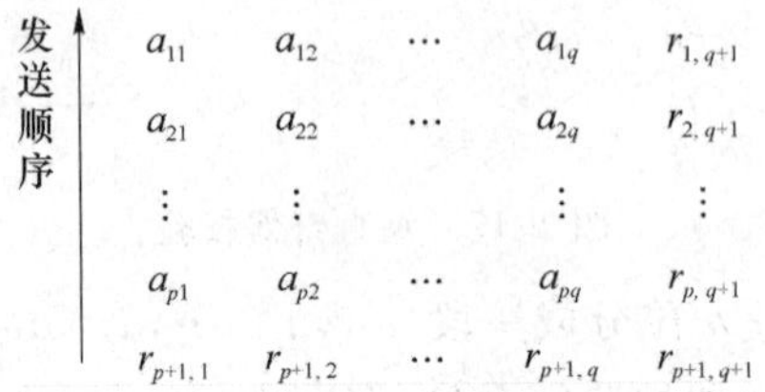

$$
\begin{array}{ccccc}
a_{11} & a_{12} & \cdots & a_{1q} & r_{1,q+1} \\
a_{21} & a_{22} & \cdots & a_{2q} & r_{2,q+1} \\
\vdots & \vdots & & \vdots & \vdots \\
a_{p1} & a_{p2} & \cdots & a_{pq} & r_{p,q+1} \\
r_{p+1,1} & r_{p+1,2} & \cdots & r_{p+1,q} & r_{p+1,q+1}
\end{array}
$$

(发送顺序)

图 1-19 水平垂直奇偶校验

若水平垂直奇偶校验都采用偶校验,则

$$r_{i,q+1} = a_{i1} \oplus a_{i2} \oplus \cdots \oplus a_{iq} \quad (i=1,2,\cdots,p)$$
$$r_{p+1,j} = a_{1j} \oplus a_{2j} \oplus \cdots \oplus a_{pj} \quad (j=1,2,\cdots,q)$$
$$r_{p+1,q+1} = a_{p+1,1} \oplus a_{p+2,2} \oplus \cdots \oplus a_{p+1,q} = a_{1,q+1} \oplus a_{2,q+2} \oplus \cdots \oplus a_{p,q+1}$$

可见,水平垂直奇偶校验的编码效率为 $R=pq/[(p+1)(q+1)]$。

水平垂直奇偶校验能检测出 3 位或 3 位以下的错误(因为此时至少在某一行或某一列上有 1 位错)、奇数位错、突发长度小于等于 $p+1$ 的突发错以及很大一部分偶数位错。测量表明,这种方法的编码可使误码率降至原误码率的百分之一到万分之一。

水平垂直奇偶校验不仅可以检错,而且还可以纠正部分差错。例如数据块中仅存在 1 位错误时,便能确定出错误的位置,从而可以纠正它。

2. 定比码

定比码是指每个码字中均含有相同数目的"1"(码字长一定,"1"的数目固定后,所含"0"的数目也必然相同)。正由于每个码字中"1"的个数与"0"的个数之比保持恒定,故得此名。若 n 位码字中"1"的个数恒定为 m,还可称"n 中取 m 码"。这种码在检测时,只要计算接收码字中"1"的数目就能知道是否有错。

在国际无线电报通信中,广泛采用 7 中取 3 定比码。这种码字长 7 位,其中总有 3 个"1"。因此,共有 $C_7^3 = (7 \times 6 \times 5)/(3 \times 2 \times 1) = 35$ 种码字,可用来分别代表 26 个英文字母和其他符号。

定比码的编码效率为

$$R = \lceil \log_2 C_n^m \rceil / n$$

对于 7 中取 3 编码,其编码效率为

$$R = \lceil \log_2 C_7^3 \rceil / 7 = 6/7 = 0.86$$

定比码比较简单,且能检测出全部奇数位错以及部分偶数位错(码字中"1"变成"0"和"0"变成"1"成对出现的差错除外),所以还是有一定应用场合的。

3. 正反码

正反码也是一种简单的能够纠正差错的编码,其中冗余位的个数与信息位的个数相同。

冗余位与信息位或者完全相同或者完全相反,由信息位中"1"的个数来决定。例如,电报通信中常用 5 单位电传码编码成正反码,其编码规则是:$k=5,r=k=5,n=k+r=10$;当信息位中有奇数个"1"时,冗余位是信息位的简单重复;当信息位中有偶数个"1"时,冗余位是信息位的反码。例如,若信息位为 01011,则码字为 0101101011;若信息位为 10010,则码字为 1001001101。

接收端的校验方法如下。

(1) 先将接收码中的信息位和冗余位按位串加,得到一个 k 位的合成码组。

(2) 若接收码字中的信息位有奇数个"1",则取合成码组为校验码组;若接收码字中的信息位有偶数个"1",则取合成码组的反码作为校验码组。

(3) 最后,根据校验码组查看差错检测表(表 1-2),就能判断是否有错,并能纠正部分差错。

正反码的编码效率只有 1/2,故一般只用于信息位较短的场合。

表 1-2　正反码差错检测表(信息位为 5 位)

校验码组	差错情况
全"0"	无差错
4 个"1",1 个"0"	信息位中有 1 位错,其位置对应于校验码组中"0"的位置
4 个"0",1 个"1"	冗余位中有 1 位错,其位置对应于校验码组中"1"的位置
其他情况	差错在两位或两位以上

4. 循环冗余码

以奇偶校验码为代表的简单差错控制编码虽然简单,但漏检率太高。在计算机网络和数据通信中应用最为广泛的检错码是一种漏检率低且便于实现的循环冗余码(Cyclic Redundancy Code,CRC)。循环冗余码也称多项式码,这是因为任何一个由二进制数位串组成的代码都可以唯一地与一个只含有"0"和"1"两个系数的多项式建立一一对应的关系。例如,代码 1010111 对应的多项式为 $x^6+x^4+x^2+x+1$,同样多项式 $x^5+x^3+x^2+x+1$ 对应的代码为 101111。

循环冗余码在发送端编码和接收端校验时,都可以利用事先约定的生成多项式 $g(x)$ 来得到。要发送的 k 位信息位对应于一个 $k-1$ 次多项式 $k(x)$,r 位冗余位对应于一个 $r-1$ 次多项式 $r(x)$。由 k 位信息位后再加上 r 位冗余位组成的 $n=k+r$ 位码字则对应于一个 $n-1$ 次多项式 $t(x)=x^r k(x)+r(x)$。例如,信息位 1010001 对应的多项式为 $k(x)=x^6+x^4+1$,冗余位 1101 对应的多项式为 $r(x)=x^3+x^2+1$,则码字 10100011101 对应的多项式为 $t(x)=x^4 k(x)+r(x)=x^{10}+x^8+x^4+x^3+x^2+1$。

由信息位产生冗余位的编码过程就是已知 $k(x)$ 求 $r(x)$ 的过程,在循环冗余码中,可以通过找到一个特定的 r 次多项式 $g(x)$(最高项 x^r 的系数为 1)来实现。用 $g(x)$ 去除 $x^r k(x)$,得到的余式就是 $r(x)$。这里需要特别强调的是,这些多项式中的"+"都是模 2 加(即异或运算)。此外,这里除法过程中用到的减法也是模 2 减法,它和模 2 加一样,也是异或运算,即不考虑借位的减法。

在进行多项式除法时,只要部分余数的首位为 1,便可上商 1,否则上商 0。此后按模 2

减法求得余数,此余数即为冗余位,将其添加在信息位后便构成循环冗余码码字。仍以 $k(x)=x^6+x^4+1$(即信息位为 1010001)为例,若取 $r=4$,$g(x)=x^4+x^2+x+1$,则 $x^4 k(x)=x^{10}+x^8+x^4$(对应的代码为 10100010000),其由模 2 除法求余式 $r(x)$ 的过程如下:

```
              1 0 0 1 1 1 1
      10111 ) 1 0 1 0 0 0 1 0 0 0 0
              1 0 1 1 1
                1 1 0 1 0
                1 0 1 1 1
                  1 1 0 1 0
                  1 0 1 1 1
                    1 1 0 1 0
                    1 0 1 1 1
                      1 1 0 1 0
                      1 0 1 1 1
                        1 1 0 1
```

这里,最后的余数 1101 就是冗余位,从而 $r(x)=x^3+x^2+1$。

由于 $r(x)$ 是 $g(x)$ 除 $x^r k(x)$ 的余式,那么必然有

$$x^r k(x)=g(x)q(x)+r(x) \tag{1-1}$$

其中 $q(x)$ 为商式。根据模 2 运算规则,有 $r(x)+r(x)=0$,于是可将(1-1)式改写为

$$[x^r k(x)+r(x)]/g(x)=q(x)$$

即

$$t(x)/g(x)=q(x)$$

由此可见,信道上发送的码字多项式 $t(x)=x^r k(x)+r(x)$ 若在传输过程无差错,则接收方收到的码字多项式应能被 $g(x)$ 整除。这是因为

$$t(x)=x^r k(x)+r(x)=g(x)q(x)+r(x)+r(x)=g(x)q(x)$$

如果传输中有差错,则相当于在码字上面串加了差错模式。比如要传输码字 10100011101,由于噪声干扰,在接收端变成了 10100011011,这相当于在码字上面串加了差错模式 00000000110。差错模式中 1 的位置对应于变化了的信息位的位置。差错模式对应的多项式记为 $e(x)$,如差错模式 00000000110 对应的多项式为 $e(x)=x^2+x$。有差错时,接收端收到的不再是 $t(x)$,而是 $t(x)$ 与 $e(x)$ 的模 2 加。此时,由

$$[t(x)+e(x)]/g(x)=t(x)/g(x)+e(x)/g(x)$$

知,若 $e(x)/g(x)$ 不等于 0,则这种差错就能检测出来;否则,由于码字多项式仍能被 $g(x)$ 整除,就会发生漏检。

按上述方法产生的循环码有如下性质。

性质 1 若 $g(x)$ 含有 $x+1$ 的因子,则能检测出所有奇数位错。

证明 用反证法。由已知条件,有

$$g(x)=(x+1)g'(x) \tag{1-2}$$

若 $e(x)/g(x)=0$,则

$$e(x)=g(x)q(x)=(x+1)g'(x)q(x)$$

这里,$e(x)$ 是奇数位错的差错模式对应的多项式,必含有奇数个项。由于奇数个 1 模 2 加仍

为 1,所以 $e(1)=1$。

另一方面,用 1 代入(1-2)式,有
$$e(1)=(1+1)g'(1)q(1)=0g'(1)q(1)=0$$
推出矛盾。所以 $e(x)/g(x)\neq 0$,即此种差错是可以检测出来的。

性质 2 若 $g(x)$ 不含有 x 的因子,或者换句话讲,$g(x)$ 含有常数项 1,那么能检测出所有突发长度小于等于 r 的突发错。

证明 对于这种差错,有
$$e(x)=x^i+\cdots+x^j=x^j(x^{i-j}+\cdots+1)$$
其中 $i-j\leqslant r-1$。由于 $g(x)$ 是 r 次多项式(最高项系数为 1),且不含 x 的因子,那么肯定不能整除小于 r 次的多项式 $x^{i-j}+\cdots+1$,也不能整除 $e(x)$,即 $e(x)/g(x)\neq 0$,或者说此种差错是可以检测出来的。

性质 3 若 $g(x)$ 不含有 x 的因子,而且对任意的 $e(0<e\leqslant n-1)$,除不尽 x^e+1,则能检测出所有的双错。

证明 双错模式对应的差错多项式为
$$e(x)=x^i+x^j=x^j(x^{i-j}+1)$$
这里 $0<i\leqslant n-1$,由已知条件可见 $e(x)/g(x)\neq 0$。证毕。

若定义一个多项式 $g(x)$ 的周期 e 为使 $g(x)$ 能除尽的最小正整数,那么性质 3 的条件可改述为:$g(x)$ 不含有 x 的因子,而且周期 $e\geqslant n$。

性质 4 若 $g(x)$ 不含有 x 的因子,则对突发长度为 $r+1$ 的突发错误的漏检率为 $2^{-(r-1)}$。

证明 突发长度为 $r+1$ 的突发错误对应的差错多项式为
$$e(x)=x^i+\cdots+x^j=x^j(x^{i-j}+\cdots+1)=x^j(x^r+\cdots+1)$$
这里 $x^r+\cdots+1$ 是 r 次多项式,$g(x)$ 也是 r 次多项式,能除尽它的唯一可能就是 $x^r+\cdots+1$ 等于 $g(x)$。只有在这种情况下,$e(x)/g(x)$ 余式等于 0,差错检测不出。多项式 $x^r+\cdots+1$ 中间有 $r-1$ 项,每项系数都可以是 0 或者 1,即有 2^{r-1} 种不同的突发长度为 $r+1$ 的突发错误,检测不出的只有 1 种,故漏检率为 $1/2^{r-1}=2^{-(r-1)}$。

性质 5 若 $g(x)$ 不含有 x 的因子,则对突发长度大于 $r+1$ 的突发错误的漏检率为 2^{-r}。

证明:略。

综合这些性质可知:若适当选取 $g(x)$,使其含有 $x+1$ 的因子,常数项不为 0,且周期大于 n,那么,由此 $g(x)$ 作为生成多项式产生的循环冗余码可检测出所有的双错、奇数位错、突发长度小于等于 r 的突发错以及 $100\times[1-2^{-(r-1)}]\%$ 的突发长度为 $r+1$ 的突发错和 $100\times(1-2^{-r})\%$ 的突发长度大于 $r+1$ 的突发错。例如,若取 $r=16$,则能检测出所有的双错、奇数位错、突发长度小于等于 16 的突发错以及 99.997% 的突发长度为 17 的突发错和 99.998% 的突发长度大于等于 18 的突发错。

人们已经找到了许多周期足够大的标准生成多项式。例如:
$$\text{CRC-12}=x^{12}+x^{11}+x^3+x^2+x^1$$
$$\text{CRC-16}=x^{16}+x^{15}+x^2+1$$
$$\text{CRC-CCITT}=x^{16}+x^{12}+x^5+1$$

循环冗余码可以用硬件或软件很容易地实现。

5. 汉明码

汉明码是由 R. Hamming 在 1950 年首次提出的,它是一种可以纠正 1 位差错的编码。

可以借用简单奇偶校验码的生成原理来说明汉明码的构造方法。若在 $n-1$ 位信息位 $a_{n-1}a_{n-2}\cdots a_1$ 后面加上一位偶校验位 a_0,构成一个 n 位的码字 $a_{n-1}a_{n-2}\cdots a_1a_0$,则在接收端校验时,可按关系式

$$s = a_{n-1} + a_{n-2} + \cdots + a_1 + a_0 \tag{1-3}$$

来计算。若求得 $s=0$,则表示无错;若 $s=1$,则表示有错。(1-3)式可称为监督关系式,s 称为校正子。

在奇偶校验情况下,只有一个监督关系式和一个校正子,其取值只有"0"和"1"两种情况,分别代表无错和有错两种结果,还不能指出差错所在的位置。不难设想,若增加冗余位,也即相应地增加了监督关系式和校正子,就能区分更多的情况。如果有两个校正子 s_1 和 s_0,则 s_1s_0 的取值就有 00,01,10 或 11 四种可能的组合,也即能区分四种不同的情况。若其中一种取值用于表示无错(如 00),则另外三种取值(01,10,11)便可以用来指出不同情况的差错,从而可以进一步区分是哪一位出错。

设信息位为 k 位,增加 r 位冗余位,构成一个 $n=k+r$ 位的码字。若希望用 r 个监督关系式产生的 r 个校正子来区分出错和在码字中的几个不同位置的一位错,则要求满足以下关系式:

$$2^r \geqslant n+1 \quad \text{或} \quad 2^r \geqslant k+r+1 \tag{1-4}$$

以 $k=4$ 为例,要满足不等式(1-4),则必须 $r \geqslant 3$。假设取 $r=3$,则 $n=k+r=7$,在 4 位信息位 $a_6a_5a_4a_3$ 后面加上 3 位冗余位 $a_2a_1a_0$,构成 7 位码字 $a_6a_5a_4a_3a_2a_1a_0$,其中 a_2,a_1 和 a_0 分别由 4 位信息位中的某几位串加得到,在校验时,a_2,a_1 和 a_0 就分别和这些位串加构成 3 个不同的监督关系式。在不出错时,这 3 个关系式的值 s_2,s_1 和 s_0 全为"0"。若 a_2 错,则 $s_2=1$,而 $s_1=s_0=0$;若 a_1 错,则 $s_1=1$,而 $s_2=s_0=0$;若 a_0 错,则 $s_0=1$,而 $s_1=s_2=0$。s_2,s_1 和 s_0 的其他 4 种编码值可用来区分 a_3,a_4,a_5,a_6 中的一位错,其对应关系如表 1-3 所示。

表 1-3 错码位置说明

$s_2s_1s_0$	000	001	010	100	011	101	110	111
错码位置	无错	a_0	a_1	a_2	a_3	a_4	a_5	a_6

由表 1-3 可见,a_2,a_4,a_5 或 a_6 的一位错都应使 $s_2=1$,由此可得监督关系式

$$s_2 = a_2 \oplus a_4 \oplus a_5 \oplus a_6 \tag{1-5}$$

同理可得

$$s_1 = a_1 \oplus a_3 \oplus a_5 \oplus a_6 \tag{1-6}$$

$$s_0 = a_0 \oplus a_3 \oplus a_4 \oplus a_6 \tag{1-7}$$

在发送端编码时,信息位 a_3,a_4,a_5,a_6 的取值取决于输入信号,它们在具体的应用中有确定的值;冗余位 a_2,a_1 和 a_0 的值按监督关系式来确定。将(1-5)~(1-7)式中的 s_2,s_1 和 s_0 取值为 0,即

$$a_2 \oplus a_4 \oplus a_5 \oplus a_6 = 0$$

$$a_1 \oplus a_3 \oplus a_5 \oplus a_6 = 0$$

$$a_0 \oplus a_3 \oplus a_4 \oplus a_6 = 0$$

由此可求得

$$a_2 = a_4 \oplus a_5 \oplus a_6 \tag{1-8}$$
$$a_1 = a_3 \oplus a_5 \oplus a_6 \tag{1-9}$$
$$a_0 = a_3 \oplus a_4 \oplus a_6 \tag{1-10}$$

已知信息位后按(1-8)～(1-10)式即可算出各冗余位。

在接收端收到每个码字后，按监督关系式算出 s_2，s_1 和 s_0，若它们全为"0"，则无错；若不全为"0"，在一位错的情况下可查表 1-3 来判定是哪一位错，从而纠正错误。例如，码字 0010101 在传输中发生一位错，在接收端收到的为 0011101，代入监督关系式可算出 $s_2=0$，$s_1=1$ 和 $s_0=1$，查表可知 $s_2 s_1 s_0 = 011$ 对应于 a_3 错，因而可将 0011101 纠正为 0010101。

第2章 计算机网络体系结构

网络协议以及网络分层功能和相邻层接口协议规范的集合称为计算机网络体系结构。根据 ISO/OSI 参考模型,把计算机网络体系结构分为 7 层:物理层、数据链路层、网络层、传输层、会话层、表示层和应用层。

本章知识要点:
➡ OSI 参考模型;
➡ 物理层及其功能;
➡ 数据链路层及其功能;
➡ 网络层及其功能;
➡ 传输层及其功能;
➡ 会话层及其功能;
➡ 表示层及其功能;
➡ 应用层及其功能;
➡ OSI 参考模型的数据传输;
➡ 网络计算模式。

2.1 OSI 参考模型

将多台位于不同地点的计算机系统及其大型终端设备互连起来,使其互相通信、共享资源、协同工作,这是一个非常复杂的工程设计问题。

对复杂的问题,将其进行分解,使其变成若干个功能相对独立的子问题,然后分而治之,逐个加以解决,是软件工程设计中常采用的结构化设计方法和手段。对于计算机网络这种复杂系统的设计当然也不例外。计算机网络的体系结构采用的就是分层结构。

2.1.1 层次模型

分层体系结构就是将系统按其实现的功能分成若干层。其最低层是系统中最基本的功能模块,是完成系统功能的最基本的部分,它向其相邻高层提供服务。层次结构中的每一层都直接使用其低层提供的服务,完成其自身确定的功能,然后向其高层提供"增值"后的服务。分层体系结构使得系统的功能逐层加强与完善,最终完成系统要完成的功能。

层次结构的好处在于使每一层实现相对独立的功能。每一层不必知道下一层功能实现的细节,只要知道下层通过层间接口提供的服务是什么,以及本层应向上层提供什么样的服务,就能独立地进行本层的设计开发。另外,由于各层相对简单独立,故容易设计、实现、维护、修改和扩充,也增加了系统的灵活性。

现代计算机网络无一例外地都采用了层次的体系结构,如 IBM 公司提供的 SNA、国际标准化组织 ISO 推荐的 OSI/RM 以及因特网广泛使用的 TCP/IP 协议族等均采用分层技术,其不同点只是表现在层次的划分、功能的分配与采用的技术等方面。计算机网络涉及多个实体间的通信,是一个分布的系统,其层次结构如图 2-1 所示。

由图 2-1 可以看出,网络的体系结构是对计算机网络系统的抽象,它精确地定义了计算机网络应完成的功能。

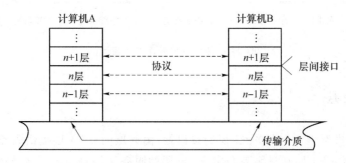

图 2-1 网络层次模型

计算机网络由多个互连的节点组成,它们之间要不断地交换数据和控制信息。为此,每个节点都必须遵守一些事先约定好的规则,这些规则被称为协议(Protocol),它精确地描述了水平方向上(对等层)模块之间的逻辑关系。协议由以下 3 个要素组成:

(1) 语法,即数据与控制信息的结构和格式,包括数据格式、编码及信号电平等;

(2) 语义,是用于协调和差错处理的控制信息,如需要发出何种控制信息、完成何种动作以及做出何种应答等;

(3) 时序,即对事件实现顺序的详细说明。

网络协议对计算机网络是不可缺少的,一个功能完备的计算机网络必须具备一套复杂的协议集。

网络体系结构中,在垂直方向上各功能模块之间的关系由相邻层之间的接口(Interface)定义。n 层的功能由其相邻下层 $n-1$ 层提供的服务(Service)实现。

一个计算机网络的体系结构包括功能完备的协议集和层间接口。从这个角度来说,计算机网络的体系结构可以简单地用"协议+接口"来描述。

2.1.2 开放系统互连参考模型

开放系统互连参考模型(Open System Interconnection Reference Model,OSI/RM)由

国际标准化组织 ISO 制订，是一个标准化的、开放式的计算机网络层次结构模型。如图 2-2 所示，开放系统互连参考模型由 7 层组成，自上而下分别为应用层、表示层、会话层、传输层、网络层、数据链路层和物理层。整个网络系统环境由若干端开放系统和中继开放系统通过传输介质连接而成。其中端系统要有 7 层，但通信子网中的中继系统则不一定要有 7 层，通常只有低三层，或者只有低两层。

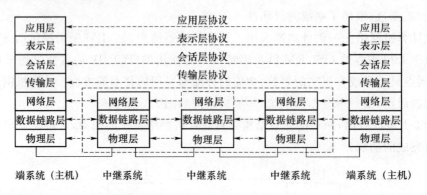

图 2-2　开放系统互连参考模型

2.1.3　层间服务

在 OSI 参考模型中 n 层与 $n+1$ 层的接口处，由 n 层向 $n+1$ 层提供服务。这里，n 层是服务的提供者，而 $n+1$ 层则是服务的用户。n 层的服务又是通过 $n-1$ 层提供的服务以及 n 层对等实体间按 n 层协议交换信息来完成的。接口处提供服务的地点在网络术语中称为服务访问点（Service Access Point，SAP）。每个服务访问点都有一个唯一的标识地址，如 UNIX 操作系统中的一个套接字、一个端口或者一个队列。

服务是通过一组原语来执行的。OSI 参考模型中将原语划分为以下 4 类：
- 请求（Request）——由服务用户发往服务提供者，请求完成某项工作；
- 指示（Indication）——由服务提供者发往服务用户，指示发生了某些事件；
- 响应（Response）——由服务用户发往服务提供者，作为对指示的响应；
- 证实（Confirmation）——由服务提供者发往服务用户，作为对请求的证实。

这 4 类原语用于不同的功能，如建立连接、传送数据和断开连接等。但要注意的是并不是所有的应用都需要使用 4 类原语，在非证实服务中就不必使用所有的 4 类原语。4 种类型原语之间的关系如图 2-3 所示。

图 2-3　服务原语之间的关系

2.2 物 理 层

物理层的功能是在物理媒体上传输原始比特流。当一方发送二进制比特流时,对方应能正确地接收。在物理层,传输的双方应该有一致同意的约定,如媒体信道上有多少条线,相应的连接器的机械形状和尺寸,交换电路的数量和排列,传输信号的电气特征,每条交换电路的功能以及进行比特流传输时的操作过程等。

物理层协议主要定义数据终端设备(Data Terminal Equipment,DTE)和数据通信设备(Data Communication Equipment,DCE)的物理和逻辑连接方法,所以物理层协议也称物理层接口标准。物理层接口标准有多种,如常用的 EIA RS-232C,CCITT 的 X.21 等。

2.2.1 物理层协议

物理层协议规定了与建立、维持及断开物理信号有关的特性,包括机械特性、电气特性、功能特性和规程特性4个方面。这些特性确保物理层通过物理信号的传输可以在相邻的网络节点之间正确地收发比特流信息,还要确保比特流能送上物理通道并在另一端取下。物理层仅关心比特流信息的传输,而不涉及比特之间的关系。

ISO 对 OSI/RM 的物理层所作的定义为:在物理信道实体之间合理地通过中间系统为比特传输所需的物理连接的激活、保持和去除提供机械特性、电气特性、功能特性和规程特性的手段。比特流传输可采用异步传输,也可采用同步传输完成。

CCITT 在 X.25 建议书中也对物理层作了类似的定义:利用机械的、电气的、功能的和规程的特性在数据终端设备和数据通信设备之间实现对物理信道的建立、保持和拆除功能。这里的数据终端设备指的是属于用户所有的连网设备和工作站的统称,如计算机、终端等;数据通信设备指的是为用户提供入网连接点的网络设备,如自动呼叫应答设备、调制解调器等。

DTE-DCE 的接口框图如图 2-4 所示。由图中可见,物理层接口协议实际上是数据终端设备和数据通信设备或其他通信设备之间的一组约定,主要解决网络节点与物理信道如何连接的问题。物理层协议规定了标准接口的机械连接特性、电气信号特性、信号功能特性以及交换电路的规程特性,这样做的主要目的是为了便于不同的制造厂家能够根据公认的标准各自独立地制造设备,使各厂家的产品都能相互兼容。

图 2-4 DTE-DCE 的接口框图

1. 机械特性

数据终端设备、数据通信设备作为两种分立的不同设备,通常采用连接器实现机械上的互连。物理层的机械特性具体规定了连接器的几何尺寸、插针或插孔芯数及排列方式、锁定装置形式等。

2. 电气特性

数据终端设备与数据通信设备之间有多根导线相连,这些导线中除地线以外,其他信号线均有方向性。物理层的电气特性规定了这组导线的电气连接及有关电路的特性,一般包括:接收器和发送器电路特性的说明、表示信号状态的电压/电流电平的识别、最大数据传输率说明,以及与互连电缆相关的规则等。

如图 2-5 所示,数据终端设备与数据通信设备接口的各根导线(也称互换电路)的电气连接方式有非平衡方式、采用差动接收器的非平衡方式和平衡方式 3 种。

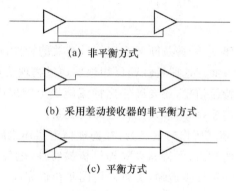

图 2-5 电气连接方式

3. 功能特性

功能特性规定了接口信号的来源、作用以及与其他信号之间的关系。接口信号线按功能一般可分为数据信号线、控制信号线、定时信号线和接地线 4 类。

4. 规程特性

规程特性规定了使用互换电路进行数据交换的控制步骤,这些控制步骤的应用使得比特流传输能够顺利地完成。

目前,由 CCITT 建议的规程有 V.24,V.25,V.54 等 V 系列和 X.20,X.20bis,X.21,X.21bis 等 X 系列,以及 RS-232C,RS-449,它们分别适用于各种不同的交换电路。其中,较新的规程是 RS-449 和 X.21。

2.2.2 物理层接口标准举例

1. RS-232C 接口标准

RS-232C 是美国电子工业协会(Electronic Industry Association,EIA)于 1969 年颁布的一种物理接口推荐标准(Recommended Standard,RS),目前仍在广泛使用。该标准利用

电话线路作为传输介质,并通过调制解调器将远程设备连接起来。远程设备与电话网相连时,通过调制解调器将数字信号转换成模拟信号,使其与电话网相容;在通信线路的另一端,再通过调制解调器将模拟信号转换成数字信号,从而实现比特流传输。

RS-232C 除了用于连接远程设备之外,也可以用于两台近程设备的连接,此时既不使用电话网也不使用调制解调器。

(1) 机械特性

RS-232C 的机械特性规定使用 25 芯的标准连接器,并对该连接器的几何尺寸及针式孔芯的排列位置都作了详细说明。但实际应用中,用户不一定用到 RS-232C 标准的全集,所以一些生产厂家为 RS-232C 标准的机械特性做了变通性的简化,使用了一个 9 芯的标准连接器,将不常用的信号线舍弃。

(2) 电气特性

RS-232C 的电气特性规定逻辑"1"的电平为 $-15\sim-5$ V,逻辑"0"的电平为 $+5\sim +15$ V,也即 RS-232C 采用 ± 15 V 的负逻辑电平。RS-232C 电平高达 ± 15 V,较之 $0\sim 5$ V 的 TTL 电平有更强的抗干扰性。但是,即使使用这样高的电平,在不使用调制解调器而直接相连时,其最大距离也仅有 15 m。RS-232C 接口的通信速率分 150 bit/s,300 bit/s,600 bit/s,1 200 bit/s,2 400 bit/s,4 800 bit/s,9 600 bit/s 和 19 200 bit/s 等几挡。

(3) 功能特性

RS-232C 的功能特性定义了 25 芯标准连接器中的 20 根信号线,其中 2 根地线、4 根数据线、11 根控制线、3 根定时信号线。表 2-1 给出了其中最常用的 10 根线的功能。

表 2-1 RS-232C 的功能特性

引脚编号	信号线名称	功能说明	信号线类型	连接方向
1	AA	保护地线(GND)	地线	
2	BA	发送数据(TD)	数据线	→DCE
3	BB	接收数据(RD)	数据线	→DTE
4	CA	请求发送(RTS)	控制线	→DCE
5	CB	清除发送(CTS)	控制线	→DTE
6	CC	数据设备就绪	控制线	→DTE
7	AB	信号地	地线	
8	CF	载波检测	控制线	→DTE
20	CD	数据终端就绪	控制线	→DCE
22	CE	振铃指示	控制线	→DTE

(4) 规程特性

RS-232C 的工作过程是在各根控制信号线有序的"ON"和"OFF"状态的配合下进行的。在 DTE 和 DCE 连接的情况下,只有当 CD(数据终端就绪)和 CC(数据设备就绪)均为"ON"状态时,才具备操作的基本条件。此后,若 DTE 要发送数据,则先将 CA(请求发送)置为"ON"状态,等待 CB(清除发送)应答信号为"ON"状态后,才能在 BA 上发送数据。

RS-232C 的连接如图 2-6 所示。

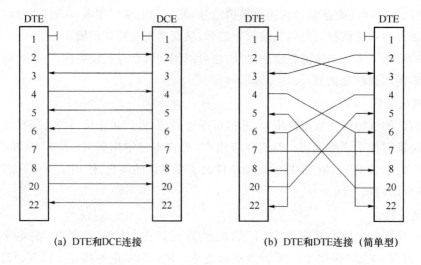

(a) DTE 和 DCE 连接   (b) DTE 和 DTE 连接（简单型）

图 2-6　RS-232C 的连接

2. RS-449 接口标准

RS-232 接口标准有两个较大的弱点,即数据传输速率最高不超过 20 kbit/s,连接电缆的最大长度不超过 15 m。为此,EIA 于 1997 年又制订了一个新的标准 RS-449,以取代旧的 RS-232。

实际上,RS-449 由以下 3 个标准组成。

(1) RS-449:规定接口的机械特性、功能特性和规程特性。RS-449 采用 37 芯的连接器。在 CCITT 的建议书中,RS-449 相当于 V.35。

(2) RS-423-A:规定在采用非平衡传输(所有的电路共用一个公共地)时的电气特性。当连接电缆长度为 10 m 时,数据传输速率可以达到 30 kbit/s。

(3) RS-422-A:规定在采用平衡传输(所有的电路没用公共地)时的电气特性。连接电缆长度可达 60 m,数据传输速率则提高到 2 Mbit/s。当连接电缆长度更短时,数据传输速率还可以更高些,如电缆长度为 10 m 时,数据传输速率高达 10 Mbit/s。

通常,RS-232 用于标准电话线路(一个话路)的物理层接口,而 RS-449 则用于宽带电路,一般都是租用电路,其典型的数据传输速率为 48～168 kbit/s,均用于点到点的同步传输。

2.3　数据链路层

数据链路层(Data Link Layer)介于物理层和网络层之间,其基本功能是将物理层提供的传输原始比特流的物理连接改造成逻辑上无差错的数据传输链路,以向网络层提供透明的、可靠的数据传输服务。

由于外界和噪声的干扰,原始的物理连接在传输比特流时可能发生差错。数据链路层的主要功能就是将原始的物理连接改造成无差错的、可靠的数据传输链路。另外,物理层传输的是比特流信息,并不关心信息的意义和结构,在数据链路层要将比特流组合成帧打包传送,使传送的比特信息具有意义和规范的结构,根据协议的语法可以知道哪一段是地址,哪一段是控制信息,哪一段是数据等。数据链路层还要解决由于发送方和接收方速度不匹配而造成数据包"淹没"接收方的问题,即流量控制。

2.3.1 帧同步功能

数据链路层之所以要把比特组合成以帧为单位传送,是为了在出错时只重发有错的帧,而不必重新发送全部数据,以提高效率。帧在发送的同时计算校验和,并将计算结果作为帧的一部分发送出去。当一帧到达目的地时,在接收数据帧的同时计算校验和,然后与帧中的校验和字段进行比较,从而检查帧在传送中是否发生了错误。为了使接收方能够检查传送数据,就必须能从物理层所收到的比特流中明确区分一个数据帧的开始和结束位置。这就是看起来简单,实现起来却并不容易的帧同步问题。

帧同步主要有 4 种方法:字节计数法、首尾定界法、首尾标志法和违规编码法。

1. 字节计数法

字节计数法首先用一个特殊字符来表示一帧的开始,然后使用一个计数字段来表明在帧内的字节数。当目的主机的数据链路层接收到字节计数值时就知道了后面跟随的字节数,从而可以确定帧结束的位置。

采用字节计数法来确定帧的终止边界不会引起数据及其他信息的混淆,因而不必采用任何措施便可实现数据的透明性,任何数据均可不受限制地传输。但是字节计数法的缺点也非常明显:一旦计数字段出错,导致帧边界错位,将影响后面所有帧边界的定位。

字节计数法的典型代表是美国 DEC 公司的数字数据通信报文协议(DDCMP)。

2. 首尾定界法

首尾定界法使用一些特定的字符来定界一帧的开始与结束。为了不将信息位中出现的特殊字符被误判为帧的首尾定界符,可以在特殊字符前面填充一个转义字符(DLE)来加以区分,以实现数据的透明传输。

首尾定界法使用起来比较麻烦,而且所用的特定字符依赖于所采用的字符编码集,兼容性比较差。

3. 首尾标志法

首尾标志法用一组特定的比特模式(如 01111110)来标志一帧的开头和结束。为了不使信息位中出现的与该特定比特模式相似的比特串被误判为帧的首尾标志,采用比特填充的方法。如采用特定比特模式 01111110 时,对信息位中的任何连续出现的 5 个"1",发送方自动在其后插入一个"0",而接收方做该过程的逆操作,即每收到连续 5 个"1",自动删除后跟的"0",以恢复原信息。

比特填充很容易由硬件来实现,性能优于字符填充的方法。

4. 违规编码法

这在物理层采用特定的比特编码方法时采用。例如,曼彻斯特编码方法是将数据比特

"1"编码成"高-低"电平对,将数据比特"0"编码成"低-高"电平对。而"高-高"电平对和"低-低"电平对是违规的,可以借用这些违规编码序列来定界帧的起始与终止。局域网 IEEE 802 标准中就采用了这种方法。

违规编码法不需要任何填充技术便能实现透明性,但它只适用于采用冗余编码的环境。

由于字节计数法中计数字段的脆弱性和字符填充实现上的复杂性和不兼容性,目前较普遍使用的帧同步法是首尾标志法和违规编码法。

2.3.2 差错控制功能

通信系统必须具备发现差错的能力,并采取措施纠正之,将差错控制在所能允许的尽可能小的范围内,这就是差错控制功能,也是数据链路层的主要功能之一。

接收方通过对差错编码的检查,可以判断一帧在传输过程中是否发生了差错。一旦发现差错,一般可以采用反馈重发的方法来纠正。这就要求接收方在接收完一帧后,向发送方反馈一个接收是否正确的信息,使发送方据此做出是否需要重新发送的决定。发送方仅当收到接收方已正确接收的反馈信息后才能认为一帧已经正确发送完毕,否则需要重发直至正确发送完毕为止。

物理信道的突发噪声可能完全"淹没"一帧,即使得整个数据帧或反馈信息帧丢失,这将导致发送方永远收不到接收方发来的反馈信息,从而使发送过程停滞。为了避免出现这种情况,通常引入计时器来限定帧的传送间隔。在发送方发送一帧的同时,也启动计时器,若在限定的时间间隔内未收到接收方的反馈信息,即计时器超时,则认为传出的帧出错或丢失,就重新发送帧。

由于同一帧数据可能重复发送多次,这就可能引起接收方多次收到同一帧并将其递交给网络层。为了防止这种危险,可以采用对发送的帧编号的方法,即赋予每帧一个序号,接收方能从序号来区分是否是新帧,从而确定要不要将接收到的帧递交给网络层。数据链路层通过使用定时器和序号来保证每一帧最终能被正确地提交给目标网络层。

2.3.3 流量控制功能

流量控制处理的是发送方发送能力大于接收方接收能力的问题。当发送方在一个速度比较快或负载比较轻的机器上运行,而接收方却在一个速度比较慢或负载比较重的机器上运行时,就会出现这个问题。若不进行流量控制,发送方只管按自己的能力向外发送,而接收方来不及接收,最终将会被不断送来的帧"淹没",造成帧丢失而出错。

因此,流量控制实际上是限制发送方的数据流量,使其发送速率不要超过接收方所能处理的范围。在这个过程中,也需要通过某种反馈机制使发送方知道接收方是否能跟得上发送速率,也即需要有一些规则使得发送方知道在什么情况下可以接着发送下一帧,什么情况下必须暂停发送。

最后,需要说明一点的是,流量控制并不是数据链路层特有的功能,许多高层协议也提供流量控制功能,只不过流量控制的对象不同而已。

2.3.4 链路管理功能

链路管理功能主要用于面向连接的服务。链路两端的节点在进行通信前，必须首先确认对方是否准备就绪，并交换一些必要的信息以对帧序号初始化，然后才能建立连接。在传输过程中则要维持该连接，如果出现了差错，需要重新初始化，重新自动建立连接。传输完毕，还要释放连接。数据链路层实现的链路的建立、维持和释放统称为链路管理。

2.4 网 络 层

网络层(Network Layer)关心的是通信子网的运行控制，主要任务是如何把网络层的协议数据单元(分组)从源传送到目的地。因此，网络层实现的功能之一就是路由选择，即为在子网上传送的分组选择合适的传送途径。

为了避免在通信子网中出现过多的分组时造成网络拥塞和死锁，网络层还要具备拥塞控制功能。除此之外，为了实现分组跨网传输，网络互连也是网络层应有的功能。

网络层常用的协议也有多种，因特网的核心协议——IP协议就是其中的一种。

2.4.1 通信子网的操作方式

网络层向传输层提供端到端的数据传输服务，而端到端的数据传输又是依靠通信子网中节点间的通信来实现的，因此网络层也是网络节点中的最高层。网络层将体现通信子网向端系统所提供的服务。在分组交换方式中，通信子网向端系统提供的网络服务分为虚电路(Virtual Circuit)服务和数据报(Datagram)服务两种，而通信子网内部的操作也有虚电路和数据报两种方式。

1. 虚电路操作方式

在虚电路操作方式中，为了进行数据传输，网络的源节点和目的节点之间首先要建立一条逻辑通路，因为这条逻辑通路不是专用的物理电路，所以称之为"虚电路"。每个节点到其他节点之间可能有若干条虚电路支持特定的两个端系统之间的数据传输，两个端系统之间也可以有多条虚电路为不同的进程服务，这些虚电路的实际路径可能相同也可能不同。

节点间的网络信道在逻辑上均可以看做由多条逻辑信道组成，这些逻辑信道实际上是由节点内部的分组缓冲区来实现的。所谓占用某条逻辑信道，实质上是指占用了该段物理信道上节点分配的分组缓冲区。不同的逻辑信道在节点内部通过逻辑信道号加以区分，各条逻辑信道分时复用同一条物理信道。

一条虚电路可能要经过多个中间节点，在节点间的各段网络信道上都要占用一条逻辑信道用以传送分组。由于各节点均能独立地为通过的虚电路分配逻辑信道，也即同一条虚电路通过各段信道所获取的逻辑信道号可能是不相同的，所以各节点内部必须建立一张虚电路表，用以记录经过该点的各条虚电路所占用的各个逻辑信道号。

为使节点能区分一个分组属于哪条虚电路，每个分组必须携带一个逻辑信道号。同样，同一条虚电路的分组在各段逻辑信道上的逻辑信号可能也不相同。传输中，当一个分组到达节点时,节点根据其携带的逻辑信道号查找虚电路表,以确定该分组应发往的下一个节点及其下一段信道上所占用的逻辑信道号,用该逻辑信道号替换分组中原先的逻辑信道号后,再将该分组发往下一个节点。

各节点的虚电路表是在虚电路建立过程中建立的。比如,与 A 节点相连的源端系统要经中间节点 B,C 跟与 D 节点相连的目的端系统建立一条虚电路,源端系统可发出一个呼叫请求分组,该分组除了包含目的地址外,还包含源端系统所选取的还没被使用的最小逻辑信道号 N。A 节点收到请求分组后在 A 节点与下一节点 B 间所有已使用的逻辑信道号之外选取一个最小的编号 N_A,并将请求分组中的逻辑信道号 N 替换成该逻辑信道号 N_A,再将分组发送给节点 B。此后的各节点依次逐个根据自身实际情况选取新的逻辑信道号来替换收到的分组中的逻辑信道号。最后目的节点 D 将请求分组传送给连接它的端系统。在此过程中,每个节点的虚电路表中要记录两个逻辑信道号:前一个节点所选取的逻辑信道号和本节点所选取的逻辑信道号。

图 2-7 给出了一个虚电路表建立的示例,这里假设建立了 6 条虚电路。由于虚电路上的数据是双向传输的,为保证两个节点之间正、反两个方向的虚电路不相混淆,在一个节点选取逻辑信道号来替换其前一节点使用的逻辑信道号时,不仅要考虑与下一节点之间的逻辑信道号不相同,还要考虑与下一节点作为另一条反向虚电路的上一节点时所选取的逻辑信道号相区别。例如在建立虚电路 1-BAE 时(这里 1-BAE 表示源节点为 B,建立虚电路时选取 1 为逻辑信道号,并经 A 传送到 E),在节点 B 中,尽管 A 节点是第一次作为 B 节点的下一节点,但由于虚电路 0-ABCD 中 A 到 B 间已使用了逻辑信道号 0,因此在出路一栏应选 B 到 A 间的逻辑信道号为 1。这样,当从节点 A 发来一个分组时,若它所携带的逻辑信道号为 0,则说明是虚电路 ABCD 上的正向分组;若为 1,则说明是虚电路 BAE 上的反向分组。对于其他虚电路的建立也是同样的情况。

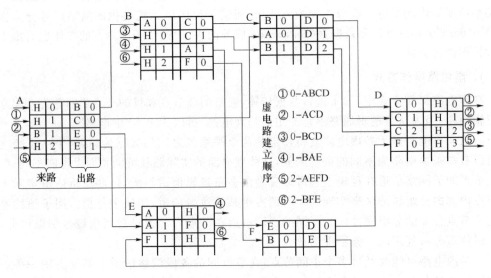

图 2-7 虚电路建立过程举例

2. 数据报操作方式

在数据报操作方式中,每个分组被称为一个数据报,若干个数据报构成一次要传送的报文或数据块。每个数据报自身携带有足够的信息,它的传送是被单独处理的。一个节点接收到一个数据报后,根据数据报中的地址信息和节点所存储的路由信息,找出一个合适的出路,把数据报按原样发送到下一节点。

当端系统要发送一个报文时,将报文拆成若干个带有序列号和地址信息的数据报,依次发给网络节点。此后,各个数据报所走的路径就可能不同了,因为各个节点在随时根据网络的流量、故障等情况选择路由。由于各行其道,各数据报不能保证按顺序到达目的节点,有些数据报甚至还可能在途中丢失。在整个数据报传送的过程中,不需要建立虚电路,但网络节点要为数据报做路由选择。

2.4.2 路由选择

通信子网为网络源节点和目的节点提供多条传输数据的路径。网络节点在收到一个分组后,要确定向下一节点传送的路径,这就是路由选择。路由选择是网络层要实现的基本功能。在数据报方式中,网络节点要为每个分组选择路由;而在虚电路方式中,只需在连接建立时确定路由。

确定路由选择的策略称路由选择算法(Routing Algorithm)。设计路由算法要考虑很多技术因素。如要考虑是选择最短路由还是选择最佳路由;通信子网是采用虚电路操作方式,还是采用数据报操作方式;是采用分布式路由算法,还是采用集中式路由算法;是采用静态路由选择策略,还是采用动态路由选择策略等。所以,路由选择算法以及它们使用的数据结构是网络层设计的一个重要研究领域。

路由选择算法是网络层软件的一部分,其追求的目标是:正确性(Correctness)、简单性(Simplicity)、健壮性(Robustness)、稳定性(Stability)、公平性(Fairness)和最佳性(Optimality)等。

1. 静态路由选择算法

静态路由选择算法是一类不用测量也不需利用网络信息,而是按某种固定规则进行路由选择的算法。常见的静态路由选择算法有最短路由选择算法、扩散法和基于流量的路由选择算法等。

2. 动态路由选择算法

现代计算机网络通常使用动态路由选择算法。动态路由选择是指节点的路由选择要依靠网络的当前状态信息来决定,以设法适应网络流量、拓扑等的变化。为了能够动态地适应诸如故障、网络拥塞等网络状态的变化,节点间必须交换网络状态信息。交换的信息越多,越频繁,越能选出更适应当前状态的路由,但是所付出的开销也越大。因此,采用动态路由选择时,要在这两者间做出权衡,从而使得网络的整体性能最优。

进行动态路由选择算法的设计时,要认真考虑以下因素:
- 路由选择算法非常复杂,故会增加网络节点的负担;
- 频繁交换网络状态信息会增加网络负载;
- 反应太快会引起振荡,反应太慢会使算法性能低下。

为此,要仔细设计动态路由算法,以最大限度地发挥其优势。动态路由选择算法的种类很多,根据网络状态信息的来源,可以简单地把动态路由算法分成3类,即孤立路由选择、集中路由选择和分布路由选择。它们分别对应着网络状态信息的3种来源,即本地节点、所有节点和相邻节点。

2.4.3 拥塞控制

拥塞(Congestion)现象是指到达通信子网中某一部分的分组数量过多，使得该部分网络来不及处理以致引起这部分乃至整个网络性能下降的现象，严重时甚至会导致网络通信业务陷入停顿，即出现死锁。

拥塞是由于网络资源无法满足用户的要求而引起的，人们也许会说，随着资源越来越廉价，拥塞问题应该会迎刃而解。但实际上，这完全是另外一回事，因为：

- 路由器的缓冲区不够可能会导致拥塞。如果突然之间几个分组同时从几条通信线路上到达一个路由器，这些分组就要进行排队。如果没有足够的空间来存储这些分组，有些分组就不得不被丢弃。在某种程度上，增加缓冲区会对缓解拥塞有所帮助，但是太大的缓冲区又带来了队列和延迟的增加，这不仅不会使拥塞减轻，反而会使拥塞更加恶化。考虑一下无限大的缓冲区，很多分组进行排队，当分组终于等到排在队列头可以进行转发时，该分组早已过时，只能由高层协议重传分组。实际上，太多的缓冲区远比很少的缓冲区带来的危害严重，因为那些重复的分组在被丢弃前已经占用了很多资源。
- 通信线路带宽不够可能导致拥塞。如果线路容量不够大，使得输入链路的速率超过了输出链路的速率，就会使输出队列快速增长，以至饱和。人们也许会说，现在通信线路有了很大提高，带宽问题应该不是问题了。但是，高速线路的使用也带来了新的问题。现在，路由器可能使用的线路范围很广，高速和低速线路的不匹配仍会带来拥塞。图2-8(a)中，4个节点通过3个19.2 kbit/s的低速链路按顺序连接，传输一个文件只需5分钟。如果把其中的一条链路替换为1 Mbit/s，如图2-8(b)所示，经过实验发现传输一个文件需要7小时。这是因为第一个路由器中高速链路的到达率要远远大于低速链路的离去率，从而导致长队列，缓冲区用完，进而丢失分组。
- 处理器速度慢也可能导致拥塞。如果路由器的CPU处理速度太慢，以至于来不及执行对分组的处理，那么，即使有多余的线路容量也可能使队列饱和。

通过以上的讨论，人们也许会说，如果所有通信线路和处理器都采用同样的速度就不会出现拥塞问题了，但事实上却不是这样。如图2-8(c)所示的网络中，所有节点的链路和处理器的吞吐能力均为1 Gbit/s，如果A和B同时与C进行文件传输，可能导致路由器R收到的分组速率为2 Gbit/s，而转发出去的分组速率只有1 Gbit/s，这样路由器R同样也会产生拥塞。

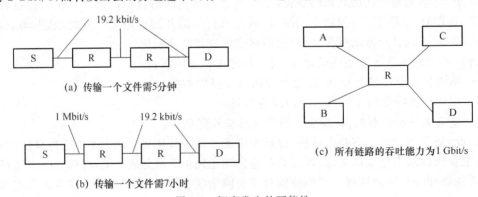

图 2-8 拥塞发生的可能性

更加不幸的是,拥塞会导致恶性循环。如果路由器没有空闲的缓冲区,它必须丢掉新来的分组。当扔掉一个分组时,发送该分组的路由器可能会因为超时而重传此分组,甚至可能要多次重传。由于发送方在未收到确认之前不能扔掉该分组,故接收方的拥塞迫使发送方不能像一般情况那样释放那些本应释放的缓冲区。

常见的拥塞控制方法包括以下几种。

（1）通信量整形

拥塞发生的主要原因在于通信量常常是突发的,因此,如果主机能以一个恒定的速率发送分组,拥塞将会少得多。而对于子网来说,是强迫分组以某种预定的速率传送。这种方法被广泛用在 ATM 网络中,称为通信量整形(Traffic Shaping)。

（2）缓冲区预分配算法

缓冲区预分配算法用于虚电路分组交换网中。在建立虚电路时,让呼叫请求分组途经的节点为虚电路预先分配一个或多个数据缓冲区。若某个节点缓冲区已经被占满,则呼叫请求分组另择路由,或者返回一个忙信号给呼叫者。这样,通过呼叫请求途径的各节点为每条虚电路开设缓冲区就能避免拥塞的出现。这种方法类似电路交换,不管有没有通信量,一旦虚连接建立就要为其保留可观的资源,因此网络资源的有效利用率不高。这种控制方法主要用于要求高带宽和低延迟的场合,例如传送数字化语音信息的虚电路。

（3）分组丢弃法

分组丢弃法不必预先保留缓冲区,当缓冲区占满时,将到来的分组丢弃。若通信子网提供的是数据报服务,则用该法防止拥塞不会引起大的影响。但若通信子网提供的是虚电路服务,则用分组丢弃法时必须在某处保存被丢弃的分组的复制,以便拥塞解决后重新传送。有两种解决被丢弃分组重发的方法。一种是让发送被丢弃分组的节点超时,并重新发送分组直至分组被收到;另一种是让发送被丢弃分组的节点在尝试一定次数后放弃发送,并迫使数据源节点超时而重新开始发送。

但是不加分辨地随意丢弃分组并不是一个可取的方法,因为一个包含确认信息的分组可以释放节点缓冲区,而丢弃这样的分组就等于减少一次释放缓冲区的机会。解决这个问题的方法是可以为每条链路保留一块缓冲区,以用于接纳并检测所有进入的分组。对于捎带确认信息的分组,在利用了所捎带的确认释放缓冲区后,再将该分组丢弃或将其保存在刚空出的缓冲区中。

（4）定额控制算法

定额控制算法是在通信子网中配置适当数量的称作"许可证"的特殊信息,一部分许可证在通信子网开始工作前预先以某种策略分配给各个源节点,另一部分则在子网开始工作后在网中四处环游。当源节点要发送来自源端系统的分组时,它必须首先拥有许可证,并且每发送一个分组就要注销一张许可证。而在目的节点方,则每收到一个分组并将其递交给目的端系统后,便生成一个许可证。这样,便可确保子网中分组数不会超过许可证的数量,从而防止了拥塞的发生。

2.4.4 网络互连

迄今为止,都假定所讨论的网是单个的同种协议网,网络中每台机器对应的层所用的协议相同。但实际上存在着许多不同的网络,包括各种各样的局域网、城域网和广域网,因此网络与网络互连还是十分必要的。

网络互连(Internetworking)是采用网络互连设备将网络及其相关设备连接在一起,组成地理范围更大、功能更强的网络,它是计算机网络发展到一定阶段的必然产物。

简单地讲,网络互连的目的就是使一个网络上的某一台主机能够与另一个网络上的主机进行通信。为了实现这一目标,提出了许多方法来提供网络互连服务,所有这些服务一般都要满足以下几条要求。

(1) 提供网络间的链路。至少必须提供物理层和链路层的连接。

(2) 提供不同网络中进程间的数据路由选择和传递。

(3) 提供记账服务,跟踪各网络和路由器的使用情况,并记录这些状态信息。

(4) 必须能适应网络间的许多差异,而不需要变更所连接网络的体系结构。这些差异主要表现在以下几个方面:

- 网络提供的服务的不同。网络提供的服务可能是面向连接的,也可能是面向无连接的,当一个分组从面向连接的网络经过无连接的网络时,必须重新安排,以便处理一些面向连接方式的发送者没有想到的,而面向无连接方式的接收者又不准备处理的事情。
- 网络之间采用不同的协议。此时就必须进行协议转换,特别是当所需的功能不能描述时,协议转换是很困难的。
- 网络之间采用不同的寻址方式。为了使得寻址方式不同的网络之间互连,必须实现全局寻址和全局目录服务。
- 不同的网络所使用的最大分组长度可能不同。来自大分组长度网络的分组在经过最大分组长度较小的网络时,必须进行分段。
- 不同网络的差错控制机制可能不同。有些网络由于下层通信子网的可靠性好,不需要进行差错恢复;而另一些网络可能很不可靠,必须通过差错控制机制来恢复。
- 不同网络的流量控制机制也可能不同。

这些差异在进行网络互连时都必须解决。另外需要指出的是,上述只是涉及不同通信子网在网络层上的互连,而实际它们之间的差异可以表现在不同的层次之上。

实现网络互连需要使用互连的中继设备(网络互连设备)。按照网络互连设备是对哪一层协议进行转换,可以将其分成转发器(Repeater)、网桥(Bridge)、路由器(Router)和网关(Gateway)4类。

- 转发器是一种低层设备,实现网络物理层的连接,它对段上衰减的信号进行放大、整形或再生。转发器只能起到扩展网段距离的作用,所以使用转发器互连的网络在逻辑上仍属于同一网络。
- 网桥和转发器的不同体现在比特到达时怎样将其复制,它在不同或者相同的局域网之间存储和转发帧,提供数据链路层上的协议转换。
- 路由器和网桥不同,它作用于网络层,在不同的网络间存储和转发分组,提供网络层上的协议转换。路由器从一条输入线路上接收分组,然后向另一条输出线路转发,这两条线路可能属于不同的网络,采用的协议也可能不同。
- 网关是指对高层协议(包括传输层)进行协议转换的网间连接器,又称为协议转换器。网关一般有两种:传输层网关和应用层网关。传输层网关(Transport Gateway)在传输层连接两个网络,如源端建立一条到传输层网关的 OSI 传输连接,传输层网关再与目的端建立一条 TCP 连接,这样就建立了一个从 OSI 网到 TCP 网的端到端连接。应用层网关(Application Gateway)在应用层连接两部分的应用程序。

2.5 传 输 层

传输层(Transport Layer)也称运输层,是整个协议层次结构的核心,它工作在端到端或主机到主机的功能层次上。使用传输层的服务,高层用户就可以直接进行端到端的数据传输,而忽略通信子网的存在。通过传输层的屏蔽,高层用户看不到子网的交替和技术变化。

传输层的功能就是为高层用户提供可靠的、透明的、有效的数据传输服务。传输层提供的服务大体分两种类型:一种是面向连接的,另一种是面向非连接的。

传输层的最终目标是向其用户——应用层进程——提供有效、可靠和价格合理的服务。为达到这一目标,传输层利用了网络层所提供的服务。传输层中完成这一工作的硬件和软件称为传输实体(Transport Entity)。传输实体可能在操作系统内核中,或在一个单独用户进程内,也可能是包含在网络应用程序库中,或是位于网络接口卡上。网络层、传输层和应用层之间的逻辑关系如图 2-9 所示。

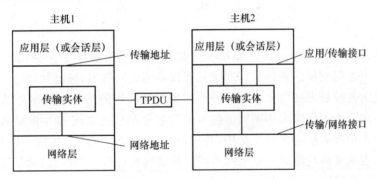

图 2-9 网络层、传输层和应用层之间的逻辑关系

面向连接的传输服务在很多方面类似于面向连接的网络服务。它们都包括 3 个阶段:建立连接、数据传输和释放连接。两层的寻址和流量控制方式也类似。面向无连接的传输服务与面向无连接的网络服务也很类似。既然传输服务和网络服务如此类似,为什么还要将其区分为不同的两层呢?原因就是面向连接的网络服务质量比较差,经常会出现丢失分组,路由器发生冲突等情况,而这些问题又不可能通过换用更好的路由器或增强数据链路层的纠错能力来解决,因此只能在网络层上再加一层以改善服务质量。

有了传输层后,传输服务会比其低层的网络服务更可靠,分组丢失、数据残缺均会被传输层检测到并采取相应的补救措施。另外传输服务原语的设计可以独立于网络服务原语,从而使得应用于各种网络的程序能够采用一个标准的原语集来编写,而无须考虑不同的通信子网接口和不可靠的数据传输。

实际上传输层起着将通信子网的技术、设计和各种缺陷与上层相隔离的关键作用,也就是说使得通信子网对于高层是透明的。

2.6 会 话 层

会话层(Session Layer)允许不同主机上各进程之间的会话。传输层是主机到主机的层次,而会话层是进程到进程的层次。会话层的功能是完成会话的组织、建立、同步、维护及断开等管理。

会话(Session)是一种建立在传输层之上的连接,这种连接提供了一种建立连接并有序传输数据的方法。会话可以使一个远程终端登录到远地计算机,进行文件传输或其他的应用。会话与传输的连接有3种对应关系:第一种是一对一的关系,即在会话层建立会话时,必须建立一个传输连接,当会话结束时,这个传输连接也被释放;第二种是多对一的关系,例如在多用户系统中,一个客户所建立的一次会话结束后,又有另一客户要求另一个会话,此时运载这些会话的传输连接没有必要不停地建立和释放;第三种是一对多的关系,若传输连接建立后中途失效,此时会话层会重新建立一个传输连接而不废弃原有的会话,当新的传输连接建立后原来的会话可以继续下去。

2.7 表 示 层

表示层(Presentation Layer)主要用于处理在两个通信系统中交换信息的表示方式。对于系统中用户之间交换的各种数据和信息都需要通过字符串、整型数、浮点数以及由简单类型组合而成的各种数据结构来表示。而不同的机器采用的编码和表示方法不同,使用的数据结构也不同。为了解决采用不同方法表示的数据和信息之间能互相交换(值不变),表示层采用抽象的标准方法定义数据结构,并采用标准的编码形式。数据压缩和加密也是表示层可提供的表示变换功能。数据压缩可减少传输的比特数,节省信道的带宽;数据加密可防止敌意地窃听和篡改,提高网络的安全性。

2.8 应 用 层

应用层(Application Layer)是开放系统互连参考模型的最高层,其功能是为特定类型的网络应用提供访问 OSI 环境的手段。应用层的协议有很多,如用于完成不同主机间的交换传送、访问和管理的文件传输协议(File Transfer Protocol,FTP),网络环境下传送标准电子邮件的报文处理系统(Message Handling System,MHS),以及虚拟终端协议(Virtual Terminal Protocol,VTP)等。

2.9 OSI 模型的数据传输

在层次结构模型中,数据的实际传输过程如图 2-10 所示,发送进程发送给接收进程的数据实际上是经发送方各层从上到下传递到物理媒体,传输到接收方,再经各层从下到上传送到目的地点。在发送方从上到下逐层传送过程中,每层都要加上适当的控制信息,即图中的包头 H(Header)。接收方在向上传送时正好相反,要逐层剥去发送方相应层加上去的控制信息。

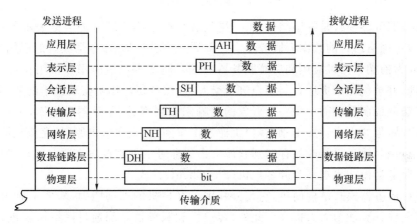

图 2-10 数据传输过程

2.10 网络计算模式

信息技术的高速发展推动了计算模式的不断更新,从主机/终端模式、客户机/服务器模式、浏览器/服务器模式,到现在蓬勃发展的网格计算模式,计算模式已产生巨大变化。

1. 主机/终端模式

传统的主机/终端模式是一种集中式计算模式,所有的计算任务和数据管理任务都集中在主机上,终端只是主机输入/输出设备的延长。这种模式的优点是容易管理,缺点是对主机的性能要求很高,也浪费了作为终端的计算机的计算能力,并且从性能价格比来看,在购置费用相当的情况下,一台主机的性能往往比不上几台计算机所组成网络的性能。因此这种模式已逐渐退出主流。

2. 客户机/服务器模式

客户机/服务器(Client/Server)模式简称 C/S 模式,属于分布式计算模式。客户机/服务器模式充分利用分布式智能,将服务器和客户机都视为智能化的、可编程的设备,从而充分开发它们各自的计算能力。服务器集中管理数据,而计算任务则分散在客户机上。客户机和服务器之间通过网络协议来进行通信,客户机向服务器发出数据请求,服务器将数据传送给客户机进行计算,计算完毕,计算结果可返回给服务器。客户机/服务器模式如图 2-11 所示。

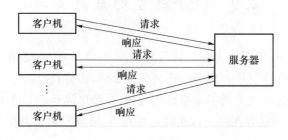

图 2-11　客户机/服务器模式

客户机/服务器模式是两层结构:第一层是客户机系统上结合的数据表示与业务逻辑,第二层是通过网络结合的数据库服务器。在部署一个客户机/服务器模式的应用时,通常将应用程序分为前端客户机应用和后端服务器应用。通常客户机应用提供用户接口,运行逻辑应用处理,并被优化成更适合与用户进行交互;而服务器应用则实现集中的数据存储和管理、多用户访问机制等功能。用一个形象的比喻来描述就是:服务器像仓库,主要功能是存储原料和成品,但并不进行加工;而客户机像加工车间,从仓库取出原料,完成从原料到成品的整个制造过程,然后再将成品存储到仓库。由于业务的处理逻辑主要在客户机端执行,因此客户机/服务器模式也被称为胖客户机(Fat Client)模式。

客户机/服务器模式结构简单,它充分利用了客户机的处理能力,降低了对服务器的要求,使系统整体计算能力大大提高。此外,客户机和服务器之间通过网络协议进行通信,是一种逻辑联系,因此物理上在客户机和服务器两端是易于扩充的。

客户机/服务器模式的这些优点决定了其在网络计算模式中具有里程碑意义。客户机/服务器模式在 20 世纪 80 年代后期开始引入业界,为多用户系统提供了前所未有的双向交流感和灵活性,革命性地改变了传统应用设计和系统实现方式,很快便在各种类型的软件系统设计与开发中获得广泛应用,到 20 世纪 90 年代初期,这种计算模式已成为业界的主流。

随着应用系统的不断扩充和新应用的不断出现,两层结构的客户机/服务器计算模式开始暴露出一些问题和弊端。

- 首先是系统的拓展性和安装维护问题。当将部门级的应用逐渐推广到企业级的关键任务时,这些小规模环境下运行良好的应用进入大规模应用系统之后,性能呈几何级数下降,以致影响到系统的可靠性。在系统开发完成后,整个系统的安装也非常烦琐,在每一台客户机上不但要安装应用程序,而且必须安装相应的数据库连接程序,还要完成大量的系统配置工作。
- 其次是系统的安全性问题。在两层结构下,大量代码化的企业业务流程驻留在客户机上,给系统的安全性带来了极大的考验。同时随着用户数量的增加,这种业务逻辑的维护成本也越来越高。
- 最后是系统间的通信障碍。当两层计算模式从部门级应用拓展到企业级应用时,两层结构的应用之间几乎没有交互性操作,因此很难实现分布系统的组件技术。

以上这些问题导致了客户机/服务器模式可管理性差、工作效率低,客户机/服务器模式已不能适应今天更高速度、更大地域范围的数据运算和处理。而以上这些问题是两层结构本身的原生性问题,仅仅依靠对两层结构进行细枝末节的修补和开发无法很好解决。要真正解决这些问题,必须从根本上改变这种两层结构设计。

3. 浏览器/服务器模式

浏览器/服务器(Browser/Server)模式简称 B/S 模式,是一种 3 层结构的分布式计算模式。在浏览器/服务器模式中,客户机应用程序只需要一个 Web 浏览器,用户通过 Web 页面与应用系统进行交互;Web 服务器此时充当应用服务器的角色,专门负责业务逻辑的实现,它接受来自 Web 浏览器的访问请求,访问数据服务器进行相应的逻辑处理,并将结果返回浏览器;数据服务器则负责数据信息的存储、访问及优化。浏览器/服务器模式如图 2-12 所示。

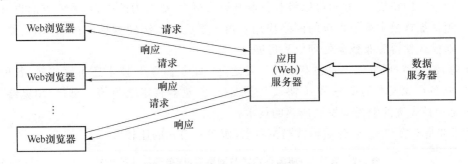

图 2-12　浏览器/服务器模式

浏览器/服务器模式的第一层是表示层,由 Web 浏览器充当客户机应用程序,提供友好的、统一的用户接口;第二层是功能层,具有应用程序扩展功能的 Web 服务器实现数据访问和处理功能;第三层是数据层,由数据服务器实现数据的存储和管理。由于所有的业务处理逻辑都被提取到应用服务器实现和执行,大大降低了客户端负担,因此浏览器/服务器模式又称为瘦客户机(Thin Client)模式。

这种 3 层结构在传统的两层结构的基础上增加了应用(Web)服务器,将应用逻辑单独进行处理,从而使得用户界面与应用逻辑位于不同的平台上,两者之间的通信协议由系统自行定义。这样的结构设计使得应用逻辑被所有用户共享,这是 3 层结构与两层结构之间最大的区别。

浏览器/服务器模式的这种 3 层结构在层与层之间相互独立,任何一层的改变不影响其他层的功能。它从根本上改变了客户机/服务器模式两层结构的缺陷,是应用系统体系结构中又一次深刻的变革。3 层结构的浏览器/服务器模式与两层结构的客户机/服务器模式相比,优势非常明显。

- 首先,它简化了客户端。浏览器/服务器模式无须像客户机/服务器模式那样在不同的客户机上安装不同的客户机应用程序,而只需安装通用的浏览器软件。这样不但可以节省客户机的资源,而且使安装过程更加简便、应用部署更加灵活。
- 其次,它简化了系统的开发和维护。系统的开发者不再为不同级别的用户设计开发不同的客户机应用程序,而是把所有的应用逻辑处理功能都实现在 Web 服务器上,并就不同的功能为各个类别的用户设置权限就可以了。各个用户通过 HTTP 请求在权限范围内调用 Web 服务器上不同的 Web 应用处理程序,从而完成对数据的查询或修改。当系统需要升级时,也无须再为每一个现有的客户机应用程序升级,而只需对 Web 服务器上的 Web 应用处理程序进行修改和升级即可,所有的升级操作对客户端来说都是透明的。这样不但可以提高公司的运作效率,还省去了维护时协调工作的不少麻烦。如果一个公司有上千台客户机,并且分布在不同的地点,那么便于维护将会显得更加重要。

- 再次,它使用户的操作变得更简单。对于客户机/服务器模式,客户机应用程序有自己特定的用户接口规范,使用者往往需要接受专门培训。而采用浏览器/服务器模式时,客户机应用程序只是一个简单易用的浏览器软件,用户无须专门培训就可以直接使用。浏览器/服务器模式的这种特性,还使系统维护的限制因素更少。
- 最后,系统的扩展性大大增强。浏览器/服务器模式使得系统很容易在纵向和横向两个方向拓展,一方面可以将服务器升级为更大、更有力的平台,另一方面也可以适当增加规模来增强系统的网络应用。由于摆脱了系统同构性的限制,浏览器/服务器模式使得分布数据处理成为可能。

但是,浏览器/服务器模式也有一些不足之处,如动态 Web 技术还不够成熟,各种标准有待统一,各厂家发布的动态 Web 协议互不支持、浏览器技术之争等。总之,浏览器/服务器模式是一种先进的但尚未发展成熟的技术。

表 2-2 是对客户机/服务器模式与浏览器/服务器模式的比较。

表 2-2 客户机/服务器模式与浏览器/服务器模式的比较

比较项目	客户机/服务器模式	浏览器/服务器模式
运行环境	通常建立在小范围的局域网上,要安装专门的客户机应用程序,与操作系统相关	可以建立在局域网或广域网上,客户机安装 Web 浏览器就行,与操作系统无关,可以跨平台
安全要求	面向相对固定的用户群,对信息安全的控制能力很强	面向的是不可知的用户群,对安全的控制能力相对较弱
程序结构	注重流程,可以对权限多层次校验,对系统运行速度可以较少考虑	对安全以及访问速度的多重的考虑,建立在需要更加优化的基础之上
软件复用	软件开发不可避免地要进行整体考虑,软件复用性比较差	多重结构,往往采用构件技术开发,软件复用性相对较好
系统维护	软件分发、维护、升级困难,开销大	软件分发、维护、升级均在服务器端进行,简单易行且对客户端透明,客户端甚至可以零维护
用户接口	专门开发的用户接口,可能需要培训才能掌握和使用	统一、友好的 Web 浏览器用户接口,不需专门培训

从技术发展趋势上看,可以认为浏览器/服务器模式最终将取代客户机/服务器计算模式。但同时也应该认识到,由于业已形成的网络现状,在今后的一段时间内,网络计算模式很可能是浏览器/服务器模式与客户机/服务器模式同时存在的混合计算模式。

4. 网格计算模式

简单地说,网格(Grid)就是一个集成的计算与资源环境,或者说是一个计算资源池。网格能够充分吸纳各种计算资源,并将它们转化成一种随处可得的、可靠的、标准的同时还是经济的计算能力。除了各种类型的计算机,这里的计算资源还包括网络通信能力、数据资料、仪器设备，甚至是人等各种相关的资源。基于网格的问题求解就是网格计算（Grid Computing）。这里给出的网格和网格计算的概念是相对抽象的，而且是广义的。

狭义网格定义中的网格资源主要是指分布的计算机资源，而网格计算就是指将分布的计算机组织起来协同解决复杂的科学与工程计算问题。狭义的网格一般被称为计算网格（Computing Grid），即主要用于解决科学与工程计算问题的网格。

全球网格研究的领军人物、美国阿岗（Argonne）国家实验室的资深科学家、美国 Globus 项目的领导人 Ian Foster 曾在 1998 年出版的《网格：21 世纪信息技术基础设施的蓝图》一书中这样描述网格："网格是构筑在互联网上的一组新兴技术，它将高速互联网、高性能计算机、大型数据库、传感器、远程设备等融为一体，为科技人员和普通老百姓提供更多的资源、功能和交互性。互联网主要为人们提供电子邮件、网页浏览等通信功能，而网格功能则更多更强，让人们透明地使用计算、存储等其他资源。"

2000 年，Ian Foster 在"网格的剖析"这篇论文中把网格进一步描述为"在动态变化的多个虚拟机构间共享资源和协同解决问题"。2002 年 7 月，Ian Foster 在"什么是网格？判断是否是网格的 3 个标准"一文中，限定网格必须同时满足 3 个条件：(1)在非集中控制的环境中协同使用资源；(2)使用标准的、开放的和通用的协议和接口；(3)提供非平凡的服务。这 3 个条件非常严格，因此 Ian Foster 提出的是狭义的网格概念。

但并不是所有人都同意 Ian Foster 的观点，有许多人赞同广义的网格概念，它称作巨大全球网格（Great Global Grid，GGG），不仅包括计算网格、数据网格、信息网格、知识网格、商业网格，还包括一些已有的网络计算模式，例如对等计算（Peer to Peer，P2P）、寄生计算等。

不管是狭义的网格还是广义的网格，其目的不外乎是要利用互联网把分散在不同地理位置的电脑组织成一台"虚拟的超级计算机"，实现计算资源、存储资源、数据资源、信息资源、软件资源、通信资源、知识资源、专家资源等的全面共享。其中每一台参与的计算机就是一个节点，就像摆放在围棋棋盘上的棋子一样，而棋盘上纵横交错的线条对应于现实世界的网络，所以整个系统就叫做"网格"了。在网格上做计算，就像下围棋一样，不是单个棋子完成的，而是所有棋子互相配合形成合力完成的。传统互联网实现了计算机硬件的连通，Web 实现了网页的连通，而网格试图实现互联网上所有资源的全面连通。

网格是借鉴电力网（Electric Power Grid）的概念提出来的，其最终目的是希望用户在使用网格计算能力时，就如同现在使用电力一样方便。人们在使用电力时，不需要知道它是从哪个地点的发电站输送出来的，也不需要知道是通过什么样的发电机产生的，人们使用的是一种统一形式的"电能"。网格也希望给最终的使用者提供的是与地理位置无关、与具体的计算设置无关的通用的计算能力。网格的组成如图 2-13 所示。

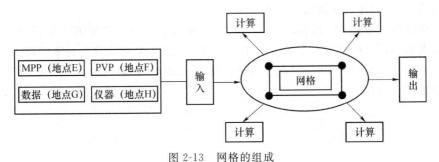

图 2-13　网格的组成

按照 Ian Foster 和 Globus 项目组的观点,网格的应用领域目前主要有 4 类:分布式超级计算、分布式仪器系统、数据密集型计算和远程沉浸。

(1) 分布式超级计算

分布式超级计算(Distributed Supercomputing)是指将分布在不同地点的超级计算机用高速网络连接起来,并用网格中间件软件"粘合"起来,形成比单台超级计算机强大得多的计算平台。事实上,网格的最初设计目标主要就是要满足更大规模的计算需求,Globus 正是从这类应用起家的。有两个典型的分布式超级计算应用:第一个是军事仿真项目 SF Express,它将大型军事仿真任务分解到分布式环境中运行,从而在规模上创下了该领域的世界纪录;第二个应用称做数字相对论,它利用网格求解爱因斯坦相对论方程并模拟出天体的运动规律,这个应用很有代表性,在 2001 年超级计算会议(Supercomputing 2001)上获得了 Gordon Bell 奖。

(2) 分布式仪器系统

分布式仪器系统(Distributed Instrumentation System)是指用网格管理分布在各地的贵重仪器系统,提供远程访问仪器设备的手段,提高仪器的利用率,大大方便用户的使用。在网格出现之前,人们就试图通过网络访问一些仪器设备或仪器数据,但当时的软硬件环境都不成熟,只能实现一些低要求应用,而网格将分布式仪器系统变成了一个非常易于管理和有弹性的系统,如远程医疗系统。

(3) 数据密集型计算

并行计算技术往往是由一些计算密集型应用推动着的,特别是一些带有重大挑战性质的应用,它们大大促进了对高性能并行体系结构、编程环境、大规模可视化等领域的研究。但是,相比之下,数据密集型计算(Data Intensive Computing)的应用好像要比计算密集型应用多得多。它对应的数据网格更侧重于数据的存储、传输和处理,而计算网格则更侧重于计算能力的提高,所以它们的侧重点和实现技术是不同的。典型项目之一是欧洲原子能研究机构 CERN 所开展的数据网格(Data Grid)项目。

(4) 远程沉浸

远程沉浸(Tele-Immersion)这个术语是在 1996 年 10 月,由伊利诺州大学芝加哥分校的电子可视化实验室(Electronic Visualization Laboratory,EVL)最早提出来的。远程沉浸是一种特殊的网络化虚拟现实环境。这个环境可以是对现实或历史的逼真反映,可以是对高性能计算结果或数据库的可视化,也可以是个纯粹虚构的空间。"沉浸"的意思是人可以完全融入其中:各地的参与者通过网络聚在同一个虚拟空间里,既可以随意漫游,又可以相互沟通,还可以与虚拟环境交互,使之发生改变。打个比方,远程沉浸是一部观众可以进入其中的科幻电影。远程沉浸可以广泛应用于交互式科学可视化、教育、训练、艺术、娱乐、工业设计、信息可视化等许多领域。

从网格的角度来看,远程沉浸算得上是个"另类",它与分布式超级计算、分布式仪器系统和数据密集型计算的性质有很大的不同:一方面,虽然它能把高性能计算的结果用一种全新的方式可视化出来,但它本身对高性能计算的要求并不高;另一方面,它并没有集网络上的大量资源于一身。

第 3 章 Internet/Intranet 概述

因特网(Internet)是世界上最大的、开放的、由多个计算机网络为了实现更大范围的资源共享和信息交换而组成的互连网络。Internet 采用 TCP/IP 协议族,将各国家、地区、部门各种类型的计算机网络通过网络互连设备实现互连,形成一个计算机网络的网络。

本章知识要点:
➡ 因特网的发展历程和展望;
➡ TCP/IP 模型;
➡ 主机至网络层协议;
➡ 互联层协议;
➡ 传输层协议;
➡ 应用层协议;
➡ 内部网与外部网;
➡ VPN 技术;
➡ Internet 的相关术语。

3.1 因特网的发展历程和展望

3.1.1 因特网的发展历程

20 世纪 50 年代,计算机出现后,不久就有了终端——主机和系统,继而发展成远程终端——主机——这种具有通信能力的结构,之后,逐渐形成由多台主机组成并且在主机间有少量信息活动的系统。这种情况一直延续到 20 世纪 60 年代末,美国国防部高级研究计划局(Advanced Research Projects Agency, ARPA)在 1969 年立项研制一个能经得起包括战争破坏在内的故障而仍能正常工作的的计算机通信网络,被称为 ARPANet。

建设 ARPANet 的初衷是为了帮助军方的研究人员利用计算机进行资源共享和信息交换,其设计与实现的主导思想为:网络能够经受故障的考验而维持正常工作,当网络的某个部分遭受攻击或被摧毁而失去作用时,也能保证网络其他部分正常运行并维持正常通信。

ARPANet 在 1969 年 12 月建成时使用 50 kbit/s 的通信线路连接了分布在美国 3 个州

的4个计算节点,规模很小。早期能接入ARPANet的只有军方用户以及与军方有研究合同的科研院所,但ARPANet的发展速度很快,规模也在不断扩大,不仅在美国国内有许多网络与ARPANet相连,而且在世界范围内有许多国家也都通过远程通信将计算机网络接入ARPANet。随着越来越多的网络加入ARPANet,尤其是卫星和无线网络的加入,利用原有的ARPANet协议实现与多种网络产品互连已经变得十分困难,于是在1974年推出适用于互联网络通信的TCP/IP协议族,并提供一整套方便实用的网络应用程序接口以及大量的工具软件和管理软件。利用TCP/IP协议族可以实现多种网络产品间的无缝连接,这使得网络的互联变得非常容易,从而激发更多的网络加入到ARPANet。

由于ARPANet军事用途的限制,无法让更多的计算机网络通过ARPANet实现互连,为此美国国家科学基金会(National Science Foundation,NSF)从1984年开始筹建一个向所有大学开放的计算机互联网络。到1988年年底,NSF建成了连接全美5个超级计算机中心的骨干网,筹集资金建成了大约20个地区网并连接到骨干网上,从而允许各大学、研究室、图书馆和博物馆的用户通过网络访问超级计算机中心和互相通信。包括骨干网和地区网在内的整个网络被称为NSFNet。与此同时,其他国家和地区也组建了类似于NSFNet的网络,比如欧洲的EuropaNet(科研网络)和EBone(商业化网络),并且通过通信线路同NSFNet或ARPANet相连。

采用Internet这个名称是在NSFNet通过通信线路实现了与MILNet(从ARPANet中分离出来的一个子网)的互连之后开始的。随后美国的其他联邦部门的计算机网络也相继并入Internet,如能源科学网(ESNet)、航天技术网(NASANet)、商业网(COMNet)等,NSFNet逐渐向社会开放。

NSFNet最初由政府资助,应用领域仅限于教育和科研,但随着网络规模的扩大,政府不可能再继续资助网络建设。而许多商业组织看到Internet的成功,也迫切希望加入NSFNet,却因为不属于NSF的资助对象而不能如愿。为此,NSF于1990年将NSFNet移交给了一个非营利组织高级网络服务公司(Advanced Networks and Services,ANS)进行管理,开始了网络商业化的过程。ANS将NSFNet的1.5 Mbit/s骨干网升级为45 Mbit/s骨干网,称为ANSNet。

随着越来越多的网络公司提供商业网络服务,NSF的地区网不再需要通过ANSNet进行互连,因为它们完全可以通过购买商业网络服务来实现互连,于是ANSNet于1995年卖给了美国在线公司(America Online,AOL)。至此,不再有任何一个组织或机构可以完全控制Internet,Internet成为由多个各自独立管理的网络组成的开放的、覆盖全球的互联网络。

Internet的规模一直在呈指数增长,到今天,Internet连接近亿台计算机,拥有数以亿计的用户。除了网络规模在扩大,Internet的应用领域也在走向多元化。最初的网络应用主要是电子邮件、新闻组、远程登录和文件传输,网络用户也主要是科研工作者。但是WWW技术的出现和应用,将无数非学术领域的用户带进了Internet世界,WWW技术因其用户界面友好、信息量大、使用快捷方便而很快被人们所接受。

随着网络带宽的不断增加和通信技术的不断发展,Internet已经实现网上购物、远程教育、远程医疗、视频点播、视频会议等应用,可以说Internet的应用领域已经深入到文化、政治、经济、新闻、体育、娱乐、商业、服务业等社会生活的各个方面。政府机关、事业机构、商业公司等正在越来越多地通过Internet来开展业务、提供服务,用户则通过网络学习、工作并享受各种丰富的网络服务。

3.1.2 互联网在中国的发展

在 20 世纪 80 年代初期,我国很少有人接触过网络。1987 年,钱天白教授于 9 月 14 日发出了中国第一封电子邮件,揭开了中国人使用互联网的序幕。1990 年 11 月 28 日,钱天白教授代表中国正式在 SRI-NIC(Stanford Research Institute's Network Information Center)注册登记了中国的顶级域名 CN,从此开通了使用中国顶级域名 CN 的国际电子邮件服务。1994 年 4 月我国正式加入 Internet 后,Internet 在我国得到迅猛发展。截至 2007 年 12 月,网民数已增至 2.1 亿人。中国网民数增长迅速,比 2007 年 6 月增加 4800 万人,2007 年一年则增加了 7300 万人,年增长率达到 53.3%,在过去一年中平均每天增加网民 20 万人。据工业和信息化部的数据显示,截至 2008 年 2 月,我国网民数达 2.21 亿人,超过美国居全球首位。

1. 建立公用分组交换网 CHINAPAC

1989 年 11 月我国第一个公用分组交换网 CNPAC 建成运行,由 3 个分组节点交换机、8 个集中器和 1 个双机组成的网络管理中心组成。在此基础上,新的公用分组交换网于 1993 年 9 月建成,并改称 CHINAPAC,由国家主干网和各省(自治区、直辖市)的省内网组成。

2. "三金"工程

1993 年 3 月 12 日,时任副总理的朱镕基主持国务院会议,提出了建设"三金"工程,即金桥、金关、金卡工程。计算机网络正是"三金"工程中的一个非常重要的组成部分。

金桥工程是以建设我国重要的信息化基础设施为目的的跨世纪重大工程,它与原邮电部的通信干线及各部门已有的专用通信网互连互通,成为国家公用经济信息通信的主干网。

金关工程是为了加快我国外贸业务信息化和自动化管理的一项重要工程,其目的是要推动海关报关业务的电子化,取代传统的报关方式以节省单据传送的时间和成本,为推广电子数据交换业务和实现无纸贸易创造条件。

金卡工程建设的总体目标是要建立起一个现代化的、实用的、比较完整的电子货币系统,形成和完善既符合我国国情又能与国际接轨的金融卡业务管理体制。

3. 基于 Internet 技术的公用计算机网络

我国在 1996 年年底建成 4 个基于 Internet 技术并可以和 Internet 互联的全国性公用计算机网络,即中国公用计算机互联网(CHINANET)、中国金桥信息网(CHINAGBN)、中国教育和科研计算机网(CERNET)及中国科学技术网(CSTNET)。

根据 2004 年 1 月 CNNIC(http://www.cnnic.net.cn/)发布的第十三次《中国互联网络发展状况统计报告》,目前已经建成和正在建设中的基于 Internet 技术的公用计算机网络有:

- 中国科学技术网;
- 中国公用计算机互联网;
- 中国教育和科研计算机网;
- 中国联通互联网(UNINET);

- 中国网通公用互联网(CNCNET)(网通控股);
- 宽带中国 CHINA169 网(网通集团);
- 中国国际经济贸易互联网(CIETNET);
- 中国移动互联网(CMNET);
- 中国长城互联网(CGWNET)(建设中);
- 中国卫星集团互联网(CSNET)(建设中)。

3.1.3 互联网发展的新阶段

随着应用的不断增加和用户的快速增长,以及因特网自身固有的一些先天不足,Internet暴露出很多问题。

- 因特网原先用于军事目的,所以主要考虑其抗干扰能力,但这是以牺牲网络带宽为代价的。在当前网上用户激增、多媒体应用日趋成为通信主流的情况下,因特网显得先天不足,不堪重负。
- 因特网缺乏管理,信息泛滥,就像一个巨大的自由市场。犯罪分子利用其管理漏洞作案,毫无用处的垃圾信息耗费大量有效带宽,网络攻击事件频繁发生,因此有人称Internet 是一个没有领导、没有警察、没有军队的不可思议的机构。
- 最初的因特网应用范围狭窄,所以对安全性未给予过多的重视。而现在,安全性已成为一个不容忽视的大问题。
- 目前因特网上运行的 TCP/IP 协议第 4 版(即 IPv4)不具备服务质量保障特性,不能预留带宽,不能限定网络时延,因此无法很好地支持许多新的应用,如远程教学、远程医疗和远程会议等。

于是,在因特网进入商用后不久,建立一个新的、更先进的网络被提上教育界和科研界的日程,这就是下一代因特网(Next Generation Internet,NGI)。下一代因特网在提供更高的网络带宽的同时还将提供更多的功能、更好的安全性和可管理性,并将支持更多的网络应用。下一代因特网的 3 个基本计划几乎是并行提出和进行的,它们是:美国国家自然科学基金会的非常高速的主干网络服务(Very-high-speed Backbone Network Service,VBNS)、高等院校与企业合作的 Internet2、美国政府的 NGI 计划。

(1) VBNS

Internet 刚刚进入商业化阶段不久,NSF 就已经开始提供赞助以超越商业因特网所具有的网络功能。NSF 所使用的方法是重新铺设一条专用的网络——VBNS——为合适的研究人员与学者提供下一代的网络服务。在 1995 年春天,NSF 与 MCI 就 VBNS 签订了 5 亿美元的 5 年合作协议。该网络从 1995 年 4 月开始启用,连接了 5 个 NSF 的超级计算机中心,随后又扩展到大约 100 个研究机构。

VBNS 最初的传输速率是 155 Mbit/s,并计划到 2000 年达到 2.5 Gbit/s。VBNS 的主要目标是提供一个场所来测试新的应用系统、试验先进的网络科技。

(2) Internet2

1996 年 10 月 1 日,美国一些科研机构和 34 所大学代表在芝加哥聚会,提出开发新一代因特网,取名"Internet2",以提供高速互联网服务。1997年9月成立大学高级因特网发展集团(The University Corporation for Advanced Internet Development,UCAID)来专门管理Internet2,并帮助其他的联盟。Internet2不是一个独立的物理网络,也不是为了取代现有的因特网,而是一个实体的联盟,这个联盟将新的因特网技术用于教育和科研,以便在其商业化应用之前进行实验和测试。

Internet2的主要内容是:为美国的大学和科研群体建立并维护一个技术领先的网络;使新一代网络能充分实现宽带网的媒体集成、交互性以及实时合作的功能;在全球范围内提供高层次的教育和信息服务。

Internet2采取了实用的行动原则,如采用成熟的技术、执行公开的协议、不依赖个别的供应商等。对于Internet2来说,其关键技术在于吉比特互连点(Gigabit Point Of Presence,GigaPOP)的设计。吉比特互连点必须满足特定的功能要求,如支持新版通信协议IPv6、具有足够的容量、采用VBNS的ATM PVC链路、使包的传递损失接近于零、合理地分配带宽、分别计算费用等。考虑到高校的技术力量雄厚,这一系列高新技术从高校开始实施,先升级校园网,然后以点带面,建立区域性的吉比特互连点,最后再实现吉比特互连点的互连。

Internet2的主要用途显然是要保证美国在科研和高等教育方面保持世界领先地位,但由于解决了多媒体的实时通信问题,所以能够实现可与现代通信广播系统抗衡的网络语言电话、可视电话、会议电视、实时音视频广播、影视点播等商业服务项目。因而,Internet2具有重要的商业价值。

(3) NGI

Internet2提出后,美国政府随即于1996年10月6日发出建设NGI的倡议,美国国家科学基金会(NSF)、国防部(DOD)、能源部(DOE)、航天与空间管理署(NASA)以及美国标准与技术研究所(NIST)成为此项计划的关键部门。NGI计划的研究工作主要涉及协议、开发部署、高端试验网以及应用演示,其中某些目标会通过Internet2或VBNS来实现。

NGI计划的目标如下。

- 开发和演示两个试验网,其端到端的速率比现有因特网提高100~1 000倍。其中至少100所大学和国家实验室连接网络的速度将比今天的因特网提高100倍,少数机构的网络速度将会提高1 000倍,分别达到100 Mbit/s和1 Gbit/s。
- 推动下一代网络技术的研究。如可以提供高质量的视频实时服务;使得现有网络的用户容量提高100倍;开发新的商业应用途径等。
- 满足国家重点项目的需求。如医疗保健、国防安全、远程教育、环境监测、制造工程、生物医学、能源研究,以及在紧急情况下的应急反应和危机管理等。

3.2 TCP/IP 参考模型

要实现网络的互联,必须遵守一个共同的协议,在这个协议的管理下进行网络及各种网络间的互联,这个协议就是网络协议。网络协议的种类很多,作为 Internet 使用的通信协议,TCP/IP 得到广泛的应用和推广。TCP/IP 以其两个主要协议,即传输控制协议(TCP)和网络互联协议(IP)而得名,实际上是一组协议,包括多个具有不同功能且互为关联的协议。TCP/IP 是多个独立定义的协议集合,因此也被称为 TCP/IP 协议族。

TCP/IP 参考模型(TCP/IP Reference Model,TCP/IP RM)是在 ARPANet 的发展过程中逐渐形成的参考体系结构,实现多个网络的无缝连接是 TCP/IP 参考模型的主要设计目标。

在研究 TCP/IP 协议时,并没有提出参考模型;1974 年 Kahn 定义了最早的 TCP/IP 参考模型;20 世纪 80 年代 Leiner,Clark 等人对 TCP/IP 参考模型进行了进一步的研究;TCP/IP 协议一共出现了 6 个版本,后 3 个版本是版本 4、版本 5 与版本 6;目前使用的是版本 4,它的网络层 IP 协议一般记作 IPv4;版本 6 的网络层 IP 协议一般记作 IPv6(或 IPng,IP next generation),被称为下一代的 IP 协议。

如图 3-1 所示,TCP/IP 参考模型共分 4 层。

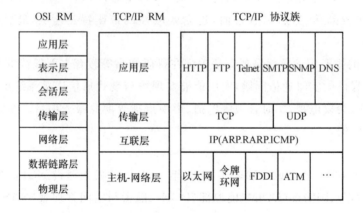

图 3-1 TCP/IP 参考模型及其与 OSI 参考模型的对照

TCP/IP 体系结构的分层工作原理以及主机通过两个网络互联的结构示意图如图 3-2 所示。

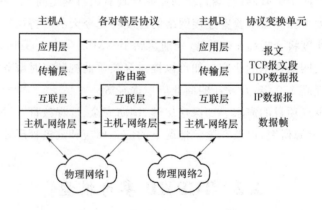

图 3-2 TCP/IP 分层工作示意图

TCP 协议传送给 IP 的协议数据单元称做 TCP 报文段或简称为 TCP 段(Segment);UDP 协议传送给 IP 的协议数据单元称做 UDP 数据报(Datagram);IP 协议传送给网络接口层的协议数据单元称做 IP 数据报;通过以太网传输的比特流称做数据帧(Frame)。

(1) 主机-网络层

主机-网络层(Host-to-Network Layer)与 OSI 参考模型中的物理层和数据链路层相对应,负责将相邻高层提交的 IP 报文封装成适合在物理网络上传输的帧格式并传输,或将从物理网络接收到的帧解封,从中取出 IP 报文并提交给相邻高层。

主机-网络层在发送端将上层的 IP 数据报封装成帧后发送到网络上;数据帧通过网络到达接收端时,该节点的主机-网络层对数据帧拆封,并检查帧中包含的 MAC 地址。如果该地址就是本机的 MAC 地址或者是广播地址,则上传到网络层;否则丢弃该帧。

当使用串行线路连接主机与网络,或连接网络与网络时,例如,主机通过调制解调器和电话线接入 Internet,则需要在主机-网络层运行 SLIP(Serial Line Internet Protocol)或 PPP(Point to Point Protocol)协议。

SLIP 协议提供了一种在串行通信线路上封装 IP 数据报的简单方法,使用户通过电话线和调制解调器能方便地接入 TCP/IP 网络。

PPP 协议是一种有效的点到点通信协议,解决了 SLIP 存在的问题,可以支持多种网络层协议(如 IP,IPX 等),支持动态分配的 IP 地址;并且 PPP 帧中设置了校验字段,因而 PPP 在主机-网络层上具有差错检验能力。

(2) 互联层

互联层(Internet Layer)对应于 OSI 参考模型的网络层,是整个 TCP/IP 参考模型的关键部分,负责将报文独立地从源主机传送到目的主机。不同的报文可能会经过不同的网络,而且报文到达的顺序可能与发送的顺序有所不同,但是互联层并不负责对报文的排序。

互联层有 4 个主要协议:网际协议(IP)、地址解析协议(ARP)、反向地址解析协议(RARP)和互联网控制报文协议(ICMP)。其中,最重要的是 IP 协议。

(3) 传输层

传输层(Transport Layer)对应于 OSI 参考模型的传输层,负责在源主机和目的主机的应用程序间提供端到端的数据传输服务,使主机上的对等实体可以进行会话。

传输层定义了两个端到端传输协议:一个是可靠的、面向连接的传输控制协议(Transmission Control Protocol,TCP);另一个是不可靠的、无连接的用户数据报协议(User Datagram Protocol,UDP)。

(4) 应用层

TCP/IP 参考模型没有定义会话层和表示层,因此在传输层的上面就是应用层(Application Layer)。应用层包含所有的高层协议,如虚拟终端协议(Telnet)、文件传输协议(FTP)、电子邮件协议(SMTP)、域名系统服务(DNS)、简单网络管理协议(SNMP)、超文本传输协议(HTTP)等。

TCP/IP 参考模型与 OSI 参考模型有很多相似之处。首先,两者都是基于独立的协议栈的概念。其次,两者都采取分层体系结构,而且各层的功能也大体相似。例如,在两个模型中,传输层及传输层以上的层都为希望通信的进程提供端到端的、与网络无关的传输服务,这些层形成了传输提供者。

这两个模型除了具有这些基本的相似之处以外,也有很多差别。在此只比较两个参考模型间的关键差别,而不讨论相应的协议栈实现。

OSI 参考模型中有 3 个主要概念:服务、接口和协议。OSI 参考模型的最大贡献就是使这 3 个概念之间的区别明确化了。每一层都为它上面的层提供服务,服务定义该层做些什么,而不管上面的层如何访问它或该层如何工作。某一层的接口则说明上面的进程如何访问本层的服务,定义所需参数及返回结果的格式,接口也与该层如何工作无关。某一层中使用的对等协议是该层的内部事务,只要能完成本层承诺提供的服务,可以使用任何协议,也可以改变使用的协议但不会影响到上面的层。

OSI 参考模型的这些思想和现代的面向对象的程序设计思想非常吻合。像一个层一样,一个对象有一组方法(操作),该对象外部的进程可以使用它们。这些方法的语义定义该对象提供的服务,方法的参数和结果就是对象的接口,对象内部的代码即是它的协议,在该对象外部是不可见的。

TCP/IP 参考模型最初没有明确区分服务、接口和协议,后来人们试图改进它以便接近于 OSI 参考模型。例如,互联层提供的真正服务只是发送和接收 IP 报文。

因此,OSI 参考模型中的协议比 TCP/IP 参考模型中的协议具有更好的隐藏性,在技术发生变化时能相对比较容易地替换掉。协议分层的主要目的之一就是能做这样的替换。

OSI 参考模型产生在协议发明之前,这意味着该模型没有偏向于任何特定的协议,因此通用性良好。但不利的方面是设计者在协议方面没有太多经验,因此不知道该把哪些功能放到哪一层最好。

TCP/IP 参考模型却正好相反。首先出现的是协议,模型实际上是对已有协议的描述。因此不会出现协议不能匹配模型的情况,恰好相反,它们配合得相当好。唯一的问题是该模型不适合于任何其他的协议栈。因此,它对于描述其他非 TCP/IP 的网络并不特别有用。

更具体一些,两个模型间明显的差别是层的数量:OSI 参考模型有 7 层,而 TCP/IP 参考模型只有 4 层。它们都有(互联)网络层、传输层和应用层,但其他层并不相同。另一个差别是面向连接的和无连接的通信。OSI 参考模型在网络层支持无连接和面向连接的通信,但在传输层仅有面向连接的通信。而 TCP/IP 参考模型在互联层仅有一种无连接的通信模式,但在传输层支持无连接和面向连接的两种通信模式,给了用户选择的机会。

3.3 主机至网络层协议

主机至网络层一般不需要专门的 TCP/IP 协议,各物理网络可以使用自己的数据链路层协议和物理层协议,但使用串行线路连接主机与网络或连接网络与网络时需要运行专门的协议,这就是 SLIP 协议或 PPP 协议。使用串行线路进行连接的例子,如家庭用户使用电话线和调制解调器接入网络,或两个相距较远的网络利用数据专线进行互联等。

3.3.1 SLIP 协议

SLIP 协议提供在串行通信线路上封装 IP 报文的简单方法,使得远程用户通过电话线及高速调制解调器可以很方便地接入 TCP/IP 网络。SLIP 协议对 IP 报文的封装方法如图 3-3 所示。

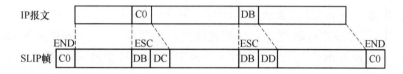

图 3-3　SLIP 协议封装 IP 报文

SLIP 协议在 IP 报文后添加一个称为 END 的特殊字符 0xC0 作为帧的结束标志。因为没有帧起始标志,发送前线路上的一些噪声会被当作报文的一部分而被接收下来,因此在大多数 SLIP 协议实现中,在发送 IP 报文前也发送一个 END,这样接收方可以准确识别出两个 END 之间的部分为有效报文,而以第一个 END 结束的报文提交给上层实体后,会因检测出错误而被丢弃。

SLIP 协议采用字符填充来表示 IP 报文中出现的与控制字符或转义字符相同的数据。如果 IP 报文中出现同 END 相同的字符,则必须以连续的两个字符 0xDB,0xDC 来代替,其中 0xDB 是 SLIP 协议中的转义字符 ESC。如果 IP 报文中出现与 ESC 相同的字符,则必须以连续的两个字符 0xDB,0xDD 来代替。

SLIP 是一种简单的组帧方式,但它存在一些严重的问题。

- 通信的双方必须事先知道对方的 IP 地址,这给家庭用户上 Internet 带来很大的限制,因为不可能为每个家庭的计算机分配一个固定的 IP 地址,而 SLIP 又不支持在连接建立的过程中动态地分配 IP 地址。
- SLIP 帧中没有协议类型域,因此它只能支持 IP 协议。
- SLIP 帧中没有校验字段,因此链路层上无法检测出传输错误,必须由上层实体进行差错处理,或选用具有纠错能力的调制解调器来解决传输误码问题。

为解决以上问题,在串行通信线路上又开发了 PPP 协议。

3.3.2 PPP 协议

PPP 协议是一种有效的点对点通信协议,由 3 个部分组成:
- 串行通信线路上的组帧方式;
- 链路控制协议(Link Control Protocol,LCP),建立、配置、测试和拆除数据链路;
- 网络控制协议(Network Control Protocol,NCP),用于支持不同的网络层协议。

PPP 协议帧格式如图 3-4 所示。

字节	1	1	1	1或2	≤1 500	2或4	1
	标志(7E)	地址(FF)	控制(03)	协议	数据	CRC校验码	标志(7E)

图 3-4 PPP 协议帧格式

PPP 帧的起始标志和结束都是 0x7E,如果在信息字段中出现与此相同的字符,必须进行填充。在同步数据链路中,采用比特填充法进行填充;在异步数据链路中,采用字符填充法进行填充。在字符填充法中,转义字符为 0x7D,紧跟在转义字符后面的那个字符第 6 比特必须取反,比如字符 0x7E 转换成连续的两个字符 0x7D,0x5E 来传输。如果信息字段中出现字符 0x7D,也必须进行填充,0x7D 用连续的两个字符 0x7D,0x5D 来表示。另外在默认情况下,PPP 对所有小于 0x20 的字符(与 ASCII 控制字符相同)也要进行填充,比如 0x01 用 0x7D,0x21 来传输。

地址字段的值总是 0xFF,表示所有站都必须接收该帧。将地址字段设置成 0xFF 是避免给每个站分配一个链路地址。

控制字段的值默认为 0x03,表明这是一个无编号帧。在默认情况下,PPP 不提供使用帧编号和应答的可靠传输机制,但在有噪声环境中也可以选用有编号的传输模式。

协议字段的编码值指明信息字段携带的报文种类,如 0x0021 表示携带的是一个 IP 报文;以 1 开始的编码值表示携带的是用于协商协议的报文,如 0xC021 表示 LCP 报文,0x8021 表示 NCP 报文。协议字段的长度默认为 2 B,也可以用 LCP 协商成 1 B。

帧校验字段是一个循环冗余码,通常为 2 B,也可以协商成 4 B。

由于 PPP 帧中增加了校验字段,因而 PPP 在链路层上具有差错检测的功能;PPP 的 LCP 协议提供了通信双方进行参数协商的手段;由于 PPP 帧中增加了协议字段,并且提供了一组 NCP,因而 PPP 可以支持多种网络层协议,目前可以支持的网络层协议有 IP,IPX,OSI CLNP 和 XNS 等;另外支持 IP 的 NCP 可以在建立连接时动态分配 IP 地址,这就解决了家庭用户连接 Internet 的问题。因为这些优点,PPP 已经取代 SLIP 广泛应用于家庭用户接入 Internet。

3.4 互联层协议

在网络层,因特网可以被看做一组互相连接的子网或自治系统(Autonomous System,AS)。在因特网中,实现这些子网或 AS 互联的就是互联层协议。与大多数旧的网络层协议不同,IP 协议就是为了实现网络互联而设计的。IP 协议是 TCP/IP 协议族的核心,它提供一种不可靠的、无连接的 IP 报文服务,传输层上的数据信息和互联层上的控制信息都以 IP 报文的形式传输,它提供一种从源端到目的端传输 IP 报文的最佳尝试方法,而不管这些机器是否在同一网络中,或者传输是否还要经过其他网络。

3.4.1 IP 地址

在因特网中的每个主机或路由器端口都必须有一个唯一的 IP 地址来标识,不存在 IP 地址相同的主机。如果一个主机或路由器同 Internet 有多个接口相连接,那么它可以拥有多个 IP 地址,每个接口对应一个 IP 地址。

IP 地址是一个 32 bit 的二进制数,为了方便,通常采取点分十进制表示法(Dotted Decimal Notation)来书写 IP 地址。在这种表示方法中,IP 地址的每个字节用一个无符号整数(0~255)来表示,字节之间用圆点分隔,如 202.206.1.15。

IP 地址的编址方法共经历了 3 个阶段:分类 IP 地址、子网和超网。

1. 分类 IP 地址

分类 IP 地址是最基本的 IP 编址方法,早在 1981 年就通过了对应的标准协议。所谓分类,就是基于网络规模将 IP 地址划分为若干个固定类。

分类 IP 地址由网络号(Network Number)和主机号(Host Number)两部分组成,它们一起标识主机所属的网络和该网络中具体的主机。网络号用于唯一标识 Internet 中的一个子网,而主机号则用于在一个子网中唯一地标识一个主机。属于同一子网的主机,其 IP 地址具有相同的网络号,但是具有不同的主机号。属于不同子网的主机可能具有相同的主机号,但是具有不同的网络号。这样 IP 地址就可以在整个因特网范围内唯一地标识一个接入 Internet 的主机。

IP 地址长度固定为 32 bit,但是网络号和主机号这两部分的长度是变化的,这样就出现了多种类型的 IP 地址。如图 3-5 所示,IP 地址共有 5 类。A、B、C 类 IP 地址属于常规 IP 地址,但是网络规模大不相同;D 类地址用于多播(Multicast)业务;E 类地址保留。

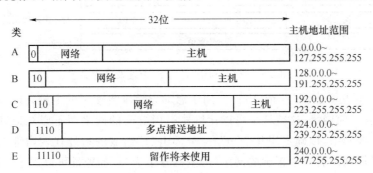

图 3-5　IP 地址格式及分类

A 类地址用一个字节标识网络号,而用 3 个字节标识主机号。A 类地址的最高位为 "0"。由于网络号为 0 和 127 的 IP 地址(即类似 0.x.y.z 和 127.x.y.z 的 IP 地址)被保留,因此,实际上只有 $2^7-2=126$ 个 A 类网络号可供使用。但是每个 A 类子网可以包含 $2^{24}-2=16\,777\,214$ 个主机号(减 2 是因为全"0"和全"1"的主机号为保留地址),所以 A 类地址被分配给一些非常大的公司和教育机构,如 IBM、HP、Xerox、GE、Apple、MIT 等。目前 A 类地址已经全部被分配出去。

B 类地址用两个字节标识网络号,另外两个字节标识主机号。B 类地址的最高两位为

"10",因此一共有 $2^{14}=16\,384$ 个 B 类网络号可供使用,每个 B 类子网包含 $2^{16}-2=65\,534$ 个主机号。B 类地址被分配给在 Internet 发展初期规模比较大的公司和教育机构,如 Microsoft 就被分配了一个 B 类地址。

C 类地址用 3 个字节标识网络号,而使用 1 个字节来标识主机号。C 类地址的最高 3 位为"110"。这使得 C 类网络号达到了 $2^{21}=2\,097\,152$ 个,但是每个 C 类子网只能包含 $2^8-2=254$ 个主机号。因此 C 类地址通常分配给规模较小的公司,或者把连续若干个 C 类地址分配给 Internet 服务提供商(Internet Service Provider,ISP),再由 ISP 分配给小公司使用。

将常规的 IP 地址划分为 A,B,C 3 类,当时的出发点是考虑到网络的规模差异很大,有的网络拥有很多主机,而有的网络只有少量主机。将 IP 地址划分为不同容量的 3 类,可以更好地满足不同用户的需求。当一个单位申请 IP 地址时,实际上获得的是一个网络号,至于单位内部各主机的主机号则由单位内部负责管理,只要在本单位范围内主机号不重复即可,所有主机的网络号是相同的。

D 类地址并不用于标识主机或网络,而是用于多播消息的传输。利用多播地址可以将一个消息同时发送给多个接收者。D 类地址由多播协议分配和管理。D 类地址的最高 4 位为"1110",其余 28 位不再划分网络号和主机号。

E 类地址最高 5 位为"11110",保留未用。

在 IP 地址空间中,全"0"和全"1"的 IP 地址具有特殊的含义。如图 3-6 所示,全"0"的 IP 地址表示本网络或本主机;而全"1"的 IP 地址则表示一个广播地址,代表网络中的所有主机。

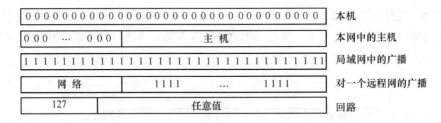

图 3-6 全"0"和全"1"的 IP 地址及其含义

IP 地址 0.0.0.0 表示"这个(this)",用于启动以后不再使用的主机。以"0"作为网络号的 IP 地址代表当前网络,这些地址可以让机器引用自己的网络而不必知道其网络号(但必须知道是哪一级网络,以确定用几个"0")。全部由"1"组成的地址代表内部网络上的广播,通常是一个局域网。有一个正确的网络号,主机号全为"1"的地址可以用来向因特网上任意的远程 LAN 发送广播报文。所有形如 127. x. y. z 的地址都保留作回路测试(Loopback Test)和故障定位,发送到这个地址的报文不输出到线路上,它们被内部处理并当作输入报文。这使发送者可以在不知道网络号的情况下向内部网络发送报文,这一特性也常用于网络软件查错。

在因特网发展的初期,采用分类 IP 地址的目的是为了加快路由器转发 IP 报文的速度。路由器根据 IP 报文中目的主机的 IP 地址来查找转发表,进而确定转发出口。简化转发表、提高转发速度的一个简便可行的办法就是转发表只使用 IP 地址的网络号来确定转发出口,这样既可以降低转发表的存储开销,又可以提高转发表的查找速度。只要 IP 报文能够正确到达目的网络,就可以在这个网络上直接交付目的主机而不再需要其他路由器的转发。因此,分类 IP 地址按照整数字节划分为网络号和主机号,可以使路由器在收到一个 IP 报文后能够快速地从目的地址中提取出目的网络号来。

从分类 IP 地址的结构来看,IP 地址不只是一个主机的唯一标识,还指出了连接到某个网络上的某个主机。如果一个主机的地理位置不变,但改变了连接的线路,连到了另外一个网络,那么这个主机的 IP 地址必须改变。也就是说,主机的 IP 地址与其地理位置没有对应关系。

2. 子网

在实际应用中,仅靠网络号来划分网络的分类 IP 地址存在许多问题。

- IP 地址空间利用率较低。比如 A 类地址可包含超过 1 600 万台主机,B 类地址也可以包含超过 6 万台主机,但实际上不可能将这么多主机都连接到一个单一的网络中。一是有些网络对连接在网络上的计算机数量有限制,根本达不到这个数量;二是从网络吞吐量上考虑,将大量主机安装在一个网络上往往会因为拥塞而影响网络的性能;三是主机数量过于庞大的网络根本无法管理。本来 IP 地址空间理论上有 $2^{32} = 4\,294\,967\,296$ 之多,但是由于浪费严重,现在 IP 地址空间已经无法满足要求。
- 给每个物理网络分配一个网络号使路由表变得过大,导致路由转发性能变差。A,B,C 3 类地址共有 211 万个子网,超过 32 亿台主机。路由器为了正确转发 IP 报文,就必须保存所有的网络号-转发端口对应关系,这直接导致路由表表项数量的急剧增加。这不仅增加了路由器的成本,提高了查找路由所花费的时间,同时也使路由器之间交换的信息量急剧增加,从而使路由器和整个因特网的性能都下降。
- 网络号-主机号的两级 IP 地址空间不够灵活。有些情况下,用户希望在网络中划分新的网络出来,或者将几个网络看做一个网络,显然网络号-主机号的两级 IP 地址空间无法支持这样的功能。

为了解决分类 IP 地址存在的上述问题,引入子网(Subnet)的概念来对分类 IP 地址这个最基本的 IP 编址方法进行改进。划分子网(Subnetting)的解决方法定义在 RFC 950 中,并于 1985 年被接受为 IP 协议标准。注意:这里的子网和通信子网是两个完全不同的概念。

在一个网络中引入子网,就是将主机号进一步划分成子网号和主机号,通过灵活定义子网号的位数,就可以控制每个子网的规模。将一个大网络划分成若干个既相对独立又相互连接的子网后,对外仍是一个单一的网络,网络外部并不需要知道网络内部子网划分的细节,但网络内部各个子网独立寻址和管理,子网间通过跨子网的路由器相互连接,便于解决网络寻址和网络安全等诸多问题。这样,传统的网络号-主机号两级 IP 地址空间就变成网络号-子网号-主机号三级 IP 地址空间,这也增加了组网的灵活性。

为了判断 IP 地址所属的网络,需要用到子网掩码(Subnet Mask)。子网掩码同 IP 地址一样,是一个 32 bit 的二进制数,子网掩码将代表网络号的二进制位设置为 1,而将代表主机号的二进制位设置为 0,也就是说,IP 地址的主机号部分被"屏蔽"。不同类别的 IP 地址对应不同的子网掩码。若要取得 IP 地址所属的网络号,只要做 IP 地址与其子网掩码的逻辑"与"运算即可。若要判断两个 IP 地址是不是在同一个子网中,只要判断这两个 IP 地址与其对应的子网掩码做逻辑"与"运算的结果是否相同,相同则说明在同一个子网中。

在传统的分类 IP 地址空间中，A,B,C 类 IP 地址对应的子网掩码分别是 255.0.0.0，255.255.0.0 和 255.255.255.0。

将网络划分为若干子网后，相当于网络号扩展为网络号-子网号，而主机号则相应缩短，此时子网掩码的计算则是将 IP 地址中用于标识网络号和子网号的二进制位设置为 1，而将标识主机号的二进制位设置为 0。

例如，要将 IP 地址为 181.25.0.0 的 B 类网络分成 6 个子网，因为 $2^3=8$，因此需要扩展 3 位主机号用做子网号，此时子网掩码由原来的 255.255.0.0 变为 255.255.224.0。

IP 协议在处理 IP 报文时，必须将 IP 报文中的源 IP 地址、目的 IP 地址分别与其对应的子网掩码做逻辑"与"运算，根据运算结果判断目的主机与源主机是否在同一子网中。如果在同一子网中，则直接广播该报文；如果不在同一子网中，则将该报文发送给默认网关，通常是路由器连接该子网的端口。

每一个路由器在收到一个 IP 报文时，首先检查该报文的目的 IP 地址中的网络号。若网络号不是本网络，则从路由表找出下一站地址将其转发出去。若网络号是本网络，则再检查 IP 地址中的子网号。若子网不是本子网，则同样地转发此报文。若子网是本子网，则根据主机号即可查出应从哪个端口将报文交给该主机。因此，采用子网掩码就相当于三级寻址。

将大型网络划分为若干子网可以获得很多好处。
- 可以减少广播通信量。子网通过路由器彼此相连，路由器不转发广播消息，这样就可以抑制广播风暴，节约网络带宽。
- 可以将不同位置的计算机组织成单独的子网，便于管理。
- 可以因为安全或过滤的原因隔离网络的一部分。
- 可以更有效地使用 IP 地址空间，避免地址浪费。

但是多划分出一个子网号也要付出一些代价。仍以一个 B 类网络为例，本来一个 B 类网络可包含 $2^{16}-2=65\ 534$ 个主机号。现在假设划分出 n 位长度的子网号，那么可以获得 2^n-2 个子网（全"0"和全"1"的子网号不可用），每个子网内可以包含 $2^{16-n}-2$ 个主机号。因此划分子网后，可以获得的主机号总数量 $N=(2^n-2)\times(2^{16-n}-2)$。很容易证明，$N<65\ 534$，也就是说，划分子网后，可用的主机号总数减少了。在 A 类和 C 类地址中也是同样的情况。

3. 超网

划分子网只是在一定程度上缓解了因特网在发展中遇到的困难，但仍然面临着两个必须尽早解决的问题：
- B 类地址早在 1992 年就已经分配了近一半，目前几乎已经全部分配完毕；
- 因特网主干上的路由表表项数量急剧增长，由几千个骤增到几万个。

其实，早在 1987 年，IETF 就在 RFC 1009 中指出在一个划分子网的网络中可以同时使用几个不同的子网掩码，通过使用变长子网掩码（Variable Length Subnet Mask，VLSM）来进一步提高 IP 地址空间的利用率。在 VLSM 的基础上，IETF 于 1993 年提出了一种无分类编址的方法，称为无分类域间路由选择（Classless Inter-Domain Routing，CIDR），定义在 RFC 1 517~1 520 中，并已经被接受为因特网标准。

CIDR 不再将地址按照网络规模分类，也不再划分子网。CIDR 使用网络前缀

(Network Prefix)来取代网络号和子网号,因此 IP 地址由网络前缀和主机号两部分组成。CIDR 中网络前缀的长度可以任意变化,为了说明网络前缀的长度,在 IP 地址的后面加上一个斜线"/",然后写上网络前缀所占的二进制位数(对应三级编址方法中子网掩码中"1"的个数),这种方法被称为 CIDR 表示法或者斜线表示法(Slash Notation)。例如,202.206.14.47/20 就表示在这个 IP 地址中,前 20 位是网络前缀,后 12 位是主机号,此时用二进制地址更容易区分出网络前缀和主机号,即网络前缀为 11001010 11001110 0000,主机号为 1111 00101111。

  CIDR 虽然不再划分子网,也取消了子网的概念,但仍然使用掩码(Mask)这个名词(但不叫子网掩码)。对于一个 w.x.y.z/n 的 IP 地址来说,其掩码就是 n 个连续的"1",后面再有 $32-n$ 个连续的"0"。如 202.206.14.47/20 的掩码为 255.255.240.0,对应的二进制表示为 11111111 11111111 11110000 00000000。

  CIDR 的这种地址表示方法可以将网络前缀都相同的连续 IP 地址空间组成 CIDR 地址块。一个 CIDR 地址块用该地址块的起始地址和地址块中的地址数来定义。例如,192.167.32.0/20 表示从 192.167.32.0 开始的 2^{12} 个地址组成的地址块,相当于 16 个 C 类地址段。因为该地址块的网络前缀为 20 位,那么主机号占 12 位,因此该地址块的大小为 2^{12},其地址范围为 192.167.32.0~192.167.47.255,从二进制角度来看,就是高 20 位不变,低 12 位从全"0"开始变到全"1"(但是通常不使用全"0"和全"1"的这两个主机号,而只是使用两者之间的地址)。在不需要指出地址块起始地址的情况下,可以称这样的地址块为"/20 地址块"。显然,网络前缀越短,其地址块包含的地址数就越多。

  CIDR 地址块的用途之一就是构成超网(Supernetting)。路由表采用 CIDR 地址块来标识目的网络,这样就使得路由表中的一个表项可以标识过去若干个传统的 IP 地址的路由信息,相当于把若干网络合并为一个超网(Supernet)来进行路由选择,这种地址的聚合被称为路由聚合(Route Aggregation),又称构成超网。采用 CIDR 地址块,大大减少了路由表的表项数量和路由器之间路由信息的交换数量,从而提高了因特网的性能。

  采用 CIDR 进行路由聚合后,路由表中的表项格式相应改变为网络前缀-转发端口,但可能会出现查找路由表时得到多个匹配结果的情况。此时路由器按照最长前缀匹配(Longest Prefix Matching)原则从匹配结果中选择具有最长网络前缀的路由表项。因为网络前缀越长,其对应的地址块就越小,因而路由就越具体。最长前缀匹配又称最长匹配或最佳匹配,它可以使网络路由选择更加灵活。

  因为 CIDR 的斜线表示法所标识的 IP 地址既可以是一个单独的 IP 地址,也可以是一个地址块,所以需要通过上下文判断它标识的具体含义。

  CIDR 的地址表示非常灵活:

- IP 地址中低位连续的"0"可以省略,如 10.0.0.0/10 可以简写为 10/10;
- 可以直接以二进制形式书写,如 10.0.0.0/10 可以写为 00001010 00×××××× ×××××××× ××××××××,它表示一个包含 2^{22} 个 IP 地址的地址块;
- 也可以采用"*"简化表示主机号,如 10.0.0.0/10 可以写为 00001010 00*,"*"之前的是网络前缀,"*"则表示剩余的主机号部分是任意值。

  总之,采用 CIDR 后可以更加有效地分配和利用 IP 地址空间,很好地解决了 IP 地址空间既紧张又浪费的问题,同时还降低了路由表的存储开销,提高了路由表查找速度,从而提高了因特网的性能。因此,CIDR 现在已经被广泛支持和采用。

对比划分子网和构成超网,可以发现其思路恰好相反。划分子网是为了充分利用 B 类地址空间,将一个网络划分为若干子网来使用和管理;而构成超网是为了充分利用 C 类地址空间,同时减小路由开销,将若干网络聚合成一个超网来使用和管理。

4. IP 地址分配

IP 地址是主机或其他接入 Internet 的设备的唯一标识,要想使用 TCP/IP 协议通信,就必须具有独立的、唯一的 IP 地址。

可以通过两种方式获得 IP 地址。

- 手工分配:由网络管理员规划并通过手动方式输入到 TCP/IP 协议的地址属性配置中,需要网络管理员了解整个网络的情况。
- 自动分配:在网络中设置一台服务器用于自动分发有效的 IP 地址,其他主机在启动后要向服务器请求一个 IP 地址。如果得不到服务器的响应,则自行分配地址。

自动分配 IP 地址的机制主要包括引导程序协议(Bootstrap Protocol,BOOTP)、动态主机配置协议(Dynamic Host Configuration Protocol,DHCP)和自动专用 IP 寻址(Automatic Private IP Addressing,APIPA)。

(1) 引导程序协议

引导程序协议又称自举协议,最初是为了确保无盘工作站能够引导而开发的,可以为其分配一个 IP 地址,随后通过网络载入操作系统。

为了获取配置信息,引导程序协议软件广播一个请求报文。收到请求报文的 BOOTP 服务器从配置信息库中查找发出请求的计算机的各项配置信息,将配置信息放入一个 BOOTP 应答报文中,并返回给提出请求的计算机。这样,一台计算机就获得了所需的配置信息。

由于无盘工作站在发送 BOOTP 请求报文时自己还没有 IP 地址,因此它使用全"1"广播地址作为目的地址,而用全"0"地址作为源地址。这时,BOOTP 服务器可使用广播方式将应答报文返回给该计算机,或使用收到的广播帧上的硬件地址直接进行底层点-点通信。

引导程序协议功能比较强,只需发送一个广播报文就可获取所需的全部配置信息,如 IP 地址、掩码、网关地址和 DNS 服务器地址等信息。

(2) 动态主机配置协议

尽管引导程序协议功能很强,但是并没有彻底解决配置问题。当一个 BOOTP 服务器收到一个请求时,就在其配置信息库中查找该计算机并返回其各项配置信息。但是如果没有该计算机的配置信息,则无法完成配置工作。这就意味着使用引导程序协议的计算机不能从一个新的网络上启动,除非管理员手工修改配置信息库中的信息。为了解决动态分配 IP 地址的问题,又推出了动态主机配置协议。

动态主机配置协议来源于引导程序协议,它提供了一种称为即插即用联网(Plug-and-Play Networking)的机制,这种机制允许一台计算机加入新的网络并获取 IP 地址而不需要管理员手工参与。此外,动态主机配置协议支持管理员配置许多选项并设置租用期,还增加了动态地址分配功能,有些 DHCP 服务器还支持 BOOTP 客户机。实质上,动态主机配置协议并不是一个新的协议,而是对引导程序协议的改进和扩展,它们所使用的报文格式都很相似。

DHCP 客户机从 DHCP 服务器租用 IP 地址的过程如下。

- DHCP 服务器掌握一定的空闲 IP 地址资源,组成一个地址池,并等候地址分配请求。
- DHCP 客户机启动后,使用特殊的广播地址向整个网络或子网广播一个"DHCP 发现消息",以请求 DHCP 服务器的响应。
- DHCP 服务器接受到广播消息后,同样以广播的方式发出一个"DHCP 提供者"的应答消息,消息中提供给客户机一个来自服务器地址范围内的可供分配的 IP 地址。所提供的 IP 地址被临时保留,直到服务器接收到客户机的应答为止。
- 如果网络中有多个 DHCP 服务器,那么 DHCP 客户机在发出请求后可能会收到多个应答。在第一个应答的地址到达时,DHCP 客户机以"DHCP 请求"的消息做出响应,表示它接受服务器所提供的这个 IP 地址。这个消息同样是广播消息,因此所有的 DHCP 服务器都会收到这个响应,这样,后面提供地址的服务器就会知道它们所提供的地址没有被接受,就会把提供给客户机并保留的 IP 地址回收到空闲的 IP 地址池中。
- 提供的地址被接受的 DHCP 服务器将接收到 DHCP 客户机的请求消息,服务器确认接受并在预设的租期中将 IP 地址分配给客户机,同时还向客户机提供一些其他的网络配置信息。最后的这个过程被称为 DHCP 确认(Acknowledgment,ACK)。

在完成动态配置过程后,DHCP 客户机使用所分配的 IP 地址与其他计算机进行 TCP/IP 通信,直到租期结束。租期长度可以由 DHCP 服务器的管理员进行设置。在租期结束之前,客户机会与服务器协商以重续租期,从而确保可以继续使用这一 IP 地址。通常 DHCP 服务器会批准这个请求。但是,如果 DHCP 服务器已经停止服务,或者返回一个否认的应答(Negative Acknowledgment,NACK),DHCP 客户机就必须重新开始 DHCP 过程。

动态主机配置协议在无须人工设置的情况下自动实现对主机的动态配置,既节省了管理开销,又提高了系统安全,因此被广泛应用。

(3) 自动专用 IP 寻址协议

动态主机配置协议需要有一个专门的 DHCP 服务器来提供动态主机配置服务。但是当 DHCP 服务器停止服务时,配置为 DHCP 客户机的计算机启动后就无法从 DHCP 服务器那里获得 IP 地址,也就不能使用 TCP/IP 协议与其他计算机通信。为了解决这个问题,又引入了自动专用 IP 寻址协议。新近的操作系统,如 Windows 98 和 Windows 2000 自带的 TCP/IP 协议都具有 APIPA 功能。

当具有 APIPA 功能的计算机无法确定 DHCP 服务器的位置来获得 IP 地址时,它就会从为该目的而保留的地址范围(B 类 169.254.0.0 网络范围)内自行分配一个 IP 地址。这个自行分配的 IP 地址可以一直用到 DHCP 服务器再次起作用为止。

3.4.2 IP 协议

1. IP 报文格式

IP 协议是 TCP/IP 协议族中最为核心的协议。所有的 TCP,UDP,ICMP 及 IGMP 数据都以 IP 数据报格式传输。IP 数据报以一个头部开始,后跟数据区,如图 3-7 所示。头部含有控制该数据报发往何地及如何发送的信息。

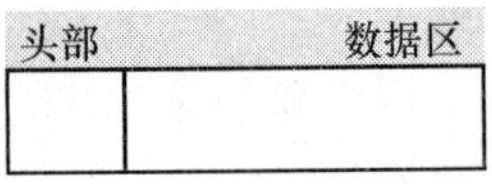

一个数据报的数据长度不固定,发送方根据特定的用途选择合适的数据量。例如,一个应用若需要传送击键信息,则可以将每次击键放在单独的数据报中;而当一个应用要传送大文件时,则会发送大数据报。关键在于数据报的大小取决于发送数据的应用。大小可变的数据报使得 IP 可以适应各种应用。但是,采用较大的数据报可以获得更高的效率。

图 3-7 IP 数据报的基本格式

目前,已经有 2 种 IP 版本成为标准,它们分别是 IPv4 和 IPv6,后者是前者的升级。现在网络正在使用的是 IPv4。以下提及的 IP 数据报均为 IPv4 数据报。

IP 数据报由头部(Header)和正文(Text)两部分组成,其中头部包括长度为 20 B 的固定部分和可变长度的选项部分。IP 数据报格式如图 3-8 所示。

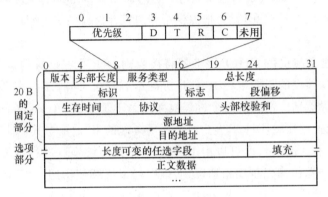

图 3-8 IP 数据报格式

(1) 头部固定部分

- 版本(Version)字段占 4 bit,用于说明 IP 数据报是由哪个版本的协议生成和处理的。现在广泛使用的是 IPv4,最新的 IPv6 也已经制定出来以支持更多的新业务,但还没有得到广泛的应用。通过引入版本字段,可以使不同版本的 IP 协议互相通信,便于新旧协议共存和平稳过渡。

- 头部长度(Internet Header Length,IHL)字段占 4 bit,用于说明 IP 数据报头部的长度(单位为 32 bit,即 4 B)。其最小值为 5,说明只有固定部分;最大值为 15,说明头部最大只能为 60 B,这就限制选项部分最长只能为 40 B。

- 服务类型(Type of Service)字段占 8 bit,用于说明需要的服务类型,以期获得更好的服务。前 3 个比特表示报文优先级(Precedence),从 0(一般报文)到 7(网络控制报文);第 4 个比特是 D(Delay)比特,表示要求更低的时延;第 5 个比特是 T(Throughput)比特,表示要求更高的吞吐量;第 6 个比特是 R(Reliability)比特,表示要求更高的可靠性,即在数据报传送的过程中被节点交换机丢弃的概率要尽量小;第 7 个比特是 C(Cost)比特,表示要求选择费用更低廉的路由;最后一个比特目前尚未使用。服务类型允许用户从延迟、吞吐量、可靠性和费用 4 个方面选择最为关注的一个,理论上,路由器要根据服务类型做出选择,但事实上当前许多路由器并不处理这个域。

- 总长度(Total Length)字段占 16 bit,用于说明 IP 数据报(包括头部和正文)以字节计的长度。IP 数据报的最大长度为 65 535 B,但考虑到传输时延和主机的处理能力,多数机器将此长度限制在 576 B 之内。
- 标识(Identification)字段占 16 bit,用于标识所发送的 IP 数据报。发送方每发送一个数据报,其标识字段就加 1。若数据报在传输过程中被分成若干个较小的数据片段,每个数据片段必须携带其所属数据报的标识,接收方将合并标识字段相同的数据片段以便重新组装成数据报。标识字段并没有顺序号的作用,因为 IP 提供无连接服务,不对数据报进行排序。
- 标志(Flag)字段占 3 bit,用于数据报分段。第一个比特尚未使用;第二个比特是 DF (Don't Fragment),指示路由器不要将数据报分段,通常是因为目的主机没有重新组装数据报的能力;第三个比特是 MF(More Fragment),用于说明该数据片段是否是数据报的最后一个片段,最后一个数据片段的 MF 比特置 0,其余数据片段的 MF 比特置 1。
- 段偏移(Fragment Offset)字段占 13 bit,用于说明该数据片段在整个数据报中的位置(以 8 B 作为基本单位)。这就要求当初发送方将数据报分段时,除最后一个片段外,其余片段的长度都必须是 8 B 的整倍数。
- 生存时间(Time To Live,TTL)字段占 8 bit,用于限制数据报在网络中的生存周期。最大值为 255,推荐以秒为单位来计时,它必须在经过每个节点时递减,当在路由器中排队时要成倍递减。但实际使用时并没有用于计时,而是用来计算数据报经过的节点数,数据报每到达一个路由器 TTL 字段值即减 1,当减至 0 时数据报被丢弃,并向源主机发送一个警告数据报。TTL 字段可以防止 IP 数据报在网络中无限制地漫游,这种情况在路由表崩溃时可能会发生。
- 协议(Protocol)字段占 8 bit,用于说明 IP 数据报所携带的传输层数据信息是由哪种协议生成和处理的,以便目的主机的 IP 层知道应将此数据报提交给哪个进程。常用的协议字段值有 TCP(6)、UDP(17)、ICMP(1)、GGP(3)、EGP(8)、IGP(9)、OSPF(89)等。
- 头部校验和(Header Checksum)字段占 16 bit,用于对数据报头部进行校验。之所以只检验头部而不检验正文部分是因为数据报每经过一个节点,节点处理机就要重新计算一次头部校验和(因为生存时间、标志、段偏移等字段都有可能发生变化),如果每次都将正文部分一同检验,计算开销过大。为了简化运算,头部校验和没有采用 CRC 检验码,它采用的计算方法是:将 IP 数据报头部看做 16 bit 的字序列,先将校验和字段清零,然后将头部按 16 bit 分割执行累加,将累加和的二进制反码写入头部校验和字段。收到 IP 数据报后,仍然将头部按 16 bit 为单位累加。如果头部没有发生任何变化,则最终的累加和应该为全"1";如果不是全"1",则认为数据报出错,该数据报将被丢弃。
- 源地址(Source Address)字段和目的地址(Destination Address)字段各占 32 bit,分别指明源主机和目的主机的 IP 地址。

(2) 头部选项部分

头部选项部分用来提供一个空间,以允许后续版本的协议中引入原有版本中没有的信息,让试验者尝试新的想法,并避免为很少使用的信息分配头部空间。可选项是变长的,每个可选项都以一个字节标明内容。有些可选项还跟着一个字节的可选项长度字段(以 4 B 计),其后是一个或多个数据字节。

目前已定义了5个可选项,但并不是所有路由器都支持全部5个可选项。

- 安全性(Security)选项:编号为 2,用于说明 IP 数据报的机密程度。理论上,军用路由器可以用这个选项来保证数据报不要离开安全的环境。只在美国军方系统内使用,没有在商业上应用。通常路由器都忽略这个选项。
- 松散的源路由(Loose Source Routing)选项:编号为 3,用于给出一个不能略过的路由器列表。源路由是由源主机事先规定好的 IP 数据报的传送路由。松散的源路由要求 IP 数据报按照源路由所指定的顺序遍及所列的路由器,但允许期间穿过其他的路由器。这个选项可以提供少数路由器,以确定一个特殊的路径。
- 时间戳(Time Stamp)选项:编号为 4,用于使每个路由器都附上其 IP 地址和时间戳。时间戳占用 4 B,用于记录路由器收到 IP 数据报的日期和时间。时间单位是毫秒,是从午夜零点算起的通用时间(Universal Time)。当网络中的主机的本地时间和时钟不一致时,记录的时间戳可能会有一些误差。利用时间戳选项可以统计数据报经过路由器产生的延迟变化,为路由选择算法查错提供依据。
- 记录路由(Record Route)选项:编号为 7,用于使每个路由器都附上其 IP 地址。源主机发出一个空白的表,让数据报经过的路由器都填上自己的 IP 地址,以获得数据报路由信息,可以以此跟踪路由选择算法的错误。一般的计算机在收到这样的 IP 数据报时并不理会数据报中记录的路由信息。因此,源主机必须和目的主机协商好,使目的主机收到记录有路由信息的数据报后,将路由信息提取出来并返回源主机。
- 严格的源路由(Strict Source Routing)选项:编号为 9,用于给出一个完整的路由,IP 数据报必须严格按照这个路由转发。当路由表崩溃,系统管理员发送紧急数据报,或做时间测量时,这个选项很有用。另外,利用严格的源路由选项可以使数据报经由一个安全的路径进行传送。

2. IP 路由选择

在因特网中,实现 IP 数据报传送路径选择的设备称为路由器。路由器是专门用来连接不同的网络,并在网络间转发 IP 数据报的,它使用统一的 IP 协议,根据 IP 数据报中的目的地址字段查找路由表,以找出下一站(即下一个路由器)并进行转发。

每个网络中都可能有成千上万个主机,可以想象,若按这些主机的完整 IP 地址来生成路由表,则这样的路由表显然过于复杂和庞大。但若按主机所在的网络号来生成路由表,那么每一个路由器中的路由表就只包含要查找的网络,可以大大减少路由表的表项数量,还可以提高路由表的查找速度。

路由器根据 IP 数据报中目的地址的网络号来确定下一站路由器的位置。这样做的结果如下。

- 所有到同一个网络的 IP 数据报都走同一个路由。
- 只有最后一个路由器才试图与目的主机进行通信,因此只有最后一个路由器才知道目的主机是否在工作。这就需要安排一种方法,使最后一个路由器能将数据报最后的交付情况报告给源主机。
- 由于每个路由器都独立地进行路由选择,因此从主机 S 发往主机 D 的 IP 数据报完全可能与主机 D 发回给主机 S 的 IP 数据报选择不同的路由。当需要进行双向通信时,就必须使好几个路由器协同工作。

虽然因特网中所有的路由选择都是基于目的主机所在的网络,即目的主机的网络号,但是大多数的路由选择软件都允许将指明对某一个目的主机的路由作为一个特例。这种路由叫做指明主机路由。采用指明主机路由可以使网络管理员更方便地控制网络和测试网络,同时也可以在需要考虑某种安全问题时采用这种指明主机路由。在对网络的连接或路由表进行错误排除时,指明到某一个主机的特殊路由就十分有用。

路由器还采用默认路由,以减少路由表所占用的空间和搜索路由表所用的时间。

路由表的每个表项包含以下信息字段。

- 目的地址:该地址可以是一个主机地址或一个网络地址。主机地址是指地址中的主机号不为零,从而标识了一个特定的机器;网络地址是指地址中的主机号为零,标识网络号所指定的网络中所有的机器。
- 下一个路由器地址:该地址可以是下一个路由器的 IP 地址,也可以是一个直连的网络接口地址。它指示发往目的地址的数据报必须发给指定的路由器或网络接口。

在因特网中,一个路由器的 IP 层所执行的路由算法如下。

(1) 从 IP 数据报的头部提取目的主机的 IP 地址 D,从而得出目的主机所在的网络号 N。

(2) 若 N 就是与此路由器直接相连的某一个网络号,则不需要再经过其他的路由器,而直接通过该网络将 IP 数据报交付给目的主机 D(这里包括将目的主机的 IP 地址 D 转换为具体的物理地址,将 IP 数据报封装为 MAC 帧,再发送此帧);否则,执行(3)。

(3) 若路由表中有目的地址为 D 的指明主机路由,则将 IP 数据报传送给路由表中所指明的下一个路由器地址;否则,执行(4)。

(4) 若路由表中有到达网络 N 的路由,则将 IP 数据报传送给路由表中所指明的下一个路由器地址;否则,执行(5)。

(5) 若路由表中有子网掩码一项,表示使用了子网掩码,这时应对路由表中的每一表项用子网掩码进行和目的主机 IP 地址 D 的逻辑"与"运算,设得出结果为 M。若 M 等于这一表项中的目的网络号,则将 IP 数据报传送给路由表中所指明的下一个路由器地址;否则,执行(6)。

(6) 若路由表中有一个默认路由,则将 IP 数据报传送给路由表中所指明的默认路由器;否则,执行(7)。

(7) 至此仍不成功,说明该 IP 数据报不可转发,此时通常报告路由选择出错,将一个"目的主机不可达"或"目的网络不可达"的出错信息发送给产生该数据报的应用程序。

3. IP 封装

当主机或路由器处理一个数据报时,首先选择数据报发往的下一跳 N,然后通过物理网络将数据报传送给 N。但是,网络硬件并不了解数据报格式或 Internet 寻址。相反,每种硬件技术定义了自己的帧格式和物理寻址方案,硬件只接收和传送那些符合特定帧格式以及使用特定的物理寻址方案的数据报。另外,由于一个 Internet 可能包含异构网络,穿过当前网络的帧格式与前一个网络的帧格式可能是不同的。

为了解决上述问题,引入了封装(Encapsulation)技术,即将一个 IP 数据报封装进一个帧中,这时整个数据报被放进帧的数据区。网络硬件像对待普通帧一样对待包含一个数据报的帧。事实上,硬件不会检测或改变帧的数据区内容。

由于网络层可能有多种协议而不仅仅是 IP 协议,因此必须在帧头中设置类型域,以此向接收方说明帧类型。这样,当帧到达接收方,接收方就能根据它的类型域值知道帧中含有一个 IP 数据报。

此外,帧同样要有一个目的地址,它需要根据数据报中的 IP 地址,经过定址后获得。它实际上是从收到数据报的主机到目的 IP 地址的路径中下一跳主机的物理地址。需要指出,物理地址就是在单个网络内部对一个计算机进行寻址所使用的地址。在局域网中,物理地址一般都固化在网卡上的 ROM 中,常被称为 MAC 地址。在获得这个物理地址后,当前主机即可将该帧成功送往下一跳。

当帧到达下一跳时,接收软件从帧中取出数据报,然后丢弃这一帧。如果数据报必须通过另一个网络转发,就会产生一个新的帧。

由于每个网络可能使用一种不同于其他网络的硬件技术,因此帧的格式也相应地不同。

当数据报通过一个物理网络时,才会被封装进一个合适的帧中。帧头的大小依赖于相应的网络技术。例如,如果网络 1 是一个以太网,则帧 1 就有一个以太网头部;类似地,如果网络 2 就是一个 FDDI 环,则帧 2 就有一个 FDDI 头部。

4. IP 分段

每一种硬件技术都规定了一帧所能携带的最大数据量,称为最大传输单元(Maximum Transmission Unit,MTU)。网络硬件在设计上不能接受或传输数据量大于 MTU 的帧,因而一个数据报的大小必须小于或等于一个网络的 MTU 值。

在 Internet 中,包含各种异构的网络,它们的 MTU 值各不相同,因此会导致一些问题。特别是由于一个路由器可能连着不同 MTU 值的多个网络,能从一个网上接收数据报并不意味着一定能在另一个网上发送此数据报。如图 3-9 所示,一个路由器连接了两个网络,这两个网络的 MTU 值分别为 1 500 和 1 000。主机 2 连着 MTU 值为 1 000 的网络 2,因此主机 2 能传送的数据报的大小小于等于 1 000 B;然而,主机 1 连着 MTU 值为 1 500 的网络 1,因此能传送最多到 1 500 B 的数据报。如果主机 1 将一个 1 500 B 的数据报发给主机 2,路由器收到数据报后却不能在网络 2 上发送它。

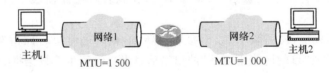

图 3-9 路由器连接 2 个 MTU 值不同的网段

为此,人们提出利用分段(Fragmentation)技术来解决这一问题。当一个数据报的大小大于将发往的网络的 MTU 值时,路由器会将数据报分成若干较小的段(Fragment),然后再将每段独立地进行发送。

每个段与原数据报具有同样的格式,只是头部的格式稍有不同。

标识域中有一位标识了一个数据报是一个段还是一个完整的数据报。段的头部中的其他域中包含有其他一些信息,以便用来重组这些段,重新生成原始数据报。另外,头部的段偏移域指出该段在原始数据报中的位置。

在对一个数据报分段时,路由器使用相应网络的 MTU 值和数据报头部尺寸来计算每段所能携带的最大数据量以及所需段的个数,然后生成这些段。路由器先为每一段生成一个原数据报头部的副本作为段的头部,然后单独修改其中的一些域,例如路由器会设置标识域中的相应位以指示这些数据报含的是一个段。最后,路由器从原数据报中复制相应的数据到每个段中,并开始传送,过程如图 3-10 所示。该 IP 数据报被分成 3 段。每段携带着原始数据报的一部分数据,并有类似于原始数据报的 IP 头部。每个段的尺寸小于它所经网络的 MTU 值。

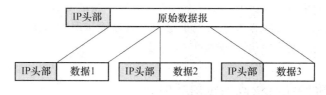

图 3-10　数据报分段

5. IP 重组

在所有的段的基础上重新产生原数据报的过程叫重组(Reassembly)。由于每个段都以原数据报头部的一个副本作为开始,因此都有与原数据报同样的目的地址。另外,含有最后一块数据的段在头部设置有一个特别的位,因此,执行重组的接收方能报告是否所有的段都成功地到达。

需要注意的是,只有最终目的主机才会对段进行重组。这样做有两大好处。首先,减少了路由器中状态信息的数量。当转发一个数据报时,路由器不需要知道它是不是一个段。其次,允许路径动态地变化。如果一个中间路由器要重组段,则所有的段都必须到达这个路由器才行;而通过将重组推后到目的地,IP 就可以自由地将数据报的不同段沿不同的路径传输。

由于 IP 的工作性质决定,IP 并不保证送达,因而单独的段可能会丢失或不按次序到达。另外,如果一个源主机将多个数据报发给同一个目的地,这些数据报的多个段就可能以任意的次序到达。

IP 软件怎样重组这些乱序的段呢？发送方将一个唯一的标识放进每个输出数据报的标识域中。当一个路由器对一个数据报分段时,就会将这一标识数复制到每一段中,接收方就可利用收到的段的标识数和 IP 源地址来确定该段属于哪个数据报。另外,段偏移域可以告诉接收方各段的次序。

只有一个数据报的所有的段都收到了,才能重组该数据报。因此会出现这样一个情况:一个数据报的一部分段到达的同时,很可能仍有一些段被延迟或丢失。尽管这时数据报还不能被重组,接收方仍须保留所有已收到的段,以防未到的段可能只是被延迟。

当然,接收方不能将这些段保留任意长的时间,因为它们会占用大量的内存资源。为了避免耗尽内存,IP 规定了保留段的最大时间。当数据报的某一段第一个到达时,接收方开始一个计时器。如果数据报的所有段在规定时间内到达,接收方取消计时,重组数据报;否则到了时间而所有段还未到齐,接收方会丢弃已到达的段。

引入 IP 重组计数器的结果是全有/全无(All-or-Nothing):要么所有的段都到达了并且

IP 重组数据报,要么 IP 丢弃了整个数据报。另外,没有任何机制使接收方去告知发送方已收到哪些段。由于发送方本身并不知道有关分段的事情,这一设计就显得有用。更进一步地,如果发送方重发该数据报,路由可能不同,因为每次传输并不总是通过同样的路由器。因此,无法保证重发的数据报会像上次一样地被分段。

分段之后,路由器将每一段转发给它的目的地。如果某段遇到一个 MTU 值更小的网络时,将在已有分段的基础上再分段。

如果一个互联网设计得很糟糕,其中的网络按 MTU 值从大到小依次连接,则路径上的每个路由器就必须对段再进行分段。IP 对源段与子段并不加以区分,接收方也并不知道收到的是一个第一次分段后形成的段还是一个已经被多个路由器多次分段后形成的段。同等对待所有段的优点在于:接收方并不需先重组子段后才能重组原数据报,这样一来就节省了 CPU 时间,减少了每一段的头部中所需的信息量。

3.4.3 地址解析协议与反向地址解析协议

为了实现 IP 数据报在某种具体类型的物理网络上传输,必须解决 IP 地址与物理地址间的转换问题,这就是地址解析协议(Address Resolution Protocol,ARP)和反向地址解析协议(Reverse Address Resolution Protocol,RARP)。

1. 地址解析协议

IP 数据报必须被封装成某种类型的帧在物理网络上传输。物理网络在数据链路层上通常使用与 IP 地址不同的编址方案,如 IEEE 802 局域网在数据链路层上使用 48 bit 的 MAC 地址,设备驱动程序根据数据帧头中的物理地址(也称硬件地址)来判断是否应该接收一个帧,而不是根据 IP 地址(也称逻辑地址)来做出判断。这种 IP 地址到物理地址的映射机制就是地址解析协议。地址解析协议在 RFC 826 中说明。

地址解析协议用于广播网中,点对点网并不需要,因为点对点通信不需要指定物理地址。

以以太网为例,假设源主机需要发送一个 IP 数据报,一种情况是目的主机就在该以太网中,则源主机直接将数据报发给它;另一种情况是目的主机不在该以太网中,这时候需要将数据报发给网上的一个路由器再由其转发。但不管是哪种情况,都需要将数据报发给以太网上的一台机器(主机或路由器),因而都必须通过地址解析协议找到接收机器的 MAC 地址。协议的工作过程如下。

- 源主机发送一个 ARP 请求数据报,其中的目的地址字段包含了接收机器的 IP 地址,该请求数据报被封装在一个广播帧中,网上所有机器都必须接收该帧。
- 所有接收到 ARP 请求的主机,从请求中取出目的地址并同本机 IP 地址进行比较,如果地址不同就将请求丢弃;如果地址相同,则发回一个 ARP 应答数据报,给出本机的 IP 地址和 MAC 地址,ARP 应答数据报同样被封装在一个广播帧中。

为了提高效率,通常每个主机中都有一个 ARP 高速缓存(ARP Cache),各个主机将接收到的 ARP 应答中的 IP 地址-MAC 地址对保存在 ARP 高速缓存中。每当需要发送 IP 数据报时,先从 ARP 高速缓存中查找所需的 IP 地址-MAC 地址对,如缓冲区中没有再发送 ARP 请求。为了及时更新 ARP 高速缓存中的内容,通常会限制每个地址对的失效周期,超过失效周期就要重新进行地址解析。

为了减少网络通信量，一个 ARP 实体在发送 ARP 请求数据报时，将自己的 IP 地址和 MAC 地址也写入数据报中，这样其他主机就可以把这个 IP 地址-MAC 地址对保存在本地的 ARP 高速缓存中，便于今后查找使用。

地址解析协议的最大特点就是简单，系统管理员只需要为每个机器分配 IP 地址和子网掩码，其余工作都由地址解析协议来完成。

2. 反向地址解析协议

当一个带有本地硬盘的系统启动时，通常可以从硬盘中读取一个配置文件，从中获得本系统的 IP 地址。然而对于没有本地硬盘的系统，如无盘工作站或 X 终端，就需要用其他方法来获得系统的 IP 地址。

每个系统都有一个唯一的硬件地址，硬件地址可以从接口卡中读取，因此这里的地址映射问题就变成根据系统的硬件地址确定其逻辑地址。这种地址映射机制是通过反向地址解析协议来实现的。反向地址解析协议定义在 RFC 903 中。

反向地址解析协议的基本思想是：无盘工作站启动时，首先从其接口卡中读取系统的硬件地址，然后发送一个 RARP 请求数据报，其中的目标 MAC 地址字段中放入本系统的 MAC 地址，RARP 请求数据报同样封装在一个广播帧中。网络中有一个 RARP 服务器，它将网上所有的 MAC 地址-IP 地址对保存在一个磁盘文件中，每当收到一个 RARP 请求，服务器就检索该磁盘文件，找到匹配的 IP 地址，然后用一个 RARP 应答数据报返回无盘工作站。RARP 应答数据报通常封装在一个单地址帧中。RARP 服务器中的 MAC 地址-IP 地址映射关系必须由系统管理员提供。

由于反向地址解析协议依靠广播机制来实现，为了使 RARP 服务器能接收到请求，它使用一个目的地址为全"1"的广播帧。但是路由器不会对广播帧进行转发，所以反向地址解析协议只能在一个网络范围内有效，这就意味着每个网络都需要一个 RARP 服务器。为解决这个问题，又推出了引导程序协议，引导程序协议使用 UDP 数据报，可以被路由器转发。

3.4.4 因特网控制数据报协议

IP 层提供无连接的、不可靠的 IP 数据报传输服务，因此不保证数据报不丢失、不出错。为了减少数据报丢失或出错的发生，因特网控制数据报协议（Internet Control Message Protocol，ICMP）允许主机或路由器报告差错情况和提供有关异常情况的报告。ICMP 并不是高层协议，而仍是互联层的一部分，互联层和传输层的协议实体使用 ICMP 协议来传送一些控制数据报，ICMP 数据报是封装在 IP 数据报中传输的。ICMP 协议定义在 RFC 792 中，并已经被接受为因特网标准协议。ICMP 的数据报格式如图 3-11 所示。

图 3-11　ICMP 数据报格式

ICMP 数据报的前 4 个字节是统一的格式，共有 3 个字段；后面则是长度可变部分，其长度取决于 ICMP 的数据报类型。

- 类型（Type）字段占 8 bit，用于指明 ICMP 数据报类型。

- 代码(Code)字段占 8 bit,用于对类型字段中的几种不同的情况做进一步的区分。比如说类型为 3 的 ICMP 数据报是"目的不可达"数据报,又可以通过代码字段进一步分为"网络不可达"、"主机不可达"、"端口不可达"等多种不同的情况。
- 校验和(Checksum)字段占 16 bit,用于对整个 ICMP 数据报进行校验。因为 IP 数据报头部的校验和并不检验 IP 数据报的正文部分,因此不能保证被封装为 IP 数据报进行传输的 ICMP 数据报不会发生差错。

ICMP 数据报分为两大类:ICMP 差错报告数据报和 ICMP 询问数据报。

ICMP 差错报告数据报通常用于向源主机报告错误情况,不需要应答,共有 5 种。

- 目的不可达(Destination Unreachable):类型为 3。当路由器或主机不能交付 IP 数据报时,就向源主机发送目的不可达数据报。
- 源抑止(Source Quench):类型为 4。当路由器或主机由于拥塞而丢弃 IP 数据报时,就向源主机发送源抑止数据报,使源主机降低 IP 数据报的发送速度。
- 重定向(Redirect):类型为 5,又叫改变路由。路由器将重定向数据报发送给主机,使主机更新本地路由表,改变对某个目的地址的转发路由。
- 时间超过(Time Exceeded):类型为 11。当路由器收到 TTL 字段为 0 的 IP 数据报时,除丢弃该数据报外,还要向源主机发送时间超过数据报。当目的主机在预先规定的时间内不能收到一个 IP 数据报的全部数据片段时,就将丢弃所有已经收到的数据片段,并向源主机发送时间超过数据报。
- 参数问题(Parameter Problem):类型为 12。当路由器或目的主机收到的 IP 数据报头部中存在不正确的字段时,就将丢弃该数据报,并向源主机发送参数问题数据报。

一般在发送一个 ICMP 差错报告数据报时,数据报内容中同时携带引起该错误的 IP 数据报的头部以及数据报正文部分的前 8 个字节,这 8 个字节正好含有传输层协议(TCP 或 UDP)实体的端口号和数据报序号,这使得收到 ICMP 差错报告数据报的一方可以根据 IP 数据报头部中的协议字段所指定的协议与相应的协议实体进行通信,并根据 TCP 或 UDP 端口号与相应的用户进程进行联系。

当遇到下列几种情况时,不再发送 ICMP 差错报告数据报。

- 对 ICMP 差错报告数据报不再发送 ICMP 差错报告数据报。
- 对第一个数据片段的所有后续数据片段都不发送 ICMP 差错报告数据报。
- 对具有多播地址的 IP 数据报都不发送 ICMP 差错报告数据报。
- 对具有特殊地址(如 127.0.0.0 或 0.0.0.0)的 IP 数据报不发送 ICMP 差错报告数据报。

ICMP 询问数据报通常用于请求某些信息,以询问-应答方式工作,所以 ICMP 询问数据报都是成对出现的,共有 4 对。

- 回声请求(Echo Request)与回声应答(Echo Reply):类型分别为 8 和 0。回声请求数据报是由路由器或主机向一个特定的目的主机发出的询问。收到该数据报的主机必须向源主机返回一个回声应答数据报。利用这对数据报可以测试目的主机是否可达以及了解其有关状态。在应用层有一个很常用的服务叫做 PING(Packet InterNet Groper),用来测试两个主机之间的连通性。PING 服务即使用了 ICMP 的回声请求和回声应答数据报。

- 路由器询问(Router Solicitation)与路由器通告(Router Advertisement):类型分别为 10 和 9。主机可以使用这对数据报了解连接在本网络上的路由器是否在正常工作。主机将路由器询问数据报进行广播(或多播),收到询问数据报的路由器使用路由器通告数据报广播其路由选择信息。
- 时间戳请求(Timestamp Request)与时间戳应答(Timestamp Reply):类型分别为 13 和 14。时间戳请求数据报是请某个路由器或主机回答当前日期和时间。路由器或主机在收到时间戳请求数据报后要返回一个时间戳应答数据报,在数据报中有一个 32 bit 的字段,其中写入的整数代表从 1900 年 1 月 1 日 0 时起到当前时刻共有多少秒。可以使用这对数据报进行时钟同步和时间测量。
- 地址掩码请求(Address Mask Request)与地址掩码应答(Address Mask Reply):类型分别是 17 和 18。主机为了获得某个接口的地址掩码,发出一个地址掩码请求数据报给子网掩码服务器,子网掩码服务器返回一个地址掩码应答数据报,其中包含该接口的地址掩码。

3.4.5 因特网组管理协议

通常的 IP 通信是在一个发送方和一个接收方之间进行的,称为单播(Unicast)。局域网中可以实现对所有网络节点的广播(Broadcast)。但对于有些应用,需要同时向大量接收者发送信息,比如说应答的更新复制、分布式数据库、为所有经纪人传送股票交易信息,以及多会场的视频会议等。这些应用的共同特点就是一个发送方对应多个接收方,接收方可能不是网络中的所有主机,也可能没有位于同一子网。这种通信方式介于单播和广播之间,被称为组播或多播(Multicast)。

IP 采用 D 类地址来支持多播,每个 D 类地址代表一组主机。共有 28 位可用来标识主机组(Host Group),因此可以同时有多达 2 亿 5 千万个多播组。当一个进程向一个 D 类地址发送数据报时,就是同时向该组中的每个主机发送同样的数据,但网络只是尽最大的努力将数据报传送给每个主机,并不能保证全部送达,有些组内主机可能收不到这个数据报。

因特网支持两类组地址:永久组地址和临时组地址。

- 永久组不必创建,而且总是存在的,每个永久组有一个永久组地址。例如,224.0.0.1 代表局域网中所有的系统;224.0.0.2 代表局域网中所有的路由器;224.0.0.5 代表局域网中所有的 OSPF 路由器。
- 临时组在使用前必须先创建,一个进程可以要求其所在的主机加入或退出某个特定的组。当主机上的最后一个进程脱离某个组后,该组就不再在这台主机中出现。每个主机都要记录它的进程当前属于哪个组。

多播需要特殊的多播路由器支持,多播路由器可以兼有普通路由器的功能。因为组内主机的关系是动态的,因此本地的多播路由器要周期性地对本地网络中的主机进行轮询(发送一个目的地址为 224.0.0.1 的多播数据报),要求网内主机报告其进程当前所属的组,各主机会将其感兴趣的 D 类地址返回,多播路由器以此决定哪些主机留在哪个组内。若经过几次轮询在一个组内已经没有主机是其中的成员,多播路由器就认为该网络中已经没有主机属于该组,以后就不再向其他的多播路由器通告组内成员的状况。

多播路由器和主机间的询问和响应过程使用因特网组管理协议（Internet Group Management Protocol，IGMP）进行通信。因特网组管理协议类似于因特网控制数据报协议，但只有两种数据报：询问和响应，都有一个简单的固定格式，其中数据字段中的第一个字段是一些控制信息，第二个字段是一个 D 类地址。因特网组管理协议使用 IP 数据报传递其数据报，具体做法是 IGMP 数据报加上 IP 数据报头部构成 IP 数据报进行传输，但因特网组管理协议也向 IP 提供服务。通常不把因特网组管理协议看做一个单独的协议，而是看做整个互联网协议 IP 的一个组成部分。

为了适应交互式音频和视频信息的多播，Internet 从 1992 年开始试验虚拟的多播主干网（Multicast Backbone On the Internet，MBONE）。多播主干网可以将数据报传播给不在一起但属于一个组的许多个主机。在多播主干网中具有多播功能的路由器称为多播路由器（Multicast Router，MRouter），多播路由器既可以是一个单独的路由器，也可以是运行多播软件的普通路由器。

尽管 TCP/IP 中的多播协议已经成为标准，但在多播路由器中路由信息的传播尚未标准化。目前正在进行实验的是距离向量多播路由协议（Distance Vector Multicast Routing Protocol，DVMRP）。距离向量多播路由协议的路由选择是通过生成树实现的，每个多播路由器采用修改过的距离矢量协议与相邻的多播路由器交换信息，以便每个路由器为每个多播组构造一个覆盖所有组成员的生成树。在修剪生成树及删除无关路由器和网络时，用到了很多优化方法。

若多播数据报在传输过程中遇到不支持多播的路由器或网络，就要用隧道（Tunneling）技术来解决，即将多播数据报再次封装为普通数据报进行单播传输，在到达另外一个支持多播的路由器后再解除封装，恢复为多播数据报继续传输。

3.4.6 IPv6 协议

IP 协议是因特网中的关键协议。现在广泛使用的 IPv4 是在 20 世纪 70 年代末期设计的，无论从计算机技术的发展还是从因特网的规模和网络的传输速率来看，IPv4 都已经不适用了，它主要有下面一些缺点：

- 地址数量有限；
- IP 报头复杂；
- 难以实现扩展和可选机制；
- 提供有限的不同类型的服务；
- 缺少安全性和保密性。

其中最主要的问题就是 32 bit 的 IP 地址空间已经无法满足迅速膨胀的因特网规模。为此，IETF 在 1992 年 6 月就提出要制订下一代的 IP（IP Next Generation，IPng）。由于此前已经推出 IPv5，但未获广泛认同和应用，因此 IPng 最后正式定名为 IPv6。

IPv6 的主要目标包括：

- 扩大 IP 地址空间，即使地址利用率不高，也能支持上百亿台主机；
- 减小路由选择表的长度，提高路由选择速度；
- 简化协议，使路由器处理分组更迅速；

- 提供更好的安全性；
- 增加对服务类型的支持,特别是实时的多媒体数据；
- 通过定义范围来支持多点播送的实现；
- 主机可以在不改变其 IP 地址的情况下实现漫游；
- 协议保留未来发展的余地；
- 允许新旧协议共同存在一个时期。

1995 年以后 IETF 陆续公布了一系列有关 IPv6 的协议、编址方法、路由选择以及安全等问题的 RFC 文档。IPv6 所引进的主要变化如下。

- 巨大的地址空间。IPv6 把 IP 地址长度增加到 128 bit,使地址空间增大了 2^{96} 倍。它可以为地球上每平方米的面积分配 1 000 多个 IP 地址,这个近乎无限的地址空间可以保证 IP 地址的分配不会再出现过去的窘迫局面。
- 灵活的 IP 数据报头部格式。IPv6 采用一种全新的数据报格式,使用一系列固定格式的扩展头部取代了 IPv4 中可变长度的选项字段。IPv6 中选项部分的出现方式也有所变化,使路由器可以简单跳过选项而不做任何处理,加快了数据报处理速度。
- 简化协议,加快数据报转发。IPv6 简化了数据报头部格式,将字段从 IPv4 的 13 个减少到 7 个,数据报分段也只是在源主机进行,这些简化使路由器可以更快地完成对数据报的处理和转发,提高了吞吐量。
- 提高安全性。鉴于 IPv4 中出现的种种安全问题,IPv6 全面考虑和支持协议的安全功能。身份认证和隐私权是 IPv6 的关键特性。
- 支持更多的服务类型。如支持对网络资源的预分配,以实现实时视频传输等要求保证一定带宽和时延的应用。
- 允许协议继续演变,增加新的功能,使之适应未来技术的发展。

IPv6 报文中包含有一个 40 B 的头部,头部后跟有 6 B 的可选扩展项,如图 3-12 所示。

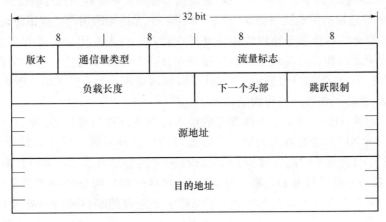

图 3-12　IPv6 报头格式

- 版本字段是代表数字 6 的二进制数,表示这个分组是 IPv6 分组。
- 通信量类型(Traffic Class)字段是一个 8 bit 的区域,来决定分组的重要性和紧急性,这有点像 IPv4 中的服务类型字段。
- 流量标志(Flow Label)字段用来描述分组所属的流量的特性,是在 IPv6 中独有的区域。这个 20 个比特的区域设计的目的在于可以给一些特殊的数据做标记。也就是说尽管数据报并非是从原来的源节点发到目的节点,但是仍然包含原有的源节点和目的节点的应用。区分数据流有很多好处,可以确保不同类别服务的处理方式得以区分,在数据流经多个路径的负载均衡时,在同一个数据流的数据报将经由同一个路径转发,从而避免了数据报可能继续查找路径的现象。

- 负载长度(Payload Length)字段表示在报头之后有多少字节的数据。
- 下一个头部(Next Header)字段表示跟在这个报头之后的是 6 个可选扩展头部中的哪一个,如果有可选扩展头,还要指明是 UDP 还是 TCP 使用的分组。扩展头部的形式类似于下一个头部字段。
- 跳跃限制(Hop Limit)字段在长度(8 bit)和功能上都和 IPv4 的生存时间区域类似。每经过一个路由器时减 1,以防止分组在网络上不停地游荡。当该值为 0 时,分组被丢弃。跳跃限制的最大值是 254。
- 源地址和目的地址是 16 个字节长,是为了符合 IPv6 的地址长度。

注意:IPv6 报头中取消了原来 IPv4 报头中的校验和区域。因为现在的网络传输介质都增加了传输的可靠性(无线可能是一个特例),并且事实上上层协议常常使用自己的错误检测和修复机制,因此 IPv6 报头中加入校验意义不大,所以就将它剔除了。

3.5 传输层协议

因特网中,互联层提供的是不可靠、无连接的服务。IP 数据报从源主机到达目的主机的传输过程中可能要经过服务、性能各不相同的多个网络,期间数据报可能会丢失、出错、延迟、失序、重复,互联层尽最大努力进行数据报的转发,但不保证能正确送达目的主机。

传输层利用互联层提供的这种不可靠、无连接服务来实现端到端的传输服务,传输层协议包括可靠的、面向连接的传输控制协议(TCP)和不可靠、无连接的用户数据报协议(UDP)。

传输层的服务实体使用与应用层接口处的端口(Port)为应用层的进程提供服务,应用层的各个进程则通过相应的端口与传输层服务实体进行交互和通信。这些端口使用 16 bit 的二进制数来标识,称为端口号(Port Number),取值范围为 0~65 535。要想与应用层的某个进程通信,就必须知道该进程的端口号。

为了统一起见,IETF 规定了一些常见的应用层服务进程的端口号,称为众所周知的端口(Well-Known Port),常简称为周知口。周知口的端口号一般小于 1 024,如 WWW 服务的端口号为 80,FTP 服务的端口号为 21,Telnet 服务的端口号为 23,SMTP 服务的端口号为 25,POP3 服务的端口号为 110 等。但要注意,这些周知口的分配使用只是建议,并非必须如此分配。出于安全保密或其他原因,可以对服务进程的端口号进行修改,如将 WWW 服务的端口号设定为 8 080。大于等于 1 024 的端口号属于普通端口号,用于随时分配给请求通信的客户进程。因特网中的主机可以独立地分配和使用自己的端口号。

因特网采用客户机/服务器模式工作。应用层的服务进程都是守候进程(Daemon),它们不间断地"侦听"自己的端口,一旦有客户进程发来连接请求,它们就会进行响应。使用(IP 地址,端口号)可以唯一标识一个进程,该进程运行在指定 IP 地址的主机上,使用指定的端口号进行通信。

3.5.1 TCP 协议

TCP 协议在不可靠的网络服务上提供可靠的、面向连接的端到端传输服务。TCP 协议最早是在 RFC 793 中定义,而随着时间的推移,发现了原有协议的错误和不完善的地方,对 TCP 协议的一些最新改进包括在 RFC 2018 和 RFC 2581 中。

使用 TCP 协议进行数据传输时必须首先建立一条连接,数据传输完成之后再把连接释放掉。TCP 采用套接字(Socket)机制来创建和管理连接,一个套接字的标识包括两部分:主机的 IP 地址和端口号。为了使用 TCP 连接来传输数据,必须在发送方的套接字与接收方的套接字之间明确地建立一个 TCP 连接,这个 TCP 连接由发送方套接字和接收方套接字来唯一标识,即四元组<源 IP 地址,源端口号,目的 IP 地址,目的端口号>。

TCP 连接是全双工的。这意味着 TCP 连接的两端主机都可以同时发送和接收数据。由于 TCP 支持全双工的数据传输服务,这样确认可以在反方向的数据流中捎带。

TCP 连接是点对点的。点对点表示 TCP 连接只发生在两个进程之间,一个进程发送数据,同时只有一个进程接收数据,因此 TCP 不支持广播和多播。

TCP 连接是面向字节流的。这意味着用户数据没有边界,TCP 实体可以根据需要合并或分解数据报中的数据。例如,发送进程在 TCP 连接上发送 4 个 512 B 的数据,在接收端用户接收到的不一定是 4 个 512 B 的数据,可能是 2 个 1 024 B 或 1 个 2 048 B 的数据。接收者并不知道发送数据的边界,若要检测数据的边界,必须由发送者和接收者共同约定,并且在用户进程中按这些约定来实现。

1. TCP 数据报格式

一个 TCP 数据报由头部和数据部分组成,其中头部又分为长度为 20 B 的固定部分和长度任意的选项部分。应用层的数据报传送到传输层,加上 TCP 数据报头部,就构成 TCP 的数据传送单位,称为数据报段(Segment),又叫 TCP 协议数据单元(TPDU)。在发送时,TCP 数据报作为 IP 数据报的数据部分,再加上 IP 数据报头部,组成 IP 数据报。在接收时,将 IP 数据报头部信息去除后得到 TCP 数据报并提交给传输层,传输层再去掉 TCP 数据报头部得到应用层的数据报并提交给应用层。TCP 数据报格式如图 3-13 所示。

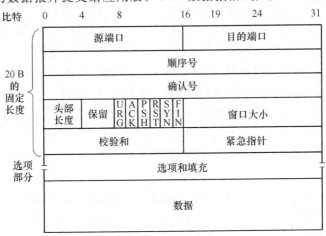

图 3-13 TCP 数据报的格式

- 源端口(Source Port)字段和目的端口(Destination Port)字段各占 16 bit，分别用于记录发送方和接收方的端口号。通信双方主机的 IP 地址和端口号一起组成的四元组可以唯一地标识一条 TCP 连接。

- TCP 协议对传输的每一个字节都给予编号，顺序号(Sequence Number)字段用于说明该 TCP 数据报段中携带的数据中第一个字节的编号，而确认号(Acknowledgement Number)字段则用于表示在该序号之前的字节已经正确接收，也表示希望接收的下一个字节的顺序号。顺序号和确认号字段各占 32 bit。

- TCP 头部长度(TCP Header Length)字段占 4 bit，用于说明 TCP 头部(包括 20 B 的固定部分和可选部分)的长度，以 32 bit 为单位计算。这个字段是必要的，因为头部可选部分是变长的，因此 TCP 头部的长度也是不固定的。实际上这个字段同时说明了数据部分在数据报段中的起始位置，所以又称数据偏移字段。

- 接下来的 6 bit 是保留字段，然后是 6 个 1 bit 标志字段。

- 紧急(Urgent, URG)标志字段用于指示紧急数据字段是否有效。如果用到紧急指针，则令 URG=1，说明紧急指针字段有效。

- 确认(Acknowledgement, ACK)标志字段用于指示确认号字段是否有效。如果 ACK=1，说明本 TCP 数据报段的确认号字段有效。

- 急迫(Push, PSH)标志字段用于要求马上发送数据。在 TCP 的数据传输过程中，通信双方都可能会对数据进行缓冲。TCP 连接接收到应用层数据后，不一定马上发送，而是暂时缓存在发送缓冲区中，直到发送缓冲区的数据足够组成一个 TCP 段，或者数据在缓冲区中已经有一段时间时，数据才通过 TCP 数据报段来传递给连接的另一端。但有些情况需要马上发送数据，如 Telnet 服务中用户按下回车键要求执行某个命令，此时就令 PSH=1，表示应用层进程请求马上发送数据，这样 TCP 实体不再暂存数据而是直接发送。

- 复位(Reset, RST)标志字段用于对本 TCP 连接进行复位，通常在 TCP 连接发生故障时设置本标志，以使通信双方重新实现同步，并初始化某些连接参数。RST 还可以用于拒绝非法的数据段或连接请求。

- 同步(Synchronazition, SYN)标志字段用于建立 TCP 连接，一般 SYN=1 和 ACK=0 表示发起 TCP 连接的建立请求，而 SYN=1 和 ACK=1 表示 TCP 连接响应。

- 终止(Final, FIN)标志字段用于连接释放。FIN=1 表示发送方已经没有数据发送了，但此时它仍然可以继续接收数据。SYN, FIN 和用户数据一样，也对其进行编号，这样可以保证 SYN 和 FIN 能够按正确的顺序得到处理。

- 窗口大小(Window Size)字段占 16 bit，用于实现 TCP 协议的流量控制，可以理解为接收端所能提供的缓冲区大小。由于窗口大小为 16 bit，所以接收端 TCP 能最大提供 65535 B 的缓冲。由此，可以利用窗口大小和第一个数据的序列号计算出最大可接收的数据长度。

- 校验和字段占 16 bit，用于对 TCP 的头部实现校验。校验范围包括 TCP 数据报头部、用户数据以及一个伪 TCP 头部。这个伪头部包括源 IP 地址、目的 IP 地址和 IP 数据报头部中的长度字段。校验和的计算采用了和 IP 类似的算法，所有 16 位字相加，然后对和取反。包括一个伪 TCP 头部的意义在于检测传送的数据报是否被错误地递交,但是这显然违反了协议分层的原则,因为 IP 地址本应由 IP 而不是由 TCP 来处理。
- 紧急指针(Urgent Pointer)字段占 16 bit,用于说明本 TCP 数据报中紧急数据的开始位置(当前顺序号到紧急数据位置的偏移量),即顺序号+紧急指针。当 URG=1 时有效。

上述是 TCP 数据报段头部 20 B 的固定部分,接下来是长度任意的选项(Options)部分,这部分提供了相应的扩展机制,用于实现除 TCP 头部指定功能外的扩展功能。TCP 只规定了一种选项,称为最大数据报段大小(Maximum Segment Size,MSS)。TCP 数据报段的长度受两个因素的限制:首先,整个 TCP 数据报段长度不能超过 IP 数据报数据部分的最大长度,即 65 535 字节;其次,每个网络都有一个最大传输单位(MTU),实践中 MTU 的值通常是几千,这就决定了 TCP 数据报段的最大长度。在 TCP 协议中把一个 TCP 数据报段所携带数据的大小限制称为最大数据报段大小,注意:MSS 是 TCP 数据报段中数据字段的最大长度,而不是包括头部在内的整个 TCP 段的最大长度。MSS 的取值一般和 TCP 协议的具体实现有关,而且这个参数一般是可以配置的,通常的默认值为 1 500 B、536 B 和 512 B。

数据部分用于传送 TCP 用户所要求发送的数据。

2. TCP 的连接管理

TCP 是一种面向连接的传输层协议,在数据传输之前必须首先建立连接,在传输完成后释放连接。TCP 的连接管理就是使连接的建立和释放都能够正常进行。

TCP 连接的建立是一个不对称的过程,TCP 连接的双方分为被动方式的服务器和主动方式的客户机。服务器通过调用监听(Listen)功能进入被动打开(Passive Open)状态,并开始不断检测是否有连接请求,一旦有连接请求到达,则立刻做出响应。客户机则调用连接(Connect)功能进入主动打开(Active Open)状态,向 TCP 要求和服务器建立一条传输连接。

TCP 连接的建立是通过如图 3-14 所示的三次握手(Three-Way Handshake)过程进行的,在成功建立 TCP 连接后,连接双方就可以开始传输数据。

客户机首先发送一个特殊的 TCP 段给服务器,这个 TCP 段中不包含任何用户数据,只是把 SYN 标志置 1,ACK 标志置为 0。同时客户机选择一个初始的顺序号 x,并且放在顺序号字段中。这个 TCP 段一般称为 SYN 段。

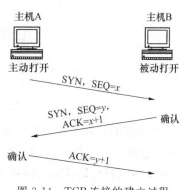

图 3-14 TCP 连接的建立过程

服务器收到这个连接建立请求之后,TCP 实体首先查看是否有进程在目的端口处进行侦听,如果没有,它将发送一个 RST 标志为 1 的应答,拒绝建立连接。如果同意接受连接,服务器发送一个 TCP 段来回应这个连接建立请求。TCP 段的 ACK 标志字段置为 1,确认字段为 $x+1$,表示确认对方的初始顺序号,同时 SYN 标志字段置为 1,顺序号字段为服务器选择的初始顺序号 y,也就是说 TCP 段的 SYN 和 ACK 标志字段同时置为 1,常称为 SYNACK 段。

最后客户机发送一个 TCP 段来确认对方的初始顺序号,这个 TCP 段的 SYN 标志为 0,ACK 标志为 1。服务器在收到这个确认之后,连接正式建立,连接双方可以开始传输数据。

由于连接建立过程有三次 TCP 数据报段的交换过程,因此常被称为三次握手过程,客户机和服务器通过三次"握手"互相确认对方的初始顺序号。之所以要确认双方的初始顺序号,而不是简单的选取一个固定的初始顺序号(如 0),是因为如果已经建立好的传输连接由于某种原因崩溃了,现在重新建立一条传输连接,这样前面那条连接的 TCP 数据报段可能会干扰新建的传输连接。

如果有两台主机同时想在相同的套接字之间建立一条 TCP 连接,就会出现呼叫碰撞的问题。但是 TCP 连接管理可以保证最终只有一条 TCP 连接可以被建立起来,而不是两个,因为 TCP 连接是由四元组＜源 IP 地址,源端口号,目的 IP 地址,目的端口号＞唯一标识的。

在数据传输结束后,通信的双方都可以发出释放连接的请求。如图 3-15 所示,TCP 连接的释放也采用三次握手过程。为了更好地理解连接释放,可以把全双工的 TCP 连接看做是由两个方向的单工连接组成的,也就是说 TCP 连接的两方应该分别关闭它那边的连接。如果只有一方关闭连接,意味着它再也没有数据发送了,但是它仍然可以继续接收数据。TCP 连接的释放是通过双方各发送一个 FIN 标志置为 1 的 TCP 段来进行的,当 FIN 段被确认后,那个方向的连接就被关闭,只有当两个方向的连接均关闭后,该 TCP 连接才被完全释放。

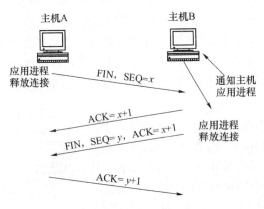

图 3-15　TCP 连接的释放过程

TCP 连接的释放还有一个问题。考虑 TCP 连接的一方已经关闭了它这一方的连接,这个时候它收到对方的 FIN 段,表示对方也要求关闭连接,于是对这个 FIN 段发送确认 ACK,这个时候就可以认为连接释放了,但是如果这个 ACK 丢失了,那么对方可能会重传 FIN 段,这个 FIN 段可能会在网络中延时,如果这个时候两者之间重新建立了一条新的连接,那这个延迟的 FIN 段就可能会对新连接的建立产生干扰。为了避免出现这个问题,TCP 连接管理使用了一个定时器。如果对 FIN 段的应答在两个最大的分组生命期内(保证 FIN 段和对 FIN 段的确认完全从网络中消去)未到达,FIN 段的发送方就可以释放连接,另一方最终也会因超时而释放连接。

3. TCP 的自适应重发机制

TCP 提供重发机制保证数据的可靠传输，TCP 每发送一个 TCP 段，就设置一次定时器，如果到达定时器设置的重发时间仍未收到确认 ACK，它就重传该 TCP 段。

在重发之前的等待时间，即超时间隔（Timeout）显然应该和 TCP 段在 TCP 连接中的往返时间（Round-Trip Time，RTT）相关。一个 TCP 段到达对方，一个对 TCP 段的确认返回，由于 TCP 段经过的路由可能不同，因此这段时间是可变的，这就意味着重发时间也应该是动态变化的。TCP 采用一种自适应的算法来实现重发机制。

对于每一条 TCP 连接，TCP 维护一个变量 EstimatedRTT，用于存放所估计的到达目的主机的往返传输时间。每次发送一个 TCP 段时记录下这个时刻，当对 TCP 段的确认回来后就可以计算该段的往返传输时间 SampleRTT，然后根据下面的公式来修正 EstimatedRTT：

$$EstimatedRTT = \alpha \times EstimatedRTT + (1-\alpha) \times SampleRTT$$

其中 $\alpha(0 \leqslant \alpha \leqslant 1)$ 为修正因子，决定了以前估计的 RTT 的权重，它一般取值为 7/8。

上面这种方法有一个问题：如果 TCP 段超时并重传时如何计算 RTT，因为这个时候收到的对 TCP 段的确认可能是对最初的 TCP 段的确认，也可能是对重传的 TCP 段的确认。Karn 提出了一个改进方法：如果重传 TCP 段，则不估计往返传输时间，但是这个重传的超时设置为上次超时间隔的 2 倍。

上述算法只是根据估计的往返超时来设定超时间隔，但是 RTT 经常可能会发生变化，因此 Jacobson 提出了计算超时间隔时还应该考虑往返超时的标准偏差。TCP 连接维护一个变量，即平均偏差 Deviation，并且根据如下公式来修正该偏差：

$$Deviation = (1-\chi) \times Deviation + \chi \times |SampleRTT - EstimatedRTT|$$

其中 χ 是一个参数，和前面的 α 作用类似。

考虑到估计的往返传输时间和偏差的影响，最后的超时间隔为

$$Timeout = EstimatedRTT + 4 \times Deviation$$

4. TCP 的流量控制

TCP 采用一种可变大小的滑动窗口机制来进行流量控制，以防止发送方的数据发送得过快，以致接收方来不及处理的情况发生。

发送方维护一个接收窗口大小，这是接收方向发送方指出的目前剩余接收缓冲区的大小。接收窗口是可变的，图 3-16 给出了可变的接收窗口的示意图。

图 3-16 可变的接收窗口

假设主机 A 和 B 之间建立一条 TCP 连接，B 将会分配一块缓冲区，用来缓存从对方接收的 TCP 数据，这称为接收缓冲区（RecvBuffer）。B 的用户进程会不断从这个接收缓冲区读取传输过来的用户数据，也就是说接收窗口可能会动态变化。定义两个变量 LastByteRead 和 LastByteRcvd，其中 LastByteRead 是 B 的用户进程最近从缓冲区读取的最后一个字

节的位置,而 LastByteRcvd 则是从网络中接收到的并被放入接收缓冲区的最后一个字节的位置。这样就有

$$\text{LastByteRcvd} - \text{LastByteRead} \leqslant \text{RecvBuffer}$$

而接收窗口(RecvWindow)为接收缓冲区中的空闲部分的大小,即有

$$\text{RecvWindow} = \text{RecvBuffer} - (\text{LastByteRcvd} - \text{LastByteRead})$$

B 发给 A 的 TCP 段的头部中包含了一个窗口大小字段,给出了目前接收方的空闲缓冲区的大小 RecvWindow。A 维护两个变量,分别是 LastByteSent 和 LastByteAcked,分别记录发出和已确认的最后一个字节的位置。显然 LastByteSent-LastByteAcked 给出了 A 发送的但是还没有得到确认的数据的大小。只要保证 A 所发送的那些还没有得到确认的数据不会超过接收窗口大小,B 就不会被 A 发送的数据所淹没。这样,A 要保证

$$\text{LastByteSent} - \text{LastByteAcked} \leqslant \text{RecvWindow}$$

B 可以将接收窗口大小设置为 0,表示目前没有空闲的缓冲区。这样 A 在发现接收窗口为 0 后,就不能继续发送数据了,而如果 B 也没有数据发送给 A,也就是说不会进行捎带确认。假设后来 B 清空了一部分接收缓冲区,接收窗口不再为 0,但是现在没有办法来通知另一方了。为了解决这个问题,如果接收窗口为 0,A 可以继续发送一个探测消息,这个探测消息携带 1 B 的数据。

5. TCP 的拥塞控制

TCP 的流量控制机制防止了由于发送方过快地传输数据而使得接收方来不及处理的情形的发生。与此同时,网络的容量也是有限的,TCP 通过拥塞控制来防止网络过载,以避免出现发送方发送数据过快超过网络的负载能力而导致拥塞。

TCP 的拥塞控制采用慢启动(Slow Start)和拥塞避免(Congestion Avoidance)相结合的策略。为了进行拥塞控制,TCP 连接维护两个变量。一个变量为拥塞窗口 CongWindow,反映了网络的容量,限制发送者向网络注入数据的速度,这样发送者发送的尚未得到确认的数据大小必须小于接收窗口和拥塞窗口,即

$$\text{LastByteSent} - \text{LastByteAcked} \leqslant \text{Min}(\text{CongWindow}, \text{RecvWindow})$$

而另一个变量为慢启动阈值 Ssthresh,当拥塞窗口小于该阈值时进入慢启动阶段,而大于该阈值时则进入拥塞避免阶段。

(1) 慢启动

当 TCP 连接开始建立时,要求 TCP 能够逐步探测到网络的容量。CongWindow 的初始值一般设置为一个最大分段大小(MSS),而慢启动阈值 Ssthresh 可以设置为一个较高的值,比如说接收窗口的大小。在慢启动时,每收到一个确认 ACK,就把拥塞窗口大小加 1 个 MSS,即

$$\text{CongWindow} = \text{CongWindow} + \text{MSS}$$

虽然这个阶段称为慢启动,但实际上拥塞窗口的大小是成指数增加的。收到一个 ACK 时,CongWindow 增加 1 个 MSS;然后发送方可以发送两个 TCP 段,对这两个 TCP 段的 ACK 收到后,ConWindow 变为 4 个 MSS;这样继续下去逐步到 8 个 MSS……当 CongWindow 超过慢启动阈值 Ssthresh 时,就必须进入拥塞避免阶段。

(2) 拥塞避免

在拥塞避免阶段，不再每收到 1 个 ACK，就把拥塞窗口增加 1 个 MSS，而是每隔往返传输时间才把拥塞窗口增加 1 个 MSS，这样拥塞窗口缓慢地增加，直到出现拥塞。往返传输时间 RTT 是动态变化的，在 TCP 的实现中经常采用一种变通的方法，每收到 1 个不重复的 ACK 时，拥塞窗口按照如下公式增加：

$$CongWindow = CongWindow + Max(MSS \times MSS/CongWindow, 1)$$

不管是在慢启动还是拥塞避免阶段，如果 TCP 检测到拥塞，也就是说 TCP 段超时需要重发，慢启动阈值 Ssthresh 就缩减为 CongWindow 的一半，CongWindow 则恢复到初始值（1 个 MSS 的大小），即

$$Ssthresh = Max(CongWindow/2, MSS)$$
$$CongWindow = MSS$$

并且进入慢启动过程，重新探测目前网络的状况。

(3) 重新开始空闲的连接

TCP 连接空闲较长一段时间后，因为这一段时间没有数据的传输，这样连接双方的 TCP 实体就无法利用 ACK 来探测网络的容量。如果这个时候仍然按照原有的拥塞窗口大小来发送数据，但实际上这个时候的网络状况可能有了变化，这样可能会造成网络的拥塞。最近的 TCP 协议中规定，如果 TCP 在超过一段时间（重传超时的时间）没有收到 TCP 段，在重新开始传输数据时进入慢启动过程，也就是说拥塞窗口为 1 个 MSS。

3.5.2 UDP 协议

UDP 是一种简单的面向 IP 数据报的传输协议，只是在 IP 的数据报服务之上增加了很少一点功能，就是端口功能和差错检测功能。尽管 UDP 只提供无连接的不可靠传输服务，但 UDP 在某些方面也有自身的特点：

- 发送数据之前不需要建立连接，自然数据传输结束也不需要释放连接，减少了数据传送的开销和时延；
- UDP 没有拥塞控制，也不保证可靠交付，因此主机不需要维护具有很多参数、构造复杂的连接状态表；
- UDP 数据报头部只有 8 个字节，比 TCP 数据报段头部 20 个字节的开销要小得多；
- 因为 UDP 没有拥塞控制，因此即使网络中出现拥塞也不会使源主机发送速度降低，这对于某些实时应用来说是很重要的。

因此，UDP 适用于不要求可靠传输但要求时延较小的场合，如 IP 电话、视频会议等应用。这些应用均要求源主机以恒定的速率发送数据，并且允许在网络发生拥塞时丢失一些数据，但不允许数据有太大的时延。另外 UDP 也常用于客户机/服务器计算模式中，以省去每次请求都要建立连接和释放连接的额外开销。

在 UDP 中，应用进程的每次输出操作均生成一个 UDP 数据报，并且一个 UDP 数据报封装在一个 IP 数据报中发送。这一点和面向流的 TCP 协议不同，在 TCP 协议中，如果应用进程输出的数据量比较大，则通常将数据分成几个段，每个段封装在一个 IP 数据报中传送。

UDP 数据报由头部和数据两部分组成,其格式如图 3-17 所示。

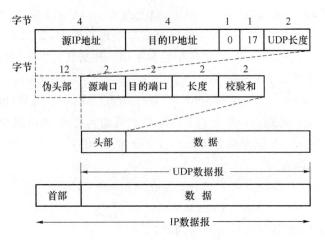

图 3-17 UDP 数据报的格式

UDP 数据报头部由 4 个字段组成,共占 8 B,存储和处理开销远小于 TCP 数据报段 20 B 的头部开销。

- 源端口字段和目的端口字段各占 16 bit,分别用来说明发送方进程和接收方进程的端口号。
- 长度字段占 16 bit,用于指示 UDP 数据报的字节长度(包含头部和数据),最小值为 8,也就是说数据域长度可以为 0。
- 校验和字段占 16 bit,用于对 UDP 数据报进行校验。

在计算校验和时,需要用到一个 12 B 的伪头部。伪头部包括源 IP 地址字段(4 B)、目的 IP 地址字段(4 B)、保留字段(1 B)、协议字段(1 B)和 UDP 长度字段(2 B)。其中源 IP 地址字段、目的 IP 地址字段和协议字段来自 IP 数据报头,保留字段是 1 B 的全"0",UDP 的协议代码为 17,UDP 长度字段与 UDP 数据报头部中的长度字段是相同的。

UDP 计算校验和的方法与 IP 数据报头部校验和的计算方法相似。在发送方,先将校验和字段置为全"0",再将伪头部和 UDP 数据报分为 16 bit 的数据块,若 UDP 数据报的数据部分不是偶数个字节,则要填入一个全"0"字节(但此字节不发送)。然后对所有的 16 bit 数据块计算累加和,最后再对和取反,结果写入校验和字段。接收方将收到的 UDP 数据报连同伪头部一起重新计算求和,若结果为全"1",则表示 UDP 数据报无误;否则说明收到的 UDP 数据报有错,接收方只是简单地将 UDP 数据报丢弃,并不向源报告错误。

伪头部只用于计算校验和,将伪头部参与校验的目的是为了进一步证实数据被送到了正确的目的地。尽管校验和字段是一个可选项,但大多数的实现都允许这个选项,因为 IP 只对 IP 数据报头进行校验,如果 UDP 也不对数据内容进行校验,那么就要由应用层来检测链路层上的传输错误了。

3.6 应用层协议

应用层对应于 OSI 参考模型的高层,包括许多广泛使用的协议,可为用户提供所需要的各种服务。例如,目前广泛采用的 HTTP、FTP、Telnet、DNS、SMTP、POP3 等应用层协议。不同的协议对应着不同的应用,下面简单介绍几个常用的协议。

3.6.1 DNS

因特网中主机的唯一标识就是 IP 地址,显然人们不愿意使用很难记忆的长达 32 位的二进制形式的 IP 地址,即使是点分十进制 IP 地址也并不太容易记忆。人们习惯上更愿意使用某种易于记忆的主机名字。为了方便书写和记忆,人们采用域名(Domain Name)来取代 IP 地址表示因特网主机。但是因特网通信仍然要使用 IP 地址来标识主机,因此必须提供一种映射机制来实现域名和 IP 地址之间的转换,这就是域名系统(Domain Name System,DNS)所要解决的问题。

在 ARPANet 时期,整个网络规模还不大,人们使用一个名为 hosts 的文件保存所有主机的名字及其对应的 IP 地址。只要用户输入一个主机名字,计算机就查找 hosts 文件,并将这个主机名字转换成网络能够识别的二进制 IP 地址。

从理论上讲,可以只使用一个域名服务器,使它保存因特网上所有主机的主机名及其对应的 IP 地址,并回答所有对 IP 地址的查询,但是实际上这种做法根本不可行。因为随着因特网规模的扩大,这样的域名服务器肯定会因负载过大而成为网络系统"瓶颈",而且一旦域名服务器出现故障,整个因特网就会陷入混乱,所有依靠域名机制提供的服务都将无法访问。

1983 年开始采用层次结构的命名树作为主机名字,并使用分布式的域名系统。因特网的域名系统是一个联机分布式数据库系统,采用客户机/服务器方式提供服务。即使单个域名服务器出现了故障,域名系统仍能正常运行。DNS 使大多数主机名都在本地映射,仅有少量映射需要在因特网上通信实现,这就保证了域名系统的运行是高效的。

1. 因特网的域名空间

早期的因特网使用了非等级的名字空间,其优点是名字简短。但当因特网上的用户数急剧增加时,用非等级的名字空间来管理一个很大的而且是经常发生变化的名字集合是非常困难的。因此因特网后来就采用了层次树状结构的命名方法,就像全球邮政系统和电话系统那样。采用这种命名方法,任何一个连接在因特网上的主机或路由器,都有一个唯一的层次结构的名字,即域名。这里,"域"是名字空间中一个可被管理的划分。域还可以继续划分为子域,如二级域、三级域等。

域名由若干个分量组成,各分量之间用圆点"."隔开,其形式如下:

$$n\text{ 级域名}.\cdots.\text{二级域名}.\text{顶级域名}$$

各分量分别代表不同级别的域名。每一级的域名都由英文字母和数字组成(长度不超过63个字符,并且不区分大小写),级别最低的域名写在最左边,而级别最高的顶级域名(Top Level Domain,TLD)则写在最右边。一个完整的域名长度不超过255个字符。

域名系统既不规定一个域名需要包含多少个下级域名,也不规定每一级的域名代表什么意思。各级域名由其上一级的域名管理机构管理,而最高的顶级域名则由因特网的有关机构管理。用这种方法可使每一个名字都是唯一的,并且也容易设计出一种查找域名的机制。需要注意的是,域名只是个逻辑概念,并不反映出计算机所在的物理地点。

现在顶级域名有3类。

- 国家顶级域名nTLD,采用ISO 3166的规定,如cn(中国)、us(美国)、uk(英国)等。有一些地区也有顶级域名,如hk(香港)、tw(台湾)等。
- 国际顶级域名iTLD,采用int,国际性的组织可在int下注册。
- 通用顶级域名gTLD,根据RFC 1591的规定,最早的通用顶级域名共6个,分别是:com(公司企业)、net(网络服务机构)、org(非营利性组织)、edu(教育机构)、gov(美国政府部门)、mil(美国军事部门)。

由于最初的ARPANet是美国人建造的这一历史原因,在通用顶级域名中的gov和mil这两个域名都是美国专用。另外,虽然在美国的机构可以在其国家顶级域名us下注册域名,但它们却经常注册在通用顶级域名下。

由于因特网用户的急剧增加,现在又新增加了7个通用顶级域名,分别是:firm(公司企业)、shop(销售公司和企业,这个域名曾是store)、web(万维网活动)、arts(文化、娱乐活动)、rec(消遣、娱乐活动)、info(信息服务)、nom(个人)。

在国家顶级域名下注册的二级域名均由该国家自行确定。我国则将二级域名划分为类别域名和行政区域名两大类。其中类别域名6个,分别为:ac(科研机构)、com(商业企业)、edu(教育机构)、gov(政府部门)、net(网络服务商)和org(非营利性组织)。行政区域名34个,用于我国的各省、自治区、直辖市,如bj(北京市)、sh(上海市)、he(河北省)等。

如图3-18所示,因特网的域名空间是一种层次型的树状结构。最上层是根域,没有名字。根域下面一级是最高级的顶级域节点,在顶级域节点下面的是二级域节点……最下面的叶节点就是接入因特网的主机。

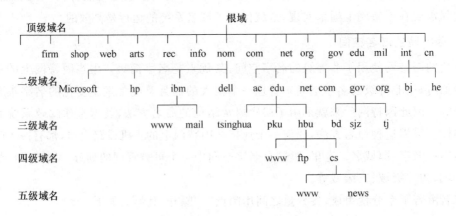

图3-18 因特网的域名空间

从图 3-18 可以看出域名分为两种,一种是网络域名,它只用来表示一个网络域;另一种则是主机域名,它用来表示一台具体的主机。如 hbu.edu.cn 是一个网络域名,表示河北大学这个子域;而 www.hbu.edu.cn 则是一个主机域名,表示在 hbu.edu.cn 域中主机名为 www 的一台主机。直观地说,在因特网的域名空间中,非叶节点都是网络域名,而叶节点则是主机域名。

一旦某个单位拥有了一个网络域名,它就可以自己决定是否要进一步划分其下属的子域,并且不必将这些子域的划分情况报告上级机构。例如 hbu.edu.cn 是河北大学的网络域名,计算机系可以申请建立子域 cs.hbu.edu.cn,而 edu.cn 不需要知道这个子域的存在。

同一子域中的主机拥有相同的网络域名,但是不能有相同的主机名;在不同子域中的主机可以使用相同的主机名,但是其网络域名又不相同。因此,在因特网中不存在域名完全相同的两台主机。如在 tsinghua.edu.cn 子域中有一台主机 www,而在 hbu.edu.cn 子域中也有一台主机 www,其完整域名分别为 www.tsinghua.edu.cn 和 www.hbu.edu.cn,并不相同。同理,在 hbu.edu.cn 子域中有主机 www 和 mail,其完整域名分别为 www.hbu.edu.cn 和 mail.hbu.edu.cn,也不相同。

最后强调两点:一是因特网的名字空间是按照机构的组织来划分的,与物理的网络无关,同 IP 地址空间中的子网也没有关系;二是允许一台主机拥有多个不同的域名,即允许多个不同的域名映射到同一个 IP 地址。

2. 域名解析

域名到 IP 地址的映射是由若干个域名服务器程序组成的。域名服务器程序在专设的节点上运行,而人们也常把运行该程序的计算机称为域名服务器。

当应用进程需要将一个主机域名映射为 IP 地址时,就调用域名解析函数(Resolve),解析函数将待转换的域名放在 DNS 请求中,以 UDP 数据报方式发给本地域名服务器(使用 UDP 是为了减少开销)。本地的域名服务器在查找域名后,将对应的 IP 地址放在应答数据报中返回。应用进程获得目的主机的 IP 地址后即可进行通信。若域名服务器不能回答该请求,则此域名服务器就暂时成为 DNS 中的另一个客户,直到找到能回答该请求的域名服务器为止。

每一个域名服务器都管理着一个 DNS 数据库,保存着一些域名到 IP 地址的映射关系。同时域名服务器还必须具有连向其他域名服务器(通常是其上级域名服务器)的信息,这样当遇到本地不能进行解析的域名时,就会向其他服务器转发该解析请求。

因特网上的域名服务器系统也是按照域名的层次来安排的。每一个域名服务器都只对域名体系中的一部分进行管辖。共有以下 3 种不同类型的域名服务器。

(1) 本地域名服务器

在因特网域名空间的任何一个子域都可以拥有一个本地域名服务器(Local Name Sever),本地域名服务器中通常只保存属于本子域的域名-IP 地址对。一个子域中的主机一般都将本地域名服务器配置为默认域名服务器。

当一个主机发出域名解析请求时,这个请求首先被送往默认的本地域名服务器。本地域名服务器通常距离用户比较近,一般不超过几个路由的距离。当所要解析的域名属于同一个本地子域时,本地域名服务器立即就能将解析到的 IP 地址返回给请求的主机,而不需要再去查询其他的域名服务器。

(2) 根域名服务器

目前在因特网上有十几个根域名服务器(Root Name Sever),大部分都在北美。当一个本地域名服务器不能基于本地 DNS 数据库响应某个主机的解析请求查询时,它就以 DNS 客户的身份向某一根域名服务器查询。若根域名服务器有被查询主机的信息,就发送 DNS 应答数据报给本地域名服务器,然后本地域名服务器再应答发出解析请求的主机。

可能根域名服务器中也没有所查询的域名信息,但它一定知道某个保存有被查询主机名字映射的授权域名服务器(Authoritative Name Sever)的 IP 地址。通常根域名服务器用来管辖顶级域,它并不直接对顶级域下面所属的所有域名进行转换,但它一定能够找到下面的所有二级域名的域名服务器,这样以此类推,一直向下解析,直到查询到所请求的域名为止。

(3) 授权域名服务器

每一个主机都必须在授权域名服务器处登记,通常一个主机的授权域名服务器就是它所在子域的一个本地域名服务器。为了更加可靠地工作,一个主机应该有至少两个授权域名服务器。许多域名服务器同时充当本地域名服务器和授权域名服务器。授权域名服务器总是能够将其管辖的主机名转换为该主机的 IP 地址。

因特网允许各个单位根据单位的具体情况将本单位的域名划分为若干个域名服务器管辖区(Zone),而一般就在各管辖区中设置相应的授权域名服务器,管辖区是域的子集。

下面用一个例子来说明域名解析的过程。

假定域名为 m.xyz.com 的主机想知道另一个域名为 t.y.abc.com 的主机的 IP 地址。于是向其本地域名服务器 dns.xyz.com 查询。由于查询不到,就向根域名服务器 dns.com 查询。根据被查询的域名中的"abc.com"再向授权域名服务器 dns.abc.com 发送查询数据报,最后再向授权域名服务器 dns.y.abc.com 查询。以上查询过程见图 3-19 中的①→②→③→④的顺序。得到结果后,按照图 3-19 中的⑤→⑥→⑦→⑧的顺序将回答数据报传送给本地域名服务器 dns.xyz.com。总共要使用 8 个数据报。这种查询方法叫做递归查询。图 3-19 表示递归查询 IP 地址的过程。

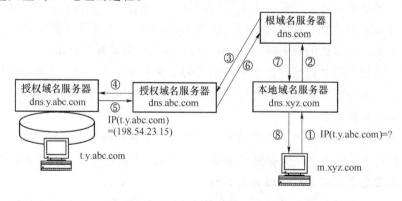

图 3-19 域名的递归解析过程

为了减轻根域名服务器的负担,根域名服务器在收到图 3-19 中的查询②后,可以直接将下属的授权域名服务器 dns.abc.com 的 IP 地址返回给本地域名服务器,然后本地域名服务器直接向授权域名服务器 dns.abc.com 进行查询。以后的过程如图 3-20 所示。这就是递归与迭代相结合的查询方法。这种查询方法对根域名服务器来说,负担减轻了一半。

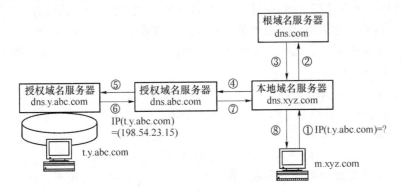

图 3-20　递归与迭代相结合进行域名解析的过程

使用域名的高速缓存可优化查询的开销。每个域名服务器都维护着一个高速缓存,存放最近用到过的域名映射信息以及信息来源。当客户请求域名服务器解析域名时,域名服务器首先按照标准过程检查它是否被授权管理该域名。若未被授权,则查看自己的高速缓存,检查该域名是否最近被解析过。域名服务器向客户报告缓存中有关域名与地址的绑定(Binding)信息,并标识为未授权绑定,以及给出获得此绑定的服务器 S 的域名。本地服务器同时也将服务器 S 与 IP 地址的绑定告知客户。因此,客户可很快收到应答,但有可能信息已是过时了的。如果强调高效,客户可选择接受非授权的应答信息并继续进行查询。如果强调准确性,客户可与授权服务器联系,并检验域名与地址间的绑定是否有效。

由于域名到地址的绑定并不经常改变,高速缓存在域名系统中发挥了很好的作用。为保持高速缓存中的内容正确,域名服务器应为每项内容计时并处理超过合理时间的项(如每个项目只存放两天)。当域名服务器已从缓存中删去某一项后又被请求查询该项信息,就必须重新到授权管理该项的服务器获得绑定信息。当授权服务器应答一个请求时,在响应中都有指明绑定有效存在的时间值。增加此时间值可减少网络开销,而减少此时间值可提高域名解析的准确性。

不但在本地域名服务器中很需要高速缓存,在主机中也需要。许多主机在启动时从本地域名服务器下载域名和地址的全部数据库,维护存放在本机的域名高速缓存,并且只有在本地缓存中找不到域名时才使用域名服务器。维护本地域名服务数据库的主机自然应该定期的检查域名服务器以获取新的映射信息。由于域名改动并不频繁,大多数节点不需要花太多精力就能维护数据库的一致性。

在每个主机中保留一个本地域名服务器数据库的副本,可使本地主机上的域名解析特别快。这也意味着万一本地域名服务器故障,本地网络也有一定的保护措施。此外,它减轻了域名服务器的计算负担,使得服务器可以为更多机器提供域名解析服务。

3.6.2 电子邮件

在因特网的应用中,电子邮件(Electronic Mail,E-mail)是被使用最多的一种功能。从理论上讲,在计算机或终端之间,通过通信网络(如局域网或广域网)进行的文本等信息的发送和接收都可以称为电子邮件。电子邮件的最大特点是快捷方便、费用低廉。一封从美国发往中国的电子邮件最多只需要几分钟甚至几秒钟就可以到达,而通信费用则相当低廉。

(1) 电子邮件的地址

像发送普通信件需要通信地址一样,电子邮件的发送也需要一个地址,称为电子邮件地址(E-mail Address)。通过电子邮件地址可以区分不同的用户,并在不同的用户间传送电子邮件。电子邮件的地址格式为:

用户名@邮件服务器的域名或 IP 地址

一个电子邮件地址由两部分组成。前半部分是用户名,通常由用户自己拟定,但在同一个邮件服务器中不允许有相同的用户名存在。后半部分则是邮件服务器的主机域名或 IP 地址,如果是 IP 地址还需要使用中括号"[]"将 IP 地址括起来。用户名和邮件服务器之间使用符号"@"进行分隔,符号"@"表示"at",含义是"在……上"的意思。例如,president@whitehouse.gov 是美国总统的电子邮件地址,表示在 whitehouse.gov 这个邮件服务器上的 president 用户;master@[202.206.1.8]则表示在 IP 地址为 202.206.1.8 的邮件服务器上的 master 用户。

(2) 电子邮件传输协议

发送电子邮件使用的是简单邮件传输协议(Simple Mail Transfer Protocol,SMTP)。SMTP 是 TCP/IP 协议族的一个组成部分,该协议用于在 Internet 上对电子邮件进行传送。使用 SMTP 协议可确保电子邮件以标准格式进行选址与传送。

接收电子邮件使用的是邮局协议版本 3(Post Office Protocol Version 3,POP3),它是 TCP/IP 网络中使用的邮局协议的最新版本,也是目前最常见的版本。POP3 邮局协议允许用户通过 TCP/IP 连接,从 POP3 服务器取得电子邮件。POP 类协议最大的优点在于用户不需要与网络保持不间断连接即可接收电子邮件。还有一种接收电子邮件的协议称为因特网数据报访问协议(Internet Message Access Protocol,IMAP)。POP3 协议是脱机协议,当用户连接到 POP3 服务器后,将服务器中的邮件下载到用户端进行处理,服务器上不再保留。而 IMAP 协议则属于联机协议,邮件一直保留在 IMAP 服务器上,用户可以在任何地方连接服务器处理邮件,除非用户删除邮件,否则邮件将一直保留在服务器中。

(3) 邮件服务器

发送和接收电子邮件需要两个服务器:发送电子邮件的服务器和接收电子邮件的服务器。发送电子邮件的服务器又称为 SMTP 服务器,专门负责为它的用户发送电子邮件。运行 POP3 协议的接收电子邮件的服务器称为 POP3 服务器,POP3 服务器始终与网络保持不间断的连接,负责随时为它的用户接收电子邮件。发送给用户的电子邮件首先被暂时保存在 POP3 服务器上,用户可以在方便的时间、地点通过 POP3 协议,到指定的 POP3 服务器上收取自己的电子邮件。运行 IMAP 协议的接收邮件服务器称为 IMAP 服务器,它的功能比 POP3 更强大,个人用户还能够在客户端对远程的 IMAP 服务器中接收的电子邮件进行管理。

邮件发送服务器和邮件接收服务器可以由一台主机实现,也可由两台主机实现。默认的情况下,POP3 服务器进程的端口号为 110,而 SMTP 服务器进程的端口号为 25。

(4) 电子邮件系统的工作过程

因特网上的各种应用的实现都是基于客户机/服务器的工作模式。邮件服务器和邮件客户端之间的关系也是服务器与客户机的关系。一般来说,邮件客户端的应用软件相对简单一些,主要完成电子邮件的编辑、发送、接收、答复、转发、删除等处理。而邮件服务器软件相对复杂一些,完成对邮件客户端的应答和邮件的发送和接收。具体来讲,邮件服务器从邮件客户端接收电子邮件,寻找邮件的接收者,对邮件进行缓冲保存,从而完成对电子邮件的存储转发,并为接收者发送新邮件到达的提示信息。

Internet 上,电子邮件的发送和接收过程如图 3-21 所示。

图 3-21 电子邮件的发送和接收过程

首先发信方用户通过邮件客户端应用软件编辑电子邮件,然后将编辑好的电子邮件通过 TCP 连接发送给提供 SMTP 服务的邮件服务器。发信方邮件服务器随后与收信方邮件服务器建立 TCP 连接,根据选定的路径,不断地将发送的电子邮件进行存储转发,直到最后到达收信方邮件服务器。如果电子邮件由于地址错误或用户名错误等原因,在一段时间之内无法递交,邮件服务器就自动将原信退回发信方用户,并说明无法递交的原因。邮件服务器始终保持与网络的连接和正常工作,随时为它的用户接收和发送电子邮件。

收信方用户使用邮件客户端应用软件与自己的邮件服务器建立 TCP 连接,通过 POP3 协议或 IMAP 协议接收和处理自己的邮件。邮件服务器接收到请求并与邮件客户端建立 TCP 连接后,首先验证收信方用户的账号和口令,一旦验证成功,收信方用户就可以处理自己的邮件了。如果是 POP3 服务器,在成功连接后邮件服务器就开始向邮件客户端传输在服务器中暂存的用户新邮件,用户就可以把新收到的邮件从 POP3 服务器上取回到客户机上阅读和处理了。如果是 IMAP 服务器,则用户无须下载邮件,直接在服务器上阅读和处理即可。

(5) 电子邮件的编码格式

最初收发电子邮件的因特网邮件协议是为了传送英文文本信息,因此,当时的邮件协议只能支持收发 ASCII 码的文本信息。

随着因特网的发展,现在使用的发送和接收电子邮件的软件大多数都支持多用途因特网邮件扩展(Multipurpose Internet Mail Extention,MIME)编码格式。MIME 编码除了发送文本邮件外,还可以发送二进制文件,包括图形、动画、声音等多媒体的二进制文件和程序。

收发二进制信息有一个编码和解码的过程,编码是将二进制文件转换成文本文件格式,解码则正好相反。编码和解码均是由收发电子邮件的软件自动完成。支持 MIME 编码的邮件客户端应用软件,将二进制文件如图像文件、动画文件和声音文件等做编码处理后,以

ASCII 码的形式和普通文本邮件一同传递到目的主机,而目的主机支持 MIME 的邮件客户端应用软件将接收到的数据信息解码,把二进制文件和文本文件分离并分别存储起来,这些文件被称为邮件的附件(Attachment)。当用户阅读带有附件的邮件时,邮件客户端应用软件会为用户列出与邮件正文一起发送的附件。

还有一种编码格式"ununicode"用来发送二进制文件,在发送方用"ununicode"把任何一个要发送的二进制文件转换成文本,此文本传送到接收方后,再用"ununicode"程序来解码即可。

从上面的两种编码格式可以看出:只有发信方和收信方支持同样的编码格式,接收到的电子邮件才能够被正确识别和显示。所以,发送电子邮件时建议采用 MIME 标准格式。

另外,如果通信双方都在中文平台上,可以在邮件正文中使用汉字。这种情况下,不仅要求发送方和接收方都支持中文编码,而且要求支持相同的汉字编码格式,只有这样,接收到的邮件才能被识别。常用的中文编码格式有:中国大陆使用的是国标码 GB2312,即简体中文编码;台湾地区使用的是 Big5 中文编码;香港特区的 HZ 编码,但用得较多是 Big5 编码。目前,这些汉字编码都是非标准的字符集,或称为扩展字符集。对很多邮件客户端应用软件来讲,它们处理中文的方法是把中文强制转化为 ASCII 后发出,特别是英文的邮件客户端应用软件。如果发送方和接收方的编码不统一,就会出现乱码。

3.6.3 WWW

WWW 是 World Wide Web 的英文缩写,有时也可简称为 Web,中文译名为"万维网",是因特网上使用效率很高的一种信息发布和访问模式。

早期的因特网服务,如 Gopher 和 Archie 主要是基于文本模式的,其服务器提供的都是文本信息,也许功能不太差,但没有友好的、吸引人的界面。而 Web 却给用户提供了包括声音、图像、动画等的多媒体信息,是非常吸引人的。

(1) 超文本标记语言

超文本标记语言(Hyper Text Mark Language,HTML)是一种格式化语言,浏览器所浏览的网页都是由 HTML 语言编写的。一个 HTML 文件是包含文本和一些标记(Tag)的 ASCII 文件。标记用于指定超文本文件在浏览器中的显示方式,比如标题(Title)、列表(Table)、超链接点(Hyperlink)等不会显示在浏览器上。而在屏幕上以什么格式显示则留给浏览器去做。所有的 HTML 文件都是文本文件,不包含特殊字符和二进制编码。

用 HTML 语言编写的文件称为网页,HTML 文件的扩展名为 .html 或 .htm,它是由 Web 浏览器进行解释和执行的。

(2) 超文本传输协议

Internet 上 Web 服务器上存放的信息都是超文本信息。所谓超文本,是指带超链接的文本,即超文本中除了文本信息外,还提供了一些超链接的功能。超链接的出现使得用户可以根据自己的兴趣有选择地阅读信息,而不是按照作者编排的顺序阅读文本信息。超文本文档中存在大量的链接,每一个超链接都是将某些单词或图像以某些特殊的方式显示出来,如以特殊的颜色、加下划线或者是高亮度等。WWW 中称这些链接为超链接点。当鼠标移动到这些超链接点时,鼠标的形状就会变成手指状,单击鼠标,就会进入这个超链接点所指向的网页。

超文本传输协议(Hyper Text Transfer Protocol,HTTP)是客户端浏览器和 Web 服务器之间的应用层通信协议,也即浏览器访问 Web 服务器上的超文本信息时使用的协议。HTTP 协议是 TCP/IP 族的应用层协议之一,它不仅需要保证超文本文档在主机间的正确传输,还能够确定传输文档中的哪一部分,以及传输哪部分内容(如文本先于图像)等。HTTP 也是将一些图像、汉字等二进制文件使用 HTML 格式编码成 ASCII 码,以保证多媒体信息以 ASCII 码的方式在网络中正确传输。

(3) 统一资源定位符

由于 Internet 上有各种各样的资源,统一资源定位符(Uniform Resource Locator,URL)是为了能够使客户端程序查询不同的信息资源时有统一的访问方法而定义的一种地址标识方法。有了 URL 地址标准之后,Internet 上所有的资源都有了一个 URL 地址,并且是独一无二的。URL 的完整格式如下:

协议://主机名或 IP 地址:端口号/路径名/文件名

协议又称为信息服务类型,是客户端浏览器访问各种服务器资源的方法,它定义了浏览器(客户)与被访问的主机(服务器)之间使用何种方式检索或传输信息。通过观察浏览器的地址栏或状态栏中 URL 的开始部分,可以知道目前正在使用什么协议访问 Internet。

URL 中的协议有很多种,常用的有如下几种。

HTTP:提供了访问超文本信息的方法,这是目前因特网上主要的信息服务方式。

FTP:文件传输协议(File Transfer Protocol),提供在因特网上传输文件的服务。

Telnet:远程登录协议,是客户机远程登录 Telnet 服务器的方法。

Gopher:使用 Gopher 协议访问 Gopher 服务器。

News:代表访问网络新闻服务器。

WAIS:广域信息服务(Wide Area Information Service),提供广域网的信息服务检索。

File:访问本地文件的协议。

用户使用 Web 浏览器,就可以访问 HTTP,FTP,Gopher,News 服务器资源,也可以在浏览器中使用 Telnet,E-mail,还可以直接在浏览器中访问本地文件及其他各种各样的服务。

URL 中冒号后的双斜杠"//"是分隔符,和后面表示目录结构的单斜杠分隔符"/"相区别。"//"和"/"之间的部分是要访问的主机 DNS 域名或 IP 地址。

URL 中主机域名或 IP 地址之后的冒号后面是端口号。端口号可以缺省,默认的情况下,使用的是服务默认的周知口。如果由于某些原因,如服务器是代理服务器或端口号已被其他服务占用,没有使用默认的周知口,则必须在 URL 中给出端口号,否则服务器是接收不到请求的。例如 http://www.hbu.edu.cn:8000/index.html,则这个 HTTP 请求被送至驻留 8000 端口的服务器进程处理;如果省略":8000",则该 HTTP 请求被送至 HTTP 服务的周知口 80。

"/"后面是信息资源在服务器上的存放路径和文件名,用来指定用户所要获取文件的目录。它像一般文件系统中所见的那样,由文件所在的路径、文件名和扩展名组成。如果 URL 中只有路径而没有具体的文件名,那么服务器就会给浏览器返回一个默认的文件。默认文件的文件名可以由用户指定,通常是 default.htm 或 index.htm。

下面给出一些 URL 的例子及其含义。

① http://www.microsoft.com

用 HTTP 协议和默认端口号(80)访问微软公司服务器 www.microsoft.com。这里没有指定文件路径名,所以访问的结果是把一个默认网页送给浏览器。

② ftp://ftp.pku.edu.cn/pub/ms-windows/winvn926.zip

用 FTP 协议访问北京大学 FTP 服务器上路径名为 pub/ms-windows,文件名为 winvn926.zip 的文件。

③ http://gnacademy.org:8001/uu-gna/index.html

从运行在端口号 8001 的 gnacademy.org 服务器上访问 index.html 网页。

④ http://search.yahoo.com/bin/search?p=tcp%2Fip

引起一个查询。查询 Yahoo 检索数据库中含有 tcp/ip 的资源文件。问号后面是一个查询字符串,其中 p 代表查询短语(Phrase)的关键字,%2F 是反斜杠"/"的换码符。

⑤ http://www.w3.org/Addressing/URL/5-BNF.html#httpaddress

访问 w3 的 5-BNF.html 资源文件中由 httpaddress 标识的地方。"#"号后面是目标资源标识符,又称锚点(Anchor),单击它可以对资源内的指定位置进行访问。

(4) WWW 的工作模式

WWW 采用的是客户机/服务器(Client/Server)的工作模式。具体的工作流程如下:

① 在客户端,建立连接,用户使用浏览器向 Web 服务器发送浏览信息请求;

② Web 服务器接收到请求,并向浏览器返回所请求的信息;

③ 关闭连接。

在这里,客户机应用程序是用户与 Web 服务器进行信息传输的界面。首先,用户通过客户端程序与服务器进行连接,然后,用户通过客户端的浏览器向 Web 服务器发出查询请求。服务器接收到请求后,解析该请求并进行相应的操作,如打开数据库进行查询、修改、调用 HTML 文件及 CGI 可执行程序等,以得到客户所需的信息,并将查询结果返回客户机。最后,当一次通信完成后,服务器关闭与客户机的连接。

一个 Web 服务器,实际上就是一个文件服务器。Web 服务器结构化地存储着文档,客户机则是通过客户端软件查询 Web 服务器上的信息。Web 客户端的软件叫浏览器。

3.6.4 FTP 协议

Internet 上使用最广泛的文件传输服务使用文件传输协议(File Transfer Protocol, FTP)。FTP 允许传输任意文件并且允许文件具有所有权与访问权限。更为重要的是,由于隐藏了独立计算机系统的细节,FTP 适用于异构体系——它能在任意的计算机之间传输文件。这一点非常重要,比如,网络上往往可能会使用 SUN 工作站或 IBM 服务器来担任文件管理器的角色。而用户的机器绝大多数都是运行 Windows 系统的 Intel 的 x86 机器,这时,用户如果想从 SUN 工作站或 IBM 服务器上下载文件时,使用 FTP 可以很好地满足这样的需要。

FTP 在客户机/服务器模式下工作,一个 FTP 服务器可同时为多个客户提供服务。

FTP 服务器总是等待客户系统向它提出服务请求。其工作过程如下:

(1) 开端口(21),等待客户端发连接请求,客户端可以用任意一个分配的本地端口号与服务器的的 21 端口联系;

(2) 客户请求到来时,服务器启动从属进程来处理客户端发来的请求;

(3) 主进程返回,继续等待接收客户端发来的请求,与从属进程并行工作。

在客户和服务器的文件传送过程中,有两个进程——控制进程和数据传送进程——同时工作。控制进程即前面的子进程,负责建立传送 FTP 命令控制连接,这些命令使服务器知道要传送什么文件。客户端在向服务器发出连接请求时,还要告诉服务器自己的另一个端口号码,用于建立数据传送连接。数据传送进程用来建立数据传送连接,传送每个文件。服务器用自己的传送数据熟知端口(20)与客户端建立数据传送连接。

多数用户只用到少数命令来进行文件传输。当启动一个 FTP 程序后,用户在开始传输文件前必须输入 open 命令,然后输入要连接计算机的域名(或 IP 地址),之后与该计算机建立一个 TCP 连接。这个连接就是控制连接。例如,一旦一个连接被打开,FTP 就要求用户提供远程计算机的授权。为了做到这一点,用户必须输入一个登录名和口令,许多 FTP 版本提示输入登录名和口令。登录名对应于远程计算机上的一个合法的账户,决定哪些文件能被访问。如果用户提供的登录名是 smith,那么该用户将同在远程机器上用 smith 登录的用户一样享有相同的文件访问权限。当用户打开一个控制连接并且获得授权后,就能进行文件传输了。只要需要,控制连接将一直保持着。当用户结束访问指定的计算机后,输入 close 命令来终止控制连接。终止控制连接并不一定终止 FTP 程序的运行,用户可以选择打开一个新的控制连接,连接到另一台计算机。

1. 匿名文件访问

尽管登录名和口令的使用可以帮助防止文件受到未经授权的访问,但是这种授权并不是很方便的。特别是要求每个用户都拥有一个合法的登录名和口令使得任意访问难以实现。

为了允许任何用户都可以访问文件,在许多站点按惯例建立了一个只用于 FTP 的特殊计算机账户。该账户的登录名为 anonymous,允许任意用户最小权限地访问文件。早期的系统用口令 guest 来设置匿名访问。如今许多 FTP 版本经常要求用户用他们的电子邮件账户名来作为口令,使得万一发生问题时远程 FTP 程序可以发送电子邮件给用户。无论哪种情况,术语"匿名 FTP"(anonymous FTP)被用来描述用 anonymous 登录名获取访问的过程。

2. 任意方向文件传输

FTP 允许文件可以沿任意方向传输。当用户与一远程计算机建立连接后,用户可以下载远程文件或者上传本地文件传输至远程机器。当然,这种传输面临访问权限的问题。远程计算机可以被配置成禁止创建新文件或者修改现有文件,本地计算机对每个用户实行常规存取限制。

用户可输入 get 或者 mget 命令来取回远程文件。人们通常使用的 get 命令每次处理一个文件。get 要求用户指明要复制的远程文件名,当用户想为取回的文件取一个不同的名字时,可以输入第二个文件名。如果用户在命令输入行中不提供远程文件名,FTP 将提示用户。一旦知道文件名,FTP 将执行传输并且在完成后通知用户。

命令 mget 允许用户一次请求多个文件。用户指定远程文件列表,然后 FTP 将每个文件传输到用户的计算机上。

为了将本地计算机的文件副本传输到远程计算机上,用户可以输入 put,send 或者 mput 命令。put 与 send 命令用来传输单个文件。同 get 一样,用户必须输入本地文件名。当想在远程计算机上取不同的文件名时,也可以在命令行中指定。如果在命令行中没有文件名,FTP 将提示用户。mput 命令同 mget 命令很相似——它允许用户用单个命令来请求多个文件的传输。用户指定文件列表,然后 FTP 传输每一个文件。

3. 文件名的通配符扩展

为了方便用户指定一组文件名,FTP 允许远程计算机系统实行传统的文件名扩展。用户输入一个简写,FTP 将之扩展从而产生一个合法的文件名。

在简写中,通配符代表零个或者多个字符。许多计算机系统用星号(*)作为通配符。在这些系统中,简写"li*"匹配所有以前缀"li"开头的文件名。因此,如果远程计算机包含 6 个文件:dark,light,lonely,crab,link,tuft,FTP 将简写"li*"扩展至两个名字:light 与 link。由于扩展,使得指明一大批文件的集合而用不着显式地输入每个文件名成为可能,所以在命令 mget 或者 mput 中文件名扩展是特别有效的。

4. 文件名转换

由于 FTP 能够在异构计算机系统中使用,所以该软件必须能适合于不同的文件名语法。例如,一些计算机系统限制文件名必须是大写字符,而其他系统则允许大小写字符混合使用。同样,一些计算机系统允许文件名可包含 128 个字符,而其他的系统则将文件名长度限制在 8 个或者更少的字符中。

当使用简写时,文件名的差别将是非常重要的。例如,在 mget 或者 mput 命令中,用户可以指定一个简写而 FTP 将之扩展成一个文件列表。不幸的是,在一台计算机上合法的文件名可能在另一台计算机上不合法。

为了处理计算机系统之间的互不兼容性,FTP 的 BSD 界面允许用户定义一个规则来指定当将文件移至新的计算机系统时如何转换文件名。因此,用户可以指定 FTP 将每个小写字符转换为对应的大写字符。

5. 改变目录与列出内容

许多计算机具有一个分层的文件系统来将每个文件放置于一个目录中(一些系统用文件夹来代替目录,两者同义)。分层的出现是由于一个目录可以包含其他目录和文件。FTP 通过包含当前目录的概念来支持分层文件系统——在任何时候,控制连接的本地与远程方各自都在一特定的目录中。所有的文件名都在当前目录中进行解释,并且所有的文件传输都在当前目录中生效。命令 pwd 用来指出远程的目录名。

命令 cd 与 cdup 允许用户控制远程计算机上 FTP 正在使用的目录。命令 cd 改变至一指定的目录,指定的目录在命令行中 cd 命令后面。命令 cdup 改变至父目录(如在层次中上移一层)。由于用来参照父目录的名字也许不需明显指出目录名,所以 cdup 是非常便利的。例如,UNIX 系统使用".."来表示当前目录的父目录。

为了确定远程计算机上当前目录中可得到的文件集合,用户可以输入 ls 命令。ls 产生一个文件名列表,但是并不指出每个文件的类型或者内容。因此,用户不能断定一个给定的名字是代表一个文本文件,还是代表图像或者另外的目录。

6. 文件类型与传输模式

尽管计算机系统间的文件表示方式可能不同,但是 FTP 并不打算处理所有可能的表示方式。FTP 定义了适用于大多数文件的两种基本传输类型:文本方式与二进制方式。用户必须选择一种传输类型,并且该模式在整个文件传输中一直有效。

文本方式传输被用于基本的文本文件。一个文本文件包含一系列分行的字符。许多计算机系统在文本文件中用 ASCII 或者 EBCDIC 字符集来表示字符。如果知道远程计算机所用的字符集,用户可以用 ascii 或者 ebcdic 命令来指定文本方式传输,并且请求 FTP 在复制文件时在本地与远程的字符集间进行转换。

FTP 中除了文本传输外,唯一可选择的就是二进制方式,该方式必须被用于所有的非文本文件。例如,声音剪辑、图像或者浮点数矩阵等都必须以二进制方式传输。用户输入 binary 命令将 FTP 置成二进制模式。FTP 在二进制文件传输时对文件内容不予翻译,也不对文件的表示方式进行转换。相反,二进制传输仅仅产生一个副本——文件中的位元(bit)被原封不动地进行复制。不幸的是,二进制传输也许不能产生预期的结果。例如,考虑一个 32 位浮点数文件,在二进制模式中,FTP 将原封不动地将文件位元从一台计算机上复制到另一台计算机上。但是,如果两台计算机的浮点数表示方式不同,那么计算机将会解释成不同的值。

7. 数据连接与文件结束

对传输与控制用独立的连接有几个方面的优点。首先,该方案使协议更加简单并且更容易实现——文件数据永远也不会与 FTP 命令混淆起来;其次,由于控制连接适当地保留着,它能够在传输时被使用(如客户发送请求终止传输);最后,发送方与接收方在所有的数据都到达时可以在数据连接上用文件结束条件来通知另一方。

用文件结束来终止传输是非常重要的,这是因为它允许在传输过程中改变文件的大小。例如,考虑一下下面的情形:应用程序正在服务器一方写入文件,而此时 FTP 也在将这个文件的副本传输至客户方。由于文件通过独立的连接来传输,所以服务器不必告诉客户文件的大小。

相反,服务器打开一个连接,从文件读取数据,然后通过连接发送数据。当到达文件尾时,服务器关闭数据连接,让客户收到一个文件结束条件。由于服务器不必事先告知客户有多少数据,所以在传输中文件能够增长而不会发生问题。

8. 普通文件传输协议 TFTP

Internet 协议包括另外一个被称作为普通文件传输协议 TFTP(Trivial File Transfer Protocol)的文件传输服务。TFTP 在几方面与 FTP 存在着差异。首先,TFTP 客户与服务器之间的通信使用的是 UDP,而非 TCP。其次,TFTP 只支持文件传输。也就是说,TFTP 不支持交互,而且没有一个庞大的命令集。最为重要的是 TFTP 不允许用户列出目录内容或者与服务器协商来决定那些可得到的文件名。最后,TFTP 没有授权。客户不需要发送登录名或者口令,文件仅当权限允许全局存取时才能被传输。

尽管与 FTP 相比,TFTP 的功能要弱得多,但是 TFTP 具有两个优点。首先,TFTP 能够用于那些有 UDP 而无 TCP 的环境。其次,TFTP 代码所占的内存要比 FTP 小。尽管这两个优点对于通用计算机来说并不重要，但是对于小型计算机或者特殊用途的硬件设备来说却是非常重要的。

TFTP对于那些不具备磁盘来存储系统软件的自举硬件设备来说特别有用。所有所需的设备就是一个网络连接和小容量的固化了 TFTP，UDP 和 IP 的只读存储器（Read-Only Memory，ROM）。当接通电源后，设备执行 ROM 中的代码，在网络上广播一个 TFTP 请求。网络上的 TFTP 服务器已被配置成通过发送一个包含可执行二进制程序的文件来响应请求。设备收到文件后，将它载入内存，然后开始运行程序。通过网络自举增加了灵活性并且减小了开销。由于对于每个网络都有一个独立的服务器存在着，所以服务器可以被配置成支持一个为网络而配置的软件版本。开销的减小是因为软件可以被修改而不需要改动硬件。例如，制造商可以发布一个新的软件版本，而无须改动硬件或者重装一个新的 ROM。

9. 网络文件系统 NFS

尽管文件传输非常有用，但是对于所有的数据传输来说它并不是最优的。为了理解为什么这样说，考虑一下下面的情形：计算机 A 上运行的一个应用程序需要在位于计算机 B 上的一个文件的末尾添加一行信息。在信息可以被添加前，文件传输服务需要将整个文件从计算机 B 传输到计算机 A 上。然后，修改后的文件必须再从 A 传回到 B 上。来回传输这么大的文件会产生很大的延迟并且消耗网络带宽。更为重要的是，传输是不必要的，因为计算机 A 永远也不会用到该文件的内容。

为了能够适应那些只读写文件一部分的应用程序，TCP/IP 包含了一个文件访问（File Access）服务。同文件传输服务不同，文件访问服务允许远程客户只复制或者改变小片段文件而不用复制整个文件。

TCP/IP 使用的文件访问机制被称为网络文件系统（Network File System，NFS）。NFS 允许应用程序打开一个远程文件，在文件中移动到一个指定位置，并且在该位置开始读写数据。例如，用 NFS 在文件中添加数据时，应用程序移动到文件尾并写入数据。NFS 客户软件将数据与写数据到文件的请求一起发送到文件存储所在的服务器方。服务器更新文件后返回一个应答信号。只有那些正在被读写的数据在网上传输，少量的数据可以添加在一个大文件中而不用复制整个文件。

除了减少带宽需求外，使用 NFS 的文件访问方案还允许共享文件访问。一个驻留在 NFS 服务器上的文件可以被多个客户访问。为了防止其他程序干扰文件的更新，NFS 允许客户对文件进行加锁。当一个客户完成修改后，它对文件进行解锁，从而允许别的客户进行访问。

NFS 的接口与 FTP 不同。NFS 被集成在一个文件系统中而不是创建一个独立的客户应用。这种集成是可能的，因为 NFS 提供诸如 open，read 与 write 等的常规的文件操作。为了配置 NFS，计算机文件系统创建一个特殊的目录与远程计算机相关联。每当一个应用程序对该目录下的某个文件进行操作时，NFS 客户软件就利用网络对远程计算机文件系统的文件进行操作。

FTP 协议有两种工作方式：PORT 方式（主动式）和 PASV 方式（被动式）。两种方式的命令链路连接方法是一样的，而数据链路的建立方法不同。

3.6.5 Telnet 协议

远程登录协议 Telnet 是一个简单的远程终端协议,用户用 Telnet 可通过 TCP 登录到远地的一个主机上。Telnet 将用户的击键传到远程主机,也将远程主机的输出通过 TCP 连接返回到用户屏幕,使用户感觉到像是键盘和屏幕直接连到主机上一样。

Telnet 也在客户机/服务器模式下工作:本地系统运行 Telnet 客户端进程,而远程主机则运行 Telnet 服务器进程。

使用 Telnet 协议进行远程登录时需要满足以下条件:

(1) 在本地机上必须安装包含 Telnet 协议的客户程序;

(2) 必须知道远程主机的 IP 地址或域名;

(3) 必须知道登录标识(用户名)与口令。

Telnet 远程登录服务分为以下 4 个过程:

(1) 本地终端与远程主机建立连接;

(2) 将本地终端上输入的用户名和口令及以后输入的任何命令或字符以 NVT(Net Virtual Terminal)格式传送到远程主机;

(3) 将远程主机输出的 NVT 格式的数据转化为本地所接受的格式送回本地终端,包括输入命令回显和命令执行结果;

(4) 本地终端对远程主机撤消连接,即撤销一个 TCP 连接。

3.7 内部网与外部网

随着因特网技术的迅速发展与广泛应用,各种基于因特网标准技术和应用系统建设的网络不断涌现。其中,最为突出的就是内部网(Intranet)与外部网(Extranet)。

3.7.1 内部网

内部网是指一个企事业单位内部各部门互连所形成的网络。它是在统一行政管理和安全控制管理之下,采用 Internet 的标准技术和应用系统建设成的网络,并使用与 Internet 相协调的技术开发单位内部的各种应用系统。通常内部网还要与 Internet 相连,以获得全球信息交换的能力。

内部网采用 Internet 相关技术将计算机网络与各个用户连接起来,从而建立内部网络。相对于 Internet 强调网络的互联和通信,内部网则更强调内部的信息交流和协同工作,这种功能对于越来越趋于大型化、分散化的企业来说尤其重要,它能及时将信息传送到世界的每个角落,无须跨山越海,无须更多的花费,就能够实现跨国、跨地区企业内部的协同工作。

内部网具有如下特点。

- 内部网成熟、稳定、风险小。内部网是在 Internet 长期发展的基础上采用其成熟技术而发展起来的。由于内部网的技术已被广泛采用,并得到多方的验证及认可,而且还拥有一批雄厚的技术力量为其技术发展提供支持,因此在 Internet 基础上形成与发展的内部网具有成熟、稳定、风险小的特点。
- 内部网是一种很好的快速原型方法。借助 Internet 中各种模块化技术和近年来迅速发展的各种快速开发工具(RAD),用内部网技术建设企业网络,便于从小到大、从少到多的逐步发展,并能随着 Internet 的技术进步而不断升级,因此内部网是一种很好的快速原型方法。
- 内部网建设周期短。由于内部网大量借用 Internet 的成熟技术,因此建设周期短。开发工作量小也是快速原型法能够得以实际应用的重要基础。

内部网应用主要是基于 HTTP,TCP/IP,FTP,SMTP,MIME,X.500,X.509 及 SSL 等开放的 Internet 标准。

纵观内部网的发展历史,可以划分为 4 个阶段。

最早的内部网依赖 Internet 存在,还未成为一个独立的实体,其典型特征是 Internet 与内部网并存。准确地说,最初的内部网是建立在 Internet 之上的公司广域网。对于有许多分支机构的大企业来说,必须建立广域网。当这些分支机构分布在不同地区或不同国家时,建立专用的广域网就成为巨大的负担。因此,总部和所有分支机构都连入 Internet,这样总部和分支机构、分支机构和分支机构相互之间就可以通过公共的 Internet 通信。

随着内部网技术的发展,内部网的实施不再局限于大型企业,开始以中小型企业为主。而且内部网主要用来构建局域网,而不是广域网,所构建的内部网也不一定要连接 Internet。这时的内部网已经成为一个独立的概念,其典型特征是将 Internet 技术部署在企业内部,主要用于实现企业内部的信息发布。

在早期的内部网中,信息发布主要使用 HTML 语言编写静态的 Web 页面。随着应用的深入,用户需要动态地进行信息查询和发布,采用传统的手工方式来更新,存在效率低和一致性差的问题。因此,在内部网中开始采用交互式和动态的 Web 页面连接数据库服务器,以实现动态的信息查询和发布功能。此时,内部网的典型特征是动态 Web 页面访问数据库的工作方式。

当前,内部网正向着更为深远的应用领域发展,其特征是信息与应用的结合,其代表是 Java 计算、瘦客户机、网络计算机(Network Computer,NC)和集成的企业内部关键任务。未来企业内部网应用的发展将出现两大趋势:从人与计算机的交互向人与人之间的交流与合作发展,即在内部网中集成群件(Groupware)技术;从面向操作员的管理信息系统向面向技术、管理和决策人员的数据仓库系统发展,即在内部网中集成数据仓库技术和决策支持系统。

作为一种即经济又有效的方式,内部网已成为企业通用的网络体系结构,用于提供 WWW 服务、E-mail 服务,运行客户机/服务器或浏览器/服务器架构的数据库软件等事务。与此同时,企业还希望内部网能调节与其合作伙伴及客户之间的关系,从而获得更大的利润。这种需求产生了一种新的概念——外部网。

3.7.2 外部网

外部网是指企业与其供应商、合作伙伴或客户系统互连所形成的网络。外部网是在

Internet 和内部网的基础上发展起来的,它根据企业自身的体系结构和运作方式,使网络高层体系结构逐步与企业计算模式相协调。简单地说,外部网就是一个小范围的 Internet,用户可以像使用 Internet 那样访问它提供的各种资源。但是,外部网并不是毫无控制地面向全球范围,而是为特定范围的用户所设计的。

外部网的用户是一组为达到联合的目的,需要通信、协作或交换文档的紧密相关的公司。因此,只有经认证或授权的用户才能访问外部网。从企业角度讲,外部网考虑了贸易伙伴的商业要求,使贸易伙伴能够获取以前只供内部网用户访问的重要信息。从技术角度讲,外部网是在保证核心数据安全的同时扩大外界对网络的访问范围,由此延伸出的广义的内部网被称为外部网。

外部网应用也是基于 HTTP,TCP/IP,FTP,SMTP,MIME,X.500,X.509 及 SSL 等开放的 Internet 标准的,这种通用的技术基础使得来自不同公司的软件产品能够进行无缝连接,从而使用户间保持顺畅的交流与合作。

在设计和运行外部网系统时必须格外小心,因为在外部网上与合作伙伴共享的数据通常都是非常重要的商业信息,所以系统安全是极为重要的。必须确保内部的信息系统受到保护,而且合作公司只能从外部网上访问那些特定的、经过授权的信息资源。身份认证、权限审查、事务跟踪等机制在外部网环境中要着重解决。

由于外部网基于开放的 Internet 标准,在内部网环境下又采用了许多调节技术,并且鉴于桥接两个或多个公司的信息系统时所遇到的安全、性能以及管理策略等方面问题的复杂性,设计和运行一个外部网系统的安全管理要求通常包括:

- 共同的安全策略。结合外部网主干部分的安全策略,确定合作用户如何访问本地的授权资源,包括数据加密、身份识别和权限审查等机制。安全策略的实施关键在于坚持不懈地按其规则及指导方针管理外部网。
- 周期性的安全审查。对外部网进行周期性的安全检查,并在此基础上对系统安全缺陷加以分析和弥补。可以使用安全扫描软件来检查安全缺陷和防范黑客入侵。
- 访问范围的限定规则。根据合作用户的业务性质、合作范围等内容,确定其对本地资源的访问范围及操作权限。通常采取用户-资源授权关系来描述和实现。
- 防火墙系统。外部网系统的关键部分。从路由器内置的简单的包过滤器到应用级的智能防火墙和委托管理系统,有大量可行的防火墙系统。但是如果合作用户需要使用非常规的通信协议来访问本地资源的话,会给防火墙的配置和管理带来很多麻烦,最好的解决途径就是外部网系统只执行现有的标准协议,如 HTTP。
- 登录控制及分析。登录控制及登录文件分析是入侵检测、系统调试以及性能分析的重要工具。在不久的将来会有更多的外部网软件系统本身自带登录文件分析和安全审查系统。

总之,系统的安全性是保证一个外部网系统中各部分彼此交互配合、自动协同安全审查及配置的关键,也促使外部网系统更安全、更容易地进行设置和管理。

3.8 VPN 技术

随着网络技术的迅速发展,各企事业单位都在自身网络的灵活性、安全性、经济性、扩展性等方面提出了更高的要求。于是虚拟专用网络(Virtual Private Network,VPN)以其独具特色的优势,赢得了越来越多的企事业单位的青睐。

3.8.1 VPN 概述

VPN 是将物理上分布在不同地点的网络通过公用骨干网,尤其是 Internet 连接而成的逻辑上的虚拟子网。为了保障信息的安全,VPN 技术采用了鉴别、访问控制、保密性、完整性等措施,以防止信息被泄露、篡改和复制。它能够让企事业单位可以在全球范围内廉价架构起自己的"局域网",是企业局域网向全球化的延伸,并且此网络拥有与专用内部网络相同的安全、管理及功能等特点。VPN 对用户端透明,用户好像使用一条专用线路在客户计算机和企业服务器之间建立点对点连接,进行数据的传输。虽然 VPN 通信建立在公共互联网络的基础上,但是用户在使用 VPN 时感觉如同在使用专用网络进行通信,所以得名虚拟专用网络。

VPN 是原有专线式专用广域网络的替代方案,代表了当今网络发展的最新趋势。VPN 并非改变原有广域网络的一些特性,如多重协议的支持、高可靠性及高扩充性等,而是在更为符合成本效益的基础上来达到这些特性。

3.8.2 VPN 的特点

1. 成本低

VPN 是利用了现有的 Internet 或其他公共网络的基础设施为用户创建安全隧道,不需要使用专门的线路,如 DDN 和 PSTN,这样就节省了专门线路的租金。如果是采用远程拨号进入内部网络,访问内部资源,还需要支付长途话费;而采用 VPN 技术,只需拨入当地的 ISP 就可以安全地接入内部网络,这样也节省了线路话费。

2. 易于扩展

如果采用专线连接,实施起来比较困难,在分部增多、内部网络节点越来越多时,网络结构趋于复杂,费用昂贵。如果采用 VPN,只是在节点处架设 VPN 设备,就可以利用 Internet 建立安全连接。如果有新的内部网络想加入安全连接,只需添加一台 VPN 设备,改变相关配置即可。

3. 良好的安全性

VPN 架构中采用了多种安全机制。VPN 技术采用了鉴别、访问控制、保密性、完整性等措施,以防止信息被泄露、篡改和复制。通过上述的各项网络安全技术,确保资料在公众网络中传输时不至于被窃取,或是即使被窃取了,对方亦无法读取封包内所传送的资料。

4. 管理方便

VPN 使用了较少的设备来建立网络,使网络的管理较为轻松;不论连接的是什么用户,均需通过 VPN 隧道的路径进入内部网络。

3.8.3 VPN 的类型

VPN 有 3 种类型:远程访问 VPN(Access VPN)、企业内部 VPN(Intranet VPN)和企业扩展 VPN(Extranet VPN),这 3 种类型的 VPN 分别对应于传统的远程访问网络、企业内部网以及企业和合作伙伴的网络所构成的外部网。

1. 远程访问 VPN

远程访问 VPN 即所谓的移动 VPN,对应于传统的远程访问内部网络,适用于企业内部人员流动频繁或远程办公的情况,出差员工或者在家办公的员工利用当地 ISP 就可以和企业的 VPN 网关建立私有的隧道连接,在用户和 VPN 网关之间建立一个安全的"隧道",通过该隧道安全地访问远程的内部网,这样既节省了通信费用,又能保证安全性。

远程访问 VPN 的拨入方式包括拨号、ISDN、数字用户线路(xDSL)等,唯一的要求就是能够使用合法 IP 地址访问 Internet,具体何种方式没有关系。通过这些灵活的拨入方式能够让移动用户、远程用户或分支机构安全地接入到内部网络。

2. 企业内部 VPN

如果要进行企业内部异地分支机构的互联,可以使用企业内部 VPN 方式,这是所谓的网关对网关 VPN,它对应于传统的内部网解决方案,通过在异地两个网络的网关之间建立了一个加密的 VPN 隧道,两端的内部网络可以通过该 VPN 隧道安全地进行通信,就好像和本地网络通信一样。

企业内部 VPN 利用公共网络(如 Internet)的基础设施,连接企业总部、远程办事处和分支机构。企业拥有与专用网络相同的策略,包括安全、服务质量(QoS)、可管理性和可靠性。

3. 企业扩展 VPN

如果一个企业希望将客户、供应商、合作伙伴或兴趣群体连接到企业内部网,可以使用企业扩展 VPN,它对应于传统的外部网解决方案。企业扩展 VPN 其实也是一种网关对网关的 VPN,与企业内部 VPN 不同的是,它需要在不同企业的内部网络之间组建,需要有不同协议和设备之间的配合和不同的安全配置。

3.8.4 VPN 协议

VPN 是基于一种称为隧道的技术。VPN 隧道对要传输的数据用 IP 协议进行封装,这样可以使数据穿越公共网络(通常是指 Internet)。整个数据包的封装和传输过程称为挖隧道。数据包所通过的逻辑连接称为一条隧道。

隧道使得远程用户成为企业网络的一个虚拟节点。从用户的角度来看,信息是在一条专用网络连接上传输,而不管实际的隧道所在物理网络的结构。为了实现认证和加密机制,隧道两端都必须有隧道服务器和客户端软件,而且两端必须使用相同的隧道协议。3 种最常见的也是最为广泛实现的隧道协议是:点对点隧道协议(Point-to-Point Tunneling Protocol,PPTP)、第二层隧道协议(Layer 2 Tunneling Protocol,L2TP)和 IP 安全协议(IPSec)。

(1) PPTP

PPTP 是由微软所提议的 VPN 标准,运行于 OSI 的第二层。PPTP 是点对点协议(Point-to-Point Protocol,PPP)的扩展,而 PPP 是为在串行线路上进行拨号访问而开发的。PPTP 将 PPP 帧封装成 IP 数据包,以便在基于 IP 的互联网上传输。PPTP 使用微软挑战握手认证协议(Microsoft Challenge-Handshake Authentication Protocol,MS-CHAP)来实现认证,使用微软点对点加密(Microsoft Point-to-Point Encryption,MPPE)来实现加密。

- MS-CHAP:一种认证机制,验证用户在 Windows NT 域的有效性。
- MPPE:一种加密方法,使用 RSA RC4 加密算法,提供强加密级别(128 bit 密钥)和标准加密级别(40 bit 密钥)两套方案。当使用第二版的 MS-CHAP 时,每个传输方向所使用的 RC4 加密密钥是互相独立推导出来的。默认情况下,加密密钥在每个数据包中都改变,使得再强大的穷举攻击也变得很难奏效。

(2) L2TP

现代 L2TP 技术结合了微软的点对点隧道协议 PPTP 和 Cisco 的第二层转发(Layer 2 Forwarding,L2F)技术的优点。L2TP 可以在任何提供面向分组的点对点连接上建立隧道。当用于 IP 网络环境时,L2TP 同 PPTP 非常相似。一条 L2TP 隧道在一个 L2TP 客户和一个 L2TP 服务器之间建立。客户端可以直接连接到一个 IP 网络或者通过拨号进入一个网络接入服务器来建立 IP 连接。

L2TP 包含了 PPP 的所有安全机制,大都使用的挑战握手认证协议(Challenge-Handshake Authentication Protocol,CHAP)。L2TP 协议规范并没有包含加密或者管理用于加密的密钥过程。L2TP 使用 IPSec 来完成 IP 环境下的数据加密和密钥管理。

(3) IPSec

IPSec 是由 Internet Engineering Task Force (IETF)设计的作为基于 IP 通信环境下一种端到端的保证数据安全的机制。整个 IPSec 结构由一系列的 RFC 文档定义,主要有 RFC 2 401~2 412,1 826 和 1 827。IPSec 包含两个安全协议和一个密钥管理协议。

- 认证报头(Authentication Header,AH)协议:该协议提供了数据源认证以及无连接的数据完整性检查功能,不提供数据保密性功能。AH 使用一个键值哈希(keyed-hash)函数而不是数字签名,因为数字签名太慢,将大大降低网络吞吐率。
- 封装安全有效载荷(Encapsulating Security Payload,ESP)协议:该协议提供了数据保密性、无连接完整性和数据源认证能力。如果使用 ESP 来验证数据完整性,那么

ESP 不包含 IP 报头中固定字段的认证。
- 因特网密钥交换(Internet Key Exchange,IKE)协议:该协议协商 AH 和 ESP 协议所使用的加密算法。

3.8.5 Windows 操作系统下 VPN 的配置

一个完整的 VPN 系统一般包括以下 3 个单元。

(1) VPN 服务器端。一台计算机或设备用来接收和验证 VPN 连接的请求,处理数据打包和解包工作。VPN 服务器端操作系统可以是 Windows NT 4.0/Windows 2000/Windows XP/Windows 2003;相关组件为系统自带;要求 VPN 服务器已经连入 Internet,并且拥有一个独立的公网 IP。

(2) VPN 客户端。一台计算机或设备用来发起 VPN 连接的请求,也处理数据的打包和解包工作。VPN 客户机端操作系统可以是 Windows 98/Windows NT 4.0/Windows 2000/Windows XP/Windows 2003;相关组件为系统自带;要求 VPN 客户机已经连入 Internet。

(3) VPN 数据通道。一条建立在公用网络上的数据连接。

其实,所谓的服务器和客户端在 VPN 连接建立之后在通信的角色是一样的,服务器和客户端的区别在于连接是由谁发起的而已。

1. 服务器端配置

VPN 的服务器端可以是计算机,也可以是防火墙路由器等其他设备。通常用一台装有 Windows 2000 Server 操作系统的计算机作为服务器,以下就以 Windows 2000 Server 操作系统下的配置为例来说明服务器端的配置方法。

(1) 依次进入"开始"→"程序"→"管理工具"→"路由和远程访问",打开"路由和远程访问"控制台。

(2) 在左边框架中,在"服务器名(如:SERVER)"处右击,选择"配置并启用路由和远程访问",打开"路由和远程访问安装向导"窗口。

(3) 当出现"欢迎使用路由和远程访问安装向导"时,直接单击"下一步"按钮继续。

(4) 将"公共设置"选择为"虚拟专用网络(VPN)服务器",再单击"下一步"按钮继续。

(5) "远程客户协议"显示的是当前 VPN 访问可使用协议的列表。不用修改默认选项,直接单击"下一步"按钮继续。

(6) 进行"Internet 连接"设置时,不用修改,保持默认设置,直接单击"下一步"按钮继续。

(7) "IP 地址"设置的默认选项为"自动",由于通常本机都没有配置 DHCP 服务器,因此需要改选为"来自一个指定的地址范围",然后单击"下一步"按钮继续。

(8) 设定"地址范围指定"可以为 VPN 客户机指定所分配的 IP 地址范围。如打算分配的 IP 地址范围为 10.1.100.1~10.1.100.100,则单击"新建"按钮打开"新建地址范围"窗口,按提示输入后单击"确定"按钮,然后单击"下一步"按钮继续。

注意:这些 IP 地址将分配给 VPN 服务器和 VPN 客户机。为了确保连接后的 VPN 网络能同 VPN 服务器原有局域网正常通信,它们必须同 VPN 服务器的 IP 地址处在同一个网段中。即假设 VPN 服务器 IP 地址为 10.1.100.1,则此范围中的 IP 地址均应该以 10.1.100 开头。

(9) 接下来将进入"管理多个远程访问服务器",通常不用修改默认选项,直接单击"下一步"按钮继续。

(10) 出现"正在完成路由和远程访问服务器安装向导"对话框,说明已经配置完成,直接单击"完成"按钮继续。

(11) 此时屏幕上将出现一个名为"正在启动路由和远程访问服务"的小窗口,过一会儿将自动返回"路由和远程访问"控制台,即结束了 VPN 服务器端的配置工作。

2. 在服务器端赋予用户拨入权限(允许建立 VPN 数据通道)

Windwos 2000 下默认的用户,包括 Administrator(管理员)在内的所有用户均被拒绝拨入到 VPN 服务器上,因此需要为相应用户赋予拨入权限。以下以 Diy 用户为例。

(1) 在"我的电脑"处单击右键,选择"管理"打开"计算机管理"控制台。

(2) 在左边框架中依次展开"本地用户和组"→"用户",在右边框架中双击"Diy",打开"Diy 属性"窗口。

(3) 单击"拨入"选项卡,在"选择访问权限(拨入或 VPN)"选项组下选择"允许访问",然后单击"确定"按钮返回"计算机管理"控制台,即完成了赋予 Diy 用户拨入权限的工作。

3. 客户机端的配置

不同操作系统下的客户机端的 VPN 连接配置略有不同,以下就分别介绍Windows 98,Windows 2000,Windows XP 下如何配置 VPN 连接。

(1) Windows 98 操作系统下的配置

- 在"网上邻居"处右击,选"属性"进入"网络"属性窗口的"配置"选项卡。
- 单击"添加"按钮打开"请选择网络组件类型"窗口,再依次选择"适配器"→"Microsoft"→"Microsoft 虚拟专用网络适配器"。
- 添加"Microsoft 网络用户"、"拨号网络适配器"、"IPX/SPX 兼容协议"、"NetBEUI"、"TCP/IP"和"Microsoft 网络的文件和打印机共享"等项目,然后单击"确定"按钮退出,并根据提示重新启动计算机。
- 双击"我的电脑",再双击"拨号网络",单击"下一步"按钮继续。
- 在"位置信息"一步需要提供当前位置的相关信息。在"目前所在地区(城市)代码"处输入本地的电话号码区号(如 0594),然后单击"关闭"按钮继续。
- 在"请键入对方计算机的名称"处输入连接名(如办公网络),确保"选择设备"处已经为"Microsoft VPN Adapter",然后单击"下一步"按钮继续。
- 在"主机名或 IP 地址"处输入 VPN 服务器的公网 IP 地址(如 218.66.220.100),然后单击"下一步"按钮继续。
- 此时计算机提示已经成功创建了名为"局域网 VPN"的新的"拨号网络"连接。没有可以修改的地方,直接单击"完成"按钮返回"拨号网络"窗口。
- 双击"到公司总部"图标打开"连接到"对话框,在"用户名"框内输入"Diy",在"密码"

框内输入服务器端设置好的密码,然后单击"连接"按钮继续。
- 当连接成功后,"正在连接到办公网络"窗口会自动缩到任务栏右下角,成为一个有两台相连接的小电脑形状的图标,即说明 VPN 网络已经连接成功。

(2) Windows 2000 操作系统下的配置
- 在"网上邻居"的图标上右击,选"属性"打开"网络和拨号连接"窗口。
- 双击"新建连接"图标打开"网络连接向导"窗口。
- 当出现"欢迎使用路由和远程访问安装向导"时,直接单击"下一步"按钮继续。
- 将"网络连接类型"选择为"通过 Internet 连接到专用网络",单击"下一步"按钮继续。
- 设置"公用网络"是否在 VPN 连接前自动拨号。默认选项为"自动拨此初始连接",将其选为"不拨初始连接",单击"下一步"按钮继续。
- 在"目标地址"的文本框中输入 VPN 服务器的公网 IP(如 218.66.220.100),然后单击"下一步"按钮继续。
- 设置"可用连接"是否仅允许当前登录用户使用,还是可让客户机中所有用户使用。默认选项为"所有用户使用此连接",根据需要进行选择,然后单击"下一步"按钮继续。
- 在"完成网络连接向导"一步可以更改该新连接的名称。默认为"虚拟专用连接",可不用修改,也可改为任意内容,比如为"办公网络",并勾选中"在我的桌面添加一快捷方式"复选框,然后单击"完成"按钮继续。
- 之后会自动弹出名为"连接办公网络"的连接窗口。在"用户名"处输入"Diy",在"密码"处输入相应的密码(VPN 服务器上已经建立好的密码),并勾选中"保存密码"复选框,然后单击"连接"按钮继续。
- 当连接成功后,"正在连接到办公网络"窗口会自动缩到任务栏右下角,成为一个有两台相连接的小电脑形状的图标,即说明 VPN 网络已经连接成功。

(3) Windows XP 操作系统下的配置
- 更改注册表的设置,保证系统允许进行 VPN 连接。依次进入"开始"→"运行",输入"regedit",单击"确定"打开注册表编辑器,修改注册表 HKEY_LOCAL_MACHINE\SYSTEM\CurrentControlSet\Service\RasMan\Parameters,新增或修改 ProhibitIpSec 的值为 1。

注意:注册表修改后要重新启动才能生效。
- 在"网上邻居"的图标上右击,打开其"属性"窗口。
- 单击"创建一个新连接"打开创建新连接向导,直接单击"下一步"按钮继续。
- 选择"网络连接类型"为"连接到我的工作场所的网络",再单击"下一步"按钮继续。
- 将选择"网络连接"改选为"虚拟专用网络连接",单击"下一步"按钮继续。
- 在"公司名"框内输入连接名(如:办公网络),单击"下一步"按钮继续。
- 在"VPN 服务器选择"一步需要输入服务器端的公网 IP。在"主机名或 IP 地址"框内输入 VPN 服务器的外部 IP(如 218.66.220.100),单击"下一步"按钮继续。

- 在"正在完成新建连接向导"一步,可以勾中"在我的桌面上添加一个到此连接的快捷方式"复选框以方便使用 VPN,单击"完成"按钮继续。

注意:单击"完成"后,会出现拨号对话框,要求输入用户名、密码,可先将其关闭。

- 在"办公网络"连接上单击鼠标右键,打开"属性"页面,单击"安全"选项卡,清除"要求数据加密(没有就断开)"复选框中的"√";单击"网络选项卡",选择网络类型为"L2TP IPSec VPN",然后单击"确定"按钮完成设置。
- 双击桌面上的"办公网络",输入服务器端设置好的用户名(如 Diy)和密码,单击"连接"按钮进行连接。
- 当连接成功后,"正在连接办公网络"窗口会自动缩到任务栏右下角,成为一个有两台相连接的小电脑形状的图标,即说明 VPN 网络已经连接成功。

3.9 Internet 的相关术语

1. WWW

WWW(World Wide Web)是 Internet 最新的一种信息服务。它是一种基于超文本文件的交互式浏览检索工具。用户可用 WWW 在 Internet 网上浏览、传递、编辑超文本格式的文件。

2. PPP

PPP 称为点对点通信协议(Point to Point Protocol),是为适应那些不能在网络线上的使用者通过电话线的连接而彼此通信所制定的协议。

3. 域名

域名其实就是入网计算机的名字,它的作用就像寄信需要写明收信人的名字、地址一样重要。域名结构是:计算机主机名.机构名.网络名.最高层域名。域名用文字表达,比用数字表达的 IP 地址容易记忆。加入 Internet 的各级网络依照 DNS 的命名规则对本网内的计算机命名,并负责完成通信时域名到 IP 地址的转换。

4. DNS

DNS(Domain Name System,域名系统)是指在 Internet 上查询域名或 IP 地址的目录服务系统。在接收到请求时,它可将另一台主机的域名翻译为 IP 地址,或反之。大部分域名系统都维护着一个大型的数据库,它描述了域名与 IP 地址的对应关系,并且这个数据库被定期地更新。翻译请求通常来自网络上的另一台计算机,它需要 IP 地址以便进行路由选择。

5. IP 地址

IP 地址称做网络协议地址,是分配给主机的一个 32 位地址,由 4 个字节组成,分为动态 IP 地址和静态 IP 地址两种。动态 IP 地址指的是每次连线所取得的地址不同,而静态 IP 地址是指每次连线均为同样固定的地址。一般情况下,以电话拨号所取得的地址均为动态的,也就是每次所取得的地址不同。

6. BBS

BBS(Bulletin Board Service,公告牌服务)是 Internet 上的一种电子信息服务系统。它提供一块公共电子白板,每个用户都可以在上面书写,可发布信息或提出看法。大部分 BBS 由教育机构、研究机构或商业机构管理。像日常生活中的黑板报一样,电子公告牌按不同的主题、分主题分成很多个布告栏,布告栏的设立的依据是大多数 BBS 使用者的要求和喜好,使用者可以阅读他人关于某个主题的最新看法(几秒钟前别人刚发布过的观点),也可以将自己的想法毫无保留地贴到公告栏中。同样地,别人对你的观点的回应也是很快的(有时候几秒钟后就可以看到别人对你的观点的看法)。如果需要私下的交流,也可以将想说的话直接发到某个人的电子信箱中。如果想与正在使用的某个人聊天,可以启动聊天程序加入闲谈者的行列,虽然谈话的双方素不相识,却可以亲近地交谈。在 BBS 里,人们之间的交流打破了空间、时间的限制。在与别人进行交往时,无须考虑自身的年龄、学历、知识、社会地位、财富、外貌、健康状况,而这些条件往往是人们在其他交流形式中无可回避的。同样地,也无从知道交谈的对方的真实社会身份。这样,参与 BBS 的人可以处于一个平等的位置与其他人进行任何问题的探讨。这对于现有的所有其他交流方式来说是不可能的。BBS 连入方便,可以通过 Internet 登录,也可以通过电话网拨号登录。BBS 站往往是由一些有志于此道的爱好者建立,对所有人都免费开放。

7. ISP

ISP 是指 Internet 网络服务提供商。

8. TCP/IP

TCP/IP 通信协议主要包含了在 Internet 上网络通信细节的标准,以及一组网络互联的协议和路径选择算法。TCP 是传输控制协议,相当于物品装箱单,保证数据在传输过程中不会丢失。IP 是网间协议,相当于收、发货人的地址和姓名,保证数据到达指定的地点。IP 地址是 Internet 协议地址的简称。如同电话网络上标识一台电话机的是其电话号码一样,IP 地址是对连接到 Internet 上的计算机进行标识的标准办法。分配给一台计算机的 IP 地址是独一无二的。IP 地址用 4 组十进制数表示,每组数可取值 0~255,各组数之间用一个点号"."隔开,其表示方法为:×××.×××.×××.×××,由网络号和主机号两部分组成。例如 202.118.66.8 中,202.118.66 为网络号,8 为主机号。给定了一条 IP 地址,就给定了信息传送到正确接收者的路线。每一个在 Internet 上传送的数据包都包含有发送它和接受它的计算机的 IP 地址。路由器根据 IP 地址来决定如何传送数据包,最终到达它们的目的地。

9. URL

URL(Uniform Resource Locator)指一致性资源定位法,用于指明资料在互联网络上的取得方式与位置。其格式为:通信协议://服务器地址:通信端口/路径/文件名。例如,电脑报的 URL 为 Http://www.cpcw.com/。

10. Intranet

Intranet 是采用 Internet 技术的企业级内部网。对于分散的企业公司无须使用昂贵的专用线路,只需使用公用的 Internet,通过对防火墙的设置,就可很容易地将其连成一个虚拟的专用网。

11. Web 节点

可以把 WWW 视为 Internet 上的一个大型图书馆,Web 节点就像图书馆中的一本书,而 Web 页则是书中的某一页。多个 Web 页合在一起便组成了一个 Web 节点。主页是某一个 Web 节点的起始页,就像一本书的封面或者目录。

12. 超级链接

Web 上的页是互相连接的,单击被称为超级链接的文本或图形就可以连接到其他页。超级链接是带下划线或边框,并内嵌了 Web 地址的文字和图形。通过单击超级链接,可以跳转到特定 Web 节点上的某一页。

13. 代理服务器

代理服务就是代理 Web 用户去取得资料回来,通常使用 WWW 软件要去连接远方的终端取得资料时,必须送出要求信号然后再一个字节一个字节地传送回来。有了代理服务器的设定以后,要求资料的信号会先送到代理服务器。当代理服务器得到用户的请求时,首先会到缓存中寻找有没有同样的资料,如果有,就由代理服务器直接将资料传给用户;如果缓存中没有资料,代理服务器就会利用网络上可以使用的频宽,到远端站台取回资料,一边储存在缓存中,一边传送给用户。即使线路阻塞,还是比用户自己直接抓取要来得快速。

14. 超文本

超文本基本上与一般的文字档案没有差别,可用文本编辑器来生成和修改。唯一的差别在于超文本中有链接(Link),可以链接其他文档。如果使用过 Windows 软件,那么或许用过它的帮助文档,当用鼠标单击帮助文档中的带绿色下划线的单词时,它会显示与它相关的文档,其实这就是一种超文本。利用链接文档可以相互引用,这种引用就形成了一个蜘蛛网状的结构,故将这种信息系统称为 Web。

15. 防火墙

防火墙(Firework)是加强 Internet 与内部网之间安全防范的一个或一组系统。防火墙可以确定哪些内部服务允许外部访问,哪些外人被许可访问所允许的内部服务,哪些外部服务可由内部人员访问。为了使防火墙发挥效力,来自和发往 Internet 的所有信息都必须经由防火墙出入。防火墙只允许授权信息通过,而防火墙本身不能被渗透。

16. 网民

中国互联网络信息中心(CNNIC)对网民的定义为:平均每周使用互联网至少 1 小时的中国公民。

第二部分　互联网技术

第4章 Internet 接入技术

计算机互联网发展到现阶段,人类获取信息的能力得到了前所未有的提高。对于普通 Internet 用户来讲,需要面对的问题是如何选择较好的接入方式进入 Internet 这个信息资源库;而对于 Internet 运营商来说,最重要的事情之一是如何给广大用户提供优质并更适合不同用户需求的接入技术,从而保证享受端到端的服务。人们在 Internet 接入技术方面进行了很多的尝试和革新,各种新技术层出不穷,产品设备更新换代也很快。回顾 Internet 接入技术体系的发展历程可以看到,各种 Internet 接入技术都曾经、正在或者即将扮演着重要的角色:从 PSTN 电话拨号接入到 ISDN 拨号接入,又演变为 xDSL 和线缆调制解调器的相互争霸;从有线接入到无线接入,从固定接入到移动接入,通信方式从地面发展到太空。

总的来看,各种 Internet 接入技术各有长处和不足,因此不能简单地依靠某一种接入技术,也不应该不加分析地否定另外一种接入技术。在一定的发展时期内,任何一种技术的发展都不妨碍其他技术的发展,每一种技术都各有千秋,并各自发展、完善和自成体系。

本章讲述了各种 Internet 接入技术,并逐一对各种接入技术进行了详细的分析和阐述。

本章知识要点:
➡ 基于电话铜线的接入技术;
➡ 光接入技术;
➡ 线缆调制解调器接入技术;
➡ 基于宽带 IP 的以太网接入技术;
➡ 无线接入技术;
➡ 卫星接入技术。

4.1 基于电话铜线的拨号接入技术

基于电话铜线的拨号技术有:
- 电路交换拨号接入技术,如 PSTN、ISDN 拨号接入,属于窄带接入技术;
- 数字专线接入技术,如基带调制解调器直接接入、DDN 专线接入等;
- 基于分组交换的专线接入技术,如分组专线、帧中继专线等;
- xDSL 宽带接入技术,如 ADSL 技术、HDSL 技术和 EDSL 技术等。

4.1.1 电路交换拨号接入技术

1. PSTN 技术

(1) PSTN 技术简介

PSTN(Published Switched Telephone Network,公用电话交换网)技术是利用 PSTN 通过调制解调器拨号实现用户接入的方式。用户使用调制解调器接入 ISP 网络平台,在拨号服务器上动态获取 IP 地址,从而接入 Internet。这种接入方式是人们非常熟悉的一种接入方式,目前最高的速率为 56 kbit/s,这种速率远远不能够满足宽带多媒体信息的传输需求。但由于电话网非常普及,用户终端设备调制解调器很便宜,而且不用申请就可开户,只要家里有电脑,把电话线接入调制解调器就可以直接上网。因此,PSTN 拨号接入方式比较经济,至今仍是网络接入的一种必要的手段,但随着宽带的发展和普及,这种接入方式将被淘汰。

Internet 上所有的主机都必须拥有全球唯一的 IP 地址,以便别的主机能找到它,能跟它通信。同样,拨号上网的用户的计算机也需要有一个 IP 地址,否则就不能和其他的主机通信。但是,IP 地址是有限的,资源是宝贵的,给拨号用户分配一个永久性的、固定的 IP 地址会造成大量的资源浪费。那么,如何去解决这个问题呢?解决的办法就是在 ISP 的拨号服务器中储存一定数量的空闲的 IP 地址,这些 IP 地址构成了一个 IP 池(IP Pool)。当用户拨通拨号服务器时,服务器就从 IP 池中选出一个 IP 地址分配给用户的计算机,这样用户计算机在上网期间就具有了一个全球唯一的 IP 地址。当用户下线后服务器就回收这个 IP,放回到 IP 池中,以便为后续提出 IP 要求的用户计算机服务。

(2) PSTN 用户拨号入网的方式

用户拨号入网的方式最常见的有两种:终端仿真方式和 PPP/SLIP 方式。

终端仿真方式借助某个连接在 Internet 上的主机,利用本地计算机上的仿真软件将本机仿真为该主机的终端,以使用该主机提供的 Internet 资源及服务工具。这是一种比较简单、快捷、经济的接入方式,对计算机的性能要求不高,适用于各种普通的 PC 机。其缺点在于仿真成终端的微机没有 IP 地址,所能获得的资源与服务受主机限制;另外这种方式基本上使用的是字符接口,通常不支持 Internet 上广泛使用的图形接口和多媒体信息。

PPP/SLIP 方式使用 SLIP(Serial Line Internet Protocol,串行线路因特网协议)或 PPP(Point to Point Protocol,点对点协议)通过拨号电话线把计算机与 Internet 上的主机连接起来,但本地机并不仿真成主机的终端。SLIP/PPP 方式接入 Internet 在性能上要优于仿真终端方式,同时这种方式可以支持具有图形接口的应用软件,而且接入成本也比较低。普通的 PC 机用户都可以用这种方式入网,成为具有独立有效的 IP 地址的 Internet 的主机,享受更多更好的资源和服务。

(3) PSTN 拨号接入业务

PSTN 拨号接入业务主要有普通上网业务、虚拟专用网(Virtual Private Network, VPN)业务。

普通上网业务是最基本的业务,主要是为用户提供接入服务。拨号接入平台具有很大的灵活性,支持基于不同接入号或域名的方式区分不同的 ISP 或同一 ISP 的不同权限用户。

虚拟专用网是基于公共数据网,给用户一种直接连接到私人局域网感觉的服务。VPN极大地降低了用户的费用,而且提供了比传统方法更强的安全性和可行性。

VPN 实现的两个关键技术是隧道技术和加密技术,同时 QoS 技术对 VPN 的实现也至关重要。

隧道技术简单地说就是原始报文在 A 地进行封装,到达 B 地后把封装去掉还原成原始报文,这样就形成了一条由 A 到 B 的通信隧道。目前实现隧道技术的有一般路由封装(Generic Routing Encapsulation,GRE)、L2TP 和 PPTP。

GRE 主要用于源路由和终路由之间所形成的隧道。GRE 隧道通常是点到点的,即隧道只有一个源地址和一个终地址。然而也有一些实现允许点到多点,即一个源地址对多个终地址。GRE 隧道技术是用在路由器中的,可以满足企业扩展 VPN 以及企业内部 VPN 的需求。但是在远程访问 VPN 中,多数用户是采用拨号上网,这时可以通过 L2TP 和 PPTP 来加以解决。

L2TP 是 L2F(Layer 2 Forwarding)和 PPTP 的结合。但是由于 PC 机的桌面操作系统包含着 PPTP,因此 PPTP 仍比较流行。隧道的建立有两种方式,即用户初始化隧道和 NAS(Network Access Server)初始化隧道。前者一般指主动隧道,后者指强制隧道。主动隧道是用户为某种特定目的的请求建立的,而强制隧道则是在没有任何来自用户的动作以及选择的情况下建立的。在 L2TP 中,用户感觉不到 NAS 的存在,仿佛与 PPTP 接入服务器直接建立连接。而在 PPTP 中,PPTP 隧道对 NAS 是透明的,NAS 不需要知道 PPTP 接入服务器的存在,只是简单地把 PPTP 流量作为普通 IP 流量处理。

采用 L2TP 还是 PPTP 实现 VPN 取决于要把控制权放在 NAS 还是用户手中。L2TP 比 PPTP 更安全,因为 L2TP 接入服务器能够确定用户是从哪里来的。L2TP 主要用于比较集中的、固定的 VPN 用户,而 PPTP 比较适合移动的用户。

数据加密的基本思想是通过变换信息的表示形式来伪装需要保护的敏感信息,使非授权者不能了解被保护信息的内容。加密算法有用于 Windows 95 的 RC4、用于 IPSec 的 DES 和三次 DES。RC4 虽然强度比较弱,但是保护免于非专业人士的攻击已经足够了;DES 和三次 DES 强度比较高,可用于敏感的商业信息。

加密技术可以在协议栈的任意层进行,可以对数据或报文头进行加密。在网络层中的加密标准是 IPSec。网络层加密实现的最安全方法是在主机的端到端进行。另一个选择是隧道模式:加密只在路由器中进行,而终端与第一条路由之间不加密。这种方法不太安全,因为数据从终端系统到第一条路由时可能被截取而危及数据安全。终端到终端的加密方案中,VPN 安全粒度达到个人终端系统的标准;而隧道模式方案中,VPN 安全粒度只达到子网标准。在链路层中,目前还没有统一的加密标准,因此所有链路层加密方案基本上是生产厂家自己设计的,需要特别的加密硬件。

当然,PSTN 拨号接入还有很多其他的业务,如 IP 电话网关等。

2. ISDN 技术

(1) ISDN 技术简介

ISDN(Integrated Services Digital Network,综合业务数字网)最初是作为一种广域网

技术出现的,但由于各种原因,一直没有能够得到大范围的推广。随着互联网应用技术的迅速普及,人们对网络带宽和连接速度的要求也越来越高,而一直广泛使用的普通拨号网络已经逐渐显得力不从心了,人们需要更大的带宽和更高的速度,因此,一些电话公司和互联网服务商们便开始把这种广域网技术引入普通用户的拨号网络中了。

  ISDN 定义了由模拟电话网向端到端全球数字网转换的国际标准,它是一种将数据网络服务和数字语音电话服务综合起来的信息传输技术,这也是它被称为"综合业务"的原因。ISDN 主要提供两种类型的服务:一种是基本速率接口(Basic Rate Interface,BRI)服务,它适用于小型企业和个人用户;另一种是主速率接口(Primary Rate Interface,PRI)服务,也叫一次基群接口,它的带宽和网络连接速度大大高于基本速率接口,适用于大型企业集团。这里主要讨论适合于个人用户的基本速率接口服务。ISDN 能够真正实现公众交换电话网络的数字化。它能使未压缩的数字信息在全球范围内以 128 kbit/s 的速率实现端到端传输,而且是通过现有的模拟电话线完成这一切的。ISDN 可以提供的频带宽度是常规数据调制解调器的 4 倍以上。与模拟调制解调器不同的是,数据连接可以达到真正的瞬间完成。它采用 PPP(点到点)协议时,接入互联网会简洁而快速;采用 ML-PPP 协议(多重链路 PPP)则可实现 128 kbit/s 的数据传输率。ISDN 能够通过一个网络为用户提供电话和非电话等多种通信业务,这包括语音、数据、传真、可视图文、可视电话、会议电视、电子信箱、语音信箱等。ISDN 提供标准的用户——网络接口,便于各种终端接入。这也就是说,不同的终端产品,只要有相同的、标准的 ISDN 接口,就可以接入 ISDN 网络,使用 ISDN 网络进行通信。

  使用基本速率接口的 ISDN 通常把提供给用户的频宽划分为 3 个能使计算机通信的信道,即两个 B 信道和一个 D 信道。B 信道的工作速率为 64 kbit/s,而 D 信道的工作速率为 16 kbit/s(也有 64 kbit/s 的),因此通常的基本速率接口总的频宽为 144 kbit/s。非正式情况下,ISDN 的基本速率接口服务有时称为 2B+D 服务。所谓的 B 信道就是承载信道,它用于传输声音和数据,其速率是根据数字化声音的一项称为脉冲编码调制 PCM(Pulse Code Modulation)的技术标准得到的。用 PCM 数字化声音,每 125 μs 从声音信号中取样,产生 8 位的数据,结果就是每秒有 8 000 个数据,每个数据有 8 位,因此其速率就是 8 000×8 = 64 kbit/s。D 信道是信令控制信道,它的使用类似于拨打电话——用户通过 D 信道发出请求来与其他用户建立或终止联系。

  ISDN 可让用户选择使用 B 信道,还可随时改变。一个用户可选择一个 B 信道用做声音传送,另一个作数据传送用。另一个用户可选择两个都作数据传送用。最终用户可以使用某种硬件使多种信息通过一个信道传送。例如,用户购买了能传输 32 kbit/s 声音的硬件,可以用一个 B 信道发送数据,而用另一个 B 信道发送两个压缩的声音信号。需要注意的是,通信双方必须用同样的压缩原理。ISDN 的配置类似于语音服务,电话公司向用户提供 ISDN 的物理连接(BRI 可以使用普通的双绞线)。而用户必须购买相应的电子设备连接到线路上才能进行通信。对于个人用户而言,需要了解的主要是网络终端设备(NT1)和 ISDN 终端适配器(TA)的配置。

  网络终端设备是用户传输线路的终端装置,它是实现在普通电话线上进行数码信号转送和接受的关键设备,是电话局程控交换机和用户的终端设备之间的接口设备。该设备安装于用户处,是实现 N-ISDN 功能的必备终端。NT1 向用户提供 2B+D 二线双向传输服务,它完成线路传输码型的转换,并实现回波抵消数码传输技术。它能以点对点的方式最多支持 8 个终端设备接入,可使多个 ISDN 用户终端设备合用一个 D 信道,并在用户终端和电话局交换机之间传递激活与去激活的控制信息。而且具有功率传递功能,能够从电话线路上使用来自电话局的直流电能,以便在用户端发生停电时实现远端供电,保证终端设备的正常通信。

网络终端的基本配置方案有以下 3 种。
- Basic NT1:它提供最低功耗和成本的解决方案,实现所有基本维护操作。
- Smart NT1:它使用 Smart 微处理器组成了一个完整的 NT1 终端,带有可选模拟电话端口,扩大了维护能力,而且使每个 B 信道都能传递数据或语音,还可以捆绑两条 B 信道以实现 128 kbit/s 的数据传输率。
- Smart NT1+TA:它添加内部终端适配器(TA)以连接非 ISDN 设备,这种配置功能非常强大;它带有可选模拟电话端口的综合终端适配器,经 DTE 接口提供 V.120 速率适配异步数据或 64 kbit/s 同步数据,维护功能全面,且每个 B 信道都能传递数据或语音;它也支持信道捆绑。

终端适配器的用途是将非 ISDN 终端连接到 ISDN 网上,使得现有的非 ISDN 标准终端(如模拟话机、G3 传真机、分设备、PC 机)能够在 ISDN 上运行,为用户在现有终端上提供 ISDN 业务。它的可选方案也很多,用户可以根据自己的实际情况选择购买。

主流的 ISDN 适配器有以下 3 种:
- 外置适配器,它带有 RS-232 接口(DTE)和可选 POTS(普通电话线路)接口;
- 低成本的无源适配器,它利用计算机执行高层 ISDN 协议(如 Q.921,Q.931,V.120 等),无须安装昂贵的存储器;
- 无源内置适配器,即 ISDN 卡,它是最低成本的 ISA 即插即用适配器,功能相对有限。

(2) ISDN 提供的主要业务

ISDN 可向用户提供各种各样的业务。目前 CCITT 将 ISDN 的业务分为 3 类:承载业务、用户终端业务和补充业务。

承载业务是 ISDN 网络提供的信息传送业务,它提供用户之间的信息传送而不改变信息的内容。常用的承载业务有话音业务、3.1 kHz 音频业务和不受限 64 kbit/s 数字业务。打电话时一般采用话音业务,该种承载业务向网络表明目前用户是在打电话,网络可以对其做语音压缩、回波消除、数字话音插空等处理。3.1 kHz 音频承载业务主要用于用调制解调器进行数据传输或用模拟传真机发传真的情况,这类业务可在网络中对信号进行数/模变换,但是其他形式的话音处理技术必须禁止。若要使用 ISDN 拨号上网,则需要用不受限 64 kbit/s 数字业务,此时网络对于传送的数据不做任何处理。有时用户若碰到申请的 ISDN 线路能打电话却无法拨号上网的情况,即可能是由于线路上为开放不受限 64 kbit/s 数据承载业务所致。

用户终端业务是指所有面向用户的应用业务,它既包含了网络的功能,又包含了终端设备的功能。用户可以使用电话、4类传真、数据传输、会议电视等用户终端业务,但均需要终端设备的支持。

补充业务则是 ISDN 网络在承载业务和用户终端业务的基础上提供的其他附加业务,目的是为了给用户提供更方便的服务。目前上海市电信局向用户提供的补充业务有多用户号码、子地址、主叫号码显示、呼叫等待、呼叫保持等。其中除多用户号码由于号码资源紧张需每个月缴纳一定费用外,其他补充业务均为免费开放,当然首先用户需要到电信局去申请这些业务。这些业务确实可给用户带来很大的方便。例如,呼叫等待业务可以使两个电话同时使用时,外面电话还能打进来。呼叫保持则在打电话时,将现有的电话暂时挂起,去打新的电话或接听其他电话,结束后再将原来的电话恢复。

4.1.2 数字专线接入技术

1. 基带调制技术

基带调制解调器又称为短程调制解调器,是在相对较短的距离内(如楼宇、校园内部或市内)连接计算机、网桥、路由器和其他数字通信设备的装置。

基带传输是一种重要的数据传输方式,它是指由计算机或终端产生的数字信号的频谱都是从零开始的,这种未经调制的信号所占用的频率范围叫基本频带(这个频带从直流起可高到数百千赫,甚至若干兆赫),简称基带(Base Band)。这种数字信号就称基带信号。比如在有线信道中,直接用电传打字机进行通信时传输的信号就是基带信号。而传送数据时,以原封不动的形式把基带信号送入线路就称为基带传输。基带传输不需要调制解调器,设备费用低,适合短距离的数据传输,比如一个企业、工厂,就可以采用这种方式将大量终端连接到主计算机上。另外局域网中一般都采用基带同轴电缆作为传输介质。

在数字化的专线传送尤其是最后的用户接入中,基带调制技术扮演了重要的角色。基于市话电缆,两端加基带调制解调器可以实现不同速率的 Internet 专线接入。

2. DDN 技术

(1) 简介

DDN(Digital Data Network,数字数据网)是利用数字信道传输数据信号的数据传输网。它可向用户提供专用的数字数据传输信道,为用户建立专用数据网提供条件。它的传输媒介有光缆、数字微波、卫星信道以及用户端可用的普通电缆和双绞线。DDN 向用户提供的是半永久性数字连接,沿途不进行复杂的软件处理,因此时延较短,避免了组网中传输时延大且不固定的缺点。

它采用交叉连接装置,可根据用户需要,在约定的时间内接通所需的带宽线路。信道容量的分配和接续在计算机控制下进行,具有极大的灵活性,使用户可以开通种类繁多的信息业务。

DDN 把数字通信技术、计算机技术、光纤通信技术以及数字交叉连接技术有机地结合在一起,提供了高速度、高质量的通信环境,其应用范围也从最初的单纯提供端到端的数据通信,扩大到能提供和支持多种业务服务,成为具有很大吸引力和发展潜力的传输网络。

DDN 之所以有很大的吸引力，主要是对那些业务量大、要求传输质量高、速度快的客户而言。随着计算机网络的日益普及，高速数据通信的需求日益增多。过去大部分数据主业务采用模拟信道传输，即将数据信号调制到音频频段后传输。由于调制解调器的技术限制以及实线传输的线间干扰电平衰耗的影响，模拟传输的距离、质量以及速度都不能满足高速数据传输的要求，采用数字信道来传输数据信号则克服了模拟传输的弱点，大大提高了传输质量。无论从信道利用率还是从传输质量来说，采用数字信道直接传输数据的意义都是很大的。

(2) DDN 的主要特点
- DDN 是同步数据传输网，不具备交换功能。
- DDN 具有高质量、高速度、低时延的特点。
- DDN 为全透明传输网，可以支持数据、图像、声音等多种业务。
- 传输安全可靠。DDN 通常采用多路由的网状拓扑结构，因此中继传输段中任何一个节点发生故障、网络拥塞或线路中断，只要不是最终一段用户实线，节点均会自动迂回改道，而不会中断用户的端到端的数据通信。
- 网络运行管理简便。DDN 将检错、纠错功能放到智能化程度较高的终端来完成，因此简化了网络运行管理和监控内容，这样也为用户参与网络管理创造了条件。

4.1.3 基于分组交换的专线接入技术

随着计算机与通信技术的高速发展和紧密结合，世界各国数据通信应用均得到了巨大的发展，分组交换技术和帧中继交换技术就是在这样的背景下产生的，如今，分组交换网和帧中继交换网已经遍布全国各地，得到了广泛的应用。

分组交换和帧中继交换均属于分组交换技术的范畴，利用分组交换网和帧中继交换网可以提供 Internet 接入电路，并在一些场合已得到大量的应用。

1. 分组交换技术简介

分组交换是一种存储转发的交换方式。它是将需要传送的信息以分组为单位进行存储转发，每个分组信息都加载了接收地址和发送地址的标识。在传送数据分组之前，要先建立虚电路（即在数据网络中能模拟实际连接的功能在数据站之间传送数据的设施），然后按次序传送。用户终端发送的信息，经交换机划分为分组后，先存储在分组交换机的存储器内，然后以动态复用的方式，通过一条高速传输线路进行传输，从而提高了传输线路的利用率。

分组交换数据网的特点有：
(1) 网络可靠性高，信息传输质量高、时延小、线路利用率高；
(2) 方便不同类型、不同速率终端间的相互通信；
(3) 分组交换数据网的费用与距离无关，按使用时间收费，对异地通信，更显出无比的优越性。

分组交换数据网可以提供的业务有：
(1) 永久型虚电路（PVC），可建立与一个或多个用户间的固定连接；

(2) 交换型虚电路(SVC),可同时与不同用户进行通信,方便灵活。

2. 通过分组交换数据网专线电路接入 Internet

基于分组交换数据网专线电路接入 Internet 的方式以 TCP/IP 协议上网,同 DDN 专线电路上网类似,所不同的是,电路是分组交换数据网的虚电路(PVC 或 SVC)。用户除需是分组网用户外,还需配备支持 TCP/IP 协议的路由器和运行 IP 软件的主机或网络,同时用户还根据需要为其网上的所有设备申请 IP 地址和单位的域名。通过分组网的路由器上网,用户可以一机多用,除可以接入 Internet 外,还可以同时与分组网上的用户通信。该方式主要面向通信量不太大的用户群。

4.1.4 xDSL 接入技术

DSL(Digital Subscriber Line,数字用户线路)是以铜质电话线为传输介质的传输技术组合,它包括 HDSL、SDSL、VDSL、ADSL 和 RADSL 等,一般称之为 xDSL。它们主要的区别就是体现在信号传输速度和距离的不同以及上行速率和下行速率对称性的不同这两个方面。

HDSL 与 SDSL 支持对称的 T1/E1(1.544 Mbit/s/2.048 Mbit/s)传输。其中 HDSL 的有效传输距离为 3～4 km,且需要 2～4 对铜质双绞电话线;SDSL 的最大有效传输距离为 3 km,只需 1 对铜线。比较而言,对称 DSL 更适用于企业点对点连接应用,如文件传输、视频会议等收发数据量大致相应的工作。同非对称 DSL 相比,对称 DSL 的市场要少得多。

VDSL、ADSL 和 RADSL 属于非对称式传输。其中 VDSL 技术是 xDSL 技术中最快的一种,在一对铜质双绞电话线上,上行数据的速率为 13～52 Mbit/s,下行数据的速率为 1.5～2.3 Mbit/s,但是 VDSL 的传输距离只在几百米以内。VDSL 可以成为光纤到家庭的具有高性价比的替代方案,目前深圳的 VOD(Video On Demand)就是采用这种接入技术实现的。ADSL 在一对铜线上支持上行速率 640 kbit/s～1 Mbit/s,下行速率 1～8 Mbit/s,有效传输距离在 3～5 km 范围以内。RADSL 能够提供的速度范围与 ADSL 基本相同,但它可以根据双绞铜线质量的优劣和传输距离的远近动态地调整用户的访问速度。正是 RADSL 的这些特点使 RADSL 成为用于网上高速冲浪、视频点播(IAV)、远程局域网络(LAN)访问的理想技术,因为在这些应用中用户下载的信息往往比上传的信息(发送指令)要多得多。本节主要介绍当前应用最为广泛的 ADSL 技术。

1. ADSL 技术简介

ADSL(Asymmetric Digital Subscriber Line,非对称数字用户线路)技术是一种不对称数字用户线路实现宽带接入互联网的技术。ADSL 作为一种传输层的技术,充分利用现有的铜线资源,在一对双绞线上提供上行 640 kbit/s、下行 8 Mbit/s 的带宽,从而克服了传统用户在"最后一公里"的"瓶颈",实现了真正意义上的宽带接入。

2. ADSL 基本原理

传统的电话系统使用的是铜线的低频部分(4 kHz 以下频段)。而 ADSL 采用 DMT(离散多音频)技术,将原先电话线路 0～1.1 MHz 频段划分成 256 个频宽为 4.3 kHz 的子频带。其中,4 kHz 以下频段仍用于传送 POTS(传统电话业务),20～138 kHz 的频段用来传送上行信号,138 kHz～1.1 MHz 的频段用来传送下行信号。DMT 技术可根据线路的情况调整在每个信道上所调制的比特数,以便更充分地利用线路。一般来说,子信道的信噪比越大,在该信道上调制的比特数越多。如果某个子信道的信噪比很差,则弃之不用。目前,ADSL 可达到上行 640 kbit/s、下行 8 Mbit/s 的数据传输率。

综上可看到,对于原先的电话信号而言,仍使用原先的频带;而基于 ADSL 的业务,使用的是话音以外的频带。所以,原先的电话业务不受任何影响。

3. ADSL 接入模型

ADSL 的接入模型主要由中央交换局端模块和远端模块组成。

中央交换局端模块包括在中心位置的 ADSL 调制解调器和接入多路复合系统,处于中心位置的 ADSL 调制解调器被称为 ATU-C(ADSL Transmission Unit-Central)。接入多路复合系统中心的调制解调器通常被组合成一个接入节点,也被称为 DSLAM(DSL Access Multiplexer)。

远端模块由用户端 ADSL 调制解调器和滤波器组成,用户端 ADSL 调制解调器通常被称为 ATU-R(ADSL Transmission Unit-Remote)。

基本的接入模型可以用图 4-1 来表示。

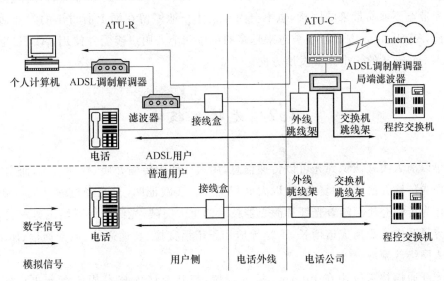

图 4-1 ADSL 接入模型

4. ADSL 的主要特点

(1) 可直接利用现有用户电话线,无须另铺电缆,节省投资;
(2) 渗入能力强,接入快,适合于集中与分散的用户;
(3) 能为用户提供上、下行不对称的传输带宽;
(4) 采用点-点的拓扑结构,用户可独享高带宽;
(5) 可广泛用于视频业务及高速 Internet 等数据的接入。

5. ADSL 提供的主要业务

（1）高速的数据接入。用户可以通过 ADSL 宽带接入方式快速地浏览各种互联网上的信息，进行网上交谈，收发电子邮件，获得所需要的信息。

（2）视频点播。由于 ADSL 技术传输的非对称性，特别适合用户对音乐、影视和交互式游戏的点播，可以根据用户自己的需要，任意地对上述业务进行随意控制，而不必像有线电视节目一样受电视台的控制。

（3）网络互联业务。ADSL 宽带接入方式可以将不同地点的企业网或局域网连接起来，避免了企业分散所带来的麻烦，同时又不影响各用户对互联网的浏览。

（4）家庭办公。随着经济的发展，通信的飞跃发展已经越来越影响着人们的生活工作方式，部分企业的工作人员因为某种原因需要在家里履行自己的工作职责，他将通过高速的接入方式从自己企业信息库中提取所需要的信息，甚至面对面地和同事进行交谈，完成工作任务。

（5）远程教学、远程医疗等。随着人们生活水平的提高，人们在家里接受教育和再教育以及得到必要的医疗保证将成为一种时尚。通过宽带的接入方式，可以获得图文并茂的多媒体信息，或者和老师或医生进行随意交谈。

总之，由于 ADSL 的高带宽，用户可以通过这种接入方式得到所需要的各种信息，不会受到因为带宽不够而带来的困扰，也不会因为无休止地停留在网上所付出的附加话费而担忧。目前，ADSL 接入方式已经被越来越多的单位和个人用户接受并使用，ADSL 也成为了宽带接入 Internet 的一个主要发展方向。

4.2 光接入技术

很早以前人类就认识到光可以传递信息，用大气作为传输介质，损耗太大；而用波导管、棱镜等作为传输介质，结构复杂，难以大面积推广。实践证明，只有经过除杂质等处理的光纤适合作为传输介质。随着光纤和激光器技术的重大突破，光纤通信开始飞速发展，当前光纤通信容量和中继距离成倍增长，广泛地应用于市话交换、长途通信、数据通信、Internet 和用户接入网络等领域。

将光纤通信技术应用在 Internet 接入领域，与其他接入技术相比有着更广阔的应用前景。

随着信息传输向全数字化过渡，采用光纤接入网必将成为解决电信发展"瓶颈"的主要途径。光接入方式将成为宽带接入网的最终解决方法。

目前，用户网光纤化主要有如下两个途径。

- 一种途径是基于现有电话铜缆用户网，引入光纤和光接入传输系统，改造成光纤接入网；或者基于有线电视同轴电缆网，引入光纤和光传输系统，改造成光纤/同轴混合网（HFC），这两种方式都是目前将光纤逐渐推向用户的一种较经济的方式。
- 另一种途径就是建设全光接入网络，发展 FTTH 技术，目前这种技术正在探索中。

光接入网(OAN)从技术上可分为两大类:有源光网络(AON)和无源光网络(PON)。AON 又可分为基于 SDH 的 AON 和基于 PDH 的 AON;PON 又可分为基于 ATM 的 PON(APON)以及基于以太网的 PON(EPON)。

光接入网可以划分为 4 种基本的应用类型。

- 光纤到路边(FTTC)

光网络单元可设置在电线杆上分线盒处,或设置在交接箱处。传送窄带业务时,光网络到用户间采用普通双绞线市话铜缆;传送宽带业务时,光网络单元到用户间采用 5 类线或同轴电缆。FTTC 可以利用现有的铜缆资源,经济性较好;FTTC 还促进了光纤靠近用户进程,可充分发挥光纤传输特点。但是 FTTC 存在室外有源设备,不利于维护运行,而且也不利于同时提供窄、宽带业务。

- 光纤到楼(FTTB)

FTTB 是 FTTC 的衍生类型,不同之处就是将光网络单元直接放在楼内,再经铜缆将业务分送到各个用户。FTTB 比 FTTC 的光纤化程度更进一步,更适合高密度用户区,也更利于长远发展目标。

- 光纤到家(FTTH)

FTTH 结构将光网络单元安装在住家用户或企业用户处,是光接入系列中除 FTTD(光纤到桌面)外最靠近用户的光接入网应用类型。FTTH 的显著技术特点是不但提供更大的带宽,而且增强了网络对数据格式、速率、波长和协议的透明性,放宽了对环境条件和供电等要求,简化了维护和安装。

- 光纤到办公室(FTTO)

在原来的 FTTC 结构中,如果将光网络单元放在大型企事业用户终端设备处,并能提供一定范围的灵活的业务,则构成光纤到办公室结构。由于大型企事业单位所需业务量大,FTTO 结构在经济上比较容易成功,发展很快。

考虑到 FTTP 也是一种纯光纤连接网络,因而可以归入到 FTTH 一类的结构,但是由于两者的应用场合不同,技术特点也有所不同。FTTO 主要用于大型企事业用户,业务量需求大,因此在结构上适于点到点或环形结构。

4.3 线缆调制解调器接入技术

4.3.1 线缆调制解调器接入技术简介

线缆调制解调器(Cable Modem)是近几年开始试用的一种超高速调制解调器,它是利用现有的有线电视(CATV)网进行数据传输,到现在它已是比较成熟的一种技术。随着有线电视网的发展壮大和人们生活质量的不断提高,通过线缆调制解调器利用有线电视网访问 Internet 已成为越来越受业界关注的一种高速接入方式。

线缆调制解调器主要是面向计算机用户的终端,它是连接有线电视同轴电缆与用户计算机之间的中间设备。线缆调制解调器本身不仅仅是调制解调器,它集调制解调器、调谐器、加/解密设备、桥接器、网络接口卡、SNMP代理和以太网集线器的功能于一身,使用它无须拨号上网,也不占用电话线,便可永久连接。通过线缆调制解调器系统,用户可在有线电视网络内实现国际互联网的访问、IP电话、视频会议、视频点播、远程教育、网络游戏等功能。

4.3.2 线缆调制解调器的技术原理

目前的有线电视节目传输所占用的带宽一般在42～550 MHz范围内,但仍有很多的频带资源没有得到有效利用。此外,大多数新建的CATV网都采用光纤同轴混合网络(Hybrid Fiber/Coax Network,HFC网),使原有550 MHz的CATV网扩展为750 MHz的HFC双向CATV网,其中便有200 MHz的带宽可用于数据传输,接入国际互联网。

为了实现Internet接入,有线电视公司一般会从42～750 MHz之间的电视频道中分离出一条6 MHz的信道用于下行传送数据。通常下行数据采用64QAM(正交调幅)调制方式,最高速率可达27 Mbit/s;如果采用256QAM方式,最高速率则可达40 Mbit/s。上行数据一般通过5～42 MHz之间的一段频谱进行传送,为了有效抑制上行噪声积累,一般选用QPSK调制。QPSK比64QAM更适合噪声环境,但速率较低,因此上行速率最高可达10 Mbit/s。

由于有线电视网采用模拟传输协议,因此需要用一个调制解调器来协助完成数字数据的转化。线缆调制解调器与以往的调制解调器在原理上都是将数据进行调制后在电缆(Cable)的一个频率范围内传输,接收时进行解调,传输机理与普通调制解调器相同。不同之处在于它是通过有线电视的某个传输频带进行调制解调的;而普通调制解调器的传输介质在用户与交换机之间是独立的,即用户独享通信介质。线缆调制解调器属于共享介质系统,其他空闲频段仍然可用于有线电视信号的传输。

线缆调制解调器的连接方式可分为两种:对称速率型和非对称速率型。前者的数据上传(Data Upload)速率和数据下载(Data Download)速率相同,都为500 kbit/s～2 Mbit/s;后者的数据上传速率为500 kbit/s～10 Mbit/s,数据下载速率为2～40 Mbit/s。以上无论哪一种的速度对于56 kbit/s调制解调器而言都是天壤之别了。由于目前时髦的应用都是非对称模式,因而非对称型的线缆调制解调器今后将占主导地位。

线缆调制解调器从下行的模拟信号中划出6 MHz频带,将信号转化为符合以太网协议的格式,从而与电脑实现通信。用户需要给电脑配置以太网卡和相应的网卡驱动程序。同轴电缆中的6 MHz频带被用来提供数据通信。电视和电脑可以同时使用,互不影响。射频信号在用户和前端之间沿同轴电缆上行或下行。上行和下行信号共享6 MHz频带,但是调制在不同的载波频率上以避免相互干扰。一般下行速率为10 Mbit/s,上行速率为786 kbit/s。

在物理层,最主要的下行协议是64QAM(Quadrature Amplitude Modulation,正交振幅调制),调制速率可达36 Mbit/s。上行调制采用QPSK(Quaternary Phase Shift Keying,四相移相键控调制),抗干扰性能好,速率可达10 Mbit/s。另一个上行协议是S-CDMA(Synchronous Code Division Multiple Access,同步码分复用)。

在媒体通路控制层(Media Access Control Layer,MAC层)和逻辑链接控制层(Logical Link Control Layer,LLC层)规定了不同信号和用户怎样共享公共带宽。由于目前还没有统一的行业标准,有些线缆调制解调器厂家采用不同的协议。较常见的有用于以太网的公共载波复用通路/冲突检测(Carrier Sense Multiple Access / Collision Detection,CSMA/CD)和先进的异步传输模式(Asynchronous Transfer Mode,ATM)协议。这些协议都可以有效地使用上行通道,可以根据需要分配带宽,保证通信质量。

在有线电视前端,在上行方向,线缆调制解调器从电脑接收数据包,把它们转换成模拟信号,传给网络前端设备。该设备负责分离出数据信号,把信号转换为数据包,并传给Internet服务器。同时该设备还可以剥离出语音(电话)信号并传给交换机。

为实现上述功能,需要将目前的单向有线电视网转变成双向光纤-同轴电缆混合网,以便实现宽带应用。除了前端设备和现存的下行信号放大器外,还需要在干线上插入上行信号放大器。

4.4 基于宽带 IP 的以太网接入技术

4.4.1 以太网

1. 以太网简介

以太网是由 Xeros 公司开发的一种基带局域网技术,使用同轴电缆作为网络媒体,采用 CSMA/CD 机制,数据传输速率达到 10 Mbit/s。虽然以太网是由 Xeros 公司早在 20 世纪 70 年代最先研制成功,但是如今以太网一词更多地被用来指各种采用 CSMA/CD 技术的局域网。以太网被设计用来满足非持续性网络数据传输的需要,而 IEEE 802.3 规范则是基于最初的以太网技术于 1980 年制定的。以太网版本 2.0 由 Digital Equipment Corporation,Intel 和 Xeros 三家公司联合开发,与 IEEE 802.3 规范相互兼容。

IEEE 802 标准已被 ANSI 采用为美国国家标准,同时也是 ISO 国际标准,叫做 ISO 8802。这两个标准体系在物理层和 MAC 子层上略有不同,但在数据链路层上是兼容的。其中 802.1 标准介绍并定义了接口原语;802.2 标准描述了数据链路层的上部,即逻辑链路控制(Logical Link Control,LLC)协议;802.3~802.5 分别描述了 3 个局域网标准: CSMA/CD、令牌总线和令牌环标准,每一标准包括物理层和 MAC 子层协议。

IEEE 802.3 标准大多数情况下适用于 1-持续 CSMA/CD 局域网,其工作原理是:当站点希望传送时,它就等到线路空闲为止;否则就立即传输。如果两个或多个站点同时在空闲的电缆上开始传输,它们就会冲突。于是所有冲突站点终止传送,等待一个随机的时间后,再重复上述过程。

IEEE 802.3 标准分类如下。
- 10Base5:介质为以太网粗缆,IEEE 802.3 标准建议为黄色,每隔 2.5 m 一个标志,标明分接头插入处,连接处通常采用插入式分接头,将其触针小心地插入到同轴电缆的内芯。其工作速率为 10 Mbit/s,采用基带信号,最大支持段长为 500 m。
- 10Base2:介质为以太网细缆,其接头处采用工业标准的 BNC 连接器组成 T 型插座。

"细以太网"电缆价格低，安装方便，但是使用范围最大不能超过 200 m，并且每个电缆段内只能使用 30 台机器。
- 10Base-T：介质为双绞线，所有站点均连接到一个中心集线器上。该结构应用很广泛，增添和移除站点都十分简单，容易检测电缆故障，易于维护。但是电缆的最长长度为距集线器 100 m。
- 10Base-F：介质为光纤，该方式的连接器和终止器价格较高，有极好的抗干扰性，常用于办公大楼或相距较远的集线器间的连接。

2. 快速以太网

1992 年 IEEE 重新召集了 802.3 委员会，指示他们制定一个快速的 LAN。802.3 委员会决定保持 802.3 原状，只是提高其速率，IEEE 在 1995 年 6 月正式采纳了其成果 802.3u。从技术角度上讲，802.3u 并不是一种新的标准，只是对现存 802.3 标准的追加，习惯上称为快速以太网。

其基本思想很简单：保留所有的旧的分组格式、接口以及程序规则，只是将位时从 100 ns 减少到 10 ns，并且所有的快速以太网系统均使用集线器，不再使用带有刺入式分接头或 BNC 连接头的多点电缆。下面介绍各种类型的连线。

- 100Base-T4：即 3 类 UTP，它采用的信号速度为 25 MHz，需要 4 对双绞线，不使用曼彻斯特编码，而是三元信号，每个周期发送 4 bit，这样就获得了所要求的 100 Mbit/s 的速度。该方案即所谓的 8B6T（8 bit 被映射为 6 个三进制位）。
- 100Base-TX：即 5 类 UTP，其设计比较简单，因为它可以处理速率高达 125 MHz 以上的时钟信号，每个站点只需使用两对双绞线，一对连向集线器，另一对从集线器引出。它没有采用直接的二进制编码，而是采用了一种运行在 125 MHz 下的被称为 4B5B 的编码方案。100Base-TX 是全双工的系统。
- 100Base-FX：使用两束多模光纤，每束都可用于两个方向，因此它也是全双工的，并且站点与集线器之间的最大距离高达 2 km。

100Base-T4 和 100Base-FX 可使用两种类型（共享式、交换式）的集线器，它们统称为 100Base-T。在共享式集线器中，所有的输入线（或者至少是所有连到同一块卡上的接线）在逻辑上连在一起，形成了同一个冲突域。100Base-FX 电缆对正常的以太网冲突算法来说显得过长，所以它们必须与缓存的交换式集线器相连，每根电缆各为一个冲突域。

3. 千兆以太网

千兆以太网是建立在以太网标准基础之上的技术。千兆以太网和大量使用的以太网与快速以太网完全兼容，并利用了原以太网标准所规定的全部技术规范，其中包括 CSMA/CD 协议、以太网帧、全双工、流量控制以及 IEEE 802.3 标准中所定义的管理对象。作为以太网的一个组成部分，千兆以太网也支持流量管理技术，它保证在以太网上的服务质量，这些技术包括 IEEE 802.1P 第二层优先级、第三层优先级的 QoS 编码位、特别服务和资源预留协议（RSVP）。

千兆以太网还利用 IEEE 802.1QVLAN 支持、第四层过滤、千兆位的第三层交换。千兆以太网原先是作为一种交换技术设计的，采用光纤作为上行链路，用于楼宇之间的连接。之后，在服务器的连接和骨干网中，千兆以太网获得广泛应用，由于 IEEE 802.3ab 标准（采用 5 类及以上非屏蔽双绞线的千兆以太网标准)的出台,千兆以太网可适用于任何大、中、小型企事业单位。

目前,千兆以太网已经发展成为主流网络技术。大到成千上万人的大型企业,小到几十人的中小型企业,在建设企业局域网时都会把千兆以太网技术作为首选的高速网络技术。千兆以太网技术甚至正在取代 ATM 技术,成为城域网建设的主力军。

千兆以太网所使用的传输介质主要为单模光纤、多模光纤以及非屏蔽双绞线。目前,千兆以太网标准有两个,一是 IEEE 802.3z(定义 1000Base-LX,1000Base-SX,1000Base-LH 和 1000Base-ZX),二是 IEEE 802.3ab(定义 1000Base-T),它们分别用于规范在光纤和非屏蔽线缆上传输千兆信号。

以太网以其高度灵活、相对简单、易于实现的特点,成为当今最重要的一种局域网建网技术。虽然其他网络技术也曾经被认为可以取代以太网的地位,但是绝大多数的网络管理人员仍然将以太网作为首选的网络解决方案。为了使以太网更加完善,解决所面临的各种问题和局限,一些业界主导厂商和标准制定组织不断地对以太网规范做出修订和改进。也许,有的人会认为以太网的扩展性能相对较差,但是以太网所采用的传输机制仍然是目前网络数据传输的重要基础。

4.4.2 以太网接入技术

1. 以太网接入网络结构

在住宅小区内采用现代信息网络技术,建立一个宽带信息业务接入平台,对各种信息实现全面、实时、有效地接收、传递、采集和监控,就是宽带小区。

从介质上讲,以太网接入网络采用光纤＋5 类线的方式实现小区的高速信息接入;从系统上讲,以太网接入网络由小区接入网络、楼栋接入网络和网管系统组成。

小区接入网络交换机采用以太网交换机,可具有三层路由处理功能。

2. 以太网接入的网络与地址管理

宽带接入网络覆盖面非常广,而电信级接入的建设目标对设备运行、维护提出了很高的要求,同时也对网络管理与安全性能提出了新的要求。

网络管理设备主要包括网管中心的网管服务器和数据采集设备。网管服务器必须能够提供网络设备告警信息的采集和显示、设备资源使用情况报告、设备的配置功能,可包括业务配置和用户资料管理功能。

以太网接入网络运行、维护方面的内容有故障诊断、软硬件增减、系统配置管理、设备监视、性能监视、流量统计等。

以太网的接入方式要走入家庭,必将消耗大量的地址资源。在地址充裕的情况下,可直接为用户终端分配固定的 IP 地址。而 IPv4 到 IPv6 的升级是需要很长时间的,地址不充裕的情况普遍存在,那么宽带小区以太接入网如何与城域网连接呢?

可以采用静态和动态两种方式进行地址分配。静态地址分配一般用于专线接入,用户固定连接在网络端口上;动态 IP 地址分配一般对应于账号应用,要求用户必须每次均建立连接,认证通过后才分配一个可用的动态 IP 地址,终止连接时回收该 IP,代表技术有

PPPoE和DHCP。

对于地址的管理,还可以采用网络地址翻译技术和服务器代理方式。

(1) 网络地址翻译

网络地址翻译(Network Address Translation,NAT)解决宽带小区以太接入网IP地址短缺问题的办法是:宽带小区网络使用内部地址,通过网络地址翻译把内部地址翻译成合法的IP地址在Internet上使用。对于静态网络地址翻译来说,设置起来比较简单,宽带小区网络中的每个主机都被永久映射成外部网络中的某个合法地址。静态网络地址翻译是一一对应的固定映射方式,并不节约IP地址。网络地址翻译池是另外的一种分配IP的方式,在城域网网络中定义了一系列的合法地址,采用动态分配的方法映射到宽带小区网络。使用网络地址翻译池,可以从未注册的地址空间中提供被外部访问的服务,可以从宽带小区网络访问外部网络,而不需要重新配置宽带小区网络中的每台机器的IP地址。采用网络地址翻译池意味着可以在内部网中定义很多的内部用户,通过动态分配的方法,共享很少的几个外部IP地址。

(2) 服务器代理方式

普通的Internet访问是一个典型的客户机与服务器结构:用户利用计算机上的客户端程序发出请求,远端WWW服务器程序响应请求并提供相应的数据。而代理服务器则处于客户机与服务器之间,对于服务器来说,代理服务器是客户机,代理服务器提出请求,服务器响应;对于客户机来说,代理服务器是服务器,它接受客户机的请求,并将服务器上传来的数据转给客户机。

代理服务器的工作原理是:当客户在浏览器中设置好代理服务器后,使用浏览器访问所有WWW站点的请求都不会直接发给目的主机,而是先发给代理服务器,代理服务器接到客户请求之后,由代理服务器将客户要求的数据发给客户。

在宽带小区使用代理服务器有以下两个优点。

- 一是高速缓存(Cache)特性,可以有效地缓存Internet上的资源。当宽带小区网络中的一个用户访问了Internet上的某一站点后,代理服务器便将访问过的内容存入缓存器中,如果宽带小区网络的其他用户再访问同一个站点时,代理服务器便将缓存中的内容传输给该用户,这样通过内部网络的数据传输就完成了用户的请求,节省了大量的等待时间。
- 二是代理服务器可以保护宽带小区内部网络不受入侵,也可以对某些主机的访问能力进行必要的限制,实际上起到了代理防火墙的作用。

代理服务器软件很多,常见的有Wingate,Sygate等。代理分为应用层代理和SOCKS代理。应用层代理的特点是在每个应用软件中都需要单独设置;而SOCKS代理的特点是需要客户端加装一个软件包来替换原来操作系统的TCP/IP驱动程序,安装软件以后客户将感觉不到自己用的是内部地址,应用软件也不需要另外设置,这种方式也不需要设置网关。

3. 以太网接入网络用户广播隔离问题

当接入用户的以太网为共享方式时,以太网采用CSMA/CD机制,以太网段存在多侦听用数据包和发生冲突的数据包,这些数据包属于网络传输的额外开销,不是有效负载。当接入用户的以太网为交换方式时,用户端口接入分别属于不同的冲突域,上述两类数据包就不会直接传送至城域宽带 IP 网的接入交换机上,就不会占用接入交换机的资源和接入网的带宽资源,因此可以保证接入交换机收到有效负载,提高网络的传输效率。

在以太网环境中,所有接入到以太网的用户一般都处于同一个广播域中,也就是一个用户在通过局域网进行通信时,其发出的广播信息其他用户同样能够监听到。共享式以太网的寻址是基于广播,交换式以太网的寻址是基于 MAC 地址表。接入到以太网中的用户是为了高速上网,每个用户都不希望自己的网络通信信息被其他的用户所获得,所以,以太网接入时,必须充分考虑用户之间的广播隔离问题,宽带小区楼宇接入设备必须采用交换机用以隔离冲突。

为了实现以太网接入时各个用户的广播隔离,可以采用不同的技术和方法,主要有基于 VLAN 实现用户广播隔离的方法、Cisco 公司的 PVLAN(Private VLAN)技术、Extreme 公司的超级虚拟网(SuperVLAN)技术、MAC 地址过滤、广播流向指定等。

4.5 无线接入技术

目前,我国电信市场已经从传统单一运营商发展到了多运营商竞争的格局,对于新兴运营商而言,迫切希望通过能够快速部署的无线接入技术切入市场,争取用户,因此无线接入作为一种非常重要的接入手段,有着很大的潜在市场发展空间。窄带无线接入主要用来提供语音业务,解决部分地区不能通过有线手段提供语音通信的问题,同时满足部分用户的移动语音需求,是有线接入的有效补充;宽带无线接入主要用来提供综合的语音和数据业务,以满足用户对宽带数据业务日益增长的需求。

在宽带网建设中,除了增加骨干网传输通路的带宽、网上服务器的处理能力及路由器速度以外,主要是缓解用户接入网"瓶颈"。目前,宽带用户接入技术主要有高速数字环路(xDSL)、光纤接入、双向混合光纤/同轴电缆(HFC)接入和宽带无线接入(如 MMDS 和 LMDS)等。其中,宽带无线接入是近年来新兴的一种接入技术。

4.5.1 主要的宽带无线接入技术

宽带无线接入技术主要有多通道多点分配业务(MMDS)和本地多点分配业务(LMDS)两种。它们是在成熟的微波传输技术上发展起来的,所采用的调制方式与微波传输相似,主要为相移键控 PSK(包括 BPSK,DQPSK,QPSK 等)和正交幅度调制 QAM(包括 4-QAM,16-QAM,64-QAM 等)。不同之处是 MMDS 和 LMDS 均采用一点多址方式,微波传输则采用点对点方式。

随着蜂窝技术的成熟,MMDS 和 LMDS 的频率利用率得到较大的提高。数字调制技术和压缩技术的发展,又使频率利用率进一步提高。另外,高频无线传输技术的改进,使 10 G 以上的无线频率变得可用,大大丰富了频率资源。富裕的频率资源,加之 IP 和 ATM 技术与无线传输技术的有机结合,终于使宽带无线接入成为可能。

1. 本地多点分配业务

LMDS 是近年来逐渐发展起来的一种工作于 24~38 GHz 频段的宽带无线点对多点接

入技术,在某些国家(如加拿大和韩国)也称为本地多点通信系统。

不同国家分配给 LMDS 的频段有所不同,但有 80% 左右的国家将 27.5~29.5 GHz 定为 LMDS 的频段。该技术利用毫米波传输,可提供双向话音、数据及视频图像业务,可以实现 $N×64$ kbit/s 到 2 Mbit/s,甚至 155 Mbit/s 的用户接入速率,具有很高的可靠性,号称是一种"无线光纤"接入技术。该技术可使宽带业务克服铜线电缆本地环路这一"瓶颈",满足用户对高速因特网和数据通信日益增长的需求,因而有望成为解决通信网最后里程问题和新电信运营商开展业务、发展用户的一种有效手段。

LMDS 系统通常由基础骨干网、基站、用户终端设备和网管系统组成。骨干网可由 ATM 或 IP 的核心交换平台及因特网、PSTN 网互连模块等组成。基站实现骨干网与无线信号的转换,可支持多个扇区,以扩充系统容量。一般来说,用户终端都有室外单元(含定向天线和微波收发设施)和室内单元(含调制解调模块及网络接口 NUI)。

LMDS 系统可采用的调制方式主要为相移键控(PSK)和正交幅度调制(QAM)。无线双工方式一般为频分双工(FDD),多址方式为频分多址(FDMA)或时分多址(TDMA)。FDMA 适合大量连续非突发性数据的接入,TDMA 适合支持多个突发性或低速率数据用户的接入。某些生产厂商同时提供两种多址方式,方便运营商根据用户业务的特点及分布来选择。此外,由于采用了蜂窝技术和扇区分割技术,致使 LMDS 频率复用率高,系统容量大。LMDS 用户设备(CPE)的接口形式也比较多样化(有 DSO,POTS,10Base-T 直至 ATM,OG-3 等),能满足不同用户的需求。

目前,许多厂商(如北电网络、阿尔卡特、博世、朗讯、惠普、休斯等)已相继推出了 LMDS 产品,世界各地也陆续建立了一些 LMDS 的试验系统,加拿大 Maxlink 公司采用新桥网络的设备建立了全球第一个 LMDS 商用网。世界上大部分国家对本国 LMDS 频段进行了相关分配,同时出台了运营 LMDS 的管理办法和技术要求。不少国家采取了拍卖频谱、制定有利于运营商的政策法规的措施,使其通过经营 LMDS 进入电信市场,进而促进竞争。

2. 多通道多点分配业务

MMDS 是由单向的无线电缆电视微波传输技术发展而来的,是国外电话公司与有线电视公司竞争视频业务的重要手段。随着技术的进步,一些生产厂商对原有的 MMDS 系统进行改进,使之能够实现双向点到多点的宽带传输。

MMDS 一般采用正交幅度调制,国际标准尚未制定。MMDS 原先的工作频率应为 2.5~2.7 GHz,但近来也有一些厂商的产品工作于 2~4 GHz,甚至 1~10 GHz 频段。MMDS 的配置及所采用的技术与 LMDS 相似,一般也由骨干网、基站、用户终端设备和网管系统组成。MMDS 工作在 3 GHz 左右频段,因而可用的频谱资源比 LMDS 少,但其传输距离则远远超过 LMDS。

目前,作为无线电缆电视微波传输使用的单向 MMDS 在全球的应用较广泛,新发展的宽带双向 MMDS 也已在一些地区建立了试验网,适合为用户较分散的地区提供宽带接入。

4.5.2 宽带无线接入的优势及适用范围

与传统的有线接入方式相比,宽带无线接入(MMDS 和 LMDS)具有如下优势。

(1) 工作频带宽,可提供宽带接入。尤其是 LMDS 的工作频段至少有 1 GHz,可支持高达 155 Mbit/s 的用户数据接入。

（2）启动资金较小，不需要进行大量的基础设施建设；初期投入少，仅在增加用户（即有业务收入）时才需增加资金投入。因此，即使在用户数较少的运营初期，运营商也能维系发展，在最大程度上降低了风险。

（3）提供服务速度快，无线系统安装、调试容易。系统建设周期大大缩短，可迅速为用户提供服务。

（4）频率复用度高，系统容量大。尤其是 LMDS 基站的容量很可能超过其覆盖区内可能的用户总量，特别适合在高密度用户地区（如繁华的城市商贸区、技术开发区、写字楼群等）使用，而不用重新布线。

（5）在发展方面极具灵活性。无线系统具有良好的可扩充性，可根据用户需求进行系统设计或动态分配系统资源，因而不会造成资金或设备的浪费。

（6）提供优质价廉的多种业务。可同时向用户提供话音、数据、视频等综合业务，符合三网合一的发展趋势；还提供各类承载业务（如无线基站与控制器的连接），不必使用光纤和光端机。

（7）运营维护成本低。由于系统无线的特点，可省去大量的线路维护人员，降低运维成本。

第5章 Internet 安全

20世纪90年代早期,由于Internet的开放性和商业化促使Internet迅速发展,全球信息化已成为人类社会发展的必然趋势。但由于Internet所具有的开放性、互联性等特征,致使Internet容易受到各种攻击和破坏,Internet的安全问题日趋严重。因此,针对各种不同的安全威胁,必须全方位地加强安全措施,以确保Internet信息的可用性、完整性、保密性和有效性。

本章知识要点:
- 网络安全概述;
- 网络安全体系结构;
- Internet 安全;
- 黑客;
- 防火墙;
- 入侵检测;
- 计算机病毒。

Internet的迅速发展给人们的生产和生活都带来了前所未有的飞跃,极大地提高了人们的工作效率,丰富了人们的生活,弥补了人们的精神空缺;而与此同时也给人们带来了一个日益严峻的问题——网络安全。网络安全的产生和发展,标志着传统的通信保密时代过渡到了信息安全时代。

5.1 网络安全概述

计算机网络的广泛应用对社会经济、科学研究、文化的发展产生了重大的影响,同时也不可避免地会带来了一些新的社会、道德、政治与法律问题。Internet技术的发展促进了电子商务技术的成熟与广泛的应用。目前,大量的商业信息与大笔资金正在通过计算机网络在世界各地流通,这已经对世界经济的发展产生了重要和积极的影响。政府上网工程的实施,使得各级政府与各个部门之间越来越多地利用网络进行信息交互,实现办公自动化。所有这一切都说明:网络的应用正在改变着人们的工作方式、生活方式与思维方式,对提高人们的生活质量产生了重要的影响。

在看到计算机网络的广泛应用对社会发展产生正面作用的同时,也必须注意到它的负面影响。网络可以使经济、文化、社会、科学、教育等领域信息的获取、传输、处理与利用更加迅速和有效,信息网络的大规模全球互连趋势,以及人们的社会与经济活动对计算机网络依赖性的与日俱增,使得计算机网络的安全性成为信息化建设的核心问题之一。

5.1.1 网络的脆弱性

系统的脆弱性是指系统中存在的可能会导致安全问题的薄弱环节。除了计算机信息系统本身所具有的脆弱性之外,联网的计算机系统还会带来更多的安全脆弱性问题,主要表现在以下几个方面。

1. 安全的模糊性

评价一个网络是否安全,本身就是一个模糊的概念,或者说是一个相对的概念。在一个网络系统中,需要保护的对象往往不是全部的网络元素,而只是其中的一部分。如果所采取的安全措施能够适用于这些元素,达到系统的安全目标,就可以说网络是安全的。如果安全的目标变化了,而安全措施没有变,则网络就可能又不安全了。所以安全是相对的,必须明确安全的目标。

网络安全又是一个复杂的概念。由于目前广大用户的网络安全知识和意识都还处在比较低的水平,因此用户往往发现不了存在的安全问题,更无法确定网络是否安全。例如计算机系统中出现的许多安全漏洞在单机的情况下并不构成安全威胁,但在网络环境中就成为黑客们(Hackers)的可乘之机。

2. 网络的开放性

网络的开放性首先表现在计算机系统使用公开的、标准化的网络协议进行广泛的互联和交互。网络开放的互联机制提供了广泛的可访问性,从而使得网络环境中存在大量相互不了解的用户和可能的恶性系统。其次,在网络环境中广泛使用的客户机/服务器模式为攻击者提供了明确的攻击目标,服务器成为攻击的首选。此外,开放的网络协议和操作系统也为入侵提供了有利信息,用户的匿名性也为攻击提供了机会。

3. 产品的垄断性

网络互连技术的开放性并不能导致网络产品的多样性。长期以来,一些大型垄断企业一直试图将专用技术引入 Internet 以获得垄断地位,这种做法会导致将开放式的环境演变成为商品化的环境。在这种环境中,由于专用技术的细节受到有关厂家的保护,因而缺乏广泛的安全讨论和安全分析,容易出现安全缺陷。这种因垄断而出现的现象不利于互连网络安全水平的提高,而厂家信誓旦旦的保证也会使用户放松警惕。

4. 技术的公开性

根据多年的经验教训,安全专家们普遍认为如果不能集思广益,自由地发表对系统的建议,就会增加系统潜在的弱点被忽视的危险,因此 Internet 要求对网络安全问题进行坦率公开地讨论。基于这种广泛的共识,高水平的网络安全资料和工具在 Internet 可自由获得。但是随着网络覆盖范围的扩大,这种技术的公开性也带来了负面的效应,即网络攻击者的水平也可迅速提高,增加了网络安全管理人员的工作难度和压力。

5. 人类的天性

在网络安全方面,人类的天性突出地表现在好奇心、惰性与依赖心理和"家丑不可外扬"的心理上。在所发生的网络安全事件中,攻击者出于好奇心或表现欲驱动的情况占很大的比例,这与目前网络用户缺乏公认和统一的行为规范有很大的关系。

与此同时,由于计算机系统和网络技术的发展非常迅速,使得用户很难随时熟练掌握正在使用的系统的安全特性。因此有很多用户依赖系统的缺省配置和预置的功能,为图方便而不使用系统附加的安全设施,例如使用系统预置的口令或不使用口令,这就往往给攻击者提供了可乘之机。

5.1.2 网络安全基本概念

1. 网络安全基本要素

网络安全的基本要素包括机密性、完整性、可用性。

(1) 机密性

机密性指保证信息与信息系统不被非授权者所获取与使用,主要防范措施是密码技术。在网络系统的各个层次上有不同的机密性及相应的防范措施。在物理层,要保证系统实体不以电磁的方式(电磁辐射、电磁泄漏)向外泄漏信息,主要的防范措施是电磁屏蔽技术、加密干扰技术等。在运行层面,要保障系统依据授权提供服务,使系统任何时候不被非授权人所使用,对黑客入侵、口令攻击、用户权限非法提升、资源非法使用等采取漏洞扫描、隔离、防火墙、访问控制、入侵检测、审计取证等防范措施,这类属性有时也称为可控性。在数据处理、传输层面,要保证数据在传输、存储过程中不被非法获取、解析,主要防范措施是数据加密技术。

(2) 完整性

完整性指信息是真实可信的,其发布者不被冒充,来源不被伪造,内容不被篡改,主要防范措施是校验与认证技术。在运行层面,要保证数据在传输、存储等过程中不被非法修改,防范措施是对数据的截获、篡改与再送采取完整性标识的生成与检验技术。要保证数据的发送源头不被伪造,对冒充信息发布者的身份、虚假信息发布来源采取身份认证技术、路由认证技术,这类属性也可称为真实性。

(3) 可用性

可用性是指保证信息与信息系统可被授权人正常使用,主要防范措施是确保信息与信息系统处于一个可靠的运行状态之下。在物理层,要保证信息系统在恶劣的工作环境下能正常运行,主要防范措施是对电磁炸弹、信号插入采取抗干扰技术、加固技术等。在运行层面,要保证系统时刻能为授权人提供服务,对网络被阻塞、系统资源超负荷消耗、病毒、黑客等导致系统崩溃或宕机等情况采取过载保护、防范拒绝服务攻击、生存技术等防范措施。保证系统的可用性,使得发布者无法否认所发布的信息内容,接收者无法否认所接收的信息内容,对数据抵赖采取数字签名防范措施,这类属性也称为抗否认性。

2. 网络安全的定义

网络安全的具体含义会随着"角度"的变化而变化。比如从用户(个人、企业等)的角度来说,他们希望涉及个人隐私或商业利益的信息在网络上传输时受到机密性、完整性和真实性的保护,避免其他人或对手利用窃听、冒充、篡改、抵赖等手段侵犯用户的利益和隐私,同时也避免其他用户的非授权访问和破坏。

从网络运行和管理者角度来说,他们希望对本地网络信息的访问、读写等操作受到保护和控制,避免出现"陷门"、病毒、非法存取、拒绝服务和网络资源非法占用和非法控制等威胁,制止和防御网络黑客的攻击。

对安全保密部门来说,他们希望对非法的、有害的或涉及国家机密的信息进行过滤和防堵,避免机要信息泄露,避免对社会产生危害,对国家造成巨大损失。

从社会教育和意识形态角度来讲,网络上不健康的内容会对社会的稳定和人类的发展造成阻碍,必须对其进行控制。

从本质上来讲,网络安全就是网络上的信息安全,是指网络系统的硬件、软件及其系统中的数据受到保护,不受偶然的或者恶意的原因而遭到破坏、更改、泄露,系统连续、可靠、正常地运行,网络服务不中断。广义来说,凡是涉及到网络上信息的保密性、完整性、可用性、真实性和可控性的相关技术和理论都是网络安全所要研究的领域。网络安全涉及的内容既有技术方面的问题,也有管理方面的问题,两方面相互补充,缺一不可。技术方面主要侧重于防范外部非法用户的攻击,管理方面则侧重于内部人为因素的管理。如何更有效地保护重要的信息数据、提高计算机网络系统的安全性已经成为所有计算机网络应用必须考虑和必须解决的一个重要问题。

3. 不同环境和应用中的网络安全

运行系统安全:即保证信息处理和传输系统的安全。它侧重于保证系统正常运行,避免因为系统的崩溃和损坏而对系统存储、处理和传输的信息造成破坏和损失,避免由于电磁泄漏产生信息泄露,干扰他人,受他人干扰。

网络上系统信息的安全:包括用户口令鉴别,用户存取权限控制,数据存取权限、方式控制,安全审计,安全问题跟踪,计算机病毒防治,数据加密。

网络上信息传播安全:即信息传播后果的安全,包括信息过滤等。它侧重于防止和控制非法、有害的信息进行传播后的后果,避免公用网络上大量自由传输的信息失控。

网络上信息内容的安全:它侧重于保护信息的保密性、真实性和完整性,避免攻击者利用系统的安全漏洞进行窃听、冒充、诈骗等有损于合法用户的行为,本质上是保护用户的利益和隐私。

5.1.3 网络的安全威胁

计算机网络安全包括物理安全和信息安全。物理安全是指网络设备、程序、线路等方面的安全;信息安全则是防止在网络中存储或传送的信息受到破坏。计算机网络面临的安全威胁对应地也分为物理安全威胁和信息安全威胁。

对计算机网络构成安全威胁的因素有很多,有些是有意的,有些是无意的;有些是人为的,有些不是人为的。总结起来,对网络安全的威胁主要有 3 种。

1. 无意产生的威胁

包括自然灾害、设备故障、系统错误或人为失误造成的安全威胁,带有很大的偶然性。

- 自然灾害如地震、洪水、火灾等引起的设备损坏；
- 设备故障引起的设备机能失常，如硬盘故障引起的数据丢失；
- 系统或应用软件的设计错误(Bug)引起的软件故障导致系统的异常操作；
- 人为失误引起的系统安全隐患，如口令设置简单、随意转借账号、系统配置不当等。

2. 人为恶意攻击

人为恶意攻击是对计算机网络最大的安全威胁，可以对网络系统造成极大的危害。对计算机网络的人为恶意攻击分为被动攻击(Passive Attack)和主动攻击(Active Attack)两种类型。

(1) 被动攻击

在不影响网络正常工作的情况下，截获、窃取和破译网络中传输的数据。攻击者截取数据的途径包括：

- 通信信道，从有线信道或无线信道截取；
- 中继系统，从通信链路经过的中继设备如路由器截取；
- 终端系统，通过直接访问或电磁窃听等手段截取。

(2) 主动攻击

以各种方式有选择地破坏在网络中传输的数据的有效性和完整性，表现为对数据的篡改或对资源的非法使用。

- 篡改(Modification)：为达到某种目的，将截取的数据作部分篡改后再送往目的地；
- 伪造(Fabrication)：冒充合法用户，或盗用其名义进行非法访问或操作；
- 否认(Repudiation)：为达到某种目的，在事后否认进行过某次数据访问或操作。

3. 网络系统漏洞和"后门"

任何系统都不可能是完全无缺陷和无漏洞的，而这些缺陷和漏洞恰好就是黑客攻击的首选目标，黑客往往利用系统的缺陷和漏洞攻击进入网络系统内部。另外，系统"后门"一般是系统设计人员为调试或管理的便利而设置的，一般不为外人所知，但一旦"后门"被泄露出去，则后果不堪设想。

5.2 网络安全体系结构

国际标准化组织 ISO 在 1979 年建立了一个分委员会来专门研究一种用于开放系统的体系结构，提出了开放系统互联(Open System Interconnection，OSI)模型，这是一个定义连接异种计算机的标准主体结构。由于 ISO 组织的权威性，OSI 协议成为广大厂商努力遵循的标准。

OSI 采用了分层的结构化技术。ISO 分委员会的任务是定义一组层次和每层所完成的服务。划分层次时应该从逻辑上对功能进行分组。层次应该足够多，以使每一层小到易于管理，但是也不能太多，否则汇集各层的处理开销太大。OSI 参考模型共有 7 层：物理层、数据链路层、网络层、传输层、会话层、表示层和应用层。

尽管网络安全对于网络系统的正常运行和使用有着极其重要的影响，但目前的网络安全研究仍处于不成熟的阶段,对于网络安全体系结构还缺乏统一的认识。ISO 安全体系结构的研究始于 1982 年,于 1988 年完成,其成果标志是 ISO 发布了 ISO7498-2 标准,作为 OSI 基本参考模型的补充。这是基于 OSI 参考模型的 7 层协议之上的信息安全体系结构。它定义了 5 类安全服务、8 种特定的安全机制、5 种普遍性安全机制。它确定了安全服务与安全机制的关系以及在 OSI 7 层模型中安全服务的配置。它还确定了 OSI 安全体系的安全管理。

网络安全体系结构的结构元素包括:
- 安全服务,可用的安全功能;
- 安全机制,安全功能的实现方法;
- 安全管理,处理安全服务与安全机制的关系;
- 安全管理信息库,开放系统中与安全有关的信息的概念存储。

OSI 的网络安全体系结构体现了一种选项的概念,即网络安全是网络服务的选项功能。OSI 的网络安全体系结构的具体构成原则包括:
- 每一层都可以提供安全服务,而不局限于某一层;
- 安全功能的增加并不引起 OSI 原有功能的重复,即只增加原来没有的功能;
- 不违反各层的独立原则;
- 安全服务的提供也采用逐层增值的方式;
- 附加的安全服务的实现对该层的实现来说是一个自含的模块。

1. 网络安全服务

网络的安全服务定义了网络各层可以提供的安全功能,这些功能可以在几层同时提供,也可以由某一层提供。网络安全服务主要有以下几种。
- 数据保密性:保护网络中传输的数据不被非法获得,即使被截取也无法获得其内容。
- 数据完整性:保护网络中传输的数据不被非法修改,可检验数据是否遭到篡改。
- 鉴别:用于判断交互对象身份的真实性。
- 访问控制:防止对资源的未授权使用,包括防止以未授权方式使用某一资源。这种服务提供保护以对付开放系统互联可访问资源的非授权使用。这些资源可以是经开放系统互联协议访问到的 OSI 资源或非 OSI 资源。这种保护服务可应用于对资源的各种不同类型的访问(如使用通信资源、读写或删除信息资源、处理资源的操作),或应用于对某种资源的所有访问。这种访问控制要与不同的安全策略协调一致。
- 无否认:对网络中的交互动作进行事后的责任追查和审计。

2. 网络安全机制

网络安全机制用于定义网络安全服务的实现方法。一种安全服务可以由一种或多种安全机制支持,一种安全机制也可以支持多种安全服务。

按照 OSI 网络安全体系结构的定义,网络安全服务所需的网络安全机制主要包括:
- 数据加密,是各种安全服务的基础,可分为私有密钥和公开密钥加密两大类;
- 数字签名,用于支持无否认服务和数据完整性服务,基于信息文摘技术和公开密钥加密技术;
- 访问控制,用于支持访问控制服务,包括基于访问控制表和通过容量或能力限制进行资源的访问控制;

- 数据完整性,数据完整性保护机制涉及校验码技术、信息文摘技术和数字签名;
- 鉴别交换,用于支持访问控制服务所需的身份认证功能;
- 流量填充,数据保密性服务的辅助技术,通过填充空闲信道来掩盖真实的信息流;
- 路由控制,访问控制服务的支撑技术,包括路由选择限制和路由信息鉴别;
- 公证,无否认服务的支撑技术,基于数字签名技术对数据的完整性、数据源和传输时间等进行公证。

3. 网络安全管理

网络安全管理的根本目标是保证网络系统的可用性。但网络安全具有针对性和局限性的特点,因此必须确定网络安全管理的目标。网络安全管理有一个众所周知的原则,即保护的代价应小于恢复的代价,否则没必要保护。但是代价是一个综合的概念,它不仅包括经济上的损失,还包括信誉和名誉等其他方面的损失。

网络安全管理的具体目标大体上可分为以下几种。

- 了解网络和用户的行为:网络安全管理应具备对网络和用户的行为具有动态监测、审计和跟踪的能力。这种能力显然很有必要,不了解情况,管理根本无从谈起。
- 进行安全性评估:在了解情况的基础上,网络安全管理能对网络当前的安全状态做出正确和准确的评估,发现存在的安全问题和安全隐患,为改进安全性提供依据。
- 确保安全管理政策的实施:在对网络安全做出正确评估的基础上,网络安全管理系统应有能力保证安全管理政策能够得到贯彻和实施。

网络安全管理涉及网络安全规划、网络安全管理机构、网络安全管理系统和网络安全教育等各个方面,具体内容包括:标识要保护的对象;确定保护的手段;找出可能的安全威胁;实现具体的安全措施;了解网络的安全状态,根据情况的变化重新评估并改进安全措施。

4. 网络安全管理系统

网络安全管理系统通常包括系统安全管理、安全服务管理和安全机制管理等几方面。其中,系统安全管理负责整个网络的安全管理,安全服务管理负责管理某个特定的安全服务,安全机制管理则与安全服务的具体使用有关。

(1) 系统安全管理

系统安全管理涉及总的 OSI 环境安全方面的管理。属于这一类安全管理的典型活动有:

- 总体安全策略的管理,包括一致性的修改与维护;
- 与别的 OSI 管理功能的相互作用;
- 与安全服务管理和安全机制管理的交互作用;
- 事件处理管理,包括远程报告那些违反系统安全的明显企图,以及对用来触发事件报告的阈值的修改;
- 安全审计管理,包括选择将被记录和被远程搜集的事件,授予或取消对所选事件进行审计跟踪日志记录的能力,审计记录的远程搜集,准备安全审计报告;
- 安全恢复管理,包括维护那些用来对实有的或可疑的安全事故做出反应的规则,远程报告对系统安全的明显违规,安全管理者的交互作用。

(2) 安全服务管理

安全服务管理涉及特定安全服务的管理。在管理一种特定安全服务时可能执行的典型活动有：
- 为该服务决定与指派安全保护的目标；
- 指定与维护选择规则(存在可选情况时)，用以选取为提供所需的安全服务而使用的特定的安全机制；
- 对那些需要事先取得管理者同意的可用安全机制进行协商；
- 通过适当的安全机制管理功能调用特定的安全机制；
- 与其他的安全服务管理功能和安全机制管理功能的交互作用。

（3）安全机制管理

安全机制管理涉及特定安全机制的管理。典型的安全机制管理功能有：
- 密钥管理；
- 加密管理；
- 数字签名管理；
- 访问控制管理；
- 数据完整性管理；
- 鉴别管理；
- 通信业务填充管理；
- 路由选择控制管理；
- 公证管理。

5.3 Internet 安全

Internet 可以为科学研究人员、学生、公司职员提供很多宝贵的信息，使得人们可以不受地理位置与时间的限制，相互交换信息，合作研究，学习新的知识，了解各国科学、文化的发展情况。同时，人们对 Internet 上一些不健康的、违背道德规范的信息表示了极大的担忧。一些不道德的 Internet 用户利用网络发表不负责或损害他人利益的消息，窃取商业情报与科研机密。必须意识到的是，对于大到整个的 Internet，小到各个公司的企业内部网与各个大学的校园网，都存在着来自网络内部与外部的威胁。要使网络有序、安全地运行，必须加强网络使用方法、网络安全技术与道德教育，完善网络管理，研究与不断开发新的网络安全技术与产品，同时也要重视"网络社会"中的"道德"与"法律"教育。

Internet 的安全性是一个很含糊的术语，不同的人可能会有不同的理解。本质上，Internet 的安全性只能通过提供下面两方面的安全服务来达到：
- 访问控制服务，用来保护计算和联网资源不被非授权使用；
- 通信安全服务，用来提供认证、数据机要性、完整性和各通信端的不可否认性服务。

5.3.1 访问控制

访问控制是一种保护资源的合法使用者能够正确访问资源，同时杜绝非授权用户对资源的非法访问和破坏。访问控制实质上是对资源使用的限制。最典型的访问控制手段是锁,资源拥有者可以将资源锁上,并控制钥匙的分发,没有钥匙的人无法访问该资源。但是拥有钥匙的人并不一定是资源的合法使用者,因为钥匙可以通过非法手段来获得,如偷窃、复制,所以访问控制要和其他一些安全机制配合使用才能提供完备的服务。

1. 系统访问控制

系统访问控制主要解决用户身份认证的问题。身份认证又称身份鉴别,包括识别和验证两个方面的内容。识别用于确认访问者的身份,而验证则是对访问者声称的身份进行确认。识别信息是公开的,而验证信息则是保密的。

用户身份认证的方法主要有4类:
- 验证用户知道什么,如用户名及其口令;
- 验证用户拥有什么,如智能卡、通行证等;
- 验证用户的生物特征,如指纹、声音等;
- 验证用户下意识动作的结果,如签名等。

口令验证是目前应用最为广泛的身份鉴别机制,它正是基于"用户知道什么"的身份认证机制。如果用户声明自己是某个账号,则应该能够提供该账号对应的口令,如果口令正确,就可以认为该账号具有合法的资源访问权限。口令就是系统访问的钥匙。口令的生成方式主要有两种:用户自定义口令和系统随机生成口令。两种口令的优缺点正好相反,用户自定义口令便于用户记忆,但同样容易被攻击者猜出;系统随机生成口令随机性好,不易被猜出,但是用户难于记忆。实际应用中通常对这两种口令生成方式加以改进或是变化。

针对用户口令的攻击是系统入侵最常见的方法,包括脱机方式和联机方式的口令攻击。口令的脱机攻击主要表现为字典攻击:截获口令密文,然后在一个同类系统上按字典顺序输入猜测的口令进行反复尝试,以期发现匹配,从而找到正确的口令明文。口令的联机攻击则主要表现为直接连接被攻击主机,反复尝试每一个可能的口令组合。

对口令的管理包括口令的保存、传送和更换。口令是一种对称系统,需要同时保存在用户和系统两边。用户通常采用记忆的方法来保存口令,若不经常使用就很容易遗忘。用户经常将口令以书面形式记录下来,殊不知这将大大增加口令泄露的可能。系统则通常以密文或者加密数据库来保存口令。口令的传送与密钥的传送类似,需要采用加密的方式,或采用严格的保护措施。在一些安全性要求较高的场合,还可以使用一次一密的口令,或多重口令。从安全角度来考虑,应该经常更换口令,这样可以迫使攻击者不得不重新开始猜测口令。

2. 资源访问控制

资源访问控制用来解决用户访问资源的权限管理问题。访问者要想访问某个资源,必须获得系统对此资源的授权。当访问者发出对某个资源的访问请求时,系统要验证该访问者是否具有对该资源的访问权限。通常,将系统中所有可控的资源抽象为客体,将访问资源的访问者抽象为主体,主体对客体的访问需要得到授权。授权对于主体表现为访问权限,对于客体则表现为访问模式,显然,访问权限是访问模式的子集。

有两种不同类型的资源访问控制:自主访问控制(Discretionary Access Control,DAC)和强制访问控制(Mandatory Access Control,MAC)。DAC是一种最普遍的访问控制手段,DAC方式下用户可以按照自己的意愿对系统参数适当地进行修改以决定哪些用户可以访问其资源。在MAC方式下,用户和资源都有一个固定的安全属性,匹配者才能访问。

常用的访问控制策略如下。

(1) 自主访问控制策略

自主访问控制中,由客体自主确定各个主体对它的直接访问权限。这种方法能够控制主体对客体的直接访问,但不能控制主体对客体的间接访问(利用访问的传递性,即 A 可访问 B,B 可访问 C,于是 A 可访问 C)。目前常用的操作系统中的文件系统使用的都是自主访问控制方式,因为这比较适合操作系统资源的管理特性。自主访问控制政策分为封闭和开放两种,前者规定允许的访问动作,默认为不允许;而后者则相反。

(2) 强制访问控制策略

强制访问控制中,由一个授权机构为主体和客体分别定义固定的访问属性,且这些访问权限不能通过用户来修改。强制访问控制策略常用于军队和政府机构,例如将数据分成绝密、机密、秘密和一般等几类。用户的访问权限也类似定义,即拥有相应权限的用户可以访问对应安全级别的数据,从而避免了自主访问控制方法中出现的访问传递问题。这种方法具有层次性的特点,高级别的权限可访问低级别的数据。这种方法的缺点在于访问级别的划分不够细致,在同级别之间缺乏控制机制。

(3) 基于角色的访问控制策略

基于角色的访问控制是对自主控制和强制控制的综合和改进,它根据用户在系统中所起的作用(即角色 Role)来规定其访问权限。在这种控制策略中,一个角色被定义为与一个特定活动相关联的一组动作和责任。例如担任系统管理员的用户便有维护系统文件的责任和权限,而并不管这个用户是谁。

基于角色的访问控制策略提供了 3 种授权管理的控制途径:改变客体的访问权限;改变角色的访问权限;改变主体所担任的角色。

基于角色的访问控制策略被广泛应用于各种系统中,是因为其显著的特点:

- 提供了层次化的管理机构,由于访问权限是客体的属性,所以角色的定义可以用面向对象的方法来表达,并可用类和继承等概念来表示角色之间的关系;
- 具有提供最小权限的能力,由于可以按照角色的具体要求来定义对客体的访问权限,不会出现多余的访问权限,因此具有针对性,从而降低了系统的不安全因素;
- 具有责任分离的能力,不同角色的访问权限可相互制约,即定义角色的人不一定能担任这个角色,因此具有更高的安全性。

3. 防火墙技术

古时候,人们常在寓所之间砌起一道砖墙,一旦火灾发生,它能够防止火势蔓延到别的寓所。自然,这种墙因此而得名"防火墙"。

现在,如果一个网络接到了 Internet 上,它的用户就可以访问外部世界并与之通信。但同时,外部世界也同样可以访问该网络并与之交互信息。为了安全起见,可以在该网络和 Internet 之间插入一个中介系统,竖起一道安全屏障。这道屏障的作用是阻断来自外部通过网络对本网络的威胁和入侵,提供扼守本网络的安全和审计的唯一关卡。这种中介系统叫做防火墙或防火墙系统。

防火墙是安全和可信的内部网络和一个被认为是不安全和不可信的外部网络(通常是 Internet)之间的一个封锁工具。在使用防火墙的决定背后,潜藏着这样的推理:假如没有防火墙,内部网络就暴露在不安全的 Internet 外部网络面前,要面临来自 Internet 其他主机的探测和攻击的危险。在一个没有防火墙的环境里,网络的安全性只能体现为每一个主机的功能,在某种意义上,所有主机必须通力合作,才能达到较高程度的安全性。网络越大,这种较高程度的安全性越难管理。随着安全性问题上的失误和缺陷越来越普遍,对网络的入侵不仅来自高超的攻击手段,也有可能来自配置上的低级错误或不合适的口令选择。因此,防火墙是在内部网与外部网之间实施安全防范的系统,可被认为是一种访问控制机制,用于确定哪些内部服务允许外部访问,以及允许哪些外部服务访问内部服务。

5.3.2 Internet 的安全

为制定标准化的 Internet 安全协议,国际社会已提出了多种方案,如美国国家安全局(NSA)和美国国家标准化和技术协会(NIST)作为"安全数据网络系统(SDNS)"的一部分而制定的 SP3(安全协议 3 号)网络层安全协议;国际标准化组织(ISO)提出的网络层安全协议(NLSP);能同时为 IP 和 CLNP 服务的集成化 NIST 协议 I-Nlsp;Ioannidis 和 Blaze 提出的另一个 Internet 层安全协议 SwIP 等。所有这些协议的共同之处,即使用了 IP 封装技术。其本质是:明文包被加密封装在 Out IP Header,对加密的包进行 Internet 上的路由选择。到达另一端时,在同级系统中 Out IP Header 报头被解密,然后送到收报地点。

Internet 工程任务组(IETF)已经特许 Internet 协议安全协议(IPSEC)工作组对 IP 安全协议(IPSP)和对应的 Internet 密钥管理协议(IKMP)进行标准化工作。

IPSP 的主要目的是使需要安全措施的用户能够使用相应的加密安全体制。该体制不仅能在目前流行的 IP(IPv4)下工作,也能在 IP 的新版本(IPng 或 IPv6)下工作。该体制应该是与算法无关的,即使加密算法替换了,也不会对其他部分的实现产生影响。此外,该体制必须能实行多种安全策略,但要避免给不使用该体制的人造成不利影响。按照这些要求,IPSEC 工作组制定了一个规范:认证头(Authentication Header,AH)和封装安全有效负荷(Encapsulating Security Payload,ESP)。简言之,AH 提供 IP 包的真实性和完整性,ESP 提供机要内容。

IP AH 指一段消息认证代码(Message Authentication Code,MAC),在发送 IP 包之前,它已经被事先计算好。发送方用一个加密密钥算出 AH,接收方用同一或另一密钥对之进行验证。如果收发双方使用的是单钥体制,那它们就使用同一密钥;如果收发双方使用的是公钥体制,那它们就使用不同的密钥。在后一种情形,AH 体制能额外地提供不可否认的服务。事实上,有些在传输中可变的域,如 IPv4 中的生存时间(Time to Live)域或 IPv6 中的网络跳限(Hop Limit)域,都是在 AH 的计算中必须略过不计的。RFC 1828 首次规定了加封状态下 AH 的计算和验证中要采用带密钥的 MD5 算法。而与此同时,MD5 和加封状态都被批评为加密强度太弱,并有替换的方案提出。

IP ESP 的基本想法是对整个 IP 包进行封装,或者只对 ESP 内上层协议的数据(运输状态)进行封装,并对 ESP 的绝大部分数据进行加密。在管道状态下,为当前已加密的 ESP 附加了一个新的 IP 头(纯文本),它可以用来对 IP 包在 Internet 上作路由选择。接收方把这个头取掉,再对 ESP 进行解密,处理并取掉 ESP 头,再对原来的 IP 包或更高层协议的数据就像普通的 IP 包那样进行处理。RFC 1827 中对 ESP 的格式作了规定,RFC 1829 中规定了在密码块连接(CBC)状态下 ESP 加密和解密要使用数据加密标准(DES)。虽然其他算法和状态也是可以使用的,但一些国家对此类产品的进出口控制也是不能不考虑的因素。有些国家甚至连私用加密都要控制。

AH 与 ESP 体制可以合用,也可以分用。不管怎么用,都逃不脱传输分析的攻击。

很多用户都不太清楚在 Internet 层上,是否真有经济有效的对抗传输分析的手段,不过,Internet 用户里,真正把传输分析当回事儿的也是寥寥无几。

1995 年 8 月,Internet 工程领导小组(IESG)批准了有关 IPSP 的 RFC 作为 Internet 标准系列的推荐标准。除 RFC 1828 和 RFC 1829 外,还有两个实验性的 RFC 文件,规定了在 AH 和 ESP 体制中,用安全散列算法(SHA)来代替 MD5(RFC 1825)和用三元 DES 代替 DES(EFC 1815)。

在最简单的情况下,IPSP 用手工来配置密钥。然而,当 IPSP 大规模发展的时候,就需要在 Internet 上建立标准化的密钥管理协议。这个密钥管理协议按照 IPSP 安全条例的要求,指定管理密钥的方法。

因此,IPSP 工作组也负责进行 Internet 密钥管理协议(IKMP)的标准化工作,其他若干协议的标准化工作也已经提上日程。其中最重要的有:

- IBM 提出的标准密钥管理协议(MKMP);
- Sun 提出的 Internet 协议的简单密钥管理(SKIP);
- Phil Karn 提出的 Photuris 密钥管理协议;
- Hugo Krawczik 提出的安全密钥交换机制(SKEME);
- NSA 提出的 Internet 安全条例及密钥管理协议;
- Hilarie Orman 提出的 OAKLEY 密钥决定协议。

需要再次强调指出的是,这些协议草案的相似点多于不同点。除 MKMP 外,它们都要求一个既存的、完全可操作的公钥基础设施(PKI)。MKMP 没有这个要求,因为它假定双方已经共同知道一个主密钥(Master Key),可能是事先手工发布的。SKIP 要求 Diffie-Hellman 证书,其他协议则要求 RSA 证书。

1996 年 9 月,IPSEC 决定采用 OAKLEY 作为 ISAKMP 框架下强制推行的密钥管理手段,采用 SKIP 作为 IPv4 和 IPv6 实现时的优先选择。

目前,已经有一些厂商实现了合成的 ISAKMP/OAKLEY 方案。Photuris 以及类 Photuris 协议的基本想法是对每一个会话密钥都采用 Diffie-Hellman 参数,确保没有"中间人"进行攻击。这种组合最初是由 Diffie,Ooschot 和 Wiener 在一个站对站(STS)的协议中提出的。Photuris 里面又添加了一种所谓的 Cookie 交换,它可以提供"清障(Anti-Logging)"功能,即防范对服务攻击的否认。

Photuris 以及类 Photuris 的协议由于对每一个会话密钥都采用 Diffie-Hellman 密钥交换机制,故可提供回传保护(Back-Traffic Protection,BTP)和完整转发安全性(Perfect-Forward Secrecy,PFS)。实质上,这意味着一旦某个攻击者破解了长效私钥,比如 Photuris 中的 RSA 密钥或者 SKIP 中的 Diffie-Hellman 密钥,所有其他攻击者就可以冒充被破解的密码的拥有者。但是,攻击者却不一定有本事破解该拥有者过去或未来收发的信息。

值得注意的是,SKIP 并不提供 BTP 和 PFS。尽管它采用 Diffie-Hellman 密钥交换机制,但交换的进行是隐含的,就是说,两个实体以证书形式彼此知道对方长效 Diffie-Hellman 公钥,从而隐含地共享一个主密钥。该主密钥可以导出对分组密钥进行加密的密钥,而分组密钥才真正用来对 IP 包加密。一旦长效 Diffie-Hellman 密钥泄露,则任何在该密钥保护下的密钥所保护的相应通信都将被破解。还有,SKIP 是无状态的,它不以安全条例为基础。每个 IP 包可能是个别地进行加密和解密的,归根结底用的是不同的密钥。

SKIP 不提供 BTP 和 PFS 这件事曾经引起 IPSEC 工作组内部的批评意见,该协议也曾进行过扩充,试图提供 BTP 和 PFS 功能之间的某种折中。实际上,增加了 BTP 和 PFS 功能的 SKIP 非常类似于 Photuris 以及类 Photuris 的协议,唯一的主要区别是 SKIP 仍然需要原来的 Diffie-Hellman 证书。必须注意:目前在 Internet 上,RSA 证书比其他证书更容易实现和开展业务。

大多数 IPSP 及其相应的密钥管理协议的实现均基于 UNIX 系统。任何 IPSP 的实现都必须跟对应协议栈的源代码纠缠在一起,而这源代码又能在 UNIX 系统上使用,其原因大概就在于此。但是,如果要想在 Internet 上更广泛地使用和采纳安全协议,就必须有相应的 DOS 或 Windows 版本。而在这些系统上实现 Internet 层安全协议所直接面临的一个问题就是,在 PC 上用来实现 TCP/IP 的公共源代码资源基本上没有。为克服这个困难,Wagner 和 Bellovin 实现了一个 IPSEC 模块,它像一个设备驱动程序一样工作,完全处于 IP 层以下。

Internet 层安全性的主要优点是它的透明性,也就是说,安全服务的提供不需要应用程序、其他通信层次和网络部件做任何改动。它的最主要的缺点是 Internet 层一般对属于不同进程和相应条例的包不作区别。对所有去往同一地址的包,它将按照同样的加密密钥和访问控制策略来处理。这可能导致提供不了所需的功能,也可能会导致性能下降。针对面向主机的密钥分配问题,RFC 1825 允许(甚至可以说是推荐)使用面向用户的密钥分配,其中,不同的连接会得到不同的加密密钥。但是,面向用户的密钥分配需要对相应的操作系统内核做比较大的改动。

虽然 IPSP 的规范已经基本制定完毕,但密钥管理的情况千变万化,要做的工作还很多。尚未引起足够重视的一个重要的问题是在多播(Multicast)环境下的密钥分配问题,例如,在 Internet 多播骨干网(MBone)或 IPv6 网中的密钥分配问题。

简言之,Internet 层是非常适合提供基于主机对主机的安全服务的。相应的安全协议可以用来在 Internet 上建立安全的 IP 通道和虚拟私有网。例如,利用它对 IP 包的加密和解密功能,可以简捷地强化防火墙系统的防卫能力。事实上,许多厂商已经这样做了。

RSA 数据安全公司已经发起了一个倡议,来推进多家防火墙和 TCP/IP 软件厂商联合开发虚拟私有网。该倡议被称为 S-WAN(安全广域网)倡议,其目标是制定和推荐 Internet 层的安全协议标准。

1. 传输层安全

在 Internet 应用程序中,通常使用广义的进程间通信(IPC)机制来与不同层次的安全协议打交道。

在 Internet 中提供安全服务的首要想法便是强化它的 IPC 界面,如 BSD Sockets 等,具体做法包括双端实体认证、数据加密密钥的交换等。Netscape 公司遵循了这个思路,制定了建立在可靠的传输服务(如 TCP/IP 所提供)基础上的安全套接层协议(SSL)。SSL 版本 3(SSL V3)于 1995 年 12 月制定,它主要包含以下两个协议。

- SSL 记录协议:它涉及应用程序提供的信息的分段、压缩、数据认证和加密。

SSL V3 提供对数据认证用的 MD5 和 SHA,以及数据加密用的 RC4 和 DES 等的支持,用来对数据进行认证和加密的密钥可以通过 SSL 的握手协议来协商。
- SSL 握手协议:用来交换版本号、加密算法、(相互)身份认证并交换密钥。SSL V3 提供对 Diffie-Hellman 密钥交换算法、基于 RSA 的密钥交换机制和另一种实现在 Fortezza Chip 上的密钥交换机制的支持。

Netscape 公司已经向公众推出了 SSL 的参考实现(称为 SSLref),另一免费的 SSL 实现叫做 SSLeay。SSLref 和 SSLeay 均可给任何 TCP/IP 应用提供 SSL 功能。Internet 号码分配当局(IANA)已经为具备 SSL 功能的应用分配了固定端口号,例如,带 SSL 的 HTTP(https)被分配以端口号 443,带 SSL 的 SMTP(ssmtp)被分配以端口号 465,带 SSL 的 NNTP(snntp)被分配以端口号 563。

微软推出了 SSL 版本 2 的改进版本,叫做 PCT(私人通信技术)。至少从它使用的记录格式来看,SSL 和 PCT 是十分相似的。它们的主要差别是它们在版本号字段的最显著位上的取值有所不同:SSL 该位取 0,PCT 该位取 1。这样区分之后,就可以对这两个协议都给予支持。

1996 年 4 月,IETF 授权一个传输层安全(TLS)工作组着手制定一个传输层安全协议(TLSP),以便作为标准提案向 IESG 正式提交。TLSP 将会在许多地方酷似 SSL。

Internet 层安全机制的主要优点是它的透明性,即安全服务的提供不要求应用层做任何改变,这对传输层来说是做不到的。原则上,任何 TCP/IP 应用,只要应用传输层安全协议,比如说 SSL 或 PCT,就必定要进行若干修改以增加相应的功能,并使用稍微不同的 OPC 界面。因此,传输层安全机制的主要缺点就是要对传输层 IPC 界面和应用程序两端都进行修改。可是,比起 Internet 层和应用层的安全机制来,这里的修改还是相当小的。

另一个缺点是,基于 UDP 的通信很难在传输层建立起安全机制。同网络安全机制相比,传输层安全机制的主要优点是它提供基于进程对进程的(而不是主机对主机的)安全服务。这一成就如果再加上应用级的安全服务,就可以再向前跨越一大步了。

2. 应用层安全

传输层的安全协议允许为主机(进程)之间的数据通道增加安全属性。本质上,这意味着真正的(或许再加上机密的)数据通道还是建立在主机(或进程)之间,但却不可能区分在同一通道上传输的一个个具体文件的安全性要求。比如说,如果一个主机与另一个主机之间建立起一条安全的 IP 通道,那么所有在这条通道上传输的 IP 包就都要自动地被加密。同样,如果一个进程和另一个进程之间通过传输层安全协议建立起了一条安全的数据通道,那么两个进程间传输的所有信息都要自动地被加密。

如果确实想要区分一个个具体文件的不同的安全性要求,那就必须借助于应用层的安全性。提供应用层的安全服务实际上是最灵活的处理单个文件安全性的手段。例如,一个电子邮件系统可能需要对要发出的信件的个别段落实施数据签名,较低层的协议提供的安全功能一般不会知道任何要发出的信件的段落结构,从而不可能知道该对哪一部分进行签名,只有应用层是唯一能够提供这种安全服务的层次。

一般来说,在应用层提供安全服务有几种可能的做法,第一个做法大概就是对每个应用(及应用协议)分别进行修改。一些重要的 TCP/IP 应用已经这样做了。在 RFC 1421~1424 中,IETF 规定了使用私用强化邮件(PEM)来为基于 SMTP 的电子邮件系统提供安全服务。由于种种理由，Internet业界采用PEM的步子还是太慢，一个主要的原因是PEM依赖于一个既存的、完全可操作的PKI(公钥基础结构)。PEM PKI是按层次组织的，由下述3个层次构成：

- 顶层为Internet安全政策登记机构(IPRA)；
- 中间层为安全政策证书颁发机构(PCA)；
- 底层为证书颁发机构(CA)。

建立一个符合PEM规范的PKI也是一个政治性的过程，因为它需要多方在一个共同点上达成信任。不幸的是，历史表明，政治性的过程总是需要时间的。作为一个中间步骤，Phil Zimmermann开发了一个软件包，叫做PGP(Pretty Good Privacy)。PGP符合PEM的绝大多数规范，但不必要求PKI的存在。相反，它采用了分布式的信任模型，即由每个用户自己决定该信任哪些用户。因此，PGP不是去推广一个全局的PKI，而是让用户自己建立自己的信任之网。这就随之产生一个问题，就是分布式的信任模型下，密钥废除了怎么办。

S-HTTP是Web上使用的超文本传输协议(HTTP)的安全增强版本，由企业集成技术公司设计。S-HTTP提供了文件级的安全机制，因此每个文件都可以被设计成私人/签字状态。用做加密及签名的算法可以由参与通信的收发双方协商。S-HTTP提供了对多种单向散列(Hash)函数的支持，如MD2，MD5及SHA；对多种单钥体制的支持，如DES，三元DES，RC2，RC4以及CDMF；对数字签名体制的支持，如RSA和DSS。

目前还没有Web安全性的公认标准。这样的标准只能由WWW Consortium，IETE或其他有关的标准化组织来制定。而正式的标准化过程是漫长的，可能要拖上好几年，直到所有的标准化组织都充分认识到Web安全的重要性。

S-HTTP和SSL是从不同角度提供Web的安全性的。S-HTTP对单个文件作私人/签字的区别，而SSL则把参与通信的相应进程之间的数据通道按"私用"和"已认证"进行监管。Terisa公司的SecureWeb工具软件包可以用来为任何Web应用提供安全功能。该工具软件包提供有RSA数据安全公司的加密算法库，并提供对SSL和S-HTTP的全面支持。

另一个重要的应用是电子商务，尤其是信用卡交易。为使Internet上的信用卡交易安全起见，MasterCard公司(同IBM，Netscape，GTE和Cybercash一起)制定了安全电子付费协议(SEPP)，Visa国际公司和微软(和其他一些公司一起)制定了安全交易技术(SET)协议。同时，MasterCard，Visa国际和微软已经同意联手推出Internet上的安全信用卡交易服务。他们发布了相应的安全电子交易(SET)协议，其中规定了信用卡持卡人用其信用卡通过Internet进行付费的方法。这套机制的后台有一个证书颁发的基础结构，提供对X.509证书的支持。

上面提到的所有这些安全功能的应用都会面临一个主要的问题，就是每个这样的应用都要单独进行相应的修改。因此，如果能有一个统一的修改手段，那就好多了。

通往这个方向的一个步骤就是赫尔辛基大学的Tatu Yloenen开发的安全外壳协议(Secure Shell Protocol，SSH)。SSH允许其用户安全地登录到远程主机上，执行命令，传输文件。它实现了一个密钥交换协议，以及主机及客户端认证协议。SSH有当今流行的多种UNIX系统平台上的免费版本，也有由Data Fellows公司包装上市的商品化版本。

把SSH的思路再往前推进一步，就到了认证和密钥分配系统。本质上，认证和密钥分配系统提供的是一个应用编程界面(API)，它可以用来为任何网络应用程序提供安全服务，例如认证、数据机密性和完整性、访问控制以及非否认服务。目前已经有一些实用的认证和密钥分配系统,如 MIT 的 Kerberos(V4 与 V5),IBM 的 Cryptoknight 和 Network Security Program,DEC 的 SPX,Karlsruhe 大学的指数安全系统(TESS)等,都是得到广泛采用的实例。甚至可以见到对有些认证和密钥分配系统的修改和扩充,例如,SESAME 和 OSF DCE 对 Kerberos V5 作了增加访问控制服务的扩充,Yaksha 对 Kerberos V5 作了增加非否认服务的扩充。

关于认证和密钥分配系统的一个经常遇到的问题是关于它们在 Internet 上所受到的冷遇。一个原因是它仍要求对应用程序本身做出改动,考虑到这一点,对一个认证和密钥分配系统来说,提供一个标准化的安全 API 就显得格外重要。能做到这一点,开发人员就不必再为增加很少的安全功能而对整个应用程序动大手术了。因此,认证系统设计领域内最主要的进展之一就是制订了标准化的安全 API,即通用安全服务 API(GSS-API)。GSS-API(V1 及 V2)对于一个非安全专家的编程人员来说可能仍显得过于技术化了些,但德州 Austin 大学的研究者们开发的安全网络编程(SNP),把界面做到了比 GSS-API 更高的层次,使同网络安全性有关的编程更加方便了。

5.4 黑 客

涉及网络安全的问题很多,但最主要的问题还是人为攻击,黑客(Hacker)就是最具有代表性的一类群体。黑客指那些利用技术手段进入其权限以外计算机系统的人。在虚拟的网络世界里,活跃着这批特殊的人,他们是真正的程序员,有过人的才能和乐此不疲的创造欲。技术的进步给了他们充分表现自我的天地,同时也使计算机网络世界多了一份灾难,一般人们把他们称之为黑客或骇客(Cracker),前者更多指的是具有反传统精神的程序员,后者更多指的是利用工具攻击别人的攻击者,具有明显贬义。但无论是黑客还是骇客,都是具备高超的计算机知识的人。

5.4.1 黑客的动机

黑客的动机究竟是什么?在回答这个问题前,首先应对黑客的种类有所了解,原因是不同种类的黑客动机有着本质的区别。

从黑客行为上划分,黑客和骇客根本的区别是:黑客们建设,利用他们的技能做一些善事,他们长期致力于改善计算机社会及其资源,为了改善服务质量及产品,他们不断寻找弱点及脆弱性并公布于众;而骇客们主要从事一些破坏活动,从事的是一种犯罪行为。

大量的案例分析表明黑客具有以下主要犯罪动机。

(1) 好奇心

许多黑客声称,他们只是对计算机及电话网感到好奇,希望通过探究这些网络更好地了解它们是如何工作的。

(2) 个人声望

通过破坏具有高价值的目标以提高黑客在社会中的可信度及知名度。

(3) 智力挑战

为了向自己的智力极限挑战或为了向他人炫耀,证明自己的能力;还有些甚至不过是想做个游戏高手或仅仅为了玩玩而已。

(4) 窃取情报

在 Internet 上监视个人、企业及竞争对手的活动信息及数据文件,以达到窃取情报的目的。

(5) 报复

电脑罪犯感到其雇主本该提升自己、增加薪水或以其他方式承认他的工作。电脑犯罪活动成为他反击雇主的方法,也希望借此引起别人的注意。

(6) 金钱

有相当一部分电脑犯罪是为了赚取金钱。

(7) 政治目的

任何政治因素都会反映到网络领域。主要表现有:

- 敌对国之间利用网络的破坏活动;
- 个人及组织对政府不满而产生的破坏活动。这类黑客的动机不是钱,几乎永远都是为政治,一般采用的手法包括更改网页、植入电脑病毒等。

5.4.2 黑客的攻击手段

黑客的攻击手段多种多样,常见的攻击手段包括口令入侵、DoS/DDoS 攻击、放置特洛伊木马程序、漏洞扫描、网络监听和电子邮件攻击。

1. 口令入侵

所谓口令入侵是指使用某些合法用户的账号和口令登录到目的主机,然后再实施攻击活动。使用这种方法的前提是必须先得到该主机上的某个合法用户的账号,然后再进行合法用户口令的破译。

通常黑客会利用一些系统使用习惯性的账号的特点,采用字典穷举法(或称暴力法)来破解用户的密码。由于破译过程由计算机程序来自动完成,因而几分钟到几个小时之间就可以把拥有几十万条记录的字典里所有单词都尝试一遍。其实黑客能够得到并破解主机上的密码文件,一般都是利用系统管理员的失误。在 UNIX 操作系统中,用户的基本信息都存放在 passwd 文件中,而所有的口令则经过 DES 加密方法加密后专门存放在一个叫 shadow 的文件中。黑客们获取口令文件后,就会使用专门的破解 DES 加密法的程序来破解口令。同时,由于为数不少的操作系统都存在许多安全漏洞、Bug 或一些其他设计缺陷,这些缺陷一旦被找出,黑客就可以长驱直入。例如,让 Windows 系统后门洞开的特洛伊木马程序(Trojan Horse)就是利用了 Windows 的基本设计缺陷。

采用中途截击的方法也是获取用户账户和密码的一条有效途径。因为很多协议没有采用加密或身份认证技术,如在 Telnet、FTP、HTTP、SMTP 等传输协议中,用户账户和密码信息都是以明文格式传输的,此时若攻击者利用数据包截取工具便可以很容易地收集到账户和密码。还有一种中途截击的攻击方法,它可以在用户同服务器端完成"三次握手"建立连接之后,在通信过程中扮演"第三者"的角色,假冒服务器身份欺骗用户,再假冒用户向服务器发出恶意请求,其造成的后果不堪设想。另外,黑客有时还会利用软件和硬件工具时刻监视系统主机的工作,等待记录用户登录信息,从而取得用户密码,或者使用有缓冲区溢出错误的 SUID 程序来获得超级用户权限。

2. DoS/DDoS 攻击

DoS 是英文 Denial of Service 的简称,即拒绝服务的意思。DDoS 是英文 Distributed Denial of Service 的简称,即分布式拒绝服务。

拒绝服务攻击是指攻击者通过某种手段,有意地造成计算机或网络不能正常运转,从而不能向合法用户提供所需要的服务,或者使得服务质量降低。

分布式拒绝服务攻击指借助于客户机/服务器技术,将多个计算机联合起来作为攻击平台,对一个或多个目标发动 DoS 攻击,从而成倍地提高拒绝服务攻击的威力。通常,攻击者使用一个偷窃账号将 DoS 主控程序安装在一个计算机上,在一个设定的时间主控程序将与大量代理程序通信,代理程序已经被安装在因特网上的许多计算机上。代理程序收到指令时就发动攻击。利用客户机/服务器技术,主控程序能在几秒钟内激活成百上千次代理程序的运行。

3. 放置特洛伊木马程序

在古希腊人同特洛伊人的战争期间,大军围攻特洛伊城,十年无法攻下。有人献计制造一只高二丈的大木马假装作战马神,攻击数天后仍然无功,遂留下木马拔营而去。城中得到解围的消息,并得到"木马"这个奇异的战利品,全城饮酒狂欢。到午夜时分,全城军民尽入梦乡,匿于木马中的将士开暗门垂绳而下,开启城门并四处纵火,城外伏兵涌入,焚屠特洛伊城。后世称这只木马为"特洛伊木马"。现今计算机领域术语借用其名,在计算机里,有一类特殊的程序,黑客通过它来远程控制别人的计算机,这类程序称为特洛伊木马程序。从严格的定义来讲,凡是非法驻留在目标计算机里,跟随目标计算机系统的启动而自动运行,并在目标计算机上执行一些事先约定的操作,比如窃取口令等,这类程序都可以称为特洛伊木马程序。

特洛伊木马一般分为服务器端和客户端。服务器端是攻击者传到目标机器上的部分,用来在目标机上监听等待客户端连接过来;客户端是用来控制目标机器的部分,放在攻击者的机器上。

特洛伊木马序常被伪装成工具程序或游戏,一旦用户打开了带有特洛伊木马程序的邮件附件或从网上直接下载,或执行了这些程序之后,当用户连接到因特网上时,这个程序就会把用户的 IP 地址及被预先设定的端口通知黑客。黑客在收到这些资料后,再利用这个潜伏其中的程序,就可以任意修改用户的计算机的参数设定、复制文件、窥视用户整个硬盘内的资料等,从而达到控制用户计算机的目的。现在有许多这样的杀毒软件,国外的此类软件有 Back Oriffice、Netbus 等;国内的此类软件有 Netspy、YAI、SubSeven、冰河、"广外女生"等。

4. 漏洞扫描

从众多报刊杂志或者网络资源中,人们或许已经对计算机系统的"漏洞"这个概念有了一个感性的理解。确实,这里的"漏洞"并不是一个物理上的概念,它是指计算机系统具有的某种可能被入侵者恶意利用的属性。在计算机安全领域,安全漏洞(Security Hole)通常又称做脆弱性(Vulnerability)。

在研究计算机脆弱性的过程中,对于"计算机脆弱性"(Computer Vulnerability)这个词组的精确定义争议很大,其中 1996 年 Matt Bishop 和 Dave Bailey 给出的关于"计算机脆弱性"的定义是得到广泛认可的定义之一。

计算机系统由一系列描述构成计算机系统的实体的当前配置状态(State)组成,系统通过应用状态变换(State Transition)(即改变系统状态)实现计算。使用一组状态变换,从给定的初始状态可以到达的所有状态最终分为由安全策略定义的两类状态:已授权的(Authorized)和未授权的(Unauthorized)。

脆弱(Vulnerable)状态是指能够使用已授权的状态变换到达未授权状态的已授权状态。受损(Compromised)状态是指通过上述方法到达的状态。攻击(Attack)是指以受损状态结束的已授权状态变换的顺序。由定义可知,攻击开始于脆弱状态。

脆弱性是指脆弱状态区别于非脆弱状态的特征。广义地讲,脆弱性可以是很多脆弱状态的特征;狭义地讲,脆弱性可以只是一个脆弱状态的特征。

简单地说,计算机漏洞是系统的一组特性,恶意的主体(攻击者或者攻击程序)能够利用这组特性,通过已授权的手段和方式获取对资源的未授权访问,或者对系统造成损害。这里的漏洞既包括单个计算机系统的脆弱性,也包括计算机网络系统的漏洞。当系统的某个漏洞被入侵者渗透(Exploit)而造成泄密时,其结果就称为一次安全事件(Security Incident)。

从技术角度而言,漏洞的来源主要有以下几个方面。

(1) 软件或协议设计时的瑕疵

协议定义了网络上计算机会话和通信的规则,如果在协议设计时存在瑕疵,那么无论实现该协议的方法多么完美,它都存在漏洞。网络文件系统(Network File System,NFS)便是一个例子。NFS 提供的功能是在网络上共享文件,这个协议本身不包括认证机制,也就是说无法确定登录到服务器的用户确实是某一个用户,所以 NFS 经常成为攻击者的目标。另外,在软件设计之初,通常不会存在不安全的因素。然而当各种组件不断添加进来的时候,软件可能就不会像当初期望的那样工作,从而可能引入不可知的漏洞。

(2) 软件或协议实现中的弱点

即使协议设计得很完美,实现协议的方式仍然可能引入漏洞。例如,和 E-mail 有关的某个协议的某种实现方式能够让攻击者通过与受害主机的邮件端口建立连接,达到欺骗受害主机执行意想不到的任务的目的。如果入侵者在"To:"字段填写的不是正确的 E-mail 地址,而是一段特殊的数据,受害主机就有可能把用户和密码信息送给入侵者,或者使入侵者具有访问受保护文件和执行服务器上程序的权限。这样的漏洞使攻击者不需要访问主机的凭证就能够从远端攻击服务器。

(3) 软件本身的瑕疵

这类漏洞又可以分为很多子类。例如,没有进行数据内容和大小检查、没有进行成功/失败检查、不能正常处理资源耗尽的情况、对运行环境没有做完整检查、不正确地使用系统调用或者重用某个组件时没有考虑到它的应用条件。攻击者通过渗透这些漏洞,即使不具有特权账号,也可能获得额外的、未授权的访问。

(4) 系统和网络的错误配置

这一类的漏洞并不是由协议或软件本身的问题造成的,而是由服务和软件的不正确部署和配置造成的。通常这些软件安装时都会有一个默认配置,如果管理员不更改这些配置,服务器仍然能够提供正常的服务,但是入侵者就能够利用这些配置对服务器造成威胁。例如,SQL 服务器的默认安装就具有用户名为 sa、密码为空的管理员账号,这确实是一件十分危险的事情。另外，对FTP服务器的匿名账号也同样应该注意权限的管理。

计算机系统的漏洞本身不会对系统造成损坏。漏洞的存在，只是为入侵者侵入系统提供了可能。正因为如此，早期的很多人都认为应该把发现的漏洞隐瞒起来。这样知道漏洞的人越少，系统就越安全。但事实上真正的入侵者总是有办法从各种渠道获得各种漏洞的相关信息，他们也能够使用各种方法找出网络上存在漏洞的系统。因此，漏洞的公开，受益最大的还是系统管理员。

黑客在真正侵入系统之前，通常都会先进行下面3项工作：踩点、扫描和查点。一次完整的网络扫描主要分为以下3个阶段。

- 发现目标主机或网络。
- 发现目标后进一步搜集目标信息，包括操作系统类型、运行的服务以及服务软件的版本等。如果目标是一个网络，还可以进一步发现该网络的拓扑结构、路由设备以及各主机的信息。
- 根据搜集到的信息判断或者进一步检测系统是否存在安全漏洞。常用的扫描工具包括 Netcat，Nmap，SATAN，Nessus，X-scan 等。

端口扫描的主要技术有 TCP connect() 扫描、TCP SYN 扫描、TCP ACK 扫描、TCP FIN 扫描、TCP XMAS 扫描、TCP 空扫描、FTP 反弹扫描(FTP Bounce Scan)、UDP 扫描等。

5. 网络监听

网络监听，在网络安全上一直是一个比较敏感的话题，作为一种发展比较成熟的技术，监听在协助网络管理员监测网络传输数据、排除网络故障等方面具有不可替代的作用，因而一直备受网络管理员的青睐。然而，在另一方面网络监听也给以太网的安全带来了极大的隐患，许多的网络入侵往往都伴随着以太网内的网络监听行为，从而造成口令失窃、敏感数据被截获等连锁性安全事件。

网络监听是主机的一种工作模式，在这种模式下，主机可以接收到本网段在同一条物理通道上传输的所有信息，而不管这些信息的发送方和接收方是谁。此时若两台主机进行通信的信息没有加密，只要使用某些网络监听工具就可轻而易举地截取包括口令和账号在内的信息资料。常用的网络监听软件包括 Sniffer，Windump，Iris，tcpdump，ngrep，snort，Dsniff，Sniffit 等。

6. 电子邮件攻击

电子邮件攻击主要表现为向目标信箱发送电子邮件炸弹。所谓的邮件炸弹实质上就是发送地址不详且容量庞大的邮件垃圾。由于邮件信箱空间都是有限的，当庞大的邮件垃圾到达信箱的时候，就会把信箱挤爆。同时，由于它占用了大量的网络资源，常常导致网络塞车，使网络连接被迫中断，或者使计算机系统崩溃，且难以找到攻击者。它常发生在当某人或某公司的所作所为引起了某些黑客的不满时，黑客就会通过这种手段来发动进攻，以泄私愤。因为相对于其他攻击手段来说，这种攻击方法具有简单、见效快等优点。

此外，电子邮件欺骗也是黑客常用的手段。他们常会佯称自己是系统管理员(邮件地址和系统管理员完全相同)，给用户发送邮件要求用户修改口令(口令有可能为指定的字符串)或在貌似正常的附件中加载病毒或某些特洛伊木马程序。

5.5 防火墙

网络防火墙(Network Firewall)是一种由软硬件构成的、用于在网络间实施访问控制的特殊系统。如图 5-1 所示,网络防火墙通常放置在网络的边界上,驻留在网关中,并作用于网关的两端,来隔离 Internet 的某一部分,限制这部分与 Internet 其他部分之间数据的自由流动。防火墙本质上只是一种功能,物理上可以有多种实现形式。

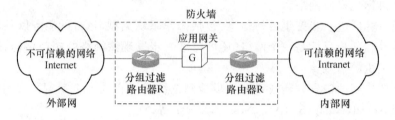

图 5-1 网络防火墙

引入防火墙的主要目的是为了在不可靠的互联网络中建立一个可靠的子网,通常是一个内部网(Intranet)。所谓内部网就是使用 Internet 技术建立的支持企业或机构内部业务流程和信息交换的网络系统,即企事业的内部网。防火墙是从内部网的角度来考虑网络安全的一种网络安全措施,同一子网内的机器具有相同的安全政策,构成一个安全域(Security Domain)。一般将防火墙内的网络称为可信赖的网络(Trusted Networks),而将防火墙外的网络称为不可信赖的网络(Untrusted Networks)。

防火墙可以提供两个功能:阻止和允许。阻止是禁止不符合控制政策的报文自内向外或自外向内穿过防火墙,允许的功能恰好与此相反。大多数情况下防火墙都用于阻止功能。

为了区别报文的合法性,防火墙必须能够识别各种合法报文的类型和格式,这个功能是由过滤器(Filter)实现的。防火墙的每个端口都配备过滤器来实施对穿越的流量的控制,阻止某一类型的通信量。过滤器的过滤规则是本地安全政策的具体体现。

为了使防火墙可以真正起到过滤通信量的作用,必须保证:

- 从里向外或从外向里的流量都必须通过防火墙;
- 只有本地安全政策放行的流量才能通过防火墙;
- 防火墙本身是不可穿透的。

5.5.1 防火墙的类别

1. IP 级防火墙

IP 级防火墙又称为分组过滤(Packet Filtering)防火墙,通常嵌入在路由软件中。事先制定一套过滤规则,在转发 IP 分组之前先要根据其源地址、目的地址和服务类别(端口号)来过滤分组,并丢弃(拒绝)一切不符合过滤规则的分组。

使用 IP 级防火墙时，内部主机与外部主机之间存在直接的 IP 分组交互，即使防火墙停止工作也不影响其连通性。因此，IP 级防火墙具有很高的网络性能和很好的透明性与方便性。但一旦防火墙被绕过或被击溃，内部网络就处于完全暴露状态。此外，只能根据 IP 地址和端口号过滤分组，无法针对特定用户或特定服务请求，控制粒度不够细致。

IP 级防火墙可以作为一个独立的软硬件设备出现，也可以作为其他网络设备（如路由器）或系统中的一个功能模块出现。

2．应用级防火墙

应用级防火墙又称为代理（Proxy）防火墙，从应用程序级进行存取控制。应用级防火墙通常是一台封堵了内外直接连接的双穴主机（Dual-Homed Host），代理来自其两端的机器的服务请求。

应用级防火墙一般针对某一特定的应用，由用户端的代理客户（Proxy Client）和防火墙端的代理服务器（Proxy Server）两部分组成。代理客户通常是对原应用客户的改造，使其与防火墙而不是真正的应用服务器交互；而代理服务器则代用户向应用服务器提交请求，并将结果返回给用户。

应用级防火墙的优点是在用户和服务器之间不会有直接的 IP 分组交换，所有的数据均由防火墙中继，并提供鉴别、日志与审计功能，增强了安全性。而且代理在应用层进行，控制粒度可以针对特定用户或特定服务请求，因而更加精确完备。

应用级防火墙的缺点是：效率较低；需要专门的控制程序，且只能针对专门的应用，并可能局限于这些应用的特定版本；而且当防火墙不能工作时，对应的网络服务也就无法使用了。

3．链路级防火墙

链路级防火墙与应用级防火墙相似，但它并不针对专门的应用协议，而是一种通用的 TCP（UDP）连接中继服务。连接的发起方不直接与响应方建立连接，而是与链路级防火墙交互，再由防火墙与响应方建立连接，并在此过程中完成用户鉴别。在随后的通信中防火墙负责维护数据的安全（如进行数据加密）、控制通信的过程。

链路级防火墙为连接提供的安全保护主要包括：

- 对连接的存在时间进行监测，除去超出所允许的存在时间的连接，这可以防止过大的邮件和文件传送；
- 建立允许的发起方列表，提供鉴别机制；
- 对传输的数据提供加密保护。

5.5.2　防火墙的使用

防火墙的使用是以额外的软硬件设备开销和系统性能的下降为代价的，因此防火墙的设置取决于网络的安全需求和所能承受的经济能力，以及系统被攻破之后可能产生的后果的严重性。

1．路由器过滤方式防火墙

如图 5-2 所示，在内部网与外部网的关键路径上设置一台带有分组过滤功能的路由器（即 IP 级防火墙）。由于防火墙允许通信的内、外部主机间存在直接的 IP 分组交换，因此有一定的安全风险。如果防火墙被渗透或攻破，整个内部网将完全暴露在攻击者面前，而这却很难察觉到。因此过滤规则的设置必须准确完备地表达本地网络的安全政策。

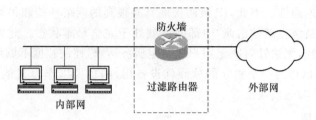

图 5-2　路由器过滤方式防火墙的使用

2. 双穴网关方式防火墙

如图 5-3 所示,使用一台双穴主机作为网关,用两个接口分别连接内部和外部网络,封堵了两个网络之间的直接 IP 分组交换。

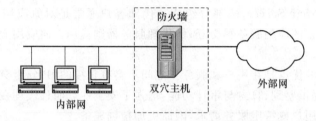

图 5-3　双穴网关方式防火墙的使用

双穴主机有两种访问控制方式:代理服务和用户直接登录。采用代理服务方式,网关主机相当于一个应用级或链路级防火墙,内部主机是外部不可见的,由防火墙按照安全政策中继其允许的网络服务。采用用户直接登录方式,用户要先登录进入双穴主机,再以此为起点访问外部的网络服务。然而一般不推荐使用这种方式,因为用户账号可能存在着潜在的安全问题。一旦某个安全强度较弱的用户口令被攻破,就意味着整个防火墙被攻破,使内部网面临外部网的直接威胁。

3. 主机过滤方式防火墙

如图 5-4 所示,使用一台过滤路由器连通内部网和外部网,而提供安全保护的主机仅与内部网相连。任何来自外部网络的连接都限制在这一台主机上。内部向外的访问可能通过该主机代理,也可能直接经过滤路由器,取决于本地网络的安全政策。提供安全保护的这台主机被称为堡垒主机,它只运行必要的、经过安全改造的软件,并具有严格的审计功能。堡垒主机作为主机过滤方式防火墙的关键点,必须具有极强的安全性。

图 5-4　主机过滤方式防火墙的使用

主机过滤方式允许分组从外部网络直接传给内部网的堡垒主机,安全控制看起来弱于双穴网关方式。但在双穴网关方式中,虽然外部网的分组理论上不能直接抵达内部网,实际上也会因出错而让外部网的分组直达内部,这种错误的产生是随机的,因此无法在预先确定的安全规则中加以防范。另外,在路由器上施加保护比在主机上容易得多。所以,主机过滤方式比双穴网关方式能提供更好的安全保护,同时也更具可操作性。这种防火墙结构的主要缺陷是:只要入侵者攻破了堡垒主机,整个内部网与堡垒主机之间就再没有任何阻碍。

4. 子网过滤方式防火墙

如图 5-5 所示,子网过滤方式在主机过滤方式中再增加一层过滤子网的安全机制,使内部网与外部网之间有两层隔断。在主机过滤方式中,内部网对堡垒主机完全公开,攻击者只要突破堡垒主机的保护,就能成功入侵内部网。用过滤子网来隔离堡垒主机与内部网,就能减轻攻击者突破堡垒主机后带给内部网的冲击。

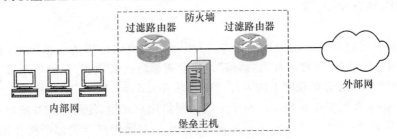

图 5-5 子网过滤方式防火墙的使用

在最简单的子网过滤结构中,堡垒主机位于过滤子网上,使用两台过滤路由器,一台位于过滤子网与内部网之间,另一台位于过滤子网与外部网之间。这样,整个防火墙就不会因一点被攻破而瘫痪。过滤子网限制了外部用户在内部网络中和内部用户在外部网络中的漫游能力,就像是两个复杂地形之间的开阔地带,因而称为缓冲带或非军事区(Demilitarized Zone,DMZ),所以这种防火墙结构又称为 DMZ 方式。

5.5.3 使用防火墙的问题

防火墙的显著缺点就是灵活性差,对分组的过滤只有允许(All)和不允许(None)两种方式。然而对于实际的应用而言,网络互联的形式要复杂得多,防火墙无法定制更为复杂的安全策略、提供更为完备的安全控制。

目前 3 种类型的防火墙均存在一定缺陷,需要基于传统防火墙技术,在共享资源之间建立安全通道,以实现不同网络之间的互联互访。防火墙的防卫重点是网络传输,对于高层协议的安全并不能保证。例如防火墙虽然可以隔断与外界直接的电子邮件联系,但它仍不能防止邮件传送中出现的安全漏洞。另外,防火墙的设置必须与网络的路由配置结合起来,以保证防火墙是处在路由的关键点上。最后,安全域内不应存在备份的迂回路由,否则仍然是不安全的。

尽管防火墙存在这样或那样的缺陷,也无法提供万无一失的安全保证,但是只要正确使用防火墙就可以将网络安全风险降低到可以接受的水平。

5.5.4 防火墙的管理

防火墙(尤其是外边界防火墙)的日志对网络的安全追踪具有重要的意义,因此要妥善保存,并确定访问权限,防止被攻击者篡改。并且要考虑日志的更新方式,将原始记录保存足够长的时间(可使用压缩方式)。

防火墙系统的所有配置文件和系统文件都需要备份,尤其是首次使用之前(经过正确性测试)的文件,这样在防火墙受到攻击后能恢复到正确的初始状态。

在维护防火墙时,系统管理员应考虑下列问题,以避免安全漏洞。

- 如何访问防火墙所在的主机,最好是直接通过控制台,以防止 Telnet 漏洞。
- 如何在防火墙中下载新的软件,注意不要出现 FTP 漏洞。
- 如何将防火墙的使用方法及时通知内部网络的用户,并要求用户进行相应的调整。

5.5.5 常用软件防火墙

防火墙软件可以担负起防火墙的任务,可以将防火墙软件视为一道屏障,它检查来自 Internet 或网络的信息(常常被称为"通信"),然后根据防火墙设置,拒绝信息或允许信息到达计算机,来监测和抵御互联网上的入侵。微软从 Windows XP SP2 开始就把防火墙软件引入到 Windows 系列操作系统中。对于一般的网络用户来说,使用操作系统自带的这个防火墙已经足够了,但是如果认为它不够强大,或者对于上网规则有更加严格和细致的要求,就要选择一款第三方防火墙软件来安装了。

下面针对操作系统自带防火墙和第三方防火墙软件分别做介绍。

1. 操作系统自带的 Windows 防火墙

在操作系统安装之后,Windows 防火墙默认的是处于开启状态,可以打开 Windows 防火墙的设置来修改它的一些工作方式。

单击"控制面板"→"Windows 防火墙",打开 Windows 防火墙窗口,如图 5-6 所示,在这个窗口中通过"常规"、"例外"、"高级"3 个选项卡对相关参数进行设置。

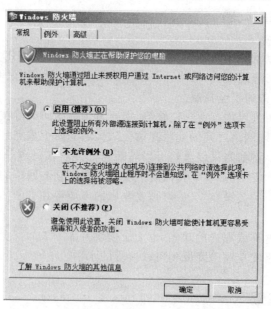

图 5-6 Windows 防火墙窗口

- 常规：可以选择是否启用 Windows 防火墙、启用防火墙的时候是否允许例外。
- 例外：为了帮助提高计算机的安全性，Windows 防火墙阻止外界与计算机建立未经请求的连接。因为防火墙将限制计算机和 Internet 之间的通信，所以可能需要调整某些程序的设置。可以为这些程序创建例外，这样它们即可通过防火墙通信。
- 高级：在这个选项卡中，可以对"网络连接设置"、"安全日志记录"、"ICMP"等参数进行设置。

2. 天网防火墙(个人版)

天网防火墙(个人版)(其界面如图 5-7 所示)是个人电脑使用的网络安全程序，根据管理者设定的安全规则把守网络，提供强大的访问控制、信息过滤等功能，抵挡网络入侵和攻击，防止信息泄露。天网防火墙把网络分为本地网和互联网，可针对来自不同网络的信息，来设置不同的安全方案，适合于任何方式上网的用户。

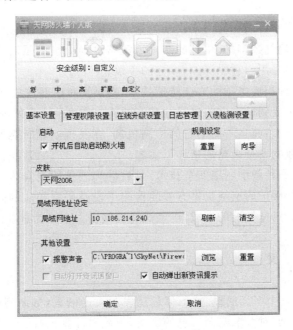

图 5-7　天网防火墙(个人版)界面

天网防火墙(个人版)主要有如下功能。

(1) 严密的实时监控

天网防火墙(个人版)对所有来自外部机器的访问请求进行过滤，发现非授权的访问请求后立即拒绝，随时保护用户系统的信息安全。

(2) 灵活的安全规则

天网防火墙(个人版)设置了一系列安全规则，允许特定主机的相应服务，拒绝其他主机的访问要求。用户还可以根据自己的实际情况，添加、删除、修改安全规则，保护本机安全。

(3) 应用程序规则设置

个人版的天网防火墙具有对应用程序数据包进行底层分析拦截的功能，它可以控制应用程序发送和接收数据包的类型、通信端口，并且决定拦截还是通过，这是目前其他很多软件防火墙不具有的功能。

(4) 详细的访问记录和完善的报警系统

天网防火墙(个人版)可显示所有被拦截的访问记录,包括访问的时间、来源、类型、代码等都详细地记录下来,可以清楚地看到是否有入侵者想连接到计算机,从而制定更有效的防护规则。与以往的版本相比,天网防火墙(个人版)设置了完善的声音报警系统,当出现异常情况的时候,系统会发出预警信号,从而让用户做好防御措施。

(5) 即时聊天保护功能

综合使用防火墙的各项功能、进行必要的设置可以保护计算机在一个相对安全的环境中上网冲浪。

5.6 入侵检测

传统上,一般采用防火墙作为网络安全的第一道防线。而随着攻击者知识的日趋成熟,攻击工具与手法的日趋复杂多样,单纯的防火墙策略已经无法满足对安全高度敏感部门的需要,网络的防卫必须采用一种纵深的、多样的手段。

入侵检测作为一种积极主动的安全防护技术,提供了对内部攻击、外部攻击和误操作的实时保护,在网络系统受到危害之前进行拦截和响应。作为一个良好的、完整的动态安全体系,不仅需要恰当的防护,而且需要动态的检测机制,在发现问题时能及时进行响应。整个体系要在统一的、一致的安全策略的指导下实施。

入侵检测系统是一种新型网络安全技术,是软件和硬件的结合体。入侵检测系统能弥补防火墙的不足,为受保护的网络提供有效的检测手段及采取相应的防护措施。入侵检测系统作为一个全新的、迅速发展的领域,已经成为网络安全中极为重要的一个课题。

5.6.1 入侵检测定义

入侵(Intrusion)是个广义的概念,不仅包括发起攻击的人(如恶意的黑客)取得非法的系统控制权,也包括它们对系统漏洞信息的采集,由此对计算机系统造成危害的行为。入侵是任何企图破坏资源的完整性、保密性和可用性的行为集合,也包括用户对系统资源的误用。

入侵检测(Intrusion Detection)定义为"识别非法用户未经授权使用计算机系统,或合法用户越权操作计算机系统的行为",通过对计算机网络中的若干关键点或计算机系统资源信息的采集并对其进行分析,从中发现网络或系统中是否有违反安全策略的行为和攻击的迹象。

入侵检测系统(Intrusion Detection System,IDS)是试图实现检测入侵行为的计算机系统,包括计算机软件和硬件的组合。入侵检测系统对系统进行实时监控,获取系统的审计数据或网络数据包,然后将得到的数据进行分析,并判断系统或网络是否出现异常或入侵行为,一旦发现异常或入侵行为,发出报警并采取相应的保护措施。

5.6.2 入侵检测功能

通常来说，入侵检测系统应包括的功能有：
- 监测用户和系统的运行状况，查找非法用户和合法用户的越权操作；
- 检测系统配置的正确性和安全漏洞，并提示管理员修补漏洞；
- 对用户非正常活动的统计分析，发现攻击行为的规律；
- 检查系统程序和数据的一致性及正确性；
- 能够实时检测到攻击行为，并进行反应；
- 操作系统的审计跟踪管理。

5.6.3 入侵检测系统的分类

入侵检测系统根据不同的分类方法可以分为不同的种类。根据监测目标的不同，IDS 可分为基于主机的 IDS 和基于网络的 IDS 两种类型；根据分析方法的不同，IDS 可分为误用监测和异常监测；在响应上，IDS 又可分为主动响应和被动响应。

1. 基于主机的入侵检测系统

就目前的情况来看，Web，E-mail 和 DNS 等网络服务器还是多数网络攻击的目标，要占据全部网络攻击事件的 1/3 以上。

基于主机的 IDS 就是分析特定计算机的活动，即 IDS 从它所监控的计算机中获得信息，包括二进制完整性检查、系统日志分析和非法进程关闭等。这些信息由被监测主机上的操作系统审计跟踪和记录系统及应用事件的系统日志文件组成。

基于主机的入侵检测系统的特点是只能对单个主机进行检测，可获得的信息量较少，但获取的是面向操作系统和应用的信息，可读性较好，分析效率较高，能够结合操作系统行为和用户行为来进行判定，准确性高。最合适对付来自内部的威胁，因为它能监视并响应用户特殊的行为以及对主机的文件访问行为。

2. 基于网络的入侵检测系统

基于网络的 IDS 是指监视整个网络流量的系统，它捕获所有它可访问的数据包，而不管这个包是否是发给自己，这可以通过将网卡设成"混杂模式"来完成。基于网络的 IDS 是将网络上传输的包视为数据源。

3. 基于特征的入侵检测系统

特征检测(Signature-Based Detection)使用模式匹配技术，它将采集到的信息与已知的网络入侵和系统误用模式数据库进行比较，从而发现违背安全策略的行为。它可以将已有的入侵方法检查出来，但对新的入侵方法无能为力。其检测方法与计算机病毒的检测方式类似。其难点在于如何设计模式，既能够表达"入侵"现象，又不会将正常的活动包含进来。

4. 基于异常行为的入侵检测系统

基于异常的检测技术则是先定义一组系统"正常"情况的数值，如 CPU 利用率、内存利用率、文件校验和等(这类数据可以人为定义，也可以通过观察系统并用统计的办法得出)，然后将系统运行时的数值与所定义的"正常"情况比较,得出是否有被攻击的迹象。这种检测方式的核心在于如何定义所谓的"正常"情况,对用户要求比较高。

5.6.4 入侵检测系统的基本结构

虽然目前存在诸多的入侵检测模型和入侵检测系统,但是一个典型的入侵检测系统一般由数据采集、数据分析和事件响应3个部分组成。一个典型的入侵检测系统的基本统结构如图5-8所示。

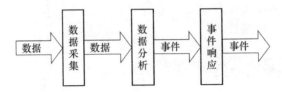

图5-8 入侵检测系统的基本结构

1. 数据采集

入侵检测的第一步是数据采集,包括采集系统、网络数据以及用户活动的状态和行为数据。而且,需要在计算机网络系统中的若干不同关键点(不同网段和不同主机)采集信息,这除了尽可能扩大检测范围的因素外,还有一个重要的因素就是从一个数据源来的信息有可能看不出疑点,但从几个数据源来的信息的不一致性却是可疑行为或入侵的最好标志。

因为入侵检测很大程度上依赖于采集信息的可靠性和正确性,因此必须保证数据采集的正确性。因为黑客经常替换软件以搞混和移走这些信息,例如替换被程序调用的子程序、记录文件和其他工具。黑客对系统的修改可能使系统功能失常并看起来跟正常的一样。例如,Linux系统的PS指令可以被替换为一个不显示侵入过程的指令,或者编辑器被替换成一个读取不同于指定文件的文件(黑客隐藏了初始文件并用另一版本代替)。这需要保证用来检测网络系统的软件的完整性,特别是入侵检测系统软件本身应具有相当强的坚固性,防止被篡改而采集到错误的信息。入侵检测利用的信息一般来自以下4个方面。

(1) 系统和网络日志文件

黑客经常在系统日志文件中留下他们的踪迹,因此,可以充分利用系统和网络日志文件信息。日志中包含发生在系统和网络上的不寻常和不期望活动的证据,这些证据可以指出有人正在入侵或已成功入侵了系统。通过查看日志文件,能够发现成功的入侵或入侵企图,并很快地启动相应的应急响应程序。日志文件中记录了各种行为类型,每种类型又包含不同的信息,例如记录"用户活动"类型的日志,就包含登录、用户ID改变、用户对文件的访问、授权和认证信息等内容。很显然地,对用户活动来讲,不正常的或不期望的行为就是重复登录失败、登录到不期望的位置以及非授权的企图访问重要文件等。

(2) 非正常的目录和文件改变

网络环境中的文件系统包含很多软件和数据文件,它们经常是黑客修改或破坏的目标。目录和文件中的非正常改变(包括修改、创建和删除),特别是那些正常情况下限制访问的,很可能就是一种入侵产生的指示和信号。黑客经常替换、修改和破坏他们获得访问权的系统上的文件,同时为了隐藏系统中他们的表现及活动痕迹,又会尽力去替换系统程序或修改系统日志文件。

（3）非正常的程序执行

网络系统上的程序执行一般包括操作系统、网络服务、用户启动的程序和特定目的的应用，例如 Web 服务器。每个在系统上执行的程序由一个到多个进程来实现。一个进程的执行行为由它运行时执行的操作来表现，操作执行的方式不同，它利用的系统资源也就不同。操作包括计算、文件传输、设备和其他进程，以及与网络间其他进程的通信。一个进程出现了不期望的行为可能表明黑客正在入侵系统。黑客可能会将程序或服务的运行分解，从而导致它失败，或者是以非用户或管理员意图的方式操作。

（4）网络数据包

通过采集网络数据包，并进行相应处理，得到入侵检测信息。

当获得数据之后，需要对数据进行简单的处理，如对数据流的解码、字符编码的转换等，然后才将经过处理的数据提交给数据分析模块。

2. 数据分析

数据分析是入侵检测系统的核心部分。

数据分析对数据进行深入地分析，根据攻击特征集发现攻击，并根据分析的结果产生响应事件，触发事件响应。数据分析的方法比较多，如模式匹配、统计分析、完整性分析及专家系统等。

（1）模式匹配

模式匹配就是将采集到的信息与已知的网络入侵和系统已有模式数据库进行比较，从而发现违背安全策略的行为。该过程可以很简单（如通过字符串匹配以寻找一个简单的条目或指令），也可以很复杂（如利用正规的数学表达式来表示安全状态的变化）。一般来讲，一种进攻模式可以用一个过程（如执行一条指令）或一个输出（如获得权限）来表示。该方法的一大优点是只需采集相关的数据集合，显著减少系统负担，且技术已相当成熟。它与病毒防火墙采用的方法一样，检测准确率和效率都相当高。但是，该方法存在的弱点是需要不断地升级以对付不断出现的黑客攻击手法，不能检测到从未出现过的黑客攻击手段。

（2）统计分析

统计分析方法首先给系统对象（如用户、文件、目录和设备等）创建一个统计描述，统计正常使用时的一些测量属性（如访问次数、操作失败次数和延时等）。在比较这一点上与模式匹配有些相像之处。测量属性的平均值将被用来与网络、系统的行为进行比较，任何观察值在正常值范围之外时，就认为有入侵发生。例如，本来都默认用 GUEST 账号登录的，突然用 ADMINI 账号登录。这样做的优点是可检测到未知的入侵和更为复杂的入侵，缺点是误报、漏报率高，且不适应用户正常行为的突然改变。具体的统计分析方法如基于专家系统的、基于模型推理的和基于神经网络的分析方法，目前正处于研究热点和迅速发展之中。

（3）完整性分析

完整性分析主要关注某个文件或对象是否被更改，这经常包括文件和目录的内容及属性，它在发现被更改的、被特洛伊化的应用程序方面特别有效。完整性分析利用强有力的加密机制，称为消息摘要函数（如 MD5），它能识别哪怕是微小的变化。其优点是不管模式匹配方法和统计分析方法能否发现入侵,只要是成功的攻击导致了文件或其他对象的任何改变,它都能够发现。缺点是一般以批处理方式实现,用于事后分析而不用于实时响应。尽管如此,完整性检测方法还应该是网络安全产品的必要手段之一。例如,可以在每一天的某个特定时间内开启完整性分析模块,对网络系统进行全面地扫描检查。

(4) 专家系统

用专家系统对入侵进行检测,经常是针对有特征入侵行为,是较为智能的方法。专家系统主要是运用规则进行分析,规则即知识,不同的系统与设置具有不同的规则,且规则之间往往无通用性。专家系统的建立依赖于知识库的完备性,知识库的完备性又取决于审计记录的完备性与实时性。入侵的特征抽取与表达,是入侵检测专家系统的关键。在系统实现中,将有关入侵的知识转化为if-then结构(也可以是复合结构),条件部分为入侵特征,then部分是系统防范措施。运用专家系统防范有特征入侵行为的有效性完全取决于专家系统知识库的完备性。

3. 事件响应

事件响应是指在发现入侵后会及时做出响应,包括切断网络连接、记录事件和报警等。响应一般分为主动响应(实时阻止或干扰入侵行为)和被动响应(报告和记录所检测出的问题)两种类型。主动响应由用户驱动或系统自动执行,可对入侵者采取行动(如断开连接)、修正系统环境或采集有用信息;被动响应则包括报警和通知、日志记录等。另外,还可以按策略配置响应,分别采取立即、紧急、适时、本地的长期和全局的长期等行为。

5.6.5 入侵防护系统

随着网络入侵事件的不断增加和黑客水平的不断提高,一方面企业网络感染病毒、遭受攻击的速度日益加快,另一方面企业网络受到攻击做出响应的时间却越来越滞后。解决这一矛盾,传统的防火墙或入侵检测技术(IDS)显得力不从心,这就需要引入一种全新的技术——入侵防护系统(Intrusion Prevention System,IPS)。入侵防护系统倾向于提供主动防护,其设计宗旨是预先对入侵活动和攻击性网络流量进行拦截,避免其造成损失,而不是简单地在恶意流量传送时或传送后才发出警报。

1. 入侵防护系统的原理

防火墙是实施访问控制策略的系统,对流经的网络流量进行检查,拦截不符合安全策略的数据包。入侵检测技术通过监视网络或系统资源,寻找违反安全策略的行为或攻击迹象,并发出报警。传统的防火墙旨在拒绝那些明显可疑的网络流量,但仍然允许某些流量通过,因此防火墙对于很多入侵攻击仍然无计可施。绝大多数IDS系统都是被动的,而不是主动的。也就是说,在攻击实际发生之前,它们往往无法预先发出警报。而入侵防护系统则倾向于提供主动防护,其设计宗旨是预先对入侵活动和攻击性网络流量进行拦截,避免其造成损失,而不是简单地在恶意流量传送时或传送后才发出警报。IPS是通过直接嵌入到网络流量中实现这一功能的,即通过一个网络端口接收来自外部系统的流量,经过检查确认其中不包含异常活动或可疑内容后,再通过另外一个端口将它传送到内部系统中。这样一来,有问题的数据包,以及所有来自同一数据流的后续数据包,都能在 IPS 设备中被清除掉。

入侵防护系统的工作原理如图 5-9 所示。

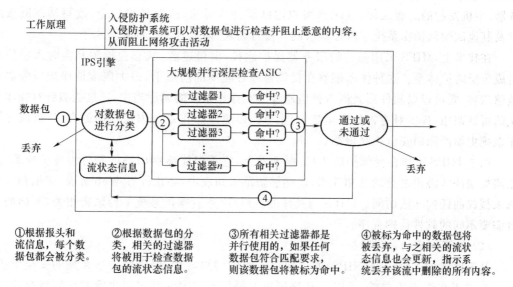

图 5-9 入侵防护系统的工作原理

IPS 实现实时检查和阻止入侵的原理在于 IPS 拥有数目众多的过滤器,能够防止各种攻击。当新的攻击手段被发现之后,IPS 就会创建一个新的过滤器。IPS 数据包处理引擎是专业化定制的集成电路,可以深层检查数据包的内容。如果有攻击者利用 Layer 2(介质访问控制)至 Layer 7(应用)的漏洞发起攻击,IPS 能够从数据流中检查出这些攻击并加以阻止。传统的防火墙只能对 Layer 3 或 Layer 4 进行检查,不能检测应用层的内容。防火墙的包过滤技术不会针对每一字节进行检查,因而也就无法发现攻击活动,而 IPS 可以做到逐一字节地检查数据包。所有流经 IPS 的数据包都被分类,分类的依据是数据包中的报头信息,如源 IP 地址和目的 IP 地址、端口号和应用域。每种过滤器负责分析相对应的数据包。通过检查的数据包可以继续前进,包含恶意内容的数据包就会被丢弃,被怀疑的数据包需要接受进一步的检查。

针对不同的攻击行为,IPS 需要不同的过滤器。每种过滤器都设有相应的过滤规则,为了确保准确性,这些规则的定义非常广泛。在对传输内容进行分类时,过滤引擎还需要参照数据包的信息参数,并将其解析至一个有意义的域中进行上下文分析,以提高过滤准确性。

过滤器引擎集合了流水和大规模并行处理硬件,能够同时执行数千次的数据包过滤检查。并行过滤处理可以确保数据包能够不间断地快速通过系统,不会对速度造成影响。这种硬件加速技术对于 IPS 具有重要意义,因为传统的软件解决方案必须串行进行过滤检查,会导致系统性能大打折扣。

2. 入侵防护系统的分类

(1) 基于主机的入侵防护

基于主机的入侵防护(HIPS)通过在主机/服务器上安装软件代理程序,防止网络攻击入侵操作系统以及应用程序。基于主机的入侵防护能够保护服务器的安全弱点不被不法分子所利用。Cisco 公司的 Okena、NAI 公司的 McAfee Entercept、冠群金辰的龙渊服务器核心防护都属于这类产品,因此它们在防范红色代码和Nimda的攻击中,起到了很好的防护作用。基于主机的入侵防护技术可以根据自定义的安全策略以及分析学习机制来阻断对服务器、主机发起的恶意入侵。HIPS可以阻断缓冲区溢出、改变登录口令、改写动态链接库以及其他试图从操作系统夺取控制权的入侵行为,整体提升主机的安全水平。

在技术上,HIPS采用独特的服务器保护途径,由包过滤、状态包检测和实时入侵检测组成分层防护体系。这种体系能够在提供合理吞吐率的前提下,最大限度地保护服务器的敏感内容,既可以以软件形式嵌入到应用程序对操作系统的调用当中,通过拦截针对操作系统的可疑调用,提供对主机的安全防护,也可以以更改操作系统内核程序的方式,提供比操作系统更加严谨的安全控制机制。

由于HIPS工作在受保护的主机/服务器上,它不但能够利用特征和行为规则检测,阻止诸如缓冲区溢出之类的已知攻击,还能够防范未知攻击,防止针对Web页面、应用和资源的未授权的任何非法访问。HIPS与具体的主机/服务器操作系统平台紧密相关,不同的平台需要不同的软件代理程序。

(2) 基于网络的入侵防护

基于网络的入侵防护(NIPS)通过检测流经的网络流量,提供对网络系统的安全保护。由于它采用在线连接方式,所以一旦辨识出入侵行为,NIPS就可以去除整个网络会话,而不仅仅是复位会话。同样由于实时在线,NIPS需要具备很高的性能,以免成为网络的"瓶颈",因此NIPS通常被设计成类似于交换机的网络设备,提供线速吞吐速率以及多个网络端口。

NIPS必须基于特定的硬件平台,才能实现千兆级网络流量的深度数据包检测和阻断功能。这种特定的硬件平台通常可以分为3类:第一类是网络处理器(网络芯片),第二类是专用的FPGA编程芯片,第三类是专用的ASIC芯片。

在技术上,NIPS吸取了目前NIDS所有的成熟技术,包括特征匹配、协议分析和异常检测。特征匹配是最广泛应用的技术,具有准确率高、速度快的特点。基于状态的特征匹配不但检测攻击行为的特征,还要检查当前网络的会话状态,避免受到欺骗攻击。

协议分析是一种较新的入侵检测技术,它充分利用网络协议的高度有序性,并结合高速数据包捕捉和协议分析,来快速检测某种攻击特征。协议分析正在逐渐进入成熟应用阶段。协议分析能够理解不同协议的工作原理,以此分析这些协议的数据包,来寻找可疑或不正常的访问行为。协议分析不仅仅基于协议标准(如RFC),还基于协议的具体实现,这是因为很多协议的实现偏离了协议标准。通过协议分析,IPS能够针对插入(Insertion)与规避(Evasion)攻击进行检测。

异常检测的误报率比较高,NIPS不将其作为主要技术。

(3) 应用入侵防护

NIPS产品有一个特例,即应用入侵防护(Application Intrusion Prevention,AIP),它把基于主机的入侵防护扩展成为位于应用服务器之前的网络设备。AIP被设计成一种高性能的设备,配置在应用数据的网络链路上,以确保用户遵守设定好的安全策略,保护服务器的安全。NIPS工作在网络上,直接对数据包进行检测和阻断,与具体的主机/服务器操作系统平台无关。

NIPS的实时检测与阻断功能很有可能出现在未来的交换机上。随着处理器性能的提高,每一层次的交换机都有可能集成入侵防护功能。

3. IPS 技术特征

(1) 嵌入式运行:只有以嵌入模式运行的 IPS 设备才能够实现实时的安全防护,实时阻拦所有可疑的数据包,并对该数据流的剩余部分进行拦截。

(2) 深入分析和控制:IPS 必须具有深入分析能力,以确定哪些恶意流量已经被拦截,根据攻击类型、策略等来确定哪些流量应该被拦截。

(3) 入侵特征库:高质量的入侵特征库是 IPS 高效运行的必要条件,IPS 还应该定期升级入侵特征库,并快速应用到所有传感器。

(4) 高效处理能力:IPS 必须具有高效处理数据包的能力,对整个网络性能的影响保持在最低水平。

4. IPS 面临的挑战

IPS 技术需要面对很多挑战,其中主要有 3 点:一是单点故障,二是性能"瓶颈",三是误报和漏报。设计要求 IPS 必须以嵌入模式工作在网络中,而这就可能造成"瓶颈"问题或单点故障。如果 IDS 出现故障,最坏的情况也就是造成某些攻击无法被检测到,而嵌入式的 IPS 设备出现问题,就会严重影响网络的正常运转。如果 IPS 出现故障而关闭,用户就会面对一个由 IPS 造成的拒绝服务问题,所有客户都将无法访问企业网络提供的应用。

即使 IPS 设备不出现故障,它仍然是一个潜在的网络"瓶颈",不仅会增加滞后时间,而且会降低网络的效率,IPS 必须与数千兆或者更大容量的网络流量保持同步,尤其是当加载了数量庞大的检测特征库时,设计不够完善的 IPS 嵌入设备无法支持这种响应速度。绝大多数高端 IPS 产品供应商都通过使用自定义硬件(FPGA、网络处理器和 ASIC 芯片)来提高 IPS 的运行效率。

误报率和漏报率也需要 IPS 认真面对。在繁忙的网络当中,如果以每秒需要处理 10 条警报信息来计算,IPS 每小时至少需要处理 36 000 条警报,一天就是 864 000 条。一旦生成了警报,最基本的要求就是 IPS 能够对警报进行有效处理。如果入侵特征编写得不是十分完善,那么"误报"就有了可乘之机,导致合法流量也有可能被意外拦截。对于实时在线的 IPS 来说,一旦拦截了"攻击性"数据包,就会对来自可疑攻击者的所有数据流进行拦截。如果触发了误报警报的流量恰好是某个客户订单的一部分,其结果可想而知,这个客户整个会话就会被关闭,而且此后该客户所有重新连接到企业网络的合法访问都会被 IPS 拦截。

5.7 计算机病毒

5.7.1 计算机病毒的定义

计算机病毒是借用了生物病毒的概念,它同生物病毒一样,也是能够侵入计算机系统和网络,并危害其正常工作的"病毒体"。

1994 年 2 月 28 日,我国出台的《中华人民共和国计算机安全保护条例》对病毒的定义如下:"计算机病毒是指编制的或者在计算机程序中插入的,破坏数据、影响计算机使用并能自我复制的一组计算机指令或者程序代码。"

较为普遍的定义认为,计算机病毒是一种人为制造的、隐藏在计算机系统的数据资源中的、能够自我复制并进行传播的程序。

"计算机病毒"一词首次出现在1977年由美国的Thomas J. Ryan出版的一本科幻小说《The Adolescence of P-1》中。在这部小说中作者幻想出世界上第一个计算机病毒,它可以从一台计算机传播到另一台计算机,最终控制7 000多台计算机的操作系统,造成了一场大灾难。10年后,计算机病毒由幻想变成现实,并广为传播。

一般认为,计算机病毒的发源地在美国。早在20世纪60年代初期,美国电报电话公司贝尔研究所里的一群年轻研究人员常常做完工作后留在实验室里饶有兴趣地玩一种他们自己创造的计算机游戏,这种被称为"达尔文"的游戏很刺激。它的玩法是,每个人编一段小程序,输入到计算机中运行,互相展开攻击并设法毁灭他人的程序。这种程序就是计算机病毒的雏形,然而当时人们并没有意识到这一点。

也有人认为,计算机病毒来源于爱好者的表现欲。这些人编制计算机病毒的目的不是为了破坏,而是为了显示他们渊博的计算机知识和高超的编程技巧。

又有一些人认为,计算机病毒来源于软件的加密技术。软件产品是一种知识密集的高科技产品,软件产品的研制耗资巨大,而且生产效率很低,但复制软件却异常的简单。由于各种原因,社会未能给软件产品提供有力的保护,大量存在非法复制和非法使用的情况,严重地损坏了软件产业的利益。

为了保护软件产品,防止非法复制和非法使用,软件产业发展了软件加密技术,使软件产品只能使用,不能复制。早期的加密技术只是为了自卫,可以使程序锁死,使非法用户无法使用,或者使磁盘"自杀",防止非法用户重复破译。后来随着加密与破译技术的激烈对抗,软件加密从自卫性转化为攻击性,于是产生了计算机病毒。

还有人认为,计算机病毒来源于感情的寄托。有些病毒信息具有明显的感情色彩,表明病毒制造者借用病毒发泄心中郁愤,这种病毒的发作显示信息往往直抒心意。

计算机界真正认识到计算机病毒的存在是在1983年。在这一年11月3日召开的计算机安全学术讨论会上,美国计算机安全专家科恩(Frederick Cohen)博士首次提出了计算机病毒的概念,随后获准进行实验演示。由此证实了计算机病毒的存在,并证明计算机病毒可以在短时间内实现对计算机系统的破坏,且可以迅速地向外传播。

5.7.2 计算机病毒的特点

1. 寄生性

病毒程序的存在不是独立的,它总是悄悄地寄生在磁盘系统区或文件中。寄生于文件中的病毒是文件型病毒。其中病毒程序在原来文件之前或之后的,称为文件外壳型病毒,如以色列病毒(黑色星期五)等;另一种文件型病毒为嵌入型,其病毒程序嵌入到原来文件之中,在微机病毒中尚未见到。病毒程序侵入磁盘系统区的称为系统型病毒,其中较常见的占据引导区的病毒称为引导型病毒,如大麻病毒、2708病毒等。此外,还有一些既寄生于文件中又侵占系统区的病毒,如"幽灵"病毒、Flip病毒等,属于混合型。

2. 隐蔽性

病毒程序在一定条件下隐蔽地进入系统。当使用带有系统病毒的磁盘来引导系统时,病毒程序先进入内存并放在常驻区,然后才引导系统,这时系统即带有该病毒。当运行带有病毒的程序文件(com 文件或 exe 文件,有时包括覆盖文件)时,先执行病毒程序,然后才执行该文件的原来程序。有的病毒是将自身程序常驻内存,使系统成为病毒环境;有的病毒则不常驻内存,只在执行当时进行传染或破坏,执行完毕之后病毒不再留在系统中。

3. 非法性

病毒程序执行的是非授权(非法)操作。当用户引导系统时,正常的操作只是引导系统,病毒乘机而入并不在人们预定目标之内。

4. 传染性

传染性是计算机病毒最重要的特征,是判断一段程序代码是否为计算机病毒的依据。病毒程序一旦侵入计算机系统,就开始搜索可以传染的程序或者磁介质,然后通过自我复制迅速传播。由于目前计算机网络日益发达,计算机病毒可以在极短的时间内,通过像 Internet 这样的网络传遍世界。

5. 破坏性

无论何种病毒程序,一旦侵入系统都会对操作系统的运行造成不同程度的影响。即使不直接产生破坏作用的病毒程序也要占用系统资源(如占用内存空间、磁盘存储空间以及系统运行时间等)。而绝大多数病毒程序要显示一些文字或图像,影响系统的正常运行;还有一些病毒程序删除文件、加密磁盘中的数据,甚至摧毁整个系统和数据,使之无法恢复,造成无可挽回的损失。因此,病毒程序的副作用轻者降低系统工作效率,重者导致系统崩溃、数据丢失,造成重大损失。

6. 潜伏性

计算机病毒具有依附于其他媒体而寄生的能力,这种媒体称之为计算机病毒的宿主。依靠病毒的寄生能力,病毒传染合法的程序和系统后,不立即发作,而是悄悄隐藏起来,然后在用户不察觉的情况下进行传染。这样,病毒的潜伏性越好,它在系统中存在的时间也就越长,病毒传染的范围也越广,其危害性也越大。

7. 可触发性

计算机病毒一般都有一个或者几个触发条件。一旦满足其触发条件,就会激活病毒的传染机制使之进行传染,或者激活病毒的表现部分和破坏部分。触发的实质是一种条件的控制,病毒程序可以依据设计者的要求,在一定条件下实施攻击。这个条件可以是敲入特定字符、使用特定文件、某个特定日期或特定时刻,或者是病毒内置的计数器达到一定次数等。

5.7.3 计算机病毒的分类

1. 按寄生方式分

(1) 系统引导型病毒

系统引导型病毒指寄生在磁盘引导区或主引导区的计算机病毒。此种病毒利用系统引导时不对主引导区的内容正确与否进行判别的缺点,在引导系统的过程中侵入系统,驻留内存,监视系统运行,待机传染和破坏。按照引导型病毒在硬盘上的寄生位置又可细分为主引导记录病毒和分区引导记录病毒。主引导记录病毒感染硬盘的主引导区,如大麻病毒、2708 病毒、火炬病毒等;分区引导记录病毒感染硬盘的活动分区,如小球病毒、Girl 病毒等。

引导型病毒进入系统,一定要通过启动过程。在无病毒环境下使用的软盘或硬盘,即使它已感染引导型病毒,也不会进入系统并进行传染,但是,只要用感染引导型病毒的磁盘引导系统,就会使病毒程序进入内存,形成病毒环境。

(2) 文件型病毒

文件型病毒指能够寄生在文件中的计算机病毒。这类病毒程序感染可执行文件或数据文件。如 1575/1591 病毒、848 病毒感染 com 和 exe 等可执行文件;Macro/Concept,Macro/Atoms 等宏病毒感染 doc 文件。

(3) 混合型(复合型)病毒

混合型(复合型)病毒指具有引导型病毒和文件型病毒寄生方式的计算机病毒,所以它的破坏性更大,传染的机会也更多,杀灭也更困难。这种病毒扩大了病毒程序的传染途径,它既感染磁盘的引导记录,又感染可执行文件。当染有此种病毒的磁盘用于引导系统或调用执行染毒文件时,病毒都会被激活。因此在检测、清除复合型病毒时,必须全面彻底地根治,如果只发现该病毒的一个特性,把它只当作引导型或文件型病毒进行清除,虽然好像是清除了,但还留有隐患,这种经过消毒后的"洁净"系统更赋有攻击性。这种病毒有 Flip 病毒、新世际病毒、One-Half 病毒等。

(4) 目录型病毒

这一类型病毒通过装入与病毒相关的文件进入系统,而不改变相关文件,它所改变的只是相关文件的目录项。

(5) 宏病毒

Windows Word 宏病毒是利用 Word 提供的宏功能,将病毒程序插入到带有宏的 doc 文件或 dot 文件中。这类病毒种类很多,传播速度很快,往往对系统或文件造成破坏。目前发现的 Word 宏病毒经常在 Word 的文档和模板范围内运行和传播。在提供宏功能的软件中也有宏病毒,如 Excel 宏病毒。

(6) 网络蠕虫病毒

蠕虫是一种通过网络传播的恶性病毒,它具有病毒的一些共性,如传播性、隐蔽性、破坏性等;同时具有自己的一些特征,如不利用文件寄生(有的只存在于内存中)、对网络造成拒绝服务以及和黑客技术相结合等。在产生的破坏性上,蠕虫病毒也不是普通病毒所能比拟的,网络的发展使得蠕虫可以在短短的时间内蔓延整个网络,造成网络瘫痪。

2. 按破坏性分

(1) 良性病毒

良性病毒指那些只是为了表现自身,并不彻底破坏系统和数据,但会大量占用 CPU 时间,增加系统开销,降低系统工作效率的一类计算机病毒。这种病毒多数是恶作剧者的产物,他们的目的不是为了破坏系统和数据,而是为了让使染有病毒的计算机用户通过显示器或扬声器看到或听到病毒设计者的编程技术。这类病毒有小球病毒、1575/1591 病毒、救护车病毒、扬基病毒、Dabi 病毒等。还有一些人利用病毒的这些特点宣传自己的政治观点和主张。也有一些病毒设计者在其编制的病毒发作时进行人身攻击。

(2) 恶性病毒

恶性病毒指那些一旦发作后,就会破坏系统或数据,造成计算机系统瘫痪的一类计算机病毒。这类病毒有黑色星期五病毒、火炬病毒、米开朗·基罗病毒等。这种病毒危害性极大,有些病毒发作后可以给用户造成不可挽回的损失。

5.7.4 计算机病毒的传播途径

计算机病毒具有自我复制和传播的特点,因此,研究计算机病毒的传播途径是极为重要的。从计算机病毒的传播机理分析可知,只要是能够进行数据交换的介质都可能成为计算机病毒的传播途径。传统的手工传播计算机病毒的方式与现在通过 Internet 传播相比,速度要慢得多。

1. 不可移动的计算机硬件设备

这些设备通常有计算机的专用 ASIC 芯片和硬盘等。通过这种途径传播的病毒虽然极少,但破坏力却极强,目前尚没有较好的检测手段对付。

2. 移动存储设备

可移动式磁盘包括软盘、CD-ROM(光盘)、磁带、优盘等。其中,软盘是使用广泛、移动频繁的存储介质,因此也成了计算机病毒寄生的"温床"。盗版光盘上的软件和游戏及非法复制也是目前传播计算机病毒的主要途径之一。随着大容量可移动存储设备如 Zip 盘、可擦写光盘、磁光盘(MO)等的普遍使用,这些存储介质也将成为计算机病毒寄生的场所。

硬盘是现在数据的主要存储介质,因此也是计算机病毒感染的重灾区。硬盘传播计算机病毒的途径体现在硬盘向软盘上复制带毒文件、带毒情况下格式化软盘、向光盘上刻录带毒文件、硬盘之间的数据复制以及将带毒文件发送至其他地方等。

3. 计算机网络

现代信息技术的巨大进步已使空间距离不再遥远,"相隔天涯,如在咫尺",但也为计算机病毒的传播提供了新的"高速公路"。计算机病毒可以附着在正常文件中通过网络进入一个又一个系统,国内计算机感染一种"进口"病毒已不再是什么大惊小怪的事了。在信息国际化的同时,病毒也在国际化。

病毒的其他传播途径还有点对点通信系统和无线通道,目前这种传播途径还不是十分广泛,但预计在未来的信息时代,这种途径很可能与网络传播途径成为病毒扩散的两大"时尚渠道"。

CNCERT/CC《2007 年网络安全工作报告》中关于我国网络安全总体状况指出:信息系统软件的安全漏洞仍然是互联网安全的关键问题,但层出不穷的应用软件安全漏洞的危害性已经与操作系统的安全漏洞平分秋色。我国普遍使用的微软操作系统的安全漏洞仍然是黑客攻击的首选目标,但近些年不断发展和广泛应用的各种应用程序(如 IE 浏览器、暴风影音多媒体播放器、VMware 虚拟机和各种 P2P 下载软件)中存在的安全漏洞也被越来越多的披露出来,相关的漏洞机理、概念验证(POC)代码等可被利用来开发攻击程序的信息也很容易通过公开的搜索引擎收集,甚至网上已经公开出现售卖软件漏洞的现象。因此,安全漏洞问题变得越来越复杂和严重。

据 CNCERT/CC 监测发现，2007 年我国大陆地区被植入木马的主机 IP 数量增长惊人，是 2006 年的 22 倍，木马已成为互联网的最大危害。地下黑色产业链的成熟，为木马的大量生产和广泛传播提供了十分便利的条件，木马在互联网上的泛滥导致大量个人隐私信息和重要数据的失窃，给个人带来严重的名誉和经济损失；此外，木马还越来越多地被用来窃取国家秘密和工作秘密，给国家和企业带来无法估量的损失，我国大陆被植入木马计算机的控制源中，大多数位于我国台湾地区，这一现象已经引起有关部门的关注。

5.7.5 计算机病毒的危害

1. 病毒激发对计算机数据信息的直接破坏作用

大部分病毒在激发的时候直接破坏计算机的重要信息数据，所利用的手段有格式化磁盘、改写文件分配表和目录区、删除重要文件或者用无意义的"垃圾"数据改写文件、破坏 CMO5 设置等。磁盘杀手病毒（Disk Killer）内含计数器，在硬盘染毒后累计开机时间 48 小时内激发，激发的时候屏幕上显示"Warning!! Don't turn off power or remove diskette while Disk Killer is Prosessing!"（警告！Disk Killer 在工作，不要关闭电源或取出磁盘），改写硬盘数据。被 Disk Killer 破坏的硬盘可以用杀毒软件修复，不要轻易放弃。

2. 占用磁盘空间和对信息的破坏

引导型病毒的一般侵占方式是由病毒本身占据磁盘引导扇区，而把原来的引导区转移到其他扇区，也就是引导型病毒要覆盖一个磁盘扇区。被覆盖的扇区数据永久性丢失，无法恢复。

文件型病毒利用一些 DOS 功能进行传染，这些 DOS 功能能够检测出磁盘的未用空间，把病毒的传染部分写到磁盘的未用部位去。所以在传染过程中一般不破坏磁盘上的原有数据，但非法侵占了磁盘空间。一些文件型病毒传染速度很快，在短时间内感染大量文件，每个文件都不同程度地加长了，就造成磁盘空间的严重浪费。

3. 抢占系统资源

除 VIENNA，CASPER 等少数病毒外，其他大多数病毒在动态下都是常驻内存的，这就必然抢占一部分系统资源。病毒所占用的基本内存长度大致与病毒本身长度相当。病毒抢占内存，导致内存减少，一部分软件不能运行。除占用内存外，病毒还抢占中断，干扰系统运行。计算机操作系统的很多功能是通过中断调用技术来实现的。病毒为了传染激发，总是修改一些有关的中断地址，在正常中断过程中加入病毒的"私货"，从而干扰了系统的正常运行。

4. 影响计算机运行速度

病毒进驻内存后不但干扰系统运行，还影响计算机运行速度，主要表现如下。

（1）病毒为了判断传染激发条件，总要对计算机的工作状态进行监视，这相对于计算机的正常运行状态既多余又有害。

（2）有些病毒为了保护自己，不但对磁盘上的静态病毒加密，而且进驻内存后的动态病毒也处在加密状态，CPU 每次寻址到病毒处时要运行一段解密程序把加密的病毒解密成合法的 CPU 指令再执行，而病毒运行结束时再用一段程序对病毒重新加密。这样 CPU 额外执行数千条以至上万条指令。

（3）病毒在进行传染时同样要插入非法的额外操作，特别是传染软盘时不但计算机速度明显变慢，而且软盘正常的读写顺序被打乱，发出刺耳的噪声。

5. 计算机病毒错误与不可预见的危害

计算机病毒与其他计算机软件的一大差别是病毒的无责任性。编制一个完善的计算机软件需要耗费大量的人力、物力，经过长时间调试完善，软件才能推出。但在病毒编制者看来既没有必要这样做，也不可能这样做。很多计算机病毒都是个别人在一台计算机上匆匆编制调试后就向外抛出。反病毒专家在分析大量病毒后发现绝大部分病毒都存在不同程度的错误。错误病毒的一个主要来源是变种病毒。有些初学计算机者尚不具备独立编制软件的能力，出于好奇或其他原因修改别人的病毒，造成错误。计算机病毒错误所产生的后果往往是不可预见的，反病毒工作者曾经详细指出黑色星期五病毒存在 9 处错误，乒乓病毒有 5 处错误等。但是人们不可能花费大量时间去分析数万种病毒的错误所在。大量含有未知错误的病毒扩散传播，其后果是难以预料的。

6. 计算机病毒的兼容性对系统运行的影响

兼容性是计算机软件的一项重要指标，兼容性好的软件可以在各种计算机环境下运行，反之兼容性差的软件则对运行条件"挑肥拣瘦"，要求机型和操作系统版本等。病毒的编制者一般不会在各种计算机环境下对病毒进行测试，因此病毒的兼容性较差，常常导致死机。

7. 计算机病毒给用户造成严重的心理压力

据有关计算机销售部门统计，计算机售后用户怀疑计算机有病毒而提出咨询约占售后服务工作量的 60% 以上。经检测确实存在病毒的约占 70%，另有 30% 情况只是用户怀疑，而实际上计算机并没有病毒。那么用户怀疑病毒的理由是什么呢？多半是出现诸如计算机死机、软件运行异常等现象。这些现象确实很有可能是计算机病毒造成的，但又不全是。实际上在计算机工作异常的时候很难要求一位普通用户去准确判断是否是病毒所为。大多数用户对病毒采取宁可信其有的态度，这对于保护计算机安全无疑是十分必要的，然而往往要付出时间、金钱等方面的代价。仅仅怀疑病毒而冒然格式化磁盘所带来的损失更是难以弥补。不仅是个人单机用户，在一些大型网络系统中也难免为甄别病毒而停机。总之计算机病毒像幽灵一样笼罩在广大计算机用户心头，给人们造成巨大的心理压力，极大地影响了现代计算机的使用效率，由此带来的无形损失是难以估量的。

5.7.6 病毒的一般结构

计算机病毒是一种特殊的程序或代码，它寄生在正常的、合法的程序中，并以各种方式潜伏下来，伺机进行感染和破坏。在这种情况下，就把原先的那个正常的、合法的程序称为病毒的宿主或宿主程序。计算机病毒具有感染和破坏能力，这与病毒的结构有关，病毒程序一般由感染标记、感染程序模块、破坏程序模块和触发程序模块等 4 个部分组成。

1. 感染标记

它又称为病毒签名。病毒程序感染宿主程序时，要把感染标记放到宿主程序中，作为该程序已经被感染的标记。感染标记是一些数字或字符串。

病毒在感染健康的程序之前，先要对感染对象进行搜索，查看它是否已被感染，是否带有感染标记。如果有，说明它已被感染过；如果没有，病毒将感染该程序。

不同的病毒有不同的感染标记,感染标记的位置也不同。但是,并不是所有的病毒都有感染标志,可以重复感染的病毒就没有。

2. 感染程序模块

感染程序模块是病毒程序的重要组成部分,它负责病毒的感染工作,主要完成以下 3 件事。

- 寻找目标。一般是一个可执行文件,如 exe 文件或 com 文件。
- 检查该文件是否有感染标记。
- 如果没有,则进行感染,将病毒程序和感染标记放入宿主程序中。

3. 破坏程序模块

破坏程序模块负责病毒的破坏工作。计算机病毒之所以可怕是因为它对计算机系统有破坏能力,由于病毒编写者的目的不同,病毒的破坏力也不同。

4. 触发程序模块

病毒的触发条件是由现有病毒的编制者设置的,触发程序判断触发条件是否满足,并根据判断结果来控制病毒的感染和破坏动作。触发条件有多种形式,例如日期、时间、发现某个特定程序、感染的次数、特定的中断调用次数等,还可以是这些条件的组合。

5. 举例

一个简单的病毒结构如下所示。

```
Program V:=
{  goto main;
   1234567;
       subroutine infect-executable:=
{ loop:
 file:=get-random-executable-file;
 if(first-line-of-file = 1234567)
       then goto loop
       else prepend V to file;}
          subroutine do-damage:=
             {whatever damage is to be done}
          subroutine trigger-pulled:=
             {return true if some condition holds}
    main:        main-program:=
          {
          infect-executable;                    /* 感染 */
          if trigger-pulled then do-damage;     /* 是否触发 */
          goto next;
          }
      next:
}
```

在这个例子当中,病毒代码 V 放在被感染程序的前部,当调用程序时,程序的入口点是病毒程序的第一行。

受感染的程序首先执行病毒代码,运行情况如下:通过第一行代码跳到病毒程序的主体部分。第二行是一个特殊标记,病毒通过它来判断目标程序是否已经感染了这种病毒。当调用程序的时候,控制权立即转移到病毒程序的主体部分。病毒程序首先检查那些未受感染的可执行程序并感染它们。然后病毒进行一些操作,通常会破坏系统。每次执行程序的时候都会进行这些操作。它也可以是一个逻辑炸弹,仅在特定的条件下触发。最后病毒把控制权交给原来的程序。

5.7.7 杀毒技术

1. 病毒的一般消除方法

当确定计算机系统已经感染病毒时,就要做消除病毒的工作。消毒的目的是解除对计算机系统的威胁和传染,这项工作一般采用以下3种方法。

(1) 软件编程解毒法

用户使用自己编制的解毒软件或购买现成的解毒软件消除病毒,称这种方法为软件编程解毒法。这种方法的优点是适合于大批量处理感染磁盘,且处理速度快;缺点是如果编制不当,容易使清除后的软件功能受到影响,或系统不能启动,有的甚至不能恢复被病毒破坏的资源。

(2) 系统再生法

系统再生法是消除系统内病毒的最有效的方法,即重新进行硬盘的分区(Fdisk)和磁盘格式化(Format)。但是使用这种方法的前提是用户的硬盘或软盘数据文件一定要有备份,如果没有备份的话,造成的损失比病毒造成的还要大。因此,当因病毒侵入而不得不采取这种方法时,一定要注意这个问题。如果是过程病毒(即依附于可执行文件体内的或单独存在于计算机系统中的病毒),使用同名文件覆盖的方法也可以消除病毒。

(3) 手工操作法

手工操作法适用于没有解毒软件或者被感染的磁盘很少的情况。优点是简单、快捷;缺点是错误率高,稍有操作不当,可能会造成更大的破坏,而且需要一定的技术作保证。系统提供的动态调试工具 DEBUG(DOS 提供的一个实用程序,程序文件名为 DEBUG.EXE,英文的意思是"去除臭虫",在计算机软件中被称为程序调试)和微软提供的调试工具(http://www.microsoft.com/ddk/debugging/installx86.asp)都可以用于消除病毒。用这些工具时,一定要注意不能破坏系统原有的功能或文件原有的功能。

2. 病毒检测技术

计算机病毒检测技术是通过对计算机病毒的特征来进行病毒判断的技术,如自身校验、关键字、文件长度的变化等。计算机是计算机病毒传播的主体,也是病毒攻击的目标和手段。尽管病毒所具有的隐蔽性使得它难以被发觉,但它的传染必然会留下某种痕迹,它的破坏性也必然会让人们知道它的存在。因此,要检测计算机病毒,就必须到病毒寄生的场所去检查,发现异常情况,并进而验明"正身",确认计算机病毒的存在。

计算机病毒的检测分为对内存的检测和对磁盘的检测两种,这是因为病毒静态时存储于磁盘中,而激活时驻留在内存中。

在这两种检测中,对内存的检测带有一定的动态性和不确定性。内存是一切程序运行的场所,所有处于活动状态的程序或进程都会在内存中占一席之地,内存中如果存在病毒,就说明运行的任何程序都会在活动病毒的监控下工作,因而某些计算机病毒会向检测程序报告虚假情况。例如,当 4096 病毒在内存中,且查看的文件很长时,用户就不会发现该文件的长度已发生变化;而当在内存中没有病毒时,才会发现被它感染的文件长度已经增长了 4 096 B。

再如,当 DIR2 病毒在内存中,用 DEBUG 程序查看被感染文件时,根本看不到 DIR2 病毒的代码,很多检测程序因此而漏过了被其感染的文件。又如,引导型的巴基斯坦智囊病毒,当它活跃在内存中时,检查引导扇区时看不到病毒程序而只看到正常的引导扇区。因此,一般对磁盘进行病毒检测时,要求内存中不带病毒。只有在要求确认某种病毒的类型和对其进行分析、研究时,才在内存中带毒的情况下进行检测工作。

用原始的、未受病毒感染的 DOS 系统软盘启动,可以保证内存中不带病毒。启动必须是加电冷启动,而不能是按 PC 机键盘上的 Alt+Ctrl+Del 3 个键的那种热启动,因为某些病毒会通过截取键盘中断,将自己驻留在内存中。由此可见,保留好一份贴好写保护标签的、未被病毒感染的 DOS 系统软盘是多么重要。要注意的是,若要检测硬盘中的病毒,则启动系统软盘的 DOS 版本应该等于或高于硬盘内 DOS 系统的版本号。

若硬盘上使用了磁盘管理软件 DM 或磁盘压缩存储管理软件 Stacker,Doublespace 等,启动系统软盘应包括这些软件的驱动程序,并把它们列入 CONFIG. SYS 文件中。否则,用系统软盘引导启动后,将不能访问硬盘上的所有分区,从而使躲藏在其中的病毒逃过检查。

检测磁盘中的病毒又可分成检测引导型病毒和检测文件型病毒两种。这两种检测从原理上讲是一样的,但由于各自的存储方式不同,因而检测方法也有差别。

概括来讲,检测病毒的方法有特征代码检测法、校验和法、行为监测法、软件模拟法等。这些方法依据的原理不同,实现时所需的开销和应用范围也各有不同。

(1) 特征代码检测法

一般的计算机病毒本身存在其特有的一段或一些代码。这是因为各病毒的表现和破坏不同,如有些要在屏幕显示一行信息,有些要让喇叭发出一段特殊的声音,有些要完成复制、隐蔽以及争夺系统控制的动作,而这些都需要特殊的代码,所以实现的代码也会有所不同。早期的 SCAN,CPAV 等著名病毒检测工具均使用了特征代码检测法,它是检测已知病毒的最简单、开销最小的方法。

特征代码检测法的优点是准确快速、可识别病毒的名称、误报警率低,并依据检测结果可做解毒处理。这种方法首先要采集已知病毒样本,病毒如果既感染 com 文件,又感染 exe 文件,则要同时采集 com 型病毒样本和 exe 型病毒样本。

选定好的特征代码是病毒扫描程序的精华所在。在选定特征代码时,要注意到以下几点。

首先,在抽取病毒的特征代码时要注意它的特殊性,选出最具代表特性的、足以将该病毒区别于其他病毒和该病毒的其他变种的代码串。

其次,在不同的环境中,同一种病毒也有可能表现出不同的特征代码串。例如,有些病毒利用移位计算 ROM BIOS 中断 13H 的入口地址,由于这个地址随计算机和操作系统的不同会有所区别,因而无法利用它来检测这类病毒。

最后,抽取的代码要有适当的长度,既要维持特征代码的唯一性,又要尽量使特征代码短一些,不至于有太大的空间与时间的开销。如果每种病毒的特征代码增长 1 B,要检测 2 000 种病毒,增加的空间就是 2 000 B。

一般情况下,代码串是由若干连续字节组成的串,但是有些扫描软件采用的是可变长串,即在串中包含有一个到几个"模糊"字节。扫描软件遇到这种串时,只要除"模糊"字节之外的字串都能完好匹配,则也能判别出病毒。McAfee Associates 的 SCAN.EXE 就具有这种功能。例如给定特征串"E9 7C 00 10 ? 37 CB",则"E9 7C 00 10 27 37 CB"和"E9 7C 00 10 9C 37 CB"都能被识别出来。又例如,"E9 7C ? 4 37 CB"可以匹配"E9 7C 00 37 CB","E9 7C 00 11 37 CB"和"E9 7C 00 11 22 37 CB",但不匹配"E9 7C 00 11 22 33 44 37 CB",因为 7C 和 37 之间的子串已超过 4 B。

在抽取既感染 com 文件又感染 exe 文件的病毒样本时,要抽取两种样本共有的代码。

这种检测软件一般由两部分组成:一部分是病毒特征代码库,含有经过特别选定的各种计算机病毒的代码串;另一部分是利用该代码库进行检测的扫描程序。检测程序打开被检测文件,在文件中搜索,比较文件中是否含有病毒数据库中的病毒特征代码。如果发现病毒特征代码,只要特征代码与病毒一一对应,便可以断定被查文件中患有何种病毒,并提出警告。这种方法有时也称做扫描法或搜索法。

在病毒样本中抽取病毒特征代码可以说是一种分析型的白箱方法。它的主要缺陷如下。

其一,对从未见过的新病毒,由于无法知道其特征代码,因而无法检测出这些新病毒。必须根据新病毒不断更新版本,否则检测工具便会老化,逐渐失去实用价值。

其二,这种检测是一种静态的检测,不能检查多态形病毒,不容易判定病毒运行后会产生怎样的特征信息,特别是有些病毒能反复变换,并具有加密等一系列反跟踪技术,这为静态分析增加了难度。

其三,不能对付隐蔽性病毒,隐蔽性病毒能先于检测工具运行,将被查文件中的病毒代码剥去,使检测工具只能看到一个虚假的正常文件。

其四,随着病毒种类的增多,逐一检查和搜索已知病毒的特征代码,会使费用开销增大,在网络上运行效率降低,影响此类工具的实时检测。

(2) 校验和法

在 SCAN 和 CPAV 工具的后期版本中,除了病毒特征代码法之外,还纳入了校验和法,以提高其检测能力。对正常文件的内容计算校验和,并将该校验和写入文件中或写入别的文件中保存。在文件使用过程中,定期地或每次使用文件前,按照文件现有内容算出校验和,并与原来保存的校验和进行比较,从而确认文件是否被感染的方法叫做校验和法。

这种方法能及时发现被查文件的细微变化,而且既可发现已知病毒又可发现未知病毒。除了将正常的内容计算校验和以外,还可将每个程序的名称、长度、时间、日期等属性值与文件内容一起进行检验码计算,并将检验码附加在程序的后面,或是将针对所有程序的检验码放在同一个资料库。利用校验和系统,追踪并记录每个程序的检验码是否遭更改,以判断是否中毒。

运用校验和检查病毒通常采用以下 3 种方式。

一是在检测病毒工具中纳入校验和法,对被查的对象文件计算其正常状态的校验和,将校验和写入被查文件中或检测工具中,而后进行比较。

二是在应用程序中,放入校验和法自我检查功能,将文件正常状态的校验和写入文件中,每当应用程序启动时,比较现行校验和与原校验和,实现应用程序的自我检测。

三是将校验和检查程序常驻内存,每当应用程序开始运行时,自动检查应用程序内部或别的文件中预先保存的校验和。

采用被监视文件的校验和来检测病毒并不是最好的方法,这有以下几方面的原因。

- 它不能识别病毒类和病毒名称。
- 病毒感染并非文件内容改变的唯一原因,且文件内容的改变有可能是正常程序所需要的。即对文件内容的变化太敏感,不能区分正常程序引起的变动,因而频繁报警。如已有软件版本更新、变更口令、修改运行参数等,校验和法都会产生报警。
- 使用校验和的方法对隐蔽性病毒是无效的。隐蔽性病毒进驻内存后,会自动剥去染毒程序中的病毒代码,使校验和法失效。

(3) 行为监测法

通过对病毒常年的观察和研究,反病毒专家发现,有一些行为是病毒的共同行为,比较特殊,而且在正常程序中,这些行为比较罕见。归纳各种病毒的共有行为模式,运用反汇编技术分析被检测对象,并利用常驻内存(TSR)手段,随时监控系统中可疑病毒行为的方法称为行为监测法。如有些病毒要完成复制、隐蔽以及争夺系统控制的特定动作,监测程序就可以截获到这些动作并有所警觉,在确定是病毒行为后,会立即报警。这种方法执行速度快、简洁易行,它更多注意的是计算机病毒的"程序活性",因而有时也称做人工智能陷阱法。

病毒的主要行为特征有以下 3 种。

- 占有 INT 13H。所有的引导型病毒都攻击引导扇区或主引导扇区。当引导扇区或主引导扇区获得执行权,系统刚刚启动时,一般引导型病毒都会占用 INT 13H 功能,因为其他系统功能未设置好,无法利用。
- 修改 DOS 系统内数据区的内存总量。病毒常驻内存后,为了防止 DOS 系统将其覆盖,必须修改系统内存总量。
- 对 com 和 exe 文件做写入操作。病毒要感染其他文件,必须向 com 和 exe 文件写入数据。

另外,在染毒程序运行时,先运行的是病毒,而后执行的是宿主程序,在两者切换时,也有许多特征行为。

行为监测法与特征代码检测法各有各的特点。前者是对动态程序的监测,它知道病毒运行的中间过程或最终要到达的地点,并在那里悄悄地等候病毒的来临;后者是对静态数据的扫描,是在病毒运行前就先抓住它。

因此,行为监测法可以发现未知病毒,可以相当准确地预报未知的大多数病毒。由于程序实现各种功能的操作可以是多种多样的,例如,对磁盘的操作通常的情况是调用 INT 13H 模块,但也有些病毒程序直接使用磁盘输入/输出(I/O)指令达到目的,有些病毒不从 INT 13H 模块的入口点调用,而是从其他位置间接地进入到它的子功能模块,因而,使用行为监测法可能产生误报警,且在具体实现时,不容易考虑周全,设计程序有一定难度,而且不能识别出病毒名称。

(4) 软件模拟法

多态形病毒每次感染都变换其病毒密码,对付这种病毒,特征代码检测法是无效的。因为多态形病毒代码实施密码化,而且每次所用密钥不同,把染毒的病毒代码相互比较,是无法找出相同的、可以作为特征的稳定代码串的。虽然行为检测法可以检测多态形病毒,但是在检测出病毒后,因为不知病毒的种类,所以难以做消毒处理。

为了检测多态形病毒,可应用新的检测方法——软件模拟法。它是一种软件分析器,用软件方法来模拟和分析程序的运行。目前,新型检测工具均纳入了软件模拟法,该类工具开始运行时,使用特征代码检测法检测病毒,如果怀疑有隐蔽病毒或多态形病毒,就启动软件模拟模块,监视病毒的运行,待病毒用自身的密码译码以后,再运用特征代码检测法来识别病毒的种类。

(5) 比较法

比较法是用原始备份与被检测的数据区域进行比较,从而发现病毒的方法。这里的数据区域可能是引导扇区或是被检测的文件。比较时可以通过打印代码清单(如 DEBUG 的 D 命令输出格式)进行,也可以通过程序(如 DOS 的 DISKCOMP、COMP 或 PCTOOLS 等软件)来进行。它不需要专用的查病毒程序,只要用常规 DOS 软件和 PCTOOLS 等工具软件就可以进行。

用这种方法可以发现那些尚不能被现有的查病毒程序发现的计算机病毒。因为病毒传播得很快,新病毒层出不穷,而目前还没有做出通用的能查出一切病毒,或通过代码分析可以判定某个程序中是否含有病毒的查毒程序,所以发现新病毒就只有靠比较法和分析法,甚至有时必须结合使用这两种方法。

使用比较法能发现异常情况,如文件的长度有变化,或虽然文件长度未发生变化,但文件内的程序代码发生了变化。对硬盘主引导区或对 DOS 的引导扇区作检查,比较法能发现其中的程序代码是否发生了变化。由于要进行比较,因而保留好原始备份是非常重要的,也是比较法的前提和基础。因此,制作备份时必须在无计算机病毒的环境里进行,制作好的备份必须妥善保管,写好标签并做好写保护措施。

比较法的优点是简单方便,不需专用软件;缺点是无法确认病毒的种类名称。另外,造成被检测程序与原始备份之间差别的原因尚需进一步验证,以查明是由于计算机病毒造成的,还是由于偶然原因,如突然停电、程序失控等引起的。

(6) 分析法

分析法更侧重于计算机病毒的研究,适合开发反病毒产品的专业技术人员使用。其基本步骤如下:确认被观察的磁盘引导区和程序中是否含有病毒;确认病毒的类型和种类,判定其是否是一种新病毒;搞清楚病毒体的大致结构,提取特征识别用的字节串或特征字,用于增添到病毒代码库中供病毒扫描和识别程序用;详细分析病毒代码,为制定相应的反病毒措施制订方案。这既是对现在反病毒产品的维护,也是对病毒新技术的跟踪,同时积累新的经验和思路,为研制新的反病毒产品做准备。

病毒检测的分析法是反病毒工作中不可或缺的重要技术,任何一个性能优良的反病毒系统的研制和开发都离不开专门人员对各种病毒的详尽而认真的分析。它要求分析人员具有比较全面和深入的操作系统结构和功能调用的知识与技巧。

除此之外,分析人员还要对新的硬件产品的特性以及专用的分析软件较为熟悉,有时还需使用专用的硬件设备进行辅助分析。由于很多计算机病毒采用了自加密、反跟踪等技术,使得分析病毒的工作经常是冗长和枯燥的,不能保证在短时间内将病毒代码完全分析清楚,特别是某些文件型病毒的代码可达 10 kB 以上,与系统的牵扯层次很深,使详细的剖析工作十分复杂,因此,在不具备各种技术条件的情况下,不要轻易开始分析工作。另外,分析病毒时,为了查清病毒的机理和表现,有时还需要制造各种诱因,促使病毒传染和发作,把软盘、硬盘内的数据破坏,甚至毁掉系统的相关部件,这就要求分析工作必须在专门设立的试验用机上进行。

分析的方法分为动态分析和静态分析两种。静态分析是指利用 DEBUG 等反汇编程序将病毒代码打印成反汇编后的程序清单进行分析,看病毒分成哪些模块,使用了哪些系统调用,采用了哪些技巧,如何将病毒感染文件的过程翻译为清除病毒、修复文件的过程,哪些代码可被用做特征码以及如何防御这种病毒。分析人员具有的素质越高,分析过程就越快,理解也就越深。动态分析则是指利用 DEBUG 等程序调试工具在内存带毒的情况下,对病毒进行动态跟踪,观察病毒的具体工作过程,以进一步在静态分析的基础上理解病毒工作的原理。

在病毒编码比较简单的情况下,动态分析不是必须的,但当病毒采用了较多的技术手段时,必须使用动、静相结合的分析方法才能完成整个分析过程。例如,Flip 病毒采用随机加密技术,因而必须利用对病毒解密程序的动态分析才能完成解密工作,从而进行下一步的静态分析。

3. 类属解密

类属解密(Generic Decryption)技术可以有效地检测多态形病毒(Polymorphic Virus)。多态形病毒每次在感染一个新的程序之前都会对自身进行变异,以此达到隐藏自己的目的。因此,被感染了多态形病毒的可执行文件通常由变异引擎、病毒体和原可执行文件组成。变异引擎产生各种各样的变异算法所对应的机器代码,这些代码完成对原病毒体代码指令的加密。

图 5-10 是非变异病毒和变异病毒的结构比较。在此采用了字母加 2 替换(如 a→c,b→d等)的加密方法,加密后的病毒代码如第 7,8,9 行所示;相应的解密代码在第 6 行;第 1 行是病毒的入口点(Entry Point)指令;第 2,3,4,5 行是原可执行文件代码。

1	跳至第六步(病毒修改后的入口点,把控制权交给病毒体)	1	跳至第六步
2	拨号	2	拨号
3	按SEND按钮	3	按SEND按钮
4	等待结束,如果有问题,回到第一步	4	等待结束,如果有问题,回到第一步
5	任务结束	5	第七行开始,每个字符往回移动2,C变为A,U变为S……(病毒解密循环)
6	VIRUS instructions	6	XKTWU kpuvtwevkopu (Encrypted "VIRUS instruction")
7	VIRUS instructions	7	XKTWU kpuvtwevkopu
8	VIRUS instructions	8	XKTWU kpuvtwevkopu
9	Insert document in fax machine (Stored by the virus)	9	Kpugtv fqewogpv kp hcz ocejkpg (Encrypted "Insert document in fax machine")

图 5-10 非变异病毒和变异病毒的结构比较

从多态形病毒的工作原理可以看出,虽然每次病毒在感染其他新的程序之前都会产生一种新的加密算法和相应的解密算法,但是其病毒体始终只有一种。类属解密技术就是给这种病毒提供一个虚拟的运行环境,让病毒自身的解密代码解出病毒体代码,然后对病毒体代码进行签名特征检测的技术。

一个类属解密扫描器通常包括 CPU 仿真器、病毒签名扫描器和仿真控制模块。
- CPU 仿真器:被扫描的可执行文件的运行环境,通常是一个软件仿真的虚拟机,可执行文件在仿真器中逐条执行指令,然后感染其中的文件。
- 病毒签名扫描器:扫描解密出来的病毒体代码。
- 仿真控制模块:控制代码的执行,确保病毒代码不会对实际的底层计算机造成损害。

4. 模拟和病毒检测系统

IBM 为了应付日益众多的互联网威胁,对软件模拟法进行了扩展,提出了一种通用的模拟和病毒检测系统,如图 5-11 所示。这个系统的目标就是提供快速的响应时间,使得病毒一被引入系统就能被马上识别出来。当一个新病毒进入一个组织时,免疫系统自动地捕获并分析它;增加检测和隔离物;删除它并将有关病毒信息传递给运行着其他反病毒免疫系统的主机,使得病毒在其他地方运行之前就能被检测出来。

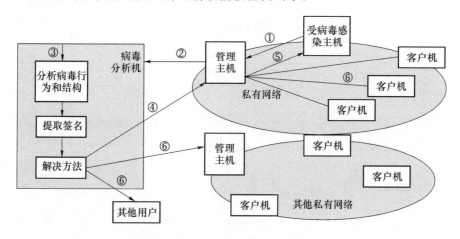

图 5-11　IBM 通用的模拟和病毒检测系统

整个模拟和病毒检测系统的工作流程如下。

(1) 每台计算机上的监视程序使用启发式经验规则(寻找经常使用的代码片段),同时根据系统行为、程序的可疑变化或病毒家族特征码来判断病毒是否出现。监视程序把认为已经感染的程序的副本发送到组织里的管理主机上。

(2) 管理主机把样本加密,然后发送到中心病毒分析机上。

(3) 病毒分析机创建一个环境,安全运行已经感染的程序,同时进行病毒分析。为了实现这个目的所采用的技术叫仿真技术,即创建一个受保护的虚拟机器环境,在其中可以执行并分析受到怀疑的程序。然后这台病毒分析机开出一个用来识别、消除该病毒的处方。

(4) 这个最终处方被发送回相应的管理机。

(5) 这台管理机器把该处方发送给受到感染的客户机。

(6) 同时该处方也被发送给组织中的其他客户机。

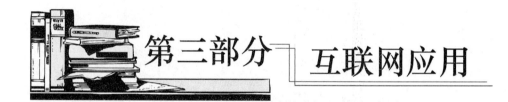

第三部分　互联网应用

第三部分 正反网通用

第 6 章 万维网和搜索引擎

在 Internet 上,人们可以做的事情很多很多,比如信息传播、通信联络、专题讨论、资料检索、即时通信等。这些功能的实现都依靠 Internet 服务,这些服务有万维网服务、FTP 服务、E-mail 服务等。有了这些服务之后,人们就能够利用各种软件方便地提供或者使用因特网资源了。

本章知识要点:
- 万维网服务概述;
- 万维网简史;
- 万维网中常用术语;
- 如何进入万维网;
- 搜索引擎。

Internet 是一个涵盖极广的信息库,它存储的信息上至天文,下至地理,三教九流,无所不包。除此之外,Internet 还是一个覆盖全球的枢纽中心,通过它可以了解各地信息、收发电子邮件、即时通信、网上购物、视听娱乐等。另外还可以做很多其他的事,可以简单概括成如下功能。

- 信息传播:人们把各种信息任意输入到网络中,进行交流传播。Internet 上传的信息形式多种多样,世界各地用它传播信息的机构和个人越来越多,网上的信息资料内容也越来越广泛和复杂。目前,Internet 已成为世界上最大的广告系统、信息网络和新闻媒体。现在,Internet 除商用外,许多国家的政府、政党、团体还用它进行政治宣传。
- 通信联络:Internet 有电子函件通信系统,人与人之间可以利用电子函件取代邮政信件和传真进行联络,甚至可以在网上通电话乃至召开电话会议。
- 专题讨论:Internet 中设有专题论坛组,一些相同专业、行业或兴趣相投的人可以在网上提出专题展开讨论,论文可长期存储在网上,供人调阅或补充。
- 资料检索:由于有很多人不停地向网上输入各种资料,特别是美国等许多国家的著名数据库和信息系统纷纷上网,Internet 已成为目前世界上资料最多、门类最全、规模最大的资料库,人们可以自由在网上检索所需资料。

目前,Internet 已成为世界许多研究机构和情报机构的重要信息来源。

Internet 创造的电脑空间正在以爆炸性的势头迅速发展。只要坐在电脑前,不管对方在世界什么地方,都可以互相交换信息、购买物品、签订巨大项目合同,也可以结算国际贷款。企业领导可以通过 Internet 洞察商海风云,从而得以确保企业的发展;科研人员可以通过 Internet 检索众多国家的图书馆和数据库;医疗人员可以通过 Internet 同世界范围内的同行们共同探讨医学难题;工程人员可以通过 Internet 了解同行业发展的最新动态;商界人员可以通过 Internet 实时了解最新的股票行情、期货动态,使自己能够及时地抓住每一次商机,永远立于不败之地;学生也可以通过 Internet 开阔眼界,并且学习到更多的有益知识。

总之,Internet 能使人们现有的生活、学习、工作以及思维模式发生根本性的变化。无论来自何方,Internet 都能把用户和世界连在一起,使用户坐在家中就能够和世界交流。有了 Internet,世界真的小了,Internet 将改变人们的生活。

6.1 万维网服务概述

现在 Internet 上最热门的服务之一就是万维网(World Wide Web,WWW)服务,Web 已经成为很多人在网上查找、浏览信息的主要手段。WWW 是一种交互式图形界面的 Internet 服务,具有强大的信息连接功能。它使得成千上万的用户通过简单的图形界面就可以访问各个大学、组织、公司等的最新信息。商业界很快看到了其价值,许多公司建立了主页,利用 Web 在网上发布消息,并用它作为各种服务的界面,如客户服务、特定产品和服务的详细说明、宣传广告以及日渐增长的产品销售和服务。商业用途促进了环球信息网络的迅速发展。如果想通过主页向世界介绍自己或自己的公司,就必须将主页放在一个 Web 服务器上,当然可以使用一些免费的主页空间来发布。但是如果有条件,就可以注册一个域名,申请一个 IP 地址,然后让 ISP 将这个 IP 地址解析到自己的主机上。然后,在这个主机上架设一个 Web 服务器,就可以将主页存放在这个自己的 Web 服务器上,并通过它把自己的主页向外发布。

WWW 是基于客户机/服务器方式的信息发现技术和超文本技术的综合。WWW 服务器通过 HTML(超文本标记语言)把信息组织成为图文并茂的超文本;WWW 浏览器则为用户提供基于 HTTP(超文本传输协议)的用户界面。用户使用 WWW 浏览器通过 Internet 访问远端 WWW 服务器上的 HTML 超文本。

6.2 万维网简史

Internet、超级文本和多媒体这 3 个 20 世纪 90 年代的领先技术相结合,导致了 Web 的产生。

Web 于 1990 年诞生在位于瑞士日内瓦的欧洲核子物理研究中心(Centre Europeen de Recherches Nucleaires,CERN)。

1989 年 3 月,CERN 的 Tim Berners-Lee 建议开发一个超级文本系统,以帮助分散在世界各地的高能物理研究人员能够更有效地共享最新的研究信息。有关核物理的研究是分散在不同的国家进行的,即使是通过计算机网络 Internet 进行学术交流,当要传送文件或图片时,也需要调用不同的 Internet 服务才能完成。为了解决这个不便,Tim Berners-Lee 建议开发的系统应具备以下特点：
- 一个统一的供用户进行信息查询的使用界面；
- 具有集成各种最新信息和多种文件类型的能力；
- 能够被普遍使用，支持人们在 Internet 的任何网络节点使用不同类型的计算机设备进行信息查询。

1990 年年底，按照 Tim Berners-Lee 构想设计的基于字符界面的 Web 客户浏览程序在 NeXTStep 计算机操作系统上实现了。1991 年 3 月，基于字符界面的 Web 客户浏览程序开始在 Internet 上运行。Web 的出现很快引起了人们的关注，认为这是一个很有前途的创造。1991 年夏季，召开了第一次研讨会。1991 年年底，CERN 向高能物理学界正式宣布了 Web 服务。

1992 年是 Web 的开发年。一些人开始在自己的主机上研制 Web 服务器程序，以便使自己的信息能够通过 Web 向 Internet 提供；另一些人则致力于研制 Web 客户机程序，设计具有多媒体功能的用户使用界面。到 1993 年 1 月，在全世界已有 50 多个 Web 服务器在 Internet 上运行，为 X Windows 系统设计的、具备多媒体功能的 Web 客户机程序 Viola 研制成功。1993 年 2 月，用于 X Windows 系统的测试版 X Mosaic 问世了，正是这个著名的 Mosaic 使 Web 迅速风靡世界。Mosaic 的研制者是美国超级计算应用中心（the National Center for Supercomputing Applications, NCSA）的 Marc Andressen。Mosaic 的成功使他在 Web 领域内成为仅次于 Berners-Lee 的著名人物。在 1993 年面市的 Web 客户机程序还有用于 Microsoft Windows 的 Cello，它是由美国康奈尔大学法律信息学院开发的。

Web 的发展还可以通过 Web 信息在 Internet 主干网上流量的增长来衡量。1993 年 3 月，Web 信息仅占总流量的 0.1%，但 6 个月后，就增长到总流量的 1%。同样，Internet 网络上 Web 服务器的数量在 1993 年的 10 个月中也增长了 10 倍。到 1993 年 10 月，全世界在 Internet 上的 Web 服务器就发展到了 500 个。

到 1994 年夏天，Web 已成为 Internet 上查询信息的最流行手段，Web 服务器在全世界已超过 15 000 个。目前，一个开发、研究、使用 Web 的热潮正在全世界兴起，这也可以从近年来频繁召开的世界性 Web 学术交流大会的情况来证实。1994 年 5 月在瑞士日内瓦召开了第一次万维网大会；1994 年 7 月，世界性的 Web 组织 W3 正式成立；1994 年 10 月在美国芝加哥举行了第二次 Web 大会；1995 年 4 月第三次 Web 大会在德国达姆施塔召开；1995 年 12 月和 1996 年春，分别在美国波士顿和法国巴黎召开第四次和第五次大会。会议间隔时间的迅速缩短，足以说明人们对 Web 的重视程度。

6.3 万维网中常用术语

1. 超文本

超文本（Hypertext）这一概念是托德·尼尔逊于 1969 年左右提出的。

所谓超文本实际上是一种描述信息的方法，在这里，文本中所选用的词在任何时候都能够被"扩展"（Expand），以提供有关词的其他信息。这些词可以连到文本、图像、声音、动画等任何形式的文件中，也就是说，一个超文本文件含有多个指针，这些指针可以指向任何形式的文件。正是这些指针指向的"纵横交错"、"穿越网络",使得本地的、远程服务上的各种形式的文件(如文本、图像、声音、动画等)连接在一起。

2. 超文本标记语言

超文本标记语言(Hyper Text Marked Language,HTML)是一种专门的编程语言,它用于编制将要通过 WWW 显示的超文本文件。HTML 对文件显示的具体格式进行了规定和描述。例如它规定了文件的标题、副标题、段落等如何显示,如何把"链接"引入超文本,以及如何在超文本文件上嵌入图像、声音和动画等。

HTML 是一种易学的工作语言,且支持多国语种,用户掌握后很容易建立起自己的 Web 信息页。

3. 统一资源定位器

Web 的信息资源是分散在 Internet 网络上的,它的发展没有统一的规划,并且在与日俱增。为了使 Web 的客户机程序查询存放在不同计算机上的信息时,有一个标准的资源地址访问方法,人们开发了一种软件工具,称为统一资源定位器(Uniform Resource Locator,URL)。

对于用户而言,URL 是一种统一格式的 Internet 信息资源地址表达方法,它将 Internet 提供的各类服务统一编址,以便用户通过 Web 客户程序进行查询。在格式上 URL 可以分成以下 3 个基本部分:

信息服务类型://信息资源地址/文件路径

(1) 信息服务类型

目前编入 URL 中的信息服务类型有以下几种。

- http://,HTTP 服务。
- telnet://,Telnet 服务。
- ftp://,FTP 服务。
- gopher://,Gopher 服务。
- wais://,WAIS 服务。
- news://,网络新闻服务。

双斜线"//"表示跟在后面的字符串是网络上的计算机名称,即信息资源地址,以示和跟在单斜线"/"后面的文件路径相区别。

(2) 信息资源地址

信息资源地址给出提供信息服务的计算机在 Internet 上的域名(Host Name),如 www.cnc.ac.cn 是中国科学院计算机网络中心的 Web 服务器域名。在一些特殊情况下,信息资源地址还由域名和信息服务所用的端口号(Port)组成,其格式为:

计算机域名:端口号

这里的端口是指 Internet 用来辨认特定信息服务用的一种软件标识。当一台计算机上的信息服务程序启动时,它将通知网络软件其用以相应用户请求的端口号。所以,当客户机程序试图和某一远程信息服务建立连接时,在给出对方计算机网络地址的同时也必须给出对方信息服务程序的端口号。一般情况下,由于常用的信息服务程序采用的是标准的端口号,这时就要求用户必须在 URL 中进行端口号说明。端口号的作用有些类似电视台在播送电视节目时要选择一定的播放频道。

(3) 文件路径

根据查询要求的不同,这个部分在给出 URL 时可以有,也可以没有。包含文件名的文件路径,在 URL 中具体指出要访问的文件名称,它是一种类似 UNIX 系统的文件路径表示方法。

下面举例说明一些以 URL 表达的信息资源地址及其含义。

① http://www.hbu.edu.cn/www/default.htm

使用超级文本传输协议(HTTP)提供超级文本信息服务的资源,其计算机域名为 www.hbu.edu.cn,超级文本文件(文件类型为 htm)是在目录/www 下的 default.htm。从域名上可以看出,这是中国教育网的一台计算机。

② telnet://odysseus.circe.com:70

使用远程登录(Telnet)服务协议提供信息服务的资源,其计算机域名为 odysseus.circe.com,使用的端口号是 70,这是一家商业公司。

③ ftp://ftp.w3.org/pub/www/doc

使用文件传输协议(FTP)发布文件的资源,其计算机域名为 ftp.w3.org,存放对外发送文件的目录是/pub/www/doc。这是 Web 的世界性组织 W3 向 Internet 用户提供该组织各种有关文件的 FTP 信息服务器。

④ gopher://gopher.ora.com

提供 gopher 信息服务的资源,其计算机域名为 gopher.ora.com。

4. Home Page

使用 Web 的前提是用户的计算机先要同 Internet 联网,并启动一个 Web 客户机程序。这个客户机程序一般首先访问预先设定的或用户指定的某一个 Web 服务器。该 Web 服务器将用户指定的或预先设定的初始超级文本文件传给 Web 客户机程序,再由它显示给用户。从信息查询的角度而论,这个超级文本就是本次用户通过 Web 链接访问各类信息资源的根,称 Web 初始页;从信息提供的角度而论,由于各个开发 Web 服务器的机构在组织 Web 时是以信息页为单位的,这些信息页被组织成树状结构以便检索,那个代表"树根"信息页的超级文本就是该 Web 服务器的初始页。在这个初始页上,一般有对提供该服务器的有关机构的简单介绍。若用户使用的是多媒体版本的客户机程序,还能看到有关该机构的照片或图标。在这篇文本中,一般还有关于如何使用 Web 的简单说明及通过 Web 可以查询到的各类信息资源名称。初始页在 Web 世界中常常被称为 Home Page,用户就是通过这个 Home Page 进入 Web 世界的。

5. WWW 页面

WWW 页面即用户用浏览器浏览时所看到的显示屏幕。每个屏幕均可以称为一个 WWW 页面(WWW Page),第一个屏幕称为主页或主页面(Home Page)。

6. CGI

CGI 意即公共网关接口(Common Gateway Interface),它为 WWW 服务器定义了一种与外部应用程序共享信息的方法。当服务器接收到来自某一客户的请求,要求其启动一个网关程序(通常称为 CGI script)时,它把有关该请求的信息综合到一个环境变量集合中,然后网关程序将检查这些环境变量,以试图找到那些为响应请求而必须的信息。此外,CGI 还将为它自己的 script 程序定义一些标准的方法,以确定如何为服务器提供必要信息,如 script 程序的 MIME 类型等。

CGI script 负责处理为从服务器请求一个动态响应所必需的所有任务。CGI 的主要用途在于使用户能够编写用于与浏览器相交互的程序。借助 CGI 可编写用于处理如下工作的程序:

- 动态地创建新的 WWW 页面;
- 处理 HTML 表格输入;
- 在 WWW 和其他 Internet 服务之间架设沟通的渠道。

6.4 如何进入万维网

前面已经讲过,WWW 是把 Internet 上所有的信息及用户想得到的信息组成一系列的超文本文件,用户可以通过超文本文件的链接,从一个文件转移到另一个文件。那么怎样进入 WWW 呢?

由于 WWW 是采用客户机/服务器方式工作的,用户要想使用 WWW,首先要运行 WWW 客户程序,通过 WWW 的客户程序访问 WWW 服务器,具体途径如下。

(1) 使用 Telnet 远程登录到一台 WWW 服务器上,如 telnet www.cern.ch,它会使用户自动地进入由瑞士欧洲粒子物理实验室所提供的公共 WWW 客户程序。

CERN 提供的公共浏览器是行式浏览器。

(2) 用户使用本地机上的 WWW 客户程序访问 WWW 服务器。WWW 客户程序也叫浏览器(Brower)。

6.4.1 常用的浏览器

1. 基于字符界面的 Lynx

基于字符界面工作的 Lynx,是供用户在可以控制显示光标的计算机设备上使用的 Web 客户浏览程序。它使用简便,用户只要通过计算机键盘上的按键操纵显示器屏幕上的光标,就能够在 Web 世界中尽情浏览。

Lynx 目前具有在 UNIX 操作系统和美国 DEC 公司的 VMS 操作系统上运行的版本,运行于 DOS 的版本已在开发中。虽然 Lynx 主要是用来读取 Web 信息的,但也可以将它作为建设信息系统的一个工具用在计算机局域网络中。

Lynx 是美国堪萨斯大学(University of Kansas)的 Lon Montulli,Charles Rezac 和 Michael Grobe 共同研制的。研制 Lynx 的初衷是为了供堪萨斯大学校园计算机网的信息系统使用。该软件完备的性能使它最终被进一步开发成面向整个 Web 世界的信息查询工具。目前通过 Lynx 可以访问所有的 Web 服务器,使用 Gopher 查询系统,还可以使用 Telnet 进行远程登录。Lynx 的最新版本是 1994 年 4 月的 V2.3 版,它支持对 HTML 文件的访问。在早先的 Lynx 版本中,Lynx 曾支持过专门的超级文本格式文件,随着 HTML 的普及,最新的版本已经做了改变。

除了不能展示图像和播放声音以外,Lynx 是一个功能完备的 Web 客户浏览程序。它在展示含有图像信息的超级文本时,在文中应该显示图像的位置用英文标注图像一词,并将该词用方括号括起,例如[IMAGE]。

2. 基于图形界面的 WWW 浏览器

国际互联网 Internet 是目前全世界最大的计算机网络,尤其是全球资源网 World Wide Web 近两年来的蓬勃发展,多媒体技术在 Internet 上的应用,令国际互联网进入一个新的时代。

WWW 可谓功能强大,它不仅能展现文字、图像、声音、动画等超媒体文件,使用者还可以通过单一界面存取各种网络资源(FTP,Telnet,NEWS,GOPHER,HTTP 等)。所以要进入五花八门的 WWW 世界,就要拥有一个界面友好、功能更强、使用简便的浏览器(Browser),来读取与 WWW 主机双向沟通的各种 HTML 文件。

目前最受欢迎的 WWW 浏览器是微软公司的 Internet Explorer 和 Netscape 公司的 Netscape 软件。

6.4.2　IE 浏览器的使用与配置

Microsoft Internet Explorer(IE)是微软捆绑在 Windows 系列操作系统中的一个 Web 浏览器,IE 已经占据了绝大多数的个人电脑浏览器份额,相信读者是非常熟悉的。IE 的界面如图 6-1 所示。

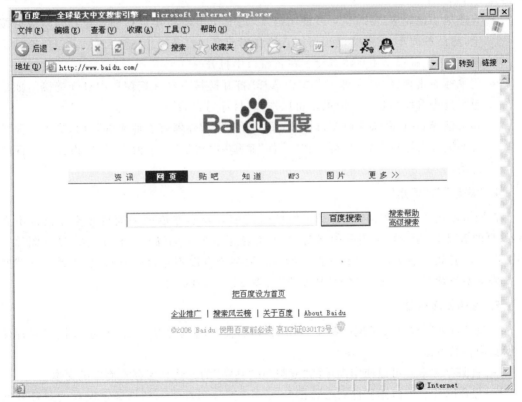

图 6-1　IE 的界面

IE 浏览器的使用需要掌握以下几点。

1. 对已知地址的资源的访问

要访问一个已知的 Web 页可以有以下几种方式：

- 在地址栏中输入要访问的 URL，回车，主窗口中将显示相应的页面；
- 从地址栏下拉列表框中已经访问过的站点列表中选择 URL；
- 单击当前窗口所显示的 Web 页中的超文本链接；
- 从"历史"、"搜索"、"频道"和"收藏"列表中选择 URL；
- 在"文件"菜单中单击"打开"，在弹出窗口中输入要访问的 URL；
- 利用 IE 的前进、后退功能，返回最近的两次访问过的站点。

2. 访问过程中窗口的调整

- 随时可以将鼠标移动到工具栏的空白处，通过拖拽来改变工具栏的位置；
- 一般情况下，用户的 IE 窗口包括标题栏、状态栏和菜单、工具栏等，为了扩大 Web 页的显示面积，从而能看到更多的信息，可以通过"查看"菜单中的"工具栏"和"状态栏"等来关闭这些部分的显示；另外也可以利用快捷键 F11 来切换全屏与正常的显示模式。

3. 打开主窗口中的超级链接

在查看一个 Web 页的时候，不可避免地要查看该页面上的某些超级链接，查看这些超级链接的方法有：

- 直接单击该超级链接，也可以使用键盘，先用 Tab 键将焦点移到要查看的超级链接上，然后按回车，这种方法很可能直接在当前窗口打开链接，这会使很多用户感到不便，当然也有很多主页将其设为在新窗口中打开；
- 用鼠标右击该链接，在弹出菜单中选择"打开链接"或"在新窗口中打开链接"，如果想脱机查看而不急于一时的话可以选择"目标另存为"；
- 如果该 Web 页默认在原窗口打开，而用户又希望能够查看原来的页面，除了上面所说的鼠标右键打开外，也可以在"文件"菜单中"新建"一个窗口，然后再打开上面的链接。

4. "刷新"与"停止"

在网络传输速度比较慢，或者是正好此时使用者众多造成网络拥挤而不能正常下载 Web 页的情况下，用户可适当采用刷新、右击不能正常显示的图片或框架，选"显示图片"、"刷新"等功能菜单项来查看完整的页。如果感觉某个页面不是自己所需的，或者对下载速度太慢而不耐烦时，用户也可以使用"停止"来终止该页面的下载。

5. 保存页面信息

在浏览页面时也许会发现一些很有用的信息，需要将其保存下来，IE 也提供了多种保存网页内容的方法。

- 只保存文本。可以使用简单的"复制"和"粘贴"的办法来保存页面中的文本。
- 保存图片。可以用鼠标右击该图片，选中"图片另存为"，然后确定保存的路径和文件名即可。

- 也可以通过选择"文件"菜单下的"另存为"来保存 Web 页。
- 当然也可以直接将当前页面打印出来，以纸张的形式保存下来。

6. 查看或编辑当前的 Web 页

查看或编辑当前的 Web 页的具体方法如下：

- 使用"查看→源文件"命令即可打开 Web 页。
- 也可以用鼠标右击当前 Web 页的空白处，选中"查看源文件"，则 IE 将调用系统默认的文本查看器来查看当前页面的 HTML 源代码。

7. 使用收藏夹

通常用户上网的时候总有一些常用的网址，如果一直在地址栏中输入会觉得很不方便，此时就有必要使用到 IE 的收藏夹。

(1) 收藏站点

IE 也提供了多种方法来收藏一个用户喜爱的站点：

- 打开"收藏"菜单，选择"添加到收藏夹"，在对话框中输入名称，单击"确定"便可将当前站点存放在收藏夹中，IE 5.0 允许用户收藏并下载与某个页面相链接的最深达 3 层的网页（自定义）；
- 也可以直接将当前地址栏里的 IE 图标或某个链接用鼠标拖到工具栏的"收藏"按钮或"收藏"菜单下的"添加到收藏夹"上，同样可以进行收藏操作；
- 还可以使用鼠标右击当前页面的空白处或某个链接，选择"添加到收藏夹"，从而收藏当前页面或对应的链接。

(2) 使用收藏夹

收藏的目的是为了便于使用，IE 也提供了多种操作方式：

- 单击"收藏"菜单中的对应的书签即可让 IE 访问该 Web 页；
- 单击"收藏"按钮，IE 窗口左边出现收藏列表，单击所要访问的列表项就可以访问对应的 URL；
- 直接将"收藏"菜单中的对应的书签用鼠标拖动到地址栏中同样可以完成访问操作。

8. 脱机浏览

IE 浏览器提供了脱机浏览的功能。它提供一个临时文件夹，在查看任何 Web 页时，浏览器总是先把该页保存到临时文件夹下，这个临时文件夹所在的目录可以自定义，在 IE 中默认为 C:\WINDOWS\Temporary Internet Files。需要脱机浏览时，先将 IE 设为脱机方式（在"文件"菜单中选中"脱机工作"即可），然后可以像访问 Internet 上的 Web 页一样来查看所访问过的 Web 页及在收藏时"允许脱机浏览"的 URL（注意：有些 Web 页出于安全方面的考虑可能会禁止"脱机浏览"）。另外也可以单击工具栏上的"历史"按钮，从而在历史列表中选择。

9. 其他功能

IE 还提供了许多其他方面的强大的功能，比如访问非 HTTP 站点、收发邮件、查看新闻组、聊天和开会等。

6.4.3 其他常用浏览器的使用与设置

如果想上网浏览 Web 页面，除了微软的 IE 之外还有很多选择，比如 Maxthon Browser、Mozilla Firefox、Opera、GreenBrowse 等。下面就基于 IE 内核和独立内核的浏览器各介绍一种。

1. 傲游浏览器

傲游浏览器（Maxthon Browser）是一款基于 IE 内核的、多功能、个性化多页面浏览器。它允许在同一窗口内打开任意多个页面，减少浏览器对系统资源的占用率，提高网上冲浪的效率。同时它又能有效防止恶意插件，阻止各种弹出式、浮动式广告，加强网上浏览的安全性。傲游浏览器支持各种外挂工具及 IE 插件，在傲游浏览器中可以充分利用所有的网上资源，享受上网冲浪的乐趣。

图 6-2 即为傲游浏览器打开网站的页面截图。

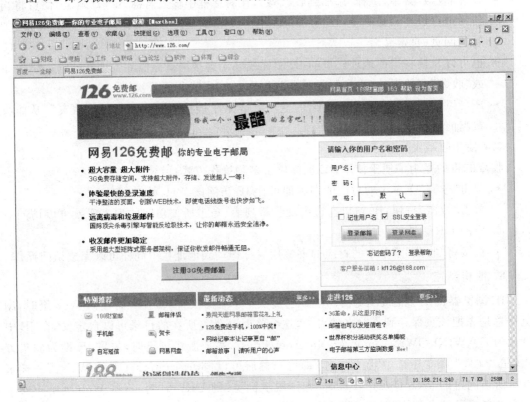

图 6-2 傲游浏览器打开网站的页面截图

傲游浏览器具有如下的主要特色功能。

- 多页面浏览界面

傲游浏览器带给用户的是一个多页面浏览器界面。所有的网页都有序地排列在主窗口内，用户可以方便地在不同的页面间切换、选择。用户也可以采用多种方式排列不同的页面，方便进行对照和比较。

- 鼠标手势

当"鼠标手势"功能激活的时候，用户可以通过简单地移动鼠标就发命令给浏览器执行相应的动作，高效、节能。

- 超级拖拽

当用户激活"超级拖拽"功能以后，用户可以只是轻轻地拖拽一个链接然后松开，就可以在一个新的窗口打开这个链接。不仅如此，用户还可以选择一段文字，轻轻拖拽，然后放开。如果这段文字是链接，它将在新窗口打开；如果是文字，它将会使用默认的搜索引擎进行搜索。如果用户在拖拽文字或者图像的时候按着 Ctrl 键，选择的文字或者图像就会自动地保存到预先定义好的目录里。

- 收藏栏

傲游浏览器为用户提供了一个超越 IE 链接栏的更方便实用的收藏夹工具栏。通过收藏夹工具栏，用户可以更加方便快捷地访问收藏夹里的内容。通过傲游浏览器的收藏夹工具栏，用户还可以选择一次打开一个分类下的所有链接等。

- 广告猎手

傲游浏览器给用户提供了解决那些令人厌烦的各式广告的方案——广告猎手。广告猎手包括了一系列的功能来防止各种广告。智能化的自动过滤可以过滤掉大部分的弹出式广告，用户也可以通过预定义的列表来进行更加准确和有效的屏蔽。通过使用内容过滤，更可以除去绝大部分的浮动式广告、动画广告等。

- IE 扩展插件支持

傲游浏览器可以支持很多 IE 扩展插件，如 Google 工具栏、FlashGet 工具条等。

- 外部工具栏

如果用户需要在上网的时候使用一些其他软件，傲游浏览器的外部工具栏可以把其他软件引入到 MyIE2 中，使用它就像使用傲游浏览器本身的功能一样方便容易。通过外部工具栏，用户不再需要切换到其他地方来启动需要的软件。并且，用户还可以设定这些工具随着傲游浏览器启动而启动，关闭而关闭。

- 隐私保护

通过使用傲游浏览器，用户可以清除所有的浏览器遗留信息，包括历史记录、Cookie 记录、浏览器缓存等。而且更可以选择关闭傲游浏览器的时候自动清除这些信息，方便快捷地保护用户上网的隐私。

- 个性化皮肤

傲游浏览器支持可以灵活设置的自定义皮肤。用户可以通过皮肤修改程序图标、颜色和背景等。如果用户想使用 Windows 的主题，只需关闭傲游浏览器的内置皮肤即可。访问傲游浏览器的皮肤站点还可以下载更多的可供更换的皮肤。

- 插件系统

用户可以通过插件来进一步增强傲游浏览器的功能。除了 IE 插件外，傲游浏览器还支持它自己的强大插件系统。目前已经有 400 个以上为傲游浏览器编写的插件。访问插件站点可为傲游浏览器添加更多功能。

- 兼容性和低资源占用

傲游浏览器与 IE 完全兼容，用户可以在傲游浏览器获得 IE 中的所有功能。而且在与

IE 打开同样多窗口的情况下,傲游浏览器使用的内存资源比 IE 要少很多。

2. Mozilla Firefox 浏览器

Mozilla Firefox 浏览器(火狐浏览器)被人们称为微软 IE 浏览器的未来杀手,它是是由 Mozilla 公司开发的一个自由的、开放源码的浏览器,适用于 Windows,Linux 和 MacOS X 平台,它体积小、速度快,还有其他一些高级特征,主要特性有:标签式浏览,使上网冲浪更快;可以禁止弹出式窗口;自定制工具栏;扩展管理;更好的搜索特性;快速而方便的侧栏等。

Mozilla Firefox 浏览器打开网站的页面截图如图 6-3 所示。

图 6-3　Mozilla Firefox 浏览器打开网站的页面截图

根据 Firefox 中文网站的介绍,最新版本的 Firefox 浏览器有如下 12 大特点。

- 更佳的网络体验

Firefox 拥有更人性化界面,能够阻止病毒、间谍软件和弹出窗口的侵扰;更快速地传送页面;更加便捷地安装导入用户的至爱;集成更多有用的功能,例如分页浏览、及时书签、整合搜索框。Firefox 将会带给用户全新的网络体验。

- 更快的浏览速度

更加快速的网页装载过程,使用户在不知不觉中完成前后网页的切换。核心引擎的升级,使得 Firefox 能够浏览传递更多复杂的网站、兼容更多的标准、提升更快的浏览传送速度。

- 自动升级

这个新的升级特性使得 Firefox 能够在最及时的时刻完成安全补丁和新功能的升级。

Firefox 将会自动在后台下载这些小的补丁,然后提示用户进行升级。
- 分页浏览

在同一个视窗内使用分页浏览功能打开多个网页,通过单击拖拽,即可轻松完成页面间的切换和组合。
- 更强的弹出窗口阻止功能

Firefox 的弹出窗口阻止功能可以阻止更多扰人的弹出窗口和广告。
- 整合搜索

在搜索框中嵌入了一些最流行的搜索引擎,用户还可以自由添加。
- 更强大的安全功能

Firefox 在浏览网页时就时刻保护着用户的安全,让后门、病毒和蠕虫彻底远离用户。Firefox 社区的开发者和安全专家还会实时探讨新的解决方案,使用户得到更好的保护。
- 清除隐私数据

新的隐私清除工具将最全面地对用户的隐私进行保护。只需轻轻一个单击,即可彻底清除用户的个人数据,包括浏览历史、Cookies、自动记忆和密码等。
- 及时书签

让用户轻松获取所感兴趣的系列网站的新闻头条和博客文章。使用及时书签自动获取最新的资讯。
- 更加体贴

Firefox 使每一个人都可以畅游网海,包括弱视残疾人。Firefox 最先支持 DHTML,这使得网页内容被自动解析为声音,即使包含大量图片,也没问题。用户可以直接通过键盘操作页面切换。Firefox 1.5 还是第一个符合政府要求残疾人易用性软件的浏览器。
- 个性化

选择新的主题界面,安装新的功能扩展,Firefox 尽在用户的掌握中。
- 支持下一代网络

创新的网络应用程序和服务为用户提供了更加丰富的网络体验,全面支持开放的网络标准。

6.5 搜索引擎

使用搜索引擎是人们在互联网上寻找信息的主要手段,其实搜索引擎并不真正搜索互联网,它搜索的实际上是预先整理好的网页索引数据库。

真正意义上的搜索引擎,通常指的是收集了互联网上几千万个到几十亿个网页并对网页中的每一个文字(即关键词)进行索引,建立索引数据库的全文搜索引擎。当用户查找某个关键词的时候,所有在页面内容中包含了该关键词的网页都将作为搜索结果被搜出来。在经过复杂的算法排序后,这些结果将按照与搜索关键词的相关度高低依次排列。

现在的搜索引擎已普遍使用超链接分析技术,除了分析索引网页本身的文字,还分析索引所有指向该网页的链接的 URL,AnchorText 甚至链接周围的文字。所以,有时候,即使某个网页 A 中并没有某个词,比如"IT",但如果有别的网页 B 用链接"IT"指向这个网页 A,

那么用户搜索"IT"时也能找到网页 A。而且,如果有越多网页(C,D,E,F……)用名为"IT"的链接指向这个网页 A,或者给出这个链接的源网页(B,C,D,E,F……)越优秀,那么网页 A 在用户搜索"IT"时也会被认为更相关,排序也会越靠前。

6.5.1 搜索引擎工作原理

搜索引擎的工作原理,可以看做 3 步:从互联网上抓取网页;建立索引数据库;在索引数据库中搜索排序。

(1) 从互联网上抓取网页

利用能够从互联网上自动收集网页的 Spider 系统程序,自动访问互联网,并沿着任何网页中的所有 URL 爬到其他网页,重复这过程,并把爬过的所有网页收集回来。

(2) 建立索引数据库

由分析索引系统程序对收集回来的网页进行分析,提取相关网页信息(包括网页所在 URL、编码类型、页面内容包含的所有关键词、关键词位置、生成时间、大小、与其他网页的链接关系等),根据一定的相关度算法进行大量复杂计算,得到每一个网页针对页面文字中及超链中每一个关键词的相关度(或重要性),然后用这些相关信息建立网页索引数据库。

(3) 在索引数据库中搜索排序

当用户输入关键词搜索后,由搜索系统程序从网页索引数据库中找到符合该关键词的所有相关网页。因为所有相关网页针对该关键词的相关度早已算好,所以只需按照现成的相关度数值排序,相关度越高,排名越靠前。最后,由页面生成系统将搜索结果的链接地址和页面内容摘要等内容组织起来返回给用户。

搜索引擎的 Spider 一般要定期重新访问所有网页(各搜索引擎的周期不同,可能是几天、几周或几月,也可能对不同重要性的网页有不同的更新频率),更新网页索引数据库,以反映出网页文字的更新情况,增加新的网页信息,去除死链接,并根据网页文字和链接关系的变化重新排序。这样,网页的具体文字变化情况就会反映到用户查询的结果中。

互联网虽然只有一个,但各搜索引擎的能力和偏好不同,所以抓取的网页各不相同,排序算法也各不相同。大型搜索引擎的数据库储存了互联网上几千万至几十亿的网页索引,数据量达到几千 G 甚至几万 G。但即使最大的搜索引擎建立超过 20 亿网页的索引数据库,也只能占到互联网上普通网页的不到 30%。不同搜索引擎之间的网页数据重叠率一般在 70% 以下,用户使用不同搜索引擎的重要原因,就是因为它们能分别搜索到不同的网页。而互联网上有更大量的网页,是搜索引擎无法抓取索引的,用户也无法用搜索引擎搜索到。

搜索引擎只能搜到它网页索引数据库里储存的网页文字信息。如果搜索引擎的网页索引数据库里应该有而没有搜出来,那是能力问题,学习搜索技巧可以大幅度提高搜索能力。

6.5.2 搜索引擎类型

随着搜索引擎技术和市场的不断发展,出现了多种不同类型的搜索引擎,各类媒体上有关搜索引擎的名词也越来越多,甚至产生让人眼花缭乱的感觉,如交互式搜索引擎、第三代搜索引擎、第四代搜索引擎、桌面搜索、地址栏搜索、本地搜索、个性化搜索引擎、专家型搜索引擎、购物搜索引擎、自然语言搜索引擎、新闻搜索引擎、MP3搜索引擎、图片搜索引擎……如何尽快熟悉如此众多类型的搜索引擎，又如何利用各种搜索引擎作为网络营销工具呢？首先要对搜索引擎的种类有一个比较清晰的认识。

尽管搜索引擎有各种不同的表现形式和应用领域，如果从搜索引擎的工作原理来区分，搜索引擎有两种基本类型。

一类是纯技术型的全文检索搜索引擎，如Google，AltaVista，Inktomi等，其原理是通过机器手(即Spider程序)到各个网站收集、存储信息，并建立索引数据库供用户查询。需要说明的是，这些信息并不是搜索引擎即时从互联网上检索得到的。通常所说的搜索引擎，其实是一个收集了大量网站、网页资料并按照一定规则建立索引的在线数据库，如2004年3月底Google收录的网页数量已经超过42亿个。这样，当用户检索时才可以在很短的时间内反馈大量的结果。

另一类称为分类目录，这种搜索引擎并不采集网站的任何信息，而是利用各网站向搜索引擎提交网站信息时填写的关键词和网站描述等资料，经过人工审核编辑后，如果符合网站登录的条件，则输入数据库以供查询。Yahoo是分类目录的典型代表，国内的搜狐、新浪等搜索引擎也是从分类目录发展起来的。分类目录的好处是，用户可以根据目录有针对性地逐级查询自己需要的信息，而不是像技术性搜索引擎一样同时反馈大量的信息，而这些信息之间的关联性并不一定符合用户的期望。

从实质上看，利用机器手自动检索网页信息的搜索引擎才是真正意义上的搜索引擎。现在的大型网站一般都同时具有搜索引擎和分类目录查询方式，只不过一些网站的搜索引擎技术来自于其他提供全文检索的专业搜索引擎，如Yahoo拥有自己经营的网站分类目录，而曾经采用的网页搜索引擎包括Inktomi，Google等公司提供的技术。因此，从用户应用的角度来看，无论通过技术性的搜索引擎，还是人工分类目录型的搜索引擎，都能实现自己查询信息的目的(两种形式可以获得的信息不同，分类目录通常只能检索到相关网站的网址，而搜索引擎则可以直接检索相关内容的网页)，因此习惯上没有必要严格区分这两个概念，而是通称为搜索引擎。不过要注意的是，由于两种类型的搜索引擎原理不同，导致各种搜索引擎营销方式的差异，需要针对不同的搜索引擎采用不同的搜索引擎营销策略，因而出于网络营销研究和应用的需要，有必要从概念和原理上给予区分。

但是，也有一些搜索引擎的操作方式不同于上述两类基本的搜索引擎，比较有影响力的有两种：一种是多元搜索引擎(Meta Search Engine)，另一种是集成搜索引擎(All-in-One Search Page)。这两种搜索引擎也是在前述两种基本搜索引擎的基础上发展演变而成的，但又不同于传统的搜索引擎模式。由于这些搜索引擎应用于网络营销时在基本思想和方法上并没有重大差别，因此这里仅做简要介绍。

多元搜索引擎并不像全文搜索引擎那样拥有自己的索引数据库，而是当用户提交搜索申请时，通过对多个独立搜索引擎的整合和调用，然后按照多元搜索引擎自己设定的规则将搜索结果进行取舍和排序并反馈给用户。从用户的角度来看，利用多元搜索引擎的优点在于可以同时获得多个源搜索引擎(即被多元搜索引擎用来获取搜索结果的搜索引擎)的结果，但由于多元搜索引擎在信息来源和技术方面都存在一定的限制，因此搜索结果实际上并不理想。目前尽管有数以百计的多元搜索引擎，但还没有一个能像Google等独立搜索引擎那样受到用户的广泛认可。

集成搜索引擎的原理则相当简单,甚至不需要多少专门的核心技术,其表现形式是:在一个浏览界面上同时链接了多个搜索引擎,用户检索时可以选择其中的部分或者全部搜索引擎,一次输入关键词,可以获得多个搜索引擎的检索结果。因此这种形式实际上并不是独立的搜索引擎,应该说是对现有搜索引擎的一种应用方式,是为用户获得尽可能多的搜索结果提供方便。与多元搜索引擎一样,集成搜索引擎同样没有自己的索引数据库,甚至不能对搜索结果进行筛选和重新排序。因此,从网络营销的角度来看,并不需要花费太多的精力来给予研究,网站只要在各个独立的搜索引擎中有好的排名效果,在集成搜索引擎中自然也会出现同样的结果。但值得关注的是,集成搜索引擎为网络营销人员提出了一个努力的方向,即应当让自己的网站在尽可能多的搜索引擎中都获得好的表现,尤其不要遗漏重要的搜索引擎。

现在,以传统搜索引擎为核心的"网络门户"的发展受到来自各方面的巨大竞争压力,许多搜索引擎由于效率低下,给那些提供搜索引擎服务的网站带来了大量非难之词。但无论如何,搜索引擎技术作为一项专门技术已经成长起来,并且将会更加成熟,向着更广度、更深度的方向发展,搜索引擎技术也正在不断应用于各种互联网技术中。

6.5.3 搜索引擎的使用

搜索引擎为用户查找信息提供了极大的方便,只需输入几个关键词,任何想要的资料都会从世界各个角落汇集到电脑前。然而如果操作不当,搜索效率也是会大打折扣的。如本想查询某方面的资料,可搜索引擎返回的却是大量无关的信息。出现这种情况的责任通常不在搜索引擎,而是由于没有掌握提高搜索精度的技巧造成的。那么如何才能提高信息检索的效率呢?

(1) 搜索关键词提炼

众所周知,要在搜索引擎上搜索信息首先必须输入关键词,所以说关键词是一切事情的开始。大部分情况下找不到所需的信息是因为在关键词选择方向上发生了偏移,学会从复杂搜索意图中提炼出最具代表性和指示性的关键词对提高搜索效率至关重要,这方面的技巧(或者说经验)是所有其他搜索技巧的基础。

选择搜索关键词的原则是,首先确定所要达到的目标,在脑子里要形成一个比较清晰概念,即要找的到底是什么?是资料性的文档?还是某种产品或服务?然后再分析这些信息都有些什么共性,以及区别于其他同类信息的特性。最后从这些方向性的概念中提炼出此类信息最具代表性的关键词。如果这一步做好了,往往就能迅速地定位要找的东西,而且多数时候根本不需要用到其他更复杂的搜索技巧。

(2) 细化搜索条件

搜索条件越具体,搜索引擎返回的结果就越精确,有时多输入一两个关键词效果就完全不同,这是搜索的基本技巧之一。

(3) 用好逻辑命令

搜索逻辑命令通常是指布尔命令"AND"、"OR"、"NOT"及与之对应的"+"、"-"等逻辑符号命令。用好这些命令同样可使日常搜索应用达到事半功倍的效果。

(4) 精确匹配搜索

精确匹配搜索也是缩小搜索结果范围的有力工具,此外它还可用来完成某些其他方式无法完成的搜索任务。

(5) 特殊搜索命令

除一般搜索功能外,搜索引擎都提供一些特殊搜索命令,以满足高级用户的特殊需求。比如查询指向某网站的外部链接和某网站内所有相关网页的功能等。这些命令虽不常用,但当有这方面搜索需求时,它们就大派用场了。

对普通用户而言,熟练掌握前面介绍的几种搜索技巧就已经足够了。但有时难免会有一些特殊的需求,而搜索引擎也支持一些特殊的搜索命令,以方便用户精确定位所需信息。

- 标题搜索

多数搜索引擎都支持针对网页标题的搜索,命令是"title:",在 Yahoo 中是"t:"(注意冒号为英文字符且后面不跟空格)。在进行标题搜索时,前面提到的逻辑符号和精确匹配原则同样适用。请看下面的例子:

① title(或 t):computer adventure games
② title:+computer +adventure +games
③ title:+computer +games -adventure
④ title:"computer adventure games"

返回的结果都是标题中包含关键字、词的信息条目。

- 网站搜索

此外用户还可以针对网站进行搜索,命令是"site:"(Google)、"host:"(Alta Vista)、"url:"(Infoseek)或"domain:"(Hot Bot)。如想查找 AAA 游戏制作公司网站的所有网页,可以输入:

site(或 host/url/domain):www.AAA.com

还可以在其中加入其他命令组成复杂的搜索条件,如

site:www.AAA.com +title:"computer games" -adventure

意思是查找 AAA 公司网站中所有标题里含有 computer games 的网页,但排除关于冒险游戏的网页。

- 链接搜索

在 Google 和 AltaVista 中,用户均可通过"link:"命令来查找某网站的外部导入链接(Inbound Links)。如

link:www.AAA.com

其他一些引擎也有同样的功能,只不过命令格式稍有区别。用户可以用这个命令来查看是谁以及有多少网站与自己做了链接。

除上述命令外,还有其他一些特殊搜索命令,如"filetype:"(限定搜索的文档类别)、"daterange:"(限定搜索的时间范围)、"phonebook:"(查询电话)等,感兴趣的话读者可以自己研究一下。Google 引擎提供了比较完备的搜索功能。

(6) 附加搜索功能

搜索引擎还提供一些方便用户搜索的定制功能。常见的有相关关键词搜索、限制地区

搜索等。

为方便查询信息，各搜索引擎还提供了其他一些附加搜索功能（部分可在搜索引擎的高级搜索（Advanced Search）页面中选择）。

- 单词衍生形态查询

当输入"thought"时，如果选择了此功能，搜索引擎除以"thought"为条件搜索外，还会以"think"，"thinking"等同词根的词进行查询。

- 网页快照（Snap Shot）

直接从引擎数据库缓存中调出该网页的存档文件，方便用户在预览网页内容后决定是否访问该网站，或是在对应网页发生变动时查看原始页面。通常缓存中保存的是网页的文字部分，图像等多媒体元素还是要实时从对应的网站上下载。与其他附加功能相比，网页快照还是相当实用的。

与网页快照相类似的还有一种网页预览功能（如 WiseNut 引擎的"Sneek-a-Peek"），当用户选择此功能时，将在该条目下方打开一个窗口下载并显示对应的网页内容。

- 网站内部查询

当用户找到某个网页时，搜索引擎提供查询该网站其他页面的功能，类似"site："，"host："等命令。

- 横向相关查询

当用户找到某个感兴趣的网页时，搜索引擎提供查询内容近似的其他网页的功能（不限于同一网站）。一般是在信息条目后面给出"Similar Pages"或"More results like this"链接。

- 概念延伸查询

以某个关键词查询时，搜索引擎列出相关领域的其他搜索条件供选择。比如输入"furniture"，它会列出"outdoor furniture"，"patio furniture"，"office furniture"等相关的信息类别供查询。

除上述功能外，现在搜索引擎都纷纷开始提供分类搜索，如新闻搜索、图像搜索、新闻组搜索、Flash 搜索等。掌握基本的搜索技能并将之灵活应用就足以应付日常的需要了。

6.5.4 用什么样的搜索引擎搜索

搜索引擎分几种，工作方式也不同，因而导致了信息覆盖范围方面的差异。平常搜索仅集中于某一家搜索引擎是不明智的，因为再好的搜索引擎也有局限性，合理的方式应该是根据具体要求选择不同的引擎。这里根据经验提出一些建议。

人们日常信息需求大致可分为两种，一种是寻找参考资料，另一种是查询产品或服务，那么对应的搜索引擎选择就应该是全文搜索引擎（Full-Text Search Engine）和目录索引（Search Directory）。

对前一种需求来说，由于目标非常具体，而目录索引中链接条目所容纳的信息量有限，无法满足人们的要求，因此全文搜索引擎便自然成了人们的选择。按照全文搜索引擎的工作原理，它从网页中提取所有的文字信息，所以匹配搜索条件的范围就大得多，也就能满足哪怕是最不着边际的信息需求。这也就是为什么现在多数目录索引都采用其他全文搜索引擎提供二级网页搜索的原因。

相反，如果找的是某种产品或服务，那么目录索引就略占优势。因为网站在提交目录索引时都被要求提供站点标题和描述，且限制字数，所以网站所有者会用最精练的语言概括自己的业务范围，让人看来一目了然。而多数全文搜索引擎直接提取网页标题和正文作为链接的标题和描述。用过全文搜索引擎的人都有这样的体会，就是搜索结果显示的信息往往过于杂乱，让人无法一眼就判断出该网站的性质。也许你是 Google 坚定的拥护者，但在搜索商业信息时还是会经常用到搜狐、新浪、网易的目录搜索。

当然在实际的使用过程中，用户自己也会养成良好的习惯和独特的搜索技巧。总之，利用好搜索引擎，将会最大限度地在互联网上得到自己想要得到的信息。

第 7 章 电子邮件

电子邮件（E-mail）是 Internet 中又一个应用最为广泛的服务。

通过网络的电子邮件系统，用户可以用非常低廉的价格、以非常快速的方式与世界上任何一个角落的网络用户联络，这些电子邮件可以是文字、图像、声音等各种方式。同时，也可以得到大量免费的新闻、专题邮件，并实现轻松的信息搜索，这是任何传统的方式也无法相比的。正是由于电子邮件的使用简易、投递迅速、收费低廉、易于保存、全球畅通无阻，使得电子邮件被广泛地应用，它使人们的交流方式得到了极大地改变。

本章知识要点：
➡ 电子邮件服务工作原理；
➡ 利用 Web 页面使用电子邮件；
➡ Outlook Express 的使用与设置；
➡ Foxmail 的使用与设置。

7.1 电子邮件服务工作原理

在 Internet 上，将一段文本信息从一台计算机传送到另一台计算机上，可通过两种协议来完成，即 SMTP（Simple Mail Transfer Protocol，简单邮件传输协议）和 POP3（Post Office Protocol，邮局协议 3）。

SMTP 是 Internet 协议集中的邮件标准。在 Internet 上能够接收电子邮件的服务器都有 SMTP。电子邮件在发送前，发件方的 SMTP 服务器与接收方的 SMTP 服务器联系，确认接收方准备好了，则开始邮件传递；若没有准备好，发送服务器便会等待，并在一段时间后继续与接收方邮件服务器联系。这种方式在 Internet 上称为"存储-转发"方式。

POP3 可允许 E-mail 客户向某一 SMTP 服务器发送电子邮件，另外，也可以接收来自 SMTP 服务器的电子邮件。换句话说，电子邮件在客户 PC 机与服务提供商之间的传递是通过 POP3 来完成的，而电子邮件在 Internet 上的传递则是通过 SMTP 来实现的。

电子邮件的一般处理流程与传统邮件有相似之处。

首先，当用户将 E-mail 输入计算机开始发送时，计算机会将用户的信件"打包"，送到 E-mail 地址所属服务商的邮件服务器（发信的邮局即为"SMTP 邮件服务器"，收信的邮局即为"POP3 邮件服务器"）上，这就相当于平时将信件投入邮筒后，邮递员把信从邮筒中取出来并按照地区分类。

然后,邮件服务器根据用户注明的收件人地址,按照当前网上传输的情况,寻找一条最不拥挤的路径,将信件传到下一个邮件服务器。接着,这个服务器也如法炮制,将信件往下传送。这一步相当于邮局之间的转信,即当邮件被分类以后,由始发地邮局运往目的地的省会邮局,然后由省会邮局转给下一级的地区邮局,这样层层向下传递,最终到达用户手中。

最后,E-mail 被送到用户服务商的服务器上,保存在服务器上的用户 E-mail 信箱中。用户个人终端电脑通过与服务器的连接从其信箱中读取自己的 E-mail。这一步相当于信件已经被传送到了用户的个人信箱中,用户自己拿钥匙打开信箱就可以读取信件了。

和普通信件一样,E-mail 也是用某种形式的"地址"来确定传送目标的。这种接收地址就是邮件的 E-mail 地址,它用来唯一确定邮件的发送目标。给某人发送电子邮件时,唯一需要知道的一条信息就是这个人的 Internet 电子邮件地址。E-mail 地址的形式是由两部分组成的,一部分指示收信人,另一部分指示收信人使用的邮件接收服务器,两部分中间用分隔符@(是英语 at 的含义,读作"at")分开。前一部分叫用户名,是用户在邮件系统中建立账号的注册名,后一部分叫网络主机地址(参见对"域名"的解释)。例如,一看到 support@foxmail.com.cn,就知道它是一个电子邮件地址。在大多数电子邮件地址中,@符号后的所有内容就是公司、Internet 服务提供者、教育机构和其他组织的域,是 E-mail 地址中具有公共特征的部分。由此看来,E-mail 地址可由下面的公式表示:

$$E\text{-mail 地址}=用户名+@+主机域名$$

另外,由于 E-mail 的实际使用范围超过了 Internet 本身涵盖的区域,例如许多没挂在 Internet 上的网络也可以用 E-mail 进行相互之间的通信,这就使得 E-mail 的格式变得多种多样。随着对网络认识的加深,可能会接触到各种各样的 E-mail 地址。

7.2 利用 Web 页面使用电子邮件

目前,有很多大型的门户网站都提供免费的电子邮件服务,也有很多专门的提供电子邮件服务的网站。这些优秀的网站给用户提供 Web 使用方式和客户端使用方式(下一节介绍)。使用 Web 方式时,只要有浏览器能够连接到提供电子邮件服务的网站,然后使用网站提供的功能就可以了。

常用的一些知名电子邮件网站有网易 163 邮箱(http://mail.163.com/)、263 天下邮(http://mail.263.net/)、网易 126 免费邮(http://www.126.com/)、搜狐邮箱(http://mail.sohu.com/)等。

各个网站的注册方法大同小异,在注册用户后就可以使用自己的用户名和密码登录自己的电子邮箱,然后使用网站所提供的功能就可以了。

7.3 Outlook Express 的使用与设置

由于收发电子邮件的客户端软件很多,这里介绍其中的两种,一种是 Windows 系列操作系统中绑定安装的 Outlook Express,另一种是中国人自己编写的 Foxmail。首先介绍一下微软的 Outlook Express(OE)的设置与使用。为了描述上的方便,假设已有一个存在的电子邮件地址 you@163.com,并且在 Windows XP 下自带的 Outlook Express 6 中进行设置和使用。

首先启动 Outlook Express。依次单击"开始"→"程序"→"Outlook Express",即可进入 Outlook Express。然后按照下列顺序依次操作即可。可参照图 7-1。

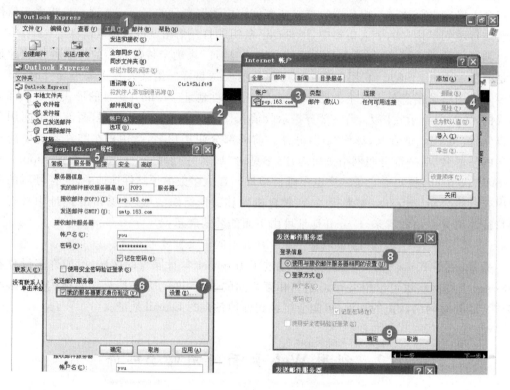

图 7-1 Outlook Express 的设置

(1) 单击"工具",然后选择"帐户"。

(2) 单击"添加",在弹出菜单中选择"邮件",进入 Internet 连接向导。

(3) 在"显示名:"字段中输入姓名,然后单击"下一步"。

(4) 在"电子邮件地址:"字段中输入完整 163 免费邮地址(you@163.com),然后单击"下一步"。

(5) 在"接收邮件(POP3,IMAP 或 HTTP)服务器:"字段中输入"pop.163.com",在"发送邮件服务器(SMTP):"字段中输入"smtp.163.com",单击"下一步"。

(6) 在"帐户名:"字段中输入 163 免费邮用户名(仅输入@ 前面的部分),在"密码:"字段中输入邮箱密码,然后单击"下一步"。

(7) 单击"完成"。

(8) 在 Internet 账户中,选择"邮件"选项卡,选中刚才设置的账号,单击"属性"。

(9) 在属性设置窗口中,选择"服务器"选项卡,勾选"我的服务器需要身份验证",并单击旁边的"设置"按钮。

(10)"登录信息"选择"使用与接收邮件服务器相同的设置",确保在每一字段中输入了正确信息。

(11)单击"确定"。

7.4　Foxmail 的使用与设置

Foxmail 是优秀的国产电子邮件客户端软件。Foxmail 具备强大的反垃圾邮件功能。它使用多种技术对邮件进行判别,能够准确识别垃圾邮件与非垃圾邮件。垃圾邮件会被自动分捡到垃圾邮件箱中,有效地降低垃圾邮件对用户的干扰,最大限度地减少用户因为处理垃圾邮件而浪费的时间。数字签名和加密功能在 Foxmail 5.0 中得到支持,可以确保电子邮件的真实性和保密性。通过安全套接层(SSL)协议收发邮件使得在邮件接收和发送过程中,传输的数据都经过严格的加密,有效防止黑客窃听,保证数据安全。其他改进包括阅读和发送国际邮件(支持 Unicode)、地址簿同步、通过安全套接层(SSL)协议收发邮件、收取 yahoo.com 邮箱邮件、提高收发 Hotmail 和 MSN 电子邮件速度、支持名片(vCard)、以嵌入方式显示附件图片、增强本地邮箱邮件搜索功能等。

目前 Foxmail 的最高版本为 Foxmail 6.0 beta3,相对应以前的版本又增加了一些功能,修补了一些功能。当然,以后还会有更新、更稳定的版本出来,可以从它的网站上(http://www.foxmail.com.cn)了解到更多的关于 Foxmail 的信息。

与 7.3 节中一样,这里仍然使用 you@163.com 作为已知的电子邮件地址对 Foxmail 进行设置。

按照下列顺序依次进行设置,可参照图 7-2。

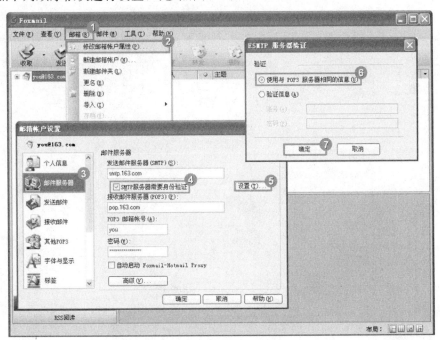

图 7-2　Foxmail 的设置

(1) 打开 Foxmail,单击"帐户"菜单中的"新建"。
(2) 进入 Foxmail 用户向导,单击"下一步"。
(3) 输入自己的用户名,然后单击"下一步"。
(4) 输入发送者姓名和自己的邮件地址,然后单击"下一步"。
(5) 选择 POP3 账户输入自己的密码,单击"完成"按钮保存设置。
(6) 单击"帐户"菜单中的"属性"。
(7) 在弹出窗口"帐户属性"里选定"邮件服务器"。
(8) 在右边"SMTP 服务器需要身份验证"栏前的空格打勾,并单击旁边的"设置"按钮。
(9) 选择"使用与 POP3 服务器相同的信息"。
(10) 单击"确定"。

设置好之后就可以使用 Foxmail 收发电子邮件了。

第8章 FTP服务与文件下载

FTP(File Transfer Protocol)是文件传输协议的简称。正如它的名字一样，FTP的主要作用就是让用户连接上一个远程计算机(这些计算机上运行着FTP服务器程序)，查看远程计算机上有哪些文件，然后把文件从远程计算机上复制到本地计算机上，或把本地计算机上的文件送到远程计算机上去。除此之外，现在还有很多其他的方法在互联网上进行文件的搜索和下载。

本章知识要点：
➡ FTP服务；
➡ 文件下载与常用下载工具的使用。

8.1 FTP服务

8.1.1 FTP服务工作原理

下面简单地介绍一下FTP的工作原理。

拿下载文件为例，当启动FTP从远程计算机复制文件时，事实上启动了两个程序：一个是本地机上的向FTP服务器提出复制文件请求的FTP客户程序；另一个是在远程计算机上的FTP服务器程序，它响应请求把指定的文件传送到计算机中。

FTP采用客户机/服务器方式，用户要在自己的本地计算机上安装FTP客户程序。FTP客户程序有字符界面和图形界面两种。字符界面的FTP的命令复杂、繁多；图形界面的FTP客户程序操作上要简洁、方便得多。

简单地说，支持FTP协议的服务器就是FTP服务器。下面介绍一下什么是FTP协议(文件传输协议)。

文件传输是信息共享非常重要的一个内容之一。Internet上早期实现传输文件，并不是一件容易的事。Internet是一个非常复杂的计算机环境，有PC，有工作站，有MAC，有大型机，据统计连接在Internet上的计算机已有上千万台。而这些计算机可能运行不同的操作系统，有运行UNIX的服务器，也有运行DOS，Windows的PC机和运行MacOS的苹果机等。而各种操作系统之间的文件交流问题，需要建立一个统一的文件传输协议，这就是所谓的 FTP。基于不同的操作系统有不同的 FTP 应用程序，而所有这些应用程序都遵守同一种协议，这样用户就可以把自己的文件传送给别人，或者从其他的用户环境中获得文件。

与大多数 Internet 服务一样，FTP 也是一个客户机/服务器系统。用户通过一个支持 FTP 协议的客户机程序，连接到远程主机上的 FTP 服务器程序。用户通过客户机程序向服务器程序发出命令，服务器程序执行用户所发出的命令，并将执行的结果返回到客户机。比如说，用户发出一条命令，要求服务器向用户传送某一个文件的一份复制，服务器会响应这条命令，将指定文件送至用户的机器上。客户机程序代表用户接收到这个文件，将其存放在用户目录中。

在 FTP 的使用当中，用户经常遇到两个概念：下载(Download)和上传(Upload)。下载文件就是从远程主机复制文件至自己的计算机上；上传文件就是将文件从自己的计算机中复制至远程主机上。用 Internet 语言来说，用户可通过客户机程序向(从)远程主机上传(下载)文件。

使用 FTP 时必须首先登录，在远程主机上获得相应的权限以后，方可上传或下载文件。也就是说，要想同哪一台计算机传送文件，就必须具有哪一台计算机的适当授权。换言之，除非有用户 ID 和口令，否则便无法传送文件。这种情况违背了 Internet 的开放性，Internet 上的 FTP 主机何止千万，不可能要求每个用户在每一台主机上都拥有账号。匿名 FTP 就是为解决这个问题而产生的。

匿名 FTP 是这样一种机制，用户可通过它连接到远程主机上，并从其下载文件，而无须成为其注册用户。系统管理员建立了一个特殊的用户 ID，名为 anonymous，Internet 上的任何人在任何地方都可使用该用户 ID。

通过 FTP 程序连接匿名 FTP 主机的方式同连接普通 FTP 主机的方式差不多，只是在要求提供用户标识 ID 时必须输入 anonymous，该用户 ID 的口令可以是任意的字符串。习惯上，用自己的 E-mail 地址作为口令，使系统维护程序能够记录下来谁在存取这些文件。

值得注意的是，匿名 FTP 不适用于所有 Internet 主机，它只适用于那些提供了这项服务的主机。

当远程主机提供匿名 FTP 服务时，会指定某些目录向公众开放，允许匿名存取。系统中的其余目录则处于隐匿状态。作为一种安全措施，大多数匿名 FTP 主机都允许用户从其下载文件，而不允许用户向其上传文件，也就是说，用户可将匿名 FTP 主机上的所有文件全部复制到自己的机器上，但不能将自己机器上的任何一个文件复制至匿名 FTP 主机上。即使有些匿名 FTP 主机确实允许用户上传文件，用户也只能将文件上传至某一指定上载目录中。随后，系统管理员会去检查这些文件，他会将这些文件移至另一个公共下载目录中，供其他用户下载。利用这种方式，远程主机的用户得到了保护，避免了有人上传有问题的文件，如带病毒的文件。

作为一个 Internet 用户，可通过 FTP 在任何两台 Internet 主机之间复制文件。但是，实际上大多数人只有一个 Internet 账户，FTP 主要用于下载公共文件，例如共享软件、各公司技术支持文件等。Internet 上有成千上万台匿名 FTP 主机，这些主机上存放着数不清的文件，供用户免费复制。实际上，几乎所有类型的信息、所有类型的计算机程序都可以在 Internet 上找到，这是 Internet 吸引人们的重要原因之一。

匿名 FTP 使用户有机会存取到世界上最大的信息库，这个信息库是日积月累起来的，并且还在不断增长，永不关闭，涉及几乎所有主题。而且，这一切是免费的。

匿名 FTP 是 Internet 网上发布软件的常用方法。Internet 之所以能延续到今天，是因为人们使用通过标准协议提供标准服务的程序。像这样的程序，有许多就是通过匿名 FTP 发布的，任何人都可以存取它们。

Internet 中有数目巨大的匿名 FTP 主机以及更多的文件，那么到底怎样才能知道某一特定文件位于哪个匿名 FTP 主机上的哪个目录中呢？这正是 Archie 服务器所要完成的工作。Archie 将自动在 FTP 主机中进行搜索，构造一个包含全部文件目录信息的数据库，使用户可以直接找到所需文件的位置信息。

8.1.2 使用 FTP 服务

建立好 FTP 服务器之后就可以去访问它上面的开放资源了，访问这些资源的方法可以在 DOS 窗口下使用 FTP 命令，如 ls，get 等，也可以使用各种客户端软件来实现，现在流行的 FTP 客户端软件主要有 LeapFTP，CuteFTP，FlashFXP 等。使用软件的方式做服务器的上传下载工作也经常被作为维护网站的主要手段，这里对 LeapFTP 的使用进行简单介绍，其他软件的同类使用可以以此类推。

目前 LeapFTP 的最高版本为 V2.7.5，可以在各大软件网站找到。同样 LeapFTP 也有中文补丁，为了方便读者学习使用，这里仍然使用汉化版本进行介绍。

安装过程是比较简单的，如果有自己的个性化要求，比如选择安装目录等，可以在相关的安装页面进行设置修改，一般情况就一路单击"下一步"即可完成安装。

图 8-1 就是使用 LeapFTP 登录到用 Serv-U 建立的服务器上的情况，为了方便，这里选择了匿名登录。

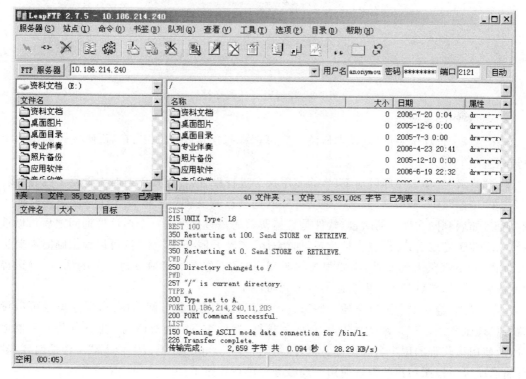

图 8-1　LeapFTP 界面

在连接上服务器之后,就可以进行下载和上传的工作了。

下载文件的时候可以在"服务器目录和文件列表"区域选择要下载的目录或者文件,右击选择"下载"命令,或者用鼠标拖拽到"本地目录和文件列表"区域就可以看见被选择的文件开始被下载,下载情况可以在LeapFTP的状态栏显示出来,涉及的相关命令在命令栏会有所显示。

上传的方法与下载的方法类似,但方向相反,即将要上传的内容从"本地目录和文件列表"拖拽到"服务器目录和文件列表",或者选择"上传"命令即可。当然,为了能够正常地进行上传,要选择好服务器上那些符合用户权限、允许用户进行上传的目录作为上传文件的"栖息地"。

为了让用户更好地使用LeapFTP,软件提供了很多参数的设置来帮助用户打造自己的软件,这些参数可以通过选择"选项"→"偏好设置"→"常规"(或者是ASCII等)调出相关窗口进行设置,如图8-2所示。

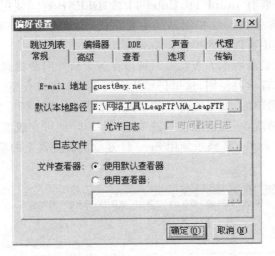

图8-2　LeapFTP的偏好设置

一些常用的参数说明如下。

在"常规"选项卡中的"默认本地路径",可选择每次启动LeapFTP后,所进入的本地上传路径。

在"高级"选项卡中则可对FTP的使用状态进行设置,如连接不通时再重复10次连接。

在"传输"选项卡中的"同名本地文件"和"同名远程文件"中,需设置好每次上传时的一些响应,如遇到同文件名的时候,软件是直接覆盖还是直接弹出一个对话框询问之后再做选择。在"传送完成后"可设置多种状态,如"空闲"、"断开服务器"等。这可以根据临时需要进行设置,如下载很大的文件,需要很长的时间,而又不想在电脑前等待太久的话,可以选择"完成后关机",然后开机去做自己的事情就可以了。

在"代理"选项卡中可以方便一些通过局域网代理服务器上网的用户,在这里也可以设置好代理服务器。首先,选中"代理"前的复选框,然后在下面的对话框中输入代理服务器地址,及使用该代理的用户名和密码。这样,每次打开LeapFTP进行上传下载工作的时候,软件自己就可以按照用户的设置使用代理服务器进行连接了。

8.2 文件下载与常用下载工具的使用

在前面介绍了 FTP 服务器以及相关的 FTP 客户端软件的使用,其实,FTP 就是一种传统的文件下载方式。近几年,不仅在传统文件下载方面出现了诸如 NetAnts(网络蚂蚁)、Flashget、迅雷、影音传送带等优秀软件,而且随着 P2P 等新的传输协议的成熟发展,出现了一些新的下载方式,如 BT,eMule 等,也给人们交流资源提供了方便。

8.2.1 网络蚂蚁

网络蚂蚁作为国人开发的下载工具软件,后来居上,利用了几乎一切可以利用的技术手段,如多点连接、断点续传、计划下载等,使用户在现有的条件下,大大地加快了下载的速度。由于这个下载软件用蚂蚁搬家来象征它从网络上下载数据,因此就称为网络蚂蚁。网络蚂蚁工作起来有一股锲而不舍(断点续传)和团结一致(多点连接)的精神,是一个帮助用户在网络上下载资料的勤奋的蚂蚁工人。网络蚂蚁的界面如图 8-3 所示。

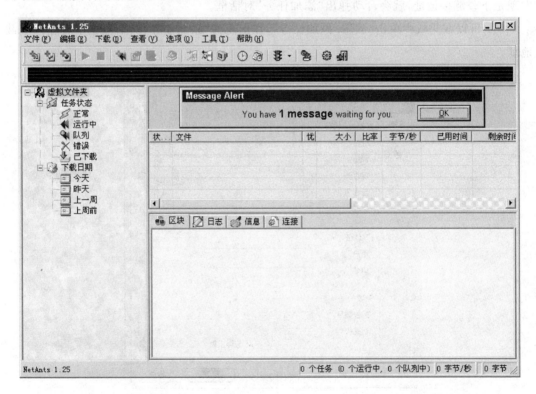

图 8-3 网络蚂蚁的界面

网络蚂蚁的功能有:
- 断点续传,一个文件可分为几次下载;

- 多点连接,将文件分块同时下载;
- 剪贴板监视下载,监视剪贴板的链接地址,自动开始下载;
- 链接地址拖动下载,方便调用网络蚂蚁下载文件;
- 配合浏览器自动下载,直接取代浏览器的下载程序;
- 批量下载,可以方便下载多个文件;
- 自动拨号,定时下载,方便夜间快速下载;
- 下载任务编辑、管理,任务调整和重新排队;
- 支持代理服务器,方便利用特殊的网络渠道。

打开浏览器,找到下载文件的链接后可以有多种方法下载它。

(1) 在链接上右击,在出现的菜单中可以看见两个选项,一是"download by netants",它表示下载该链接;另一个是"download all by netants",它表示下载该页面上的所有链接。

(2) 用鼠标左键点住该链接,拖动到拖放窗口中再松开。

(3) 如果设置中设置了"浏览器整合"这一项,那么只要用户单击该链接,蚂蚁自动就会准备下载。

(4) 如果设置了"剪贴板监视器"一项,则蚂蚁将对复制到剪贴板的字符进行监视,如果发现是下载链接地址,就会自动弹出"添加任务"对话框。

(5) 可以在蚂蚁中单击"编辑/添加任务",在出现的"添加任务"对话框中手动输入下载地址。

总之,无论用什么方法,最后蚂蚁都会弹出一个"添加任务"的对话框,如图 8-4 所示。

图 8-4 网络蚂蚁的"添加任务"对话框

用户在其中可以修改设置(如果不想使用默认的设置的话)。确定之后,蚂蚁就开始工作了。看一下蚂蚁拖放窗口,就会看见几只蚂蚁在勤劳地推着小推车,这就说明它们正在从网络上往用户的硬盘里搬运数据文件。

关于网络蚂蚁的参数设置,可以通过单击"工具"→"参数设置",在弹出的参数设置窗口中选择相关的标签页中的相关选项进行设置就可以了,如图 8-5 所示。

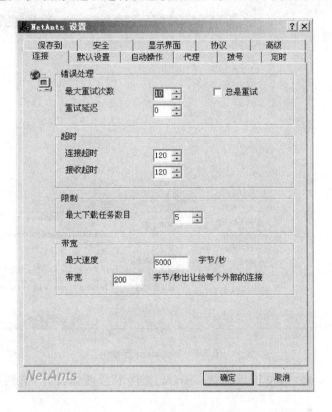

图 8-5　网络蚂蚁的参数设置窗口

8.2.2　BitComet

BT 是一种下载与交流文件的方式,是下载服务与 P2P 文件交流的协议及其软件。BT 在下载的同时利用多个客户端的上行带宽组成下载链(通常带宽分为上行与下行,用户的上行带宽基本闲置),同时把要下载的文件分成碎片在这个虚拟的下载链上高速地传输。

BT 下载不需要占用服务器的带宽,只要利用客户端闲置的资源聚少成多。

支持 BT 下载的软件有很多,比如 BitComet、BitTorrent、BitSpirit 等,它们的使用大同小异,这里介绍一种 BitComet 的使用方法,其他软件请读者举一反三即可。

BitComet 是基于 BitTorrent 协议的高效 P2P 文件分享免费软件(俗称 BT 下载客户端),支持多任务下载,文件有选择地下载;磁盘缓存,减小对硬盘的损伤;只需一个监听端口,方便手工防火墙和 NAT/Router 配置;在 Windows XP 下能自动配置支持 Upnp 的 NAT 和 XP 防火墙、续传做种免扫描、速度限制等多项实用功能,以及自然方便的使用界面。安装 BitComet 并运行它之后,用户看到的软件界面如图 8-6 所示。

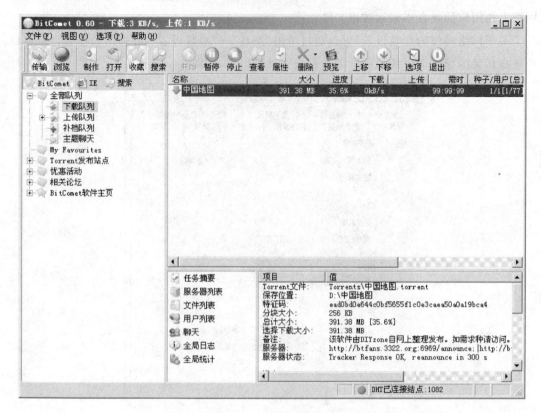

图 8-6　BitComet 界面

使用 BitComet 时,用户可以通过 torrent 文件下载所需文件,有两种方法可以获得 torrent 文件。

(1) 先打开 BitComet 软件,单击"BitComet",其中有一个"Torrent 发布站点"文件夹,单击开来可以看到很多 BT 网站,可以选择其中的一个双击打开,浏览下载 torrent 文件,一般单击文件名就可以下载了。

(2) 先打开 BitComet 软件,单击"搜索",直接填入关键字搜索需要的 torrent 文件进行下载,一般单击文件名就可以下载了。

torrent 文件下载完成后会自动打开 BitComet 进行任务下载,首先会出现"任务属性"对话框,包含"常规"、"高级设置"和"任务连接"3 个标签,默认打开的是"常规"标签,可以通过单击切换标签。

在"常规"标签页中可以进行如下设置。

- 保存位置:单击"浏览"或者直接在地址栏输入地址,可以改变文件下载后存储在电脑里面的位置。
- 任务:默认为"下载"和"立刻开始",意思是立刻开始下载这个任务。如果选择"手动开始",则需要在以后手动开始任务下载。
- 文件名:通过在"文件名"前面打勾,可以选择性地下载文件。

在"高级设置"标签页中可以进行如下设置。

- 服务器列表：里面填入的是 tracker 服务器地址，这些地址一般是 torrent 文件里面自带的，也是做种子的时候填入的，下载的时候不用关注。
- 任务设置：选择"允许使用公用 DHT 网络"可以从 DHT 网络上的其他用户获得数据，提高下载速度；选择"允许用户来源交换"可以获得更多的用户，从而获得更多的数据，提高下载速度；允许单独设置任务参数中的最小保证上传值和最大允许上传值，一般下载用户主要是为了做种子的用户服务的。作为种子，用户通过设置这个值即可控制自己上传数据的最小值和最大值，从而可以保证其他用户下载的速度，并且预留出部分带宽供自己下载文件。

在"任务链接"标签页中可以设置 bctp 链接的相关内容。

其他的一些参数可以通过单击"选项"下的"选项"命令打开相关页面进行设置，如图 8-7 所示。

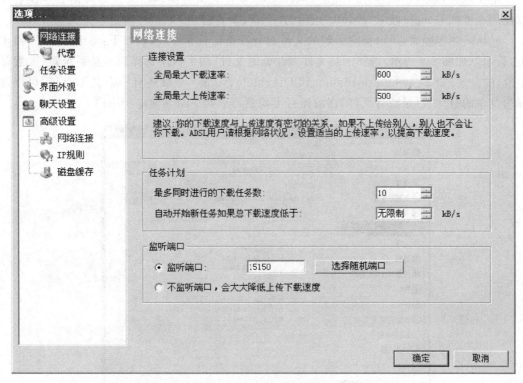

图 8-7　BitComet 的参数设置窗口

8.2.3　电驴下载

回顾上网伊始，网民寻找网站都是依靠各网站提供的链接，自主权、选择权相对受到限制。但是当 Yahoo，Lycos，Google 及百度等建立了搜索引擎后，网友上网冲浪的方式有所改变，可以利用搜索引擎去查找获取自己需要的所有信息。类似于网站、网页的搜索引擎，电驴是文件的搜索引擎。可以说，电驴的推出开创了文件搜索新时代。

2002 年 5 月，一个叫做 Merkur 的人，他不满意当时的 eDonkey 2000 客户端并且坚信他能做出更出色的 P2P 软件，于是便着手开发。他凝聚了一批原本在其他领域有出色发挥的程序员在他的周围，eMule 工程就此诞生。他的目标是将 eDonkey 的优点及精华保留下来,并加入新的功能以及使图形界面变得更好。

电驴的英文名称是 Edonkey。用户用电驴软件把各自的 PC 连接到电驴服务器上,而服务器的作用仅是收集连接到服务器的各电驴用户的共享文件信息(并不存放任何共享文件),并指导 P2P 下载方式。P2P 就是 Point To Point,也可以理解为 PC To PC 或 Peer To Peer,所以电驴用户既是客户端,同时也是服务器。可以说,电驴把控制权真正交与用户手中,用户通过电驴可以共享硬盘上的文件、目录甚至整个硬盘。那些费心收集存储在自己硬盘上的文件肯定是被认为最有价值的。所有用户都共享了他们认为最有价值的文件,这将使互联网上信息的价值得到极大的提升。

1. 下载文件

电驴软件很多,本教程介绍的是 eMule。该软件界面有简体中文及多种语言。读者可以使用百度或 Google 搜索"eMule",查找并下载、安装它。

eMule 功能强大,可以指定下载的文件放置在指定目录中,步骤如下:单击"选项",再单击"目录"(如图 8-8 所示),把"下载文件"和"临时文件"两个目录选择到不是系统盘(一般是 C 盘)的分区,如 D:\emule\incoming 和 D:\emule\temp。下面还有一个共享目录,可以选择想共享的分区、目录或者文件,在前面打上勾就可以共享给其他电驴用户了。

图 8-8 电驴 eMule 的选项设置

运行 eMule 后,它会自动连接服务器(也可以自己双击连接)。连接成功之后,单击论坛上发布的资源连接,它就会自动添加到 eMule 的下载任务当中。

下面以 Elton John -《Peachtree Road》[MP3!]解释一下电驴文件 ed2k 链接里面的相关信息:

ed2k://|file|Elton.john.-.[Peachtree.Road]%E4%B8%93%E8%BE%91.(mp3).[VeryCD.com].rar|80342128|C3B1E5AB56ACB74DD926042763B407B2|h=MI7JGDWBYSWA-H33U7GGMOU4TV7HSM4CO|/

以"|"划分可以分成以下 3 部分。
- 文件名：虽然最直观醒目，但是最不关键，作用仅是便于搜索。
- 文件大小：一般情况下，文件越大，歌曲的质量越好。
- 文件 ID：又叫做 hash，这才是 ed2k 链接里面的关键。很多文件即使它们的文件名不一样，但是只要文件 ID 一致，电驴服务器就视同为同一个文件。如果想知道欲下载的文件是否以前已经下载过了，唯一的操作办法就是将每次下载文件的文件 ID 保存到 Word 文件里面（当然保存 ed2k 链接更简便），然后下载之前查找一下要下载文件的文件 ID（千万不可查找 ed2k 链接）是否在该文件中即可判定。

2. 上传文件

上传文件有以下两种情况。

(1) 通过电驴下载的文件

首先用户在下载的同时也在提供上传，如果想公布此文件的 ed2k 链接，单击"共享"菜单。如果文件没有在列表中，可以刷新一下，找到要公布的文件，右击选择"复制 ed2k 链接到剪贴板"，再然后在论坛公布即可。

(2) 用户独有的文件

先把要上传的文件复制到计算机中电驴下载的 incoming 目录里面（或指定的共享目录）；然后单击"共享"菜单，刷新一下，就可以看到要上传到电驴服务器的文件（其实文件并没有上传到服务器，还是在自己的计算机里面）；最后按照情况(1)中所说的方法公布。其实即使不公布文件的 ed2k 链接，其他用户如果可以搜索到，也都可以自行下载，公布只是为了方便其他用户，提高下载速度。

3. 搜索文件

搜索功能很简单，和 Google 等搜索引擎相似，只不过一个是搜索主页，另一个是搜索文件。

(1) 单击"搜索"菜单，在"名字"栏里面输入关键字，"类别"可以任意选择，"方法"最好选择"全局（服务器）"，然后单击"开始"，就会发现列出了很多可下载的文件。

(2) 最好选择来源多的文件，双击就可以下载。

(3) 要保存搜索的文件信息，可以在"搜索结果"窗口里面，按 Ctrl＋A 键全选，然后右击，选择"复制 ed2k 链接到剪贴板"，最后粘贴到一个文件中保存即可。

(4) 如果想通过 Web 方式查询，可以登录一些相关网站，如 www.verycd.com。

第 9 章　网上联络和常用工具软件

随着互联网越来越深入人们的生活,人们的联络方式也有所改变和扩展,由原来的信件、电话等方式慢慢地开始扩展为网络化的联系方式。使用各种网上联络功能丰富了人们的联系范围和手段。

本章知识要点:
- QQ；
- Windows Live Messenger 概述；
- Telnet 与 BBS；
- 网络会议。

9.1　QQ

腾讯 QQ 是深圳市腾讯计算机系统有限公司开发的一款基于 Internet 的即时通信(IM)软件。腾讯 QQ 支持在线聊天、视频电话、点对点断点续传文件、共享文件、网络硬盘、自定义面板、QQ 邮箱等多种功能,并可与移动通信终端等多种通信方式相连。用户可以使用 QQ 方便、实用、高效地和朋友联系,而这一切都是免费的。

QQ 2006 的界面如图 9-1 所示。

通过"下载→安装→登录→查找和添加好友"这个过程后,用户就可以使用 QQ 中的各项功能了。QQ 提供了以下的功能供用户使用。

- 注册与登录；
- 查找添加好友和管理好友；
- 设置在线状态；
- 发送即时消息；
- 个性化使用 QQ；
- 使用 QQ 互动空间；
- 传输和共享文件；
- 语音视频聊天；

图 9-1　QQ 2006 的界面

- 使用 QQ 对讲机；
- 用 QQ 建立群；
- 用 QQ 发短信；
- 使用 QQ 网络硬盘；
- 使用资讯面板；
- 使用自定义面板；
- 使用音乐面板；
- 设计 QQ 秀；
- 设计 QQ 家园；
- 设置形象照片；
- 设置 QQ 炫铃；
- 使用 QQ 邮箱；
- 使用 QQ 浏览器；
- 畅游 QQ 游戏；
- QQ 聊天室；
- 用 QQ 联系企业用户；
- QQ 和 TM 双向切换。

通过单击"菜单"下的"设置"命令可以设置 QQ 的各项参数，如图 9-2 所示。

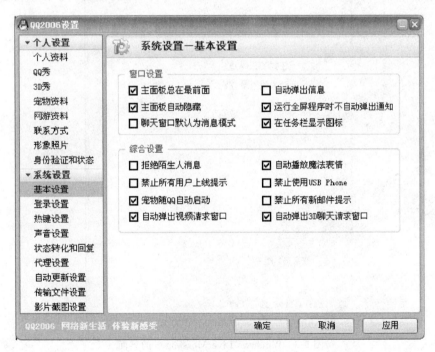

图 9-2　QQ 2006 的参数设置窗口

关于 QQ，可以登录 http://www.qq.com 了解更多的信息。

9.2 Windows Live Messenger 概述

Windows Live Messenger 是微软公司推出的即时消息软件,是微软 MSN Messenger 的升级版本,目前在国内已经拥有了大量的用户群。使用 Messenger 可以与他人进行文字聊天、语音对话、视频会议等即时交流,还可以通过此软件来查看联系人是否联机。Messenger 界面简洁、易于使用,是与亲人、朋友、工作伙伴保持紧密联系的绝佳选择。用户使用已有的一个 E-mail 地址,即可注册获得免费 Messenger 的登录账号。

目前最新版本的 Messenger 是 Windows Live Messenger,软件界面如图 9-3 所示。

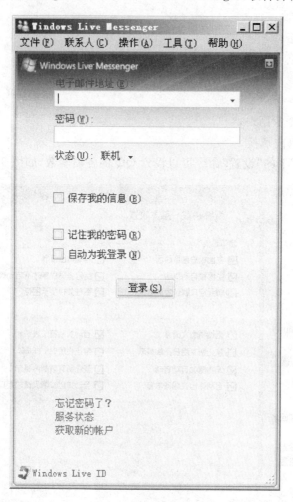

图 9-3 Windows Live Messenger 的界面

通过单击"工具"下的"选项"可以设置其各种参数,如图 9-4 所示。

关于 MSN Messenger,可以登录 http://www.msn.com.cn 了解更多的信息。

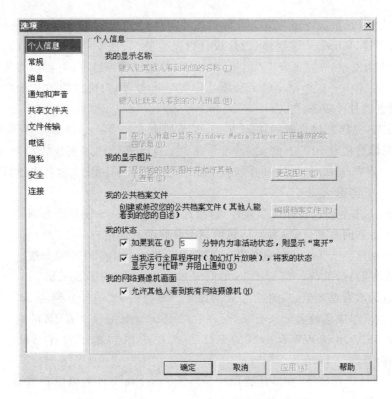

图 9-4　Windows Live Messenger 的参数设置窗口

9.3　Telnet 与 BBS

　　Telnet 是进行远程登录的标准协议和主要方式，它为用户提供了在本地计算机上完成远程主机工作的能力。通过使用 Telnet，Internet 用户可以与全世界许多信息中心图书馆及其他信息资源联系。Telnet 远程登录的使用主要有两种情况。第一种是用户在远程主机上有自己的账号（Account），即用户拥有注册的用户名和口令；第二种是许多 Internet 主机为用户提供了某种形式的公共 Telnet 信息资源，这种资源对于每一个 Telnet 用户都是开放的。Telnet 是使用最为简单的 Internet 工具之一。在 UNIX 系统中，要建立一个到远程主机的对话，只需在系统提示符下输入命令"Telnet 远程主机名"，用户就会看到远程主机的欢迎信息或登录标志。在 Windows 系统中，用户将以具有图形界面的 Telnet 客户端程序与远程主机建立 Telnet 连接，如 Netterm，Sterm，Cterm 等。

　　BBS 的英文全称是 Bulletin Board System，翻译为中文就是"电子公告板"。BBS 最早是用来公布股市价格等类信息的，当时 BBS 连文件传输的功能都没有，而且只能在苹果计算机上运行。早期的 BBS 与一般街头和校园内的公告板性质相同，只不过是通过电脑来传播或获得消息而已。一直到个人计算机开始普及之后，有些人尝试将苹果计算机上的 BBS 转移到个人计算机上，BBS 才开始渐渐普及开来。近些年来，由于爱好者们的努力，BBS 的功能得到了很大的扩充。

目前,通过 BBS 系统可随时取得各种最新的信息;也可以通过 BBS 系统来和别人讨论计算机软件、硬件、Internet、多媒体、程序设计以及生物学、医学等各种有趣的话题;还可以利用 BBS 系统来发布一些"征友"、"租赁"、"招聘"及"求职"等启事;更可以召集亲朋好友到聊天室内高谈阔论……这个精彩的天地就在你我的身旁,用户可以很方便地进入这个交流平台,来享用它的种种服务。

一般的 BBS 站点都提供两种访问方式:WWW 方式和 Telnet 方式。WWW 方式浏览是指通过浏览器直接看 BBS 上的文章,参与讨论。优点是使用起来比较简单方便,入门很容易。但是 WWW 方式由于自身的限制,不能即时响应,而且 BBS 的有些独具特色的功能难以在 WWW 下实现。

而 Telnet 方式是通过各种终端软件,直接远程登录到 BBS 服务器去浏览、发表文章,还可以进入聊天室和网友聊天,或者发信息给站上在线的其他用户。

这里以终端软件 S-Term 为例说明一下登录河北大学燕赵 BBS 的方法。

(1) 下载 S-Term 软件。燕赵 BBS 的登录地址有两个,分别为 bbs.hbu.cn 和 tobbs.hbu.cn。前者为教育网地址,后者为公众网地址。对应的 IP 地址分别为 202.206.1.26 和 218.12.100.54。如果用域名无法登录,可以尝试用 IP 地址登录。在 IE 的地址栏内输入以上的网址或者 IP 会出现 WWW 方式的 BBS 站点首页,在屏幕下方有"Telnet 工具"的链接,单击进入后下载 S-Term。

(2) 下载之后进行解压,在解压目录中运行 sterm.exe 文件就可以看到 S-Term 的软件界面,如图 9-5 所示。

图 9-5 S-Term 的软件界面

(3) 单击主工具条上的绿屏幕小电脑按钮 ，弹出"快速登陆"对话框。在"主机地址"后面的框里输入"202.206.1.26"（教育网）或是"218.12.100.54"（公众网），在"端口"后面的框里输入"23"（教育网）或是"2000"（公众网），如图 9-6 所示。

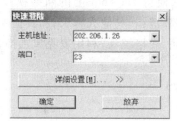

图 9-6　S-Term 的"快速登陆"设置窗口

(4) 单击"确定"之后就可以看见河北大学燕赵 BBS 的进站欢迎画面了，如图 9-7 所示。

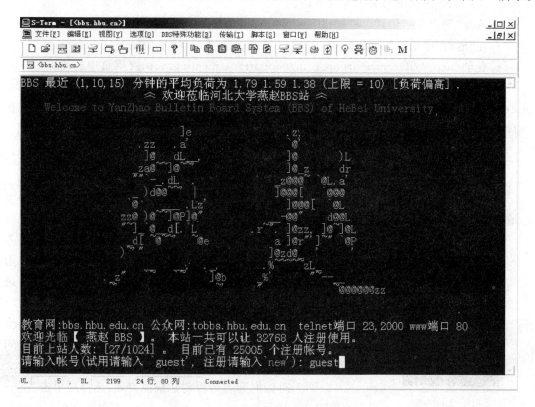

图 9-7　燕赵 BBS 的进站欢迎画面

(5) 输入自己的账号和密码，按几次回车之后就会看到主界面，至此登录 BBS 成功。

9.4　网 络 会 议

网络会议是基于通用的网络通信协议而建立的一种多点服务系统，它允许多台主机通过网络服务器进行沟通。这种沟通不仅支持实时交谈，还可以共享一个多功能白板程序，更加出色的是支持 H.323 音频和视频会议标准以及 T.120 数据会议标准。

网络会议与其他互联网应用一样，也是采用客户机/服务器模式。客户端常用的工具软件有 Windows 自带的 NetMeeting 和 Voxphone，本节将以 NetMeeting 为例，介绍网络会议的使用。

Microsoft NetMeeting 的功能非常强大，它使得 Internet 上的网络视频会议真正成为现实。用户可以利用它很自如地在网上做很多事情：和其他人聊天；和其他人一起操作彼此屏幕上的电子白板；和其他人协同完成演示文稿、表格统计；利用麦克风主持音频会议；利用摄像机和视频捕捉卡主持视频会议等。

9.4.1 NetMeeting 的启动

1. NetMeeting 的启动

NetMeeting 的启动有如下 3 种方法：

- 选择"程序"→"附件"→"通迅"→"Netmeeting"；
- 在"运行"中输入"conf"；
- 登录 http://itrc.nice-group.com/support/netmeeting.asp，在网页中启动。

NetMeeting 是 Internet Explore 的套件之一，启动时一般选择"程序"下 Internet Explore 的套件中的"Microsoft NetMeeting"。较新版本将其作为 Internet 的工具之一放在"附件"的"通迅"选项中。

2. NetMeeting 的设置

（1）初次启动时会打开 NetMeeting 的向导并显示它的介绍对话框。

（2）单击"下一步"跳到一个对话框，它要求输入一些个人信息，其中姓名、电子邮件为必填项，其他项可以随意。

（3）单击"下一步"跳到下一个对话框，选择在启动 NetMeeting 时是否登录到目录服务器中。向导在服务器名中已经选择了一个目录服务器，为加快启动速度，请去掉"当 NetMeeting 启动时登录到目录服务器"前面的复选框，单击"下一步"弹出对话框。

（4）这里要求选择 Internet 的连接速度，如果想将 NetMeeting 也用于局域网中传送信息，那么可以选择"局域网络"，然后单击"下一步"。

（5）对话框询问是否创建快捷方式，选择后单击"下一步"。

（6）弹出"音频调节向导"，这时可以检查自己的声卡和麦克风是否连接，音量大小是否适合等。当然如果没有声卡或麦克风也没有关系，直接单击"下一步"按钮，就好像拥有声卡与麦克风一样。

一切调整完毕之后，就可以单击"完成"按钮以关闭 NetMeeting 向导并启动 NetMeeting，启动后进入一个比较别致的主窗口，如图 9-8 所示。

图 9-8　NetMeeting 主窗口

9.4.2 NetMeeting 的呼叫

1. 发出呼叫

用 NetMeeting 与他人联系时,首先要呼叫对方。可以用 NetMeeting 通过 Internet、局域网或是调制解调器等发送呼叫给多个用户。

操作步骤如下:

(1) 在地址栏里输入对方的地址(可以是电子邮件地址、计算机名、IP 地址、电话号码);

(2) 单击"呼叫"按钮。

2. 接受呼叫

被呼叫方的音箱里会传出"叮铃铃……"的电话铃声,提醒用户有呼叫传来,这时可以单击"忽略"拒绝呼叫,或单击"接受"接入呼叫。

接受呼叫后,连接人员列表里就显示出当前人员名单,状态栏也显示现在的连接状态。这时可以和呼叫人进行对话,使用电子白板和应用程序共享了。

3. 主持会议

NetMeeting 可以让用户作为会议主持人来负责整个会议的进程。单击"呼叫"菜单,选择"主持会议",弹出如图 9-9 所示窗口。在窗口里可以设置会议的名称、密码、安全性、呼叫性质以及可使用的会议工具等。会议的加入非常简单,直接呼叫主持人,或者是主持人呼叫被邀请人都可以。

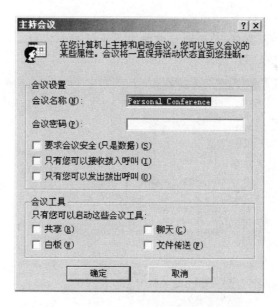

图 9-9 NetMeeting 的"主持会议"对话框

9.4.3 NetMeeting 的通信

1. NetMeeting 的聊天室

（1）开始聊天

进入会议后，单击"聊天"按钮将自动在用户和与会人员屏幕上打开如图 9-10 的聊天窗口。在"消息"栏里用户可以输入想发送的信息，然后单击旁边的"发送信息"按钮，即可以将信息发送到"消息"上方的聊天窗口中。聊天窗口中的信息可以是发给每一个人，也可以是用户自己指定的人，这决定于用户在"发送给"这一栏里的选择。

图 9-10　NetMeeting 的聊天窗口

（2）改变聊天信息的格式

单击聊天窗口"查看"菜单的"选项"，出现如图 9-11 所示窗口。这里可以设置聊天信息显示的内容、消息的格式、字体等。

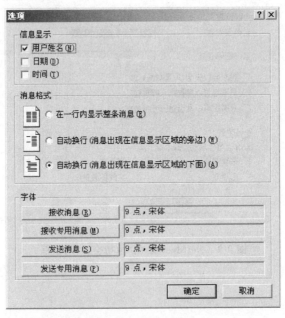

图 9-11　NetMeeting 聊天信息设置窗口

2. NetMeeting 的白板

(1) 白板窗口

在 NetMeeting 的主窗口单击"白板"按钮即可打开本机和通话参与者计算机上的白板窗口,如图 9-12 所示。白板窗口和画图窗口有点类似,但实际功能却大不相同。它可让多个参加通话者一起来共同完成项目。

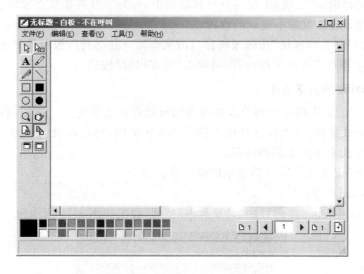

图 9-12　NetMeeting 的白板窗口

(2) 用白板讨论会议日程表

- 先检查同步按钮是否打开,如果没有则单击它,让参加通话人员都能同步看到白板内容;
- 单击"空心椭圆"按钮,在屏幕上画一个椭圆;
- 单击"文字"按钮,再单击白板下方出现的"字体选项"按钮,设置书写的文字样式后在椭圆内写上文字;
- 单击"画线"按钮为不同框画上连线,再单击"选择"按钮调整各部分的位置。

利用白板的这些简单工具就可以在网上相互讨论很多事情。如图 9-13 所示为 NetMeeting 白板程序。

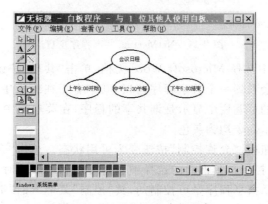

图 9-13　NetMeeting 白板程序

(3) 用白板共同学习软件操作
- 打开要学习的软件窗口；
- 单击"选定窗口"按钮，在出现的消息框中单击"确定"；
- 单击要学习的软件窗口，将其复制到白板的显示窗口中；
- 然后用文字、直线、空心椭圆等工具加上注解；
- 单击"远程指示"按钮，出现一只可移动的手，可为学习的某些点加以强调。单击"缩放"按钮来放大或缩小展示的内容。

用户也可以用"选择区域"按钮来将窗口的某个部分复制到白板屏幕中进行学习。如果学习的时候不希望对方修改屏幕内容，可单击"锁定内容"按钮。

3. NetMeeting 的共享程序

NetMeeting 的共享程序允许会议参与者同时查看和使用文件。例如，如果希望有一个多人处理的 Word 文档，只要在计算机上打开 Word 文档，将它设置为共享，这样与会者都可以直接在该文档上添加他们的注释。

用 NetMeeting 来合作写一篇文章的操作步骤如下：
- 打开 Word。
- 单击 NetMeeting 主窗口的"共享程序"按钮，弹出如图 9-14 所示窗口。

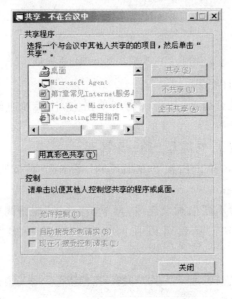

图 9-14　NetMeeting 共享程序窗口

- 在共享消息框中选择 Microsoft Word 文档，单击"共享"按钮。这时在参与通话人员的屏幕中都会看到一个共享程序窗口，其中有正在编辑中的 Word 文档，但不能编辑它。窗口的标题栏中显示是谁共享的程序，在菜单栏中单击"控制"，在弹出的下拉菜单中显示命令均为灰色。
- 单击"共享"按钮后，"允许控制"按钮变为可用状态。单击"允许控制"按钮后，按钮马上变为"防止控制"，其下面的选择项变为可用状态。此时，在参与通话人员窗口的标题栏中显示共享程序是可控制的，其"控制"菜单下的"请求控制"变为可选项。当单击"请求控制"菜单时会在共享程序提供方弹出"请求控制"消息框，单击"拒绝"

则会在请求方弹出拒绝共享消息框;如果接受,则请求方与程序提供方一样可对该共享程序进行完全操作。
- 当程序提供方接受请求后,请求方可以通过双击该程序来进行对该程序的控制。双击后,控制窗口标题栏会显示该程序正处于受控状态,这时请求方可以对文章进行编辑。提供方也可同步看到请求方对该文档所作的编辑,需要合作编辑时只需单击该文档,即可对其进行操作。

共享程序最大的好处在于使网上多人合作一个项目成为现实,它超越了时间与空间的限制。另一个好处在于不需要在每台计算机上都装很多软件,因为可以通过NetMeeting去共享其他计算机的软件。

4. 远程桌面共享

当用户出差或外出学习时,远程桌面共享功能将帮助遥控家里或办公室的计算机,如同用户在家里或办公室一样。

单击NetMeeting主窗口的"工具"菜单,在弹出的下拉菜单中选择"远程桌面共享"后弹出远程桌面共享向导窗口。单击"下一步"弹出如图9-15所示窗口。因为远程桌面共享使得他人对计算机可有完全控制权,所以安全性就显得非常重要。

图9-15 NetMeeting远程桌面共享向导

单击"下一步"后会弹出屏幕保护程序设置对话框,如图9-16所示。设置完毕后,远程桌面共享程序就设置完毕,这时在桌面任务栏会出现"远程桌面共享"按钮。这时可以在网上通过NetMeeting呼叫运行远程桌面共享服务的无人值守计算机(主机),然后访问该计算机的共享桌面。一旦连接后,呼叫主机计算机就可以操作访问的远程主机的共享桌面和任何程序。

图9-16 NetMeeting远程桌面共享密码保护窗口

第10章 电子商务

20世纪最伟大的发明是电子计算机,电子计算机最伟大的发展是因特网,因特网最伟大的应用是电子商务。

21世纪是一个以数字化、网络化与信息化为核心的信息时代。电子商务作为信息时代一种新的贸易形式,不仅对商务的运作过程和方法产生巨大的影响,也对人类的思维方式、经济活动方式、工作方式、生活方式产生巨大的影响。人们将别无选择地生活在电子商务时代。如何面对电子商务方式、如何适应数字化生存并积极参与电子商务时代的国际竞争,是涉及每个人、每个企业、每个部门及国家发展与生存的重大问题,也是国家部门现在应该开始解决的问题。

本章知识要点:
- 电子商务概述;
- 电子商务的内涵及应用;
- 电子商务分类;
- 电子商务的功能;
- 电子商务的特点;
- 电子商务的交易过程;
- 电子商务的产生和发展。

10.1 电子商务概述

电子商务源于英文 Electronic Commerce,简写为 EC。顾名思义,其内容包含两个方面:一是电子方式;二是商贸活动。

电子商务指的是利用简单、快捷、低成本的电子通信方式,买卖双方不谋面地进行各种商贸活动。

例如,当母亲节到了的时候,可以通过网络上的鲜花订购网站选购献给母亲的鲜花。首先需要选中花的品种、数量,然后在网上完成下单工作,并选定一种付款方式,如信用卡支付,通过网上银行将款划到对方账上,当卖方确认收到货款后,可通过一定的方式,如通过快递公司将鲜花送到家门口。

现在人们所探讨的电子商务凭借的电子手段主要是 EDI(电子数据交换)和 Internet。

商务活动则包括商业交易、询价、报价、洽谈、支付结算等经济活动。尤其是随着 Internet 技术的日益成熟,电子商务真正的发展是建立在 Internet 技术上的,所以也有人把电子商务简称为 IC(Internet Commerce)。

从贸易活动的角度分析,电子商务可以在多个环节实现,由此也可以将电子商务分为两个层次。

- 较低层次的电子商务:电子商情、电子贸易、电子合同等。
- 较高级的电子商务:利用 Internet 能够进行全部的贸易活动,即在网上将信息流、商流、资金流和部分的物流完整地实现。

高级的电子商务,可以从寻找客户开始,一直到洽谈、订货、在线付(收)款、开据电子发票以至到电子报关、电子纳税等,通过 Internet 一气呵成,因此是最完整的电子商务。

要实现完整的电子商务还会涉及很多方面,除了买家、卖家外,还要有银行或金融机构、政府机构、认证机构、配送中心等机构的加入才行。由于参与电子商务中的各方是互不谋面的,因此整个电子商务过程并不是传统商务活动的翻版,网上银行、在线电子支付等条件和数据加密、电子签名等技术在电子商务中发挥着重要的、不可或缺的作用。

电子商务是指利用电子方式在网络进行的商务活动。但实际上,至今还没有一个较为全面、具有权威性的、能够为大多数人接受的电子商务的定义。各国政府、学者、企业界人士都根据自己所处的地位和对电子商务的参与程度,给出了不同表述的定义。这里举一些具有代表性的定义,以利于更全面地了解电子商务。

1. 世界电子商务会议关于电子商务的定义

1997 年 11 月 6 日至 7 日,国际商会在法国首都巴黎举行了世界电子商务会议(the World Business Agenda for Electronic),关于电子商务最权威的概念阐述为:电子商务是指对整个贸易活动实现电子化。其含义如下。

- 在涵盖范围方面:交易各方以电子交易方式而不是通过当面交换或直接面谈方式进行的任何形式的商业交易。
- 在技术方面:电子商务是一种多技术的集合体,包括交换数据(如电子数据交换、电子邮件)、获得数据(共享数据库、电子公告牌)以及自动捕获数据(条形码)等。

2. 政府部门的定义

美国政府在其《全球电子商务纲要》中概括指出:电子商务是指通过 Internet 进行的各项商务活动,包括交易、支付、广告、服务等活动,全球电子商务将会涉及全球各国。

3. IBM 公司关于电子商务的概念

IBM 提出了一个电子商务定义的公式,即:电子商务＝Web(万维网)＋IT(信息技术)。它所强调的是网络计算环境下的商业化应用,是把买方、卖方、厂商及其合作伙伴在 Internet、企业内部网和企业外部网上结合起来的应用。

4. IT 行业对电子商务的定义

IT 行业是电子商务的直接设计者和设备的直接制造者。很多公司都根据自己的技术特点给出了电子商务的定义。虽然差别很大,但总的来说,无论是国际商会的观点,还是 HP 公司的 E-world,都认同电子商务是利用现有的计算机硬件设备、软件设备和网络基础设施,通过一定的协议连接起来的电子网络环境进行的各种各样商务活动。

这些定义分别出自于知名公司、电子商务协会、国际组织和政府部门。不难看出,这些定义是站在不同的角度提出的,电子商务的覆盖面已经远远超出了依靠计算机使用的范畴,电子商务是一种崭新的经济运行方式。它涵盖的范围包括商务信息交换、售前售后服务(提供产品和服务的细节、产品使用技术指南、回复信息反馈)、广告、销售、电子支付(电子资金转账、信用卡、电子支票、现金)、运输(包括有形商品的发送管理和运输跟踪以及可以电子化传送产品的实际发送)、组建虚拟企业等。

总的来说,电子商务应包含以下几个必要要素。
- 采用多种电子方式,特别是通过 Internet。
- 实现商品交易、服务交易(人力资源、资金、信息服务等)。
- 包含企业间的商务活动,也包含企业内部的商务活动(生产、经营、管理、财务等)。
- 涵盖交易的各个环节,如询价、报价、订货、售后服务等。
- 采用电子方式是形式,跨越时空、提高效率是主要目的。

综合以上分析,可以为电子商务做出如下定义:电子商务是指各种具有商业活动能力和需要的实体(生产企业、商贸企业、金融企业、政府机构以及个人消费者等),为了跨越时空限制、提高商务活动效率,采用计算机网络和各种数字化传媒技术等电子方式实现商品交易和服务交易的一种贸易形式。

电子商务正以前所未有的力量冲击着人们千百年来形成的商务观念与模式,它直接作用于商务活动,间接作用于社会经济的方方面面,正在推动人类社会继农业革命、工业革命之后的第三次革命。对于任何想实现跨越式发展的企业来讲,开展电子商务都是必然选择。

10.2 电子商务的内涵及应用

1. 电子商务的内涵

从电子商务的定义中,可以归结出电子商务的内涵,即:信息技术特别是互联网络技术的产生和发展是电子商务开展的前提条件;掌握现代信息技术和商务理论与实务的人是电子商务活动的核心;系列化、系统化电子工具是电子商务活动的基础;以商品贸易为中心的各种经济事务活动是电子商务的对象。

(1) 电子商务的前提

电子商务是应用现代信息技术在互联网络上进行的商务活动,正像中国企业家王新华指出的那样:"从本质上讲电子商务是一组电子工具在商务过程中的应用,这些工具主要包括电子数据交换(EDI)、电子邮件(E-mail)、电子公告系统(BBS)、条码(Barcode)、图像处理、智能卡等。而应用的前提和基础是完善的现代通信网络和人们的思想意识的提高以及管理体制的转变。"因此没有现代信息技术及网络技术的产生和发展就不可能有电子商务。

(2) 电子商务的核心

首先,电子商务是一个社会系统,既然是一个社会系统,它的中心必然是人;其次,商务系统实际上是由代表着商品贸易各个方面利益的人所组成的关系网;再次,在电子商务活动中,虽然充分强调工具的作用,但归根结底起关键作用的仍是人。因为工具的制造发明、工具的应用、效果的实现都是靠人来完成的,所以,必须强调人在电子商务中的决定性作用。也正因为人是电子商务的主宰者,进而有必要考察什么样的人才是合格者。很显然,电子商务是信息现代化与商贸的有机结合,所以能够掌握运用电子商务理论与技术的人必然是掌握现代信息技术、现代商贸理论与实务的复合型人才。而一个国家、一个地区能否培养出大批这样的复合型人才就成为该国、该地区发展电子商务最关键的因素。

（3）电子商务的工具

从广义电子商务定义讲,凡应用电子工具,如电话、电报等从事商务活动就可被称为电子商务。但是,这里研究的是狭义的电子商务,即具有很强时代烙印的高效率、低成本、高效益的电子商务。因而,这里所说的电子商务使用的电子工具就不是一般泛泛而言的电子工具,而是能跟上信息时代发展步伐的成系列、成系统的电子工具。从系列化的角度来讲,强调的电子工具应该是从商品需求咨询到商品配送、商品订货、商品买卖、货款结算、商品售后服务等伴随商品生产、消费,甚至再生产的全过程的电子工具,如电视、电话、电报、电传、EDI（Electronic Data Interchange）、EOS（Electronic Ordering System）、POS（Point Of Sale）、MIS（Management Information System）、DSS（Decision Support System）、电子货币、电子商品配送系统、售后服务系统等。从系统化的角度来讲,强调商品的需求、生产、交换要构成一个有机整体,构成一个大系统,同时,为防止"市场失灵"还要将政府对商品生产、交换的调控引入该系统。而能达此目的的电子工具主要为局域网（LAN）、城市网（CAN）和广域网（WAN）等。它们是纵横相连、宏微结合、反映灵敏、安全可靠的电子网络,有利于大到国家间,小到零售商与顾客间方便、可靠的电子商务活动。如果没有上述的系列化、系统化电子工具,电子商务也就无法进行。

（4）电子商务的对象

从社会再生产发展的环节看,在生产、流通、分配、交换、消费这个链条中,发展变化最快、最活跃的就是中间环节的流通、分配和交换。这些中间环节又可以看成是以商品的贸易为中心来展开的,即商品的生产主要是为了交换——用商品的使用价值去换取商品的价值,围绕交换必然产生流通、分配等活动,它连接了生产和消费等活动。于是以商品贸易为中心的各种经济事务活动可以统称为商务活动。由此可见,抓好了商品的贸易,就牵住了经济的"牛鼻子"。通过电子商务,可以大幅度地减少不必要的商品流动、物资流动、人员流动和货币流动,减少商品经济的盲目性,减少有限物质资源、能源资源的消耗和浪费。以商品贸易为中心的商务活动可以有两种概括方法:第一,从商品的需求咨询到计划购买、订货、付款、结算、配送、售后服务等整个活动过程;第二,从社会再生产整个过程中除去典型的商品生产、商品在途运输和储存等过程的绝大部分活动过程。

2. 电子商务的应用

电子商务是从企业全局角度出发,根据市场需求来对企业业务进行系统规范的重新设计和构造,以适应网络知识经济时代的数字化管理和数字化经营需要。图 10-1 所示是电子商务覆盖的主要 Internet 上商业应用类型。

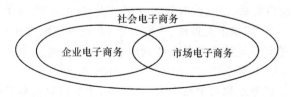

图 10-1　电子商务应用类型

不同公司和不同的组织对电子商务有不同的定义,但基本内容是一致的。根据国际数据公司 IDC(http://www.idc.com)的系统研究分析指出,电子商务的应用可以分为以下几个层次和类型。

第一个层次是面向市场的、以市场交易为中心的活动,它包括促成交易实现的各种商务活动,如网上展示、网上公关、网上洽谈等活动,其中网络营销是最重要的网上商务活动;还包括实现交易的电子贸易活动,它主要是利用 EDI,Internet 实现交易前的信息沟通、交易中的网上支付和交易后的售后服务等。两者的交融部分就是网上商贸,它将网上商务活动和电子商贸活动融在一起,因此有时将网上商务活动和电子贸易统称为电子商贸活动。

电子商务活动第二个层次是指如何利用 Internet 来重组企业内部经营管理活动,使其与企业开展的电子商贸活动保持协调一致。最典型的是供应链管理,它从市场需求出发利用网络将企业的销、产、供、研等活动串在一起,实现企业网络化数字化管理,最大限度适应网络时代市场需求的变化,也就是企业内部的电子商务实现。

第三个层次是指整个社会经济活动都以 Internet 为基础,如电子政务是指政府活动的电子化,它包括政府通过 Internet 处理政府事务,利用 Internet 进行招投标实现政府采购,利用 Internet 收缴税费等。

第三个层次的电子商务是第一个层次和第二个层次的电子商务的支撑环境。只有当三个层次的电子商务共同协调发展,才可能推动电子商务朝着良性循环方向发展。

10.3　电子商务分类

随着互联网以及各项相关技术的日趋成熟,电子商务在社会经济领域得到了广泛的应用。在发达国家,电子商务发展迅速,推动了商业、贸易、营销、金融、广告运输、教育等社会经济领域的创新,并因此形成了一个又一个新产业,给世界各国企业带来许多新的机会。同时,随着电子商务的繁荣与发展,对其分类也越来越详细。

1. 按是否发生支付分类

按照是否发生支付,可以把电子商务分为以下两种类型。

- 支付型电子商务:有关银行参与商务活动的全过程并实时地进行转账的电子商务。
- 非支付型电子商务:非实时支付的电子商务。目前,大部分电子商务应用属于这一类,多数借助于 SSL 协议实现。

2. 按参加交易的主体分类

按参加交易的主体划分,可将电子商务分为若干类。包括企业间的电子商务(B2B),例如 EDI(电子数据交换)、EFT(电子资金转账)、网上企业采购;企业和个人间电子商务(B2C),如网上购物(包括实物、信息或服务等)、网上交费(电话费、水电费、煤气费等)等;个人对政府电子商务(C2G),例如个人报税、资料处理;企业对政府电子商务(B2G),例如网上报关等。其中最重要的和发展较快的是企业间电子商务和企业对个人电子商务。

(1) 企业和个人间电子商务

企业和个人间电子商务也称商家对个人客户或商业机构对消费者的电子商务。企业和个人间电子商务基本等同于电子零售商业。目前,Internet 上已遍布各种类型的商业中心,提供各种商品和服务,主要有鲜花配送、书籍、计算机、汽车等商品和服务。

企业和个人间电子商务是多数人最熟悉的一种商务模式,不少人甚至认为这就是电子商务的唯一模式,但这样实际上是缩小了电子商务的范围,错误地将电子商务等同于网上购物。随着万维网技术的兴起以及人们购物观念的转换,网上购物成为了一种很实际的方式,由于这种方式节约了消费者和企业双方的时间、空间等,从而大大提高了交易效率,节省了一些不必要的开支。所以这种交易模式得到了人们的认可,获得了迅速的发展。

(2) 企业间的电子商务

企业间的电子商务也称为商家对商家或商业机构对商业机构的电子商务。企业间的电子商务是指商业机构(或企业、公司)使用 Internet 或各种商务网络向供应商(企业或公司)订货和付款。企业间的电子商务发展很快,已经有了多年的历史,特别是通过增值网络(Value Added Network,VAN)上运行的电子数据交换,企业间的电子商务得到了迅速扩大和推广。公司之间可能使用网络进行订货和接受订货、合同等单证和付款。

在企业间的电子商务中,公司可以用电子化形式将关键的商务处理过程连接起来,形成虚拟企业。例如某样商品的生产销售过程中包括原料的购买、成品的销售等都能够在网上完成,交易的企业间甚至不用直接打交道。因此,企业间的电子商务将成为 Internet 上的重头戏,多数分析家认为企业间的商务活动更具有潜力。

(3) 企业对政府机构的电子商务

企业对政府机构的电子商务可以覆盖公司与政府组织间的许多事务。目前我国有些地方政府已经推行网上采购。

(4) 个人对政府电子商务

个人对政府电子商务具有广阔的发展前景,例如政府可以把电子商务扩展到福利费发放、自我估税及个人税收的征收方面。

3. 按开展电子交易的信息网络范围分类

按照开展电子交易的信息网络范围,可以将电子商务分为以下几种类型。

(1) 本地电子商务

本地电子商务通常是指利用本城市内或本地区内的信息网络实现的电子商务活动,电子交易的地域范围较小。本地电子商务系统是利用 Internet、内部网或专用网将下列系统连接在一起的网络系统。

- 参加交易各方的电子商务信息系统,包括买方、卖方及其他各方的电子商务信息系统;
- 银行金融机构电子信息系统;
- 保险公司信息系统;
- 商品检验信息系统;
- 税务管理信息系统;
- 货物运输信息系统;
- 本地区 EDI 中心系统(实际上,本地区 EDI 中心系统连接各个信息系统的中心)。

本地电子商务系统是开展远程国内电子商务和全球电子商务的基础系统。

(2) 远程国内电子商务

远程国内电子商务是指在本国范围内进行的网上电子交易活动,其交易的地域范围较大,对软硬件和技术要求较高,要求在全国范围内实现商业电子化、自动化,实现金融电子化,交易各方具备一定的电子商务知识、经济能力和技术能力,并具有一定的管理水平和能力等。

(3) 全球电子商务

全球电子商务是指在全世界范围内进行的电子交易活动,参加电子交易各方通过网络进行贸易。涉及有关交易各方的相关系统,如买方国家进出口公司系统、海关系统、银行金融系统、税务系统、运输系统、保险系统等。全球电子商务业务内容繁杂、数据来往频繁,要求电子商务系统严格、准确、安全和可靠,应制定出世界统一的电子商务标准和电子商务(贸易)协议,使全球电子商务得到顺利发展。

10.4　电子商务的功能

人类将通过电子商务真正进入网络时代。人们利用网络优势,极大地拓展购物视野,坐在家中享受购物乐趣。与传统商务相比,电子商务具有鲜明的时代特征和技术特性。

1. 电子商务与传统商务的对比

电子商务是在传统商务的基础上发展起来的,由于有了信息技术的支持,电子商务活动的方式又呈现出一些新的时代特性。

下面通过一个实例来讲解电子商务活动的基本业务流程。如图 10-2 所示的是熟知的当当网上书店。

图 10-2　当当网上书店

当当网上书店的经营流程如下。

- 书店首先通过网络从厂商处获取各种商品的基本情况,如价格、照片及相关的优惠政策等资料,并进行分类、整理、上架。
- 书店在自己的主页上通过广告等形式宣传、展示、促销商品。
- 客户在线咨询、选定所需商品后,发出订单,通过双方均认可的付款方式支付货款(一般都通过银行或邮局电子汇款)。
- 书店在收到或确认客户支付货款后,即通知书商发货到客户指定地址,并在网上与书商结算货款。

通过上述一个简单的电子商务实例,可以反映出电子商务与传统商务的不同之处。

- 第一,商品的广告宣传、公关活动、优惠政策、咨询洽谈、网上订购、货款支付以及意见咨询等活动均在网上进行。
- 第二,与传统商务相比,采取电子商务获取的信息多、快、好,这是电子信息化的基本优点。电子商务实现了实物商品、物资的优化配送,提高了运输效率。甚至可实现电子送货,而免去对商品的包装,简化对商品的运输环节。电子商务使电子货币的使用成为必要,与金融电子化相互促进,从而减少现金的生产、存储、流通和管理。
- 第三,与传统商务相比,网上购物是虚拟购物。其交易过程中,传统意义上的商城、货物、现金及销售人员等均是以虚拟方式体现的。这就要求电子商务活动中必须包含商品信息、货款结算和商品送达 3 个基本系统。最终,与传统商务一样,商品要实实在在送到用户的手中。

2. 电子商务的功能

电子商务是一个专门围绕商贸业务而展开的信息系统,它极大地提高了传统商务活动的效率和效益,推动了社会经济的快速发展。

(1) 电子商务能促进企业经济效益的提高

在电子商务活动中,企业是最直接的受益者。电子商务能改变企业竞争方式,提高运作效率,缩短生产周期,提供个性化和有效的售后服务,从而降低营销成本,提高经济效益。其主要功能如下。

- 树立企业形象,改变竞争方式。企业可以通过建立自己的网站向全球发布和宣传自己的产品与服务,利用网站这一无形资产在网络的虚拟空间树立企业形象。随着网络的普及和发展,网上形象的树立将成为企业宣传营销产品的关键。在网络时代,各企业间的竞争方式正在发生重大变化,企业是否拥有大型商场、众多员工及仓储能力已不再成为衡量企业竞争能力高低的标准,取而代之的是速度、质量、成本和服务等高科技竞争手段和综合竞争实力。因此,电子商务为企业在网络时代中取胜提供了一个新的机遇。
- 缩短生产周期,减少库存,提高企业运作效率。企业产品生产周期越长,库存量越大,其经营成本越高,利润就会减少。电子商务使企业不再根据传统商务中以经验来确定生产,而是通过网络信息情报对市场变化做出快速反应,使用电子通信直接与客户联系,将过去信息封闭的分阶段合作方式变为信息共享下的协作。提高产品的设计和开发速度,并根据客户需要进行即时生产和销售,建立高效快捷的货物配送中心,大大提高企业运作效益。

- 提供个性化和有效的售后服务,增加商机。个性化消费逐步为广大消费者所接受,越来越多的消费者愿意购买个性化的商品。企业可以通过电子商务中客户的要求做出相应的处理,为其提供个性化服务。同时,企业还可通过网络24小时对产品进行功能介绍、技术支持,特别是对常见问题的分析和解答,使企业售后服务不再困难,以此来维持老客户,吸引新客户,提高市场占有率。
- 减少中间环节,降低营销成本,提高企业经济效益。电子商务重新定义了流通模式,减少中间环节,降低流通费用,使企业与消费者间的直接交易成为可能,这在一定程度上改变了整个社会经济运行方式。通过Internet,企业可在全球范围内寻求最低成本的供应商,减少采购成本。同时,采用信息化管理使企业在生产活动中节约成本。在销售环节上,电子商务可以使用多层分销渠道,缩短交易周期,降低交易成本,给企业和消费者带来更多的实惠。

(2) 电子商务能满足消费者的多层次需要

借助电子商务,用户通过Internet可以浏览数目众多的商品,不再仅仅局限于本地区零售商店,可以在别的地区,甚至别的国家商店中自主购物。这对消费者来说,无疑是极大的福音,概括起来,主要体现在以下几个方面。

- 扩大消费者的选择范围。通过电子商务,消费者可以接触到成千上万的产品和服务,其中可以是通过网络发送的数字化产品,也可以是在商店里出售的电子产品、办公用品和生活用品。例如,最大的网上书店就有近300万种图书供读者选择,只需要在该网站内输入一些关键词就可浏览到它们的详细目录及购买价格。
- 信息反馈更完整。电子商务比传统商务能够为消费者提供更多、更完整的信息。电子商务依赖网络这一强大的数据库的支持,能够根据消费者的需求,调集有关数据信息,迅速做出反馈。例如,如果用户需要购买一台电脑,利用电子商务,用户就可以在网上看到许多商家发布的有关电脑整机和配件的性能、价格信息。经过比较,确定自己所需要的机型后,随时可下定单购买。如果用户到电脑商城逐一询问比较,所花费的时间和得到的信息量均不能与通过电子商务所得到的相提并论。
- 实惠便利更多。由于企业通过电子商务大大降低了营销成本,企业生产产品较以往就有更大的价格下降空间,消费者也能得到更多的实惠。并且,这也扩大了电子商务的市场份额,逐步培养和改变消费者的消费习惯。在这样相互促进下,消费者既拓展了购物视野,又节省了时间,加之网络持续的售后服务和常见问题的解答,使得消费变得轻松简单、高效而且节约。

10.5 电子商务的特点

随着Internet的普及,电子商务正朝着更广、更深的方面发展,电子商务也逐渐呈现出一些新的特点。

(1) 信息化

电子商务是以信息技术为基础的商务活动,它必须依赖计算机网络系统来实现各种商务信息的传递、交换。因此,电子商务的发展与信息技术的发展密不可分。

(2) 虚拟性

电子商务市场环境是建立在以 Internet 为基础的网络之上的,它的主要商务活动,如产品介绍、准备、交易、结算等都是数字化的,犹如在 Internet 上形成一个跨越全球的虚拟市场,冲破传统商务的时空限制。借助网络,任何一个企业都可以利用这个虚拟市场向全世界推销自己的产品,这也正是电子商务能在如此短的时间里取得巨大发展的原因之一。

(3) 高效性

由于在 Internet 上能实现电子数据交换,这使得电子商务中的各种商务活动所产生的商业文件、信息都可以在互联网上实现瞬间传递和自动处理,没有了传统商务活动中处理速度慢、费用高等缺点,极大提高了商务活动的运作效率和交易速度。并且,在互联网上发布信息具有高速、实时的特点,也能及时引导企业按市场需求做出快速反应,从而避免产品积压和过时现象。

(4) 方便性

Internet 遍及全球各个角落,这使得电子商务的贸易活动遍布全球,企业与企业间可以在网上方便地进行贸易合作、商业洽谈以及商业信息传递等,用户能足不出户地享受购物、查询商业信息,一切都变得方便、直接。

(5) 协作性

电子商务发展和应用是一个社会性的系统工程,它涉及企业、政府组织、消费者的参与。企业内部又包含各个环节,如生产部门、批发部门、零售部门等。同时还需要银行部门、物流配送中心、通信部门、技术服务部门等各个环节的通力配合与协作,缺一不可。

10.6 电子商务的交易过程

以增加贸易机会、降低贸易成本、提高贸易效率为目的的新的商务运作模式——电子商务,正在飞速发展,并成为推动新世纪世界经济发展的核心力量。从全球范围内发生的众多电子商务交易来看,信息流、资金流和物流是其非常关键的 3 个组成要素,这 3 个组成要素贯穿着一个完整的电子商务中的交易前、交易中、交易后 3 个阶段,如图 10-3 所示。

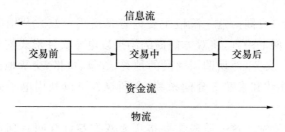

图 10-3 电子商务交易过程中的信息流、资金流、物流

在日常的商务交易中,信息流、资金流和物流是含混的、互相交织在一起的。在一次交易过程中,人们往往将信息流、资金流和物流一次性地完成,这也就是人们经常说的"一手交钱、一手交货"的传统商务模式。

其实,日常的商务交易远没有这么简单,买一件商品要经过左挑右选、货比三家。付款则可以用现金、信用卡、支票,甚至分期付款、赊账等方式。获取商品的方式也可以是自行取货、送货上门或邮寄等。通过对商务交易的过程的研究,可以把一次商务交易分为3个组成部分:挑选商品、支付、提货。

就一般电子商务的交易过程而言,其过程大致分为交易前、交易中和交易后3个阶段。

1. 电子商务的交易过程中的第一个阶段——交易前

这一阶段主要指买卖双方和参加交易各方在签约前的准备工作,在 Internet 或商务网络上通过信息寻找交易机会,通过信息的交流进行交易商品的价格、交易条件的比较,选择交易对象,做好交易签约前的准备活动。这一阶段包括以下内容。

- 买方根据自己要买的商品准备购货款,制定购货计划,进行市场调查、分析以及查询,了解卖方的贸易政策,反复修改购货计划和进货计划,并确定和审批购货计划。然后按计划确定购买商品的种类、数量、规格、价格和交易方式等。要利用互联网寻找自己满意的商品和商家。
- 卖方根据自己所销售的商品召开新闻发布会,进行广告宣传以及市场调查和分析,制定销售策略和方式。然后了解买方的贸易政策,利用互联网发布广告,寻找贸易伙伴和交易机会。其他参加交易的各方如中介方、金融机构、海关系统、商检系统、保险公司、税务系统、运输公司等也都为进行电子商务做好相应准备。
- 买卖双方对所有交易细节进行谈判,将双方磋商的结果以书面文件和电子文件形式签订贸易合同。电子商务的特点就是可以签订电子商务贸易合同。交易双方可以利用现代电子通信设备和通信方法,经过谈判和磋商,将双方在交易中的权利和义务,对所购买商品的种类、数量、价格、交货地点、交易方式、违约和索赔等合同条款,全部以电子交易合同做出全面、详细的规定,合同双方可以利用电子数据交换(EDI)进行签约,可以通过数字签名等方式签名。

2. 电子商务的交易过程中的第二个阶段——交易中

这一阶段主要指买卖双方网上进行交易细节的谈判,就双方的权利、义务,交易商品的相关事宜,违约和索赔等条款达成协议或合同,用电子签约的形式签订合同。并且在履行合同之前,双方还要与相关的单位交换电子票据和电子单证,然后才开始发货。这一阶段包括以下内容。

- 交易谈判和签订合同。这一阶段主要内容是指买卖双方利用电子商务系统对所有交易细节进行网上谈判,将双方磋商的结果以电子文件形式签订贸易合同。明确在交易中的权利、义务,对所购买商品的种类、数量、价格、交货地点、交货期、交货方式和运输方式、违约和索赔等合同条款,合同双方可以利用电子商务网络通过数字签名等方式签约。
- 办理履约前的手续。这一阶段主要指买卖双方签订合同后到合同开始履行前办理各种手续的过程,即双方贸易前的交易准备过程。交易中要涉及中介方、银行、金融机构、信用卡公司、海关、商检、税务、保险公司、运输公司等部门,买卖双方要利用电子商务与有关各方对各种电子票据和电子单证进行交换,直到办理完所有手续为止。

3. 电子商务的交易过程中的第三个阶段——交易后

交易后包括交易合同的履行、服务和索赔等活动。这一阶段是从买卖双方办完所有各种手续之后开始的,卖方要备货、组货,同时要进行报关、保险、商检、取证、信用等,并将买方订购的商品交付给运输公司包装、起运、发货,买卖双方可通过电子商务网络跟踪发出的货物。银行和金融机构按照合同,处理双方收付款,进行结算后出具相应的银行单据,直到买方收到自己所订购商品,整个交易过程才算完成。只要在交易中任何一方违约,受损方可以依据合同向违约方索赔。

在整个电子商务交易过程中,买卖双方都不需要直接见面,买方可以在自己的网站或者通过网络商务交易中心直接在网上进行信息数据的交换,达成交易,完成资金的支付,最后再进行实物的配送。卖方可以通过自己的物质配送系统直接将商品送往买方手中,也可以通过第三方物流,即专门的物流配送中心来完成。其商务交易过程中物流、资金流和信息流的流动形式如图10-4所示。

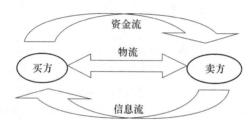

图 10-4　电子商务交易过程中"三流"的流向

10.7　电子商务的产生和发展

10.7.1　电子商务的产生与起步

目前,人们所提及的电子商务多指在网络上开展的商务活动,即通过企业内部网、外部网以及 Internet 进行的商务活动就是电子商务。然而,在电子商务的定义中已经阐述过,电子商务还有广义的定义,即一切利用电子通信技术、使用电子工具进行的商务活动都可以称为电子商务。对于广义定义的电子商务,纵观其发展历史,可以分为3个发展阶段。

其实,并非计算机技术及网络技术产生之后才有电子商务的产生。实际上早在1839年,当电报刚出现的时候,人们就开始了运用电子手段进行商务活动,当买卖双方贸易过程中的意见交换、贸易文件等开始以莫而斯码形式在电线中传输的时候,就有了电子商务的萌芽。随着电话、传真、电视等电子工具的诞生,商务活动中可应用的电子工具进一步扩充。

电报是最早的电子商务工具,是用电信号传递文字、照片、图表等的一种通信方式。随着社会的进步发展,传统的用户电报在速率和效率上不能满足日益增长的文件往来的需要,特别是办公室自动化的发展,因此产生了智能用户电报(Teletex)。智能用户电报是在具有某些智能处理功能的用户终端之间,经公用电信网,以标准化速率自动传送和交换文本的一种电信业务。从本质上说,智能用户电报是将基于计算机的文本编辑、字处理技术与通信相结合的产物。

电话是一种广泛使用的电子商务工具。电话是一种多功能工具:通过电话可以为商品和服务作广告,可以在购买商品和服务的同时进行支付(与信用卡一起使用);经过选择的服务甚至可以通过电话进行销售,然后通过电话支付(与信用卡一起使用),如电话银行、电话查寻服务、叫孩子起床的定时呼叫服务和其他的为成年人娱乐的服务。在非标准的交易活动中,用电话要比通过信函更容易进行谈判。电话的设备较便宜,它的用户界面较好。电话所需的带宽很窄,较窄的带宽就可以满足数据交换的要求。然而,在许多情况下,电话仅是为书面的交易合同或者是为产品实际送交作准备。电话的通信一直局限于两人之间的声音交流,但现在,用可视电话进行可视商务对话已经成为现实。然而高质量的可视电话需要大量的投资以购买设备和带宽。后者不能在电话线上取得,甚至在功能更强大的数字 ISDN 通路上也不能得到。由于技术和经济的原因,以及在一定程度上处于对个人或家庭隐私权的考虑等因素,可视电话业务的发展相对迟缓,因此可视电话和可视会议仍有很大的局限性。

传真提供了一种快速进行商务通信和文件传输的方式。传真与传统的信函服务相比,主要的优势在于传输文件的速度更快。自 1843 年贝尔发明传真以来,传真技术曾有过几次大的飞跃。传真在新闻、气象、公安、商贸、办公室自动化等领域的应用日益广泛,并已开始进入家庭。尽管传真可以作广告、购物或进行支付,但传真缺乏传送声音和复杂图形的能力,也不能实现相互通信,传送时还需要另一个传真机或电话。尽管传真机较贵,但传真的费用、网络进入、需求带宽,以及用户界面的友好方式与电话相同。这些特点使传真在通信和商务活动中显得非常重要,但在个体的消费者中就用得较少。

随着电视进入越来越多的家庭,电视广告和电视直销在商务活动中越来越重要。但是,消费者还必须通过电话认购。换句话说,电视是一种"单通道"的通信方式,消费者不能积极地寻求出售的货物或者与卖家谈判交易条件。除此之外,在电视节目中插播广告的成本相当高。

由电报、电话、传真和电视带来的商业交易在过去的几十年间日益受到重视,由于它们各有其优缺点,所以人们互为补充地使用电报、电话、传真、电视于商务活动之中。今天,这些传统的电子通信工具仍然在商务活动中发挥着重要作用。

10.7.2 专用网络与 EDI 电子商务

EDI 是 Electronic Data Interchange 的缩写,中文一般译为"电子数据交换",有时也称为"无纸贸易"。国际标准化组织将 EDI 定义为一种电子传输方法,使用这种方法,首先将商业或行政事务处理中的报文数据按照一个公认的标准,形成结构化的事务处理的报文数据格式,进而将这些结构化的报文数据经由网络,从计算机传输到计算机。从 EDI 的定义中可以看出,它显然是商务往来的重要工具,所以,EDI 系统就是电子商务系统,EDI 被认为是电子商务早期形式,称它为 EDI 电子商务。

对于大型企业来说,EDI 这种从企业应用系统到企业应用系统、没有人为干涉、采用标准格式的交易方式对企业降低库存、减少错误、实现高效率管理是十分有效的。传统的基于专用 VAN(Value Added Network)的 EDI 技术使大型企业的业务发展取得了很大的成功，但对于中小企业使用该技术却有一定困难，因为这类用户需要一个价格较低、易操作、易接入的支持人机交互的 EDI 平台，而这些是传统的基于 VAN 的 EDI 系统所无法实行的。然而，当今社会经济活动中，中小企业的作用越来越大，它们与大公司有许多贸易单证往来。因此让中小型企业能够顺利使用 EDI，使传统 EDI 走出困境，重新焕发青春，显得十分必要。有关专家正在从下述两个方面进行努力。

1. 基于 Internet 的 EDI

Internet 是世界上最大的计算机网络，近年来得到迅速发展，它对 EDI 产生了重大影响。Internet 是全球网络结构，可以实现世界范围的连接，花费很少；Internet 对数据交换提供了许多简单而且易于实现的方法，用户可以使用 Web 完成交易；ISP(Internet Service Provider)提供了多种服务方式，这些服务方式过去都必须从传统的 VAN 那里购买，费用很高。

Internet 和 EDI 的联系，为 EDI 发展带来了生机，基于 Internet 的 EDI(简称 Internet-EDI)成为新一代的 EDI，前景诱人。用 VAN 进行网络传输、交易和将 EDI 信息输入传统处理系统的 EDI 用户，正在转向使用基于 Internet 的系统，以取代昂贵的 VAN。

2. Web-EDI

E-mail 最早把 EDI 带入 Internet，用 ISP 代替了传统 EDI 依赖的 VAN，解决了原来通信信道的价格昂贵问题。但是，简单电子邮件协议(STMP)在安全方面存在几个严重的问题。第一，保密性问题，E-mail 在 Internet 上传送明文，保密性较差；第二，不可抵赖问题，E-mail很容易伪造，并且发送者可以否认自己是 E-mail 的作者；第三，确认交付问题，STMP 不能保证买卖双方正确交付了 E-mail，无法知道是否丢失。

为了解决上述问题，除广泛采用电文加密、电子认证技术外，Internet EDIINT 工作小组发布了在 Internet 上进行安全 EDI 的标准。针对 EDI 标准在许多应用中过于复杂的情况，标准化组织对一些特定的应用制定了简单标准，它既不同于过去的行业、国家标准，也不同于过去制定的国际标准。它是一种特殊的跨行业的国际标准，相对比较简单，并考虑了 IC(Internet Commerce，网上商务)的一些需求。例如 OBI(Open Buying on the Internet)就是一个成功的例子，OBI 针对大量的、低价格的交易定义了一组简洁的消息，这些交易占所有交易的 80% 以上，实现了 EDI 节省费用的目标。

Web-EDI 方式被认为是目前 Internet-EDI 中最好的方式。标准 IC 商业方式的 EDI 不能减少那些仅有很少贸易单证的中小企业的费用，Web-EDI 的目标是允许中小企业只需通过浏览器和 Internet 连接去执行 EDI 交换。Web 是 EDI 消息的接口，典型情况下，其中一个参与者一般是较大的公司，针对每个 EDI 信息开发或购买相应的 Web 表单，改造成适合自己的 IC，然后把它们放在 Web 站点上，选择他们所感兴趣的表单，然后填写结果提交给 Web 服务器后，通过服务器端程序进行合法性检查，把它变成通常的 EDI 消息，此后消息处理就与传统的 EDI 消息处理一样了。很明显，这种解决方案对中小企业来说是负担得起的，只需一个浏览器和 Internet 连接就可完成，EDI 软件和映射的费用则花在服务器端。Web-EDI 方式对现有企业应用只需做很小改动，就可以方便快速地扩展成为 EDI 系统应用。

总之，Internet 的出现使得传统的 EDI 从专用网络扩大到了 Internet，以 Internet 作为互联手段，将它同 EDI 技术相结合，提供一个较为廉价的服务环境可以满足大量中小型企业对 EDI 的需求，使得 EDI 在当今的电子商务中仍起着重要作用。

10.7.3　Internet 的电子商务发展

Internet 是一个连接无数个、遍及全球范围的广域网和局域网的互联网络。Internet 网的兴起将分布于世界各地的信息网络、网络站点、数据资源和用户有机地联为一个整体，在全球范围内实现了信息资源共享、通信方便快捷，因而它已经成为目前人们工作、学习、休闲、娱乐、相互交流以及从事商业活动的主要工具。

在 20 世纪 90 年代中期，信息高速公路、信息经济、电子商务似乎还是很抽象、很遥远的概念，即便是在发达国家，许多人也认为那不过是政客们为捞取选票而描绘的海市蜃楼，或者是商家为吸引股民和消费者而玩的噱头。如今，不仅欧美发达国家企业和消费者已实际体会到电子商务带来的效益和各种便利，即使在中国这样的发展中国家，民众也感受到因特网和电子商务对社会经济生活越来越现实、深刻的影响。目前，随着 Internet 技术的不断发展，各种商务活动都可以利用 Internet 网实现，Internet 网为电子商务发展提供了强有力的工具和广阔的发展空间。Internet 电子商务有着难以预料的发展前景。

美国是因特网的发源地，也是电子商务应用最发达的国家，目前仍占全球电子商务交易额的一半以上。自 1992 年美国政府取消因特网商业应用的禁制后，电子商务推广与因特网扩张互为因果、互相促进，形成良性循环，在政府的鼓励和促进下（如 1997 年以来相继提出"网络年"、"电子商务年"的概念，推动中小企业和政府部门等上网），电子商务迅速推广普及。据美国德克萨斯大学 1999 年 10 月完成的一项研究估计，以电子商务为主要内容的美国因特网产业在过去 4 年间以 174% 的年均增长率发展，1998 年销售收入为 3 014 亿美元，占美国国内生产总值的 4%，1999 年达到 5 070 亿美元，占国内生产总值的 6.5%。这项研究还显示，因特网产业提供了绝大部分新增就业岗位，就业人数在 1999 年中增加了 46%，由 160 万增加到 230 万。

电子商务推广应用是一个由初级到高级、由简单到复杂的过程，对社会经济的影响也是由浅入深、从点到面。从网上相互交流需求信息、发布产品广告，到网上采购或接受订单、结算支付账款，企业应用电子商务是从少部分到大部分，直至覆盖全部业务环节。从具体业务领域来看也是由少到多逐步发展完善，如电子贸易的电子订单、电子发票、电子合同、电子签名；电子金融的网上银行、电子现金、电子钱包、电子资金转账；网上证券交易的电子委托、电子回执、网上查询等。因特网就像一个世纪前的电一样正全面改变着社会生活的面貌，网络学校、电子图书馆、网上书城、电子音乐厅、网上医院、电子社区、网上舞厅、电子棋室、网上投票、电子政府、网络幼儿园、虚拟购物中心，因特网和电子商务的影响无所不至，将日益成为人们生活中不可缺少的内容，相信"电子社会"(E-society)、"电子生活"(E-life)、"电子城市"(E-city)不会是离人们十分遥远的概念了。

因特网和电子商务的飞速发展创造了新的商业奇迹或神话，Amazon、AOL、eBay、Yahoo 这些成立仅五六年或十几年的新型网络企业，依靠电子商务的优越性和投资者对网络企业的钟情，从最初的几百万或几千万美元投资迅速成长为市值达数百亿甚至上千亿美元的巨型企业。1999年年末,美国在线(AOL)并购几百亿美元身价的时代华纳公司,开创了网络企业鲸吞老牌大型企业的先河,人们惊呼一个"快吃慢"的企业并购时代开始了。2000年2月底香港盈科数码动力成功收购香港电讯是"小吃大"、"快吃慢"的又一突出事例,该公司上市仅10个月,股价就从0.68港元飚升到20港元,以2180亿港元市值吞并了市值高达3150亿港元的"百年老店"香港电讯,创造网络时代又一奇迹。相信在21世纪的商业舞台会上演一幕幕更精彩的电子商务市场争夺战。

第四部分 互联网建设与案例

第 11 章 常用 Internet 服务器安装与配置

本章将介绍互联网上常用的服务器软件(如 WWW 服务器、FTP 服务器等)的安装与配置的过程,所用的操作系统平台为 Windows Server 2003 和红旗 Linux 5.0。

本章知识要点:
➡ WWW 服务器的建立与配置;
➡ FTP 服务器的建立与配置;
➡ DNS 服务器的建立与配置;
➡ DHCP 服务器的建立与配置。

11.1 WWW 服务器的建立与配置

11.1.1 Windows 平台下 WWW 服务器的建立与配置

IIS 是 Internet Information Server 的缩写,它是微软公司主推的服务器,最新的版本是 Windows 2003 里面包含的 IIS 6.0。IIS 与 Windows NT Server 完全集成在一起,因而用户能够利用 Windows NT Server 和 NTFS(NT File System,NT 的文件系统)内置的安全特性,建立强大、灵活而安全的 Internet 和内部网站点。

IIS 支持 HTTP(Hypertext Transfer Protocol,超文本传输协议)、FTP(File Transfer Protocol,文件传输协议)以及 SMTP 协议,通过使用 CGI 和 ISAPI,IIS 可以得到高度的扩展。

1. 安装 IIS 服务器

下面就以 Windows Server 2003 为例介绍一下 IIS 的安装和 WWW 服务器的设置方法。

对于在安装操作系统时没有选择安装 IIS 的用户,可以使用"控制面板"中的"添加或删除程序"功能来实现 IIS 6.0 的安装。选择"开始"→"设置"→"控制面板"→"添加或删除程序"后,单击左方的"添加/删除 Windows 组件"按钮,屏幕上会弹出"Windows 组件向导"窗口,如图 11-1 所示。

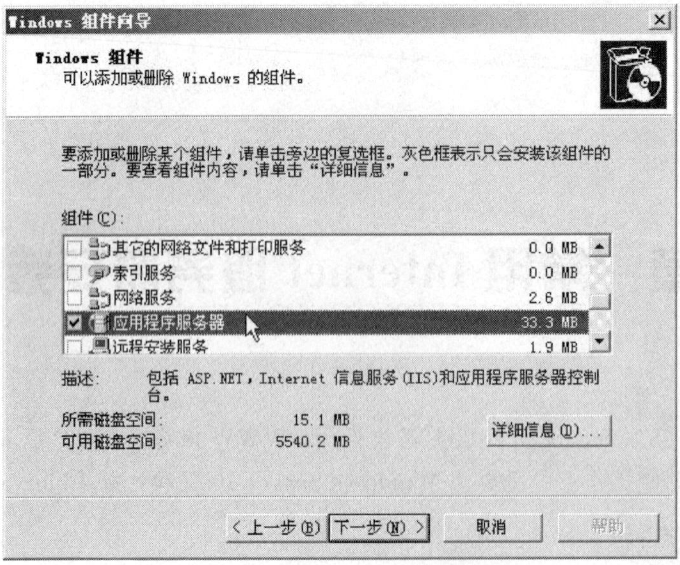

图 11-1　Windows Server 2003 中的"Windows 组件向导"窗口

IIS 默认的 Web 主页文件存放于系统根区中的 %system%\Inetpub\wwwroot 中,主页文件就放在这个目录下。出于安全考虑,微软建议用 NTFS 格式化使用 IIS 的所有驱动器。

选择"应用程序服务器"项,然后单击"详细信息"按钮,打开的对话框如图 11-2 所示。

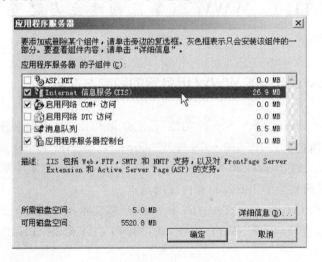

图 11-2　应用程序服务器

选择"Internet 信息服务(IIS)"项,单击"确定"后即可安装 IIS 服务器。如果要更改一些组件,勾选"Internet 信息服务(IIS)"项之后再单击"详细信息"按钮,即可进入选择详细组件的对话框,如图 11-3 所示。

如果要安装 WWW 服务器,需勾选上"万维网服务",在选择好自己需要安装的功能之后,连续单击"确定"或者"下一步"按钮,就可以开始安装工作了。安装过程中可能需要 Windows Server 2003 的安装盘,按照屏幕提示操作即可。

第11章 常用Internet服务器安装与配置

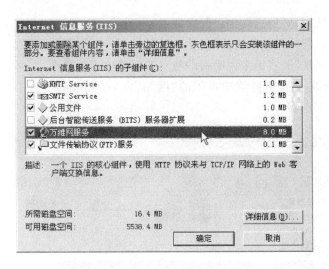

图 11-3　IIS 的详细信息

2．打开 IIS 管理器

安装好 IIS 之后，在"控制面板"中双击"管理工具"，再双击"Internet 信息服务（IIS）管理器"打开 IIS 管理器，对所需要的服务进行管理，如图 11-4 所示。

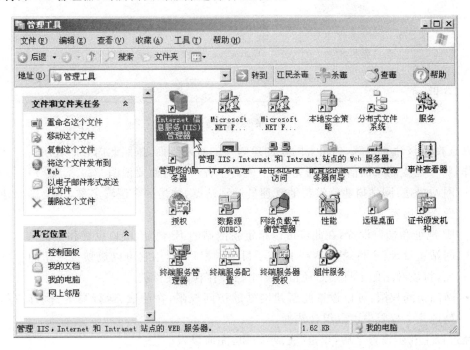

图 11-4　打开 Internet 信息服务（IIS）管理器

在浏览器中输入 http://localhost/iishelp/iis/misc/default.asp，则可看到微软提供的详尽的 IIS 帮助资料。

3．网站的新建

安装好 IIS 之后，系统就已经建立了一个默认的网站，只要在默认的目录中放置一些所需的网页并对"默认网站"的属性加以配置即可。

右击已存在的"默认网站",选择"属性",就可以开始配置IIS的网站。

下面以"新建网站"的实例来说明网站建立和配置的相关操作。

打开IIS管理器,右击服务器项目下的"网站"项,在弹出的快捷菜单里选择"新建"→"网站"命令,如图11-5所示。

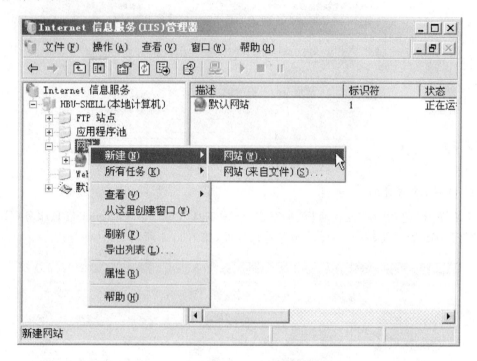

图11-5 新建网站

在选择了该命令之后,会出现网站创建向导的欢迎界面,按照此向导的提示一步步地进行操作,将要建立网站的信息填写完整,下面对于各步进行简要说明。

- 网站描述:网站描述能够帮助管理员辨别站点,这是一个逻辑名称,不会影响建立的操作或内容。
- IP地址和端口设置:在此步可以指定新网站的IP地址、端口设置和主机头。
- 网站主目录:主目录是Web内容子目录的根目录,用它可以规划该网站的主目录路径,将该网站的主目录路径指向某个已经存在的文件夹。
- 网站访问权限:可以设置此新建网站的访问权限,在读取、运行脚本、执行、写入、浏览这几个权限中可以组合选择。

经过以上几步设置之后,单击"完成"按钮,完成设置。

4. 网站的属性配置

当建立好网站之后,将设计好的网页放入该服务器的正确主目录中,就可以让其他人来浏览该网站,这是由于网站的默认值能够支持一般的运行需求,因此并不需要进行其他的设置。但是当要设置网站的安全性、控制带宽及CPU的执行时间等,就需要更进一步地设置网站的属性了。通过在IIS服务管理器中右击要配置的网站名(以"默认网站"为例),在弹出的菜单中选择"属性",就会弹出如图 11-6 所示的窗口。

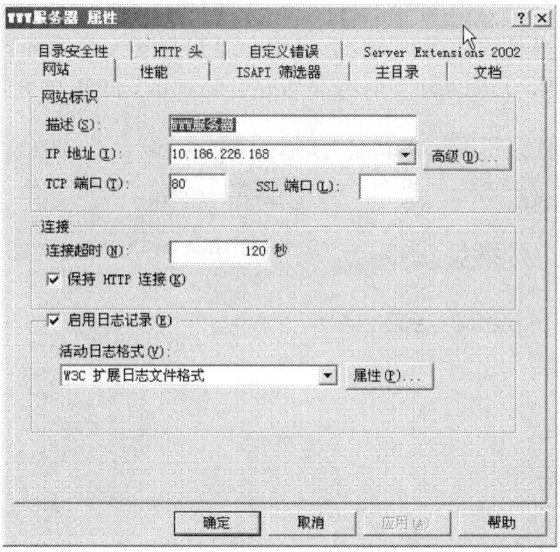

图 11-6　默认网站的属性窗口

根据 IIS 安装时对于具体功能的选择不同,此窗口出现的选项卡可能会略有不同,下面就把这些选项卡的功能做一介绍。

(1)"网站"选项卡:在此选项卡中,可以设置网站的说明文字、IP 地址以及 TCP 连接端口,另外还可以设置"连接"选项以保证网站的正常工作,如图 11-6 所示。

(2)"性能"选项卡:IIS 具有网站的带宽调节功能,该功能可以保证站点不会将服务器的带宽全部消耗。这个功能需要在"性能"选项卡中实现。其中的"带宽限制"项可以用来限制此网站所使用的带宽,网站连接限制主要是限制连接的线程数,这样可以保证服务器的性能,如图 11-7 所示。

图 11-7　"性能"选项卡

(3)"ISAPI 筛选器"选项卡:ISAPI 筛选器是一个在处理 HTTP 要求期间回应事件的程序,它由网站服务器的事件所驱动。可以将 ISAPI 筛选器和网站服务器上的某些事件结合在一起,以后有该类事件发生的时候,系统就会通知与其关联的筛选器。可以为服务器上所有的站点安装筛选器,也可以为个别的网站安装筛选器,如图 11-8 所示。

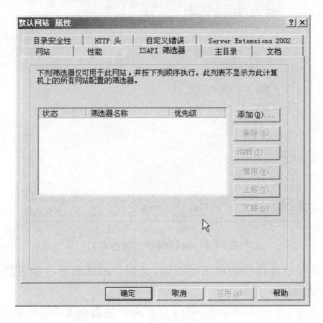

图 11-8 "ISAPI 筛选器"选项卡

(4)"主目录"选项卡:在此选项卡中,可以为网站设置主目录以及设置用户的存取权限,如图 11-9 所示。

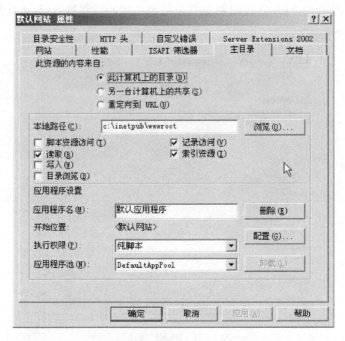

图 11-9 "主目录"选项卡

（5）"文档"选项卡：在此选项卡中，可以设置首页的名称，以及服务器搜索首页的顺序，如图 11-10 所示。

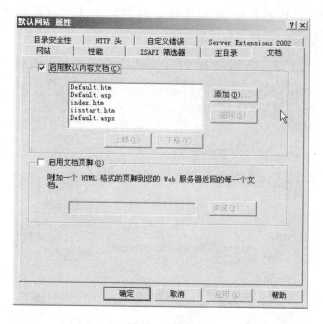

图 11-10　"文档"选项卡

（6）"目录安全性"选项卡：其中的"身份验证和访问控制"区域用于设置允许匿名访问资源及编辑身份验证的方法，"IP 地址和域名限制"区域用于设置使用 IP 地址或 Internet 域名授权或拒绝对资源的访问等，如图 11-11 所示。

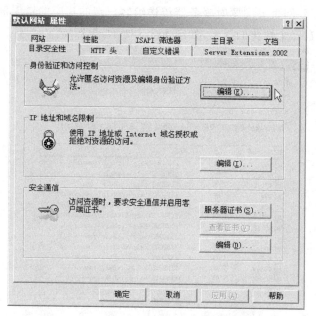

图 11-11　"目录安全性"选项卡

（7）"HTTP 头"选项卡：在"启用内容过期"区域中，如果网站中含有具有时效性的信息,可以设置此选项以保证过期的信息不被发出去;"自定义 HTTP 头"属性可以将自定义的 HTTP 头从网站服务器传送到客户端的浏览器,自定义的头可以使用当前 HTML 规格尚未支持的命令;使用"内容分级"可以在网页的 HTTP 头中嵌入描述标签,如图 11-12 所示。

图 11-12 "HTTP 头"选项卡

(8)"自定义错误"选项卡:在此选项卡中,可以设置当客户端对服务器提出的要求错误、权限不够或找不到网页等问题时服务器传送给客户端的相应的错误信息,可以将默认的错误信息提示改成自己个性化的提示,如图 11-13 所示。

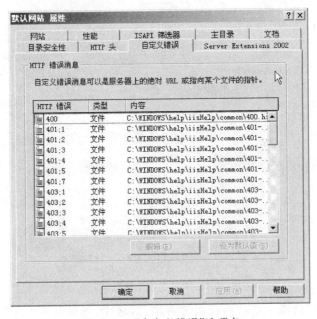

图 11-13 "自定义错误"选项卡

11.1.2 Linux 平台下 WWW 服务器的建立与配置

1. 红旗 Linux 简介

众所周知,UNIX 经过了多年的发展和完善已经相当稳定而可靠,但遗憾的是,UNIX 多运行在昂贵的工作站上,作为个人用户来说,很难接触。

而有了 Linux,任何人都可以在 PC 上学习、使用 Linux 了。Linux 是 UNIX 在微机上的完整实现,最初是由芬兰的 Linus Torvalds 于 1991 年独立开发的。由于 Linux 免费提供源代码和可执行文件,并且公布在互联网上,因此从一开始就吸引了世界各地的 UNIX 专家和爱好者们为其编写大量的驱动程序和应用软件,使得 Linux 在短短的几年内就发展成为一个相当完善的操作系统。

Linux 在世界上飞速发展,并且得到了包括 IBM,HP,Oracle,Sybase 在内的许多软硬件的支持,形成了势不可挡的 Linux 热潮。而国人对信息安全的担忧,面对单一操作系统的束缚和无奈,对经济利益及民族软件产业发展前景的关注,使人们达成了一种共识:必须发展自主的系统软件,尤其是操作系统。Linux 的出现为发展我国自主的安全中文操作系统提供了契机。所有的这一切促成了由中国科学院软件所、北大方正和康柏公司联合推出的红旗 Linux 的问世。

红旗 Linux 的技术开发与版本制作主要是由中科院软件所开放系统与中文信息处理中心承担,是全新的国产操作系统软件。所谓国产操作系统指的是利用国外的技术甚至部分代码,根据市场需要组合成的操作系统。比如国外流行的 RedHat Linux,TurboLinux 等,就是根据用户需要及公司的特长,将 Linux 核心引擎与外部实用程序和文档打包,并提供安装界面和配置设定与管理工具所构成的不同发行版本。红旗 Linux 就是利用 Linux 核心引擎,加上一组实用程序和我国独立开发的中文信息处理系统、安全系统等组成的一种发行版本。

2. 在红旗 Linux 中 WWW 服务器的建立与配置

(1) Apache 简介

由于用户在通过 WWW 浏览器访问信息资源的过程中,无须再关心技术性的细节,而且界面非常友好,因而 Web 在 Internet 上一推出就得到了飞速的发展,WWW 服务器软件的数量也日益增加,WWW 服务器软件市场的竞争也越来越激烈。

Apache 是世界排名第一的 WWW 服务器,它是一个免费的软件,用户可以免费从 Apache 的官方网站下载。Apache 允许世界各地的人对其提供新特性,在经过 Apache Group 的审查、测试、质量检查等环节后,如果他们满意,该代码将会被集成到 Apache 的主要发行版本中去。

Apache 的主要特性有:
- 支持最新的 HTTP/1.1 通信协议;
- 拥有简单而强有力的基于文件的配置过程;
- 支持通用网关接口;
- 支持基于 IP 和基于域名的虚拟主机;
- 支持多种方式的 HTTP 认证;
- 集成 Perl 处理模块;
- 集成代理服务器模块;

- 支持实时监视服务器状态和定制服务器日志；
- 支持服务器端包含指令(SSI)；
- 支持安全 Socket 层(SSL)；
- 提供用户会话过程的跟踪；
- 支持 FastCGI；
- 通过第三方模块可以支持 Java Servlets。

(2) Apache 的获取和安装

Apache 是一个免费软件，不仅可以在互联网上下载它的安装程序，而且可以下载它的源代码用于研究和参与开发。Apache 的官方网站是 http://www.apache.org，用户可以在这里找到需要的程序下载，目前提供的最新版本是 2.2.3，本节就基于这个版本进行叙述。

进入网站后选择左上角的"http server"便可以看到"Apache 2.2.3 Released"的字样，单击下面的"Download"则出现下载页面，根据个人的需要选择不同的软件包进行下载即可。这里选择"httpd-2.2.3.tar.gz"进行下载，并将其存放在/www 目录下。

使用此软件包安装 Apache 的过程如下。

第一步：对该软件包解压缩和解包。

操作过程的终端窗口如图 11-14 所示。

图 11-14　Apache 软件包的解压缩和解包

第二步：运行源代码目录下的 configure 命令。

进入源码的目录 httpd-2.2.3，并使用配置脚本进行环境的配置，操作过程的终端窗口如图 11-15 所示。

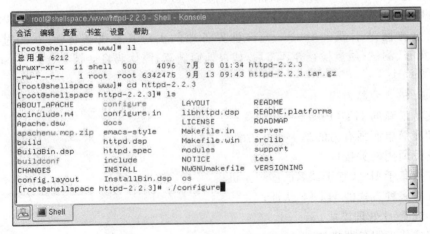

图 11-15　运行 configure 进行环境的配置

第三步：编译源代码。

在执行./configure 之后，配置脚本会自动生成 Makefile。如果在设置的过程中没有任何错误，就可以开始编译源码了。操作过程的终端窗口如图 11-16 所示。

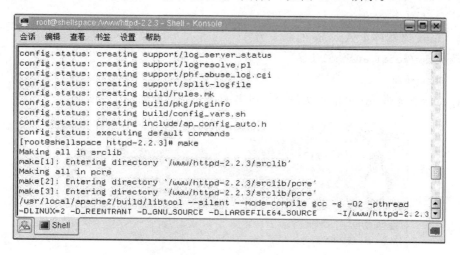

图 11-16　编译 Apache 源代码

第四步：用 make install 命令安装。

在源码编译完成后，就可以使用 make install 将 Apache 安装至默认目录/usr/local/apache2 下，安装过程的终端窗口显示如图 11-17 所示。

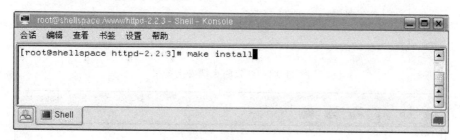

图 11-17　使用 make install 安装 Apache

经过以上 4 步之后，基于 gzip 软件包的 Apache 的安装就全部完成了，用户可以使用如下命令启动 Apache 服务器：

//将当前目录改为 Apache 的默认安装目录

#cd /usr/local/apache2/bin

//启动 apache

#./apachectl start

此时，如果红旗防火墙处于运行状态的话，会弹出如图 11-18 的窗口，选择"保持放行"即可。

（3）启动和停止 Apache 服务器

在安装好 Apache 之后，就可以使用 Apache 的默认配置启动服务器了。

在 Linux 终端启动 Apache 的命令为

#cd usr/local/apache2/bin

#./httpd -k start

在 Linux 终端重新启动 Apache 的命令为

#cd usr/local/apache2/bin

#./httpd -k restart

在 Linux 终端停止 Apache 的命令为

#cd usr/local/apache2/bin

#./httpd -k stop

Apache 服务器 httpd 的语法规则和更多的命令行选项如图 11-19 所示。

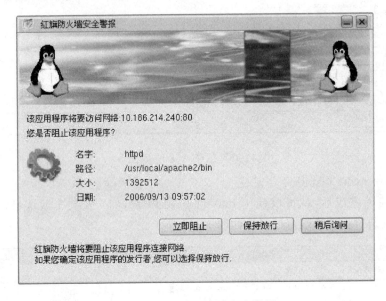

图 11-18　红旗防火墙安全警报

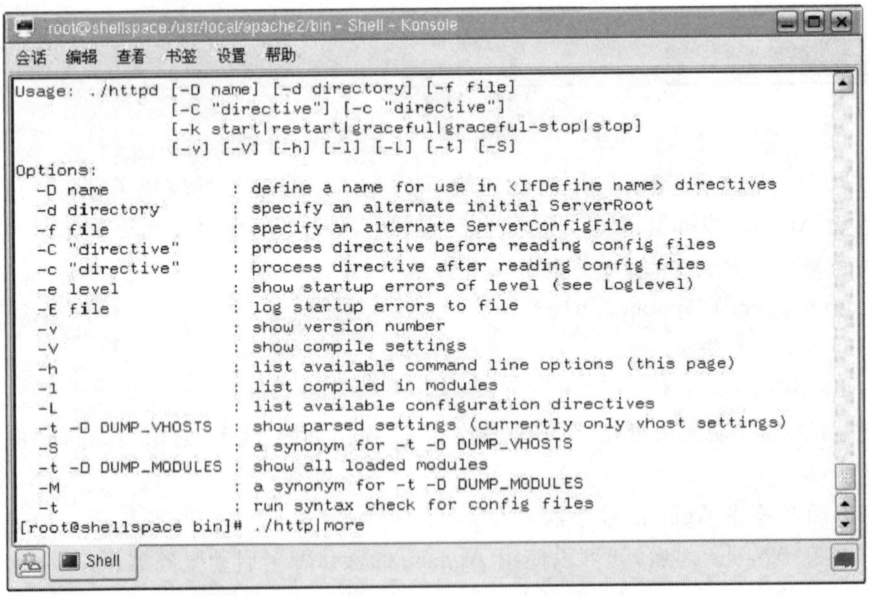

图 11-19　Apache 服务器 htttd 的语法规则和更多的命令行选项

(4) 测试 Apache 服务器

使用上面介绍的办法启动 Apache 服务器后，在 Mozilla Firefox 的地址栏中输入"http://127.0.0.1"或"http://localhost"应该可以看到运行在本机上的 Apache 服务器的初始页面。如果看到了，表明用户安装已经成功；如果没有看到，用户应首先检查 Apache 是否正确安装和正确启动。

(5) 配置 Apache 服务器

Apache 通过 3 个配置文件完成几乎所有的配置。这 3 个文件分别为：

- httpd.conf，主要的 Web 服务器配置；
- access.conf，访问限制和安全；
- srm.conf，MIME 与文件关联。

从传统上讲，Apache 从 3 个文件中读取服务器运行配置，而从 Apache 1.3.4 这个版本开始，服务器运行配置只存储在一个文件 httpd.conf 中。尽管其他文件依然存在，但是只包含注释，告诉用户该文件只是由于历史原因而保留，应将所有的配置放入 httpd.conf 文件。本节讨论的 Apache 的所有配置信息默认为全部放置在 httpd.conf 文件中。

httpd.conf 文件中的主要全局配置选项如下。

- ServerType 指令：指示服务器的类型。服务器有两种类型：standalone 和 xinetd。将其设置为 standalone，表示服务器启动一个服务进程时等待用户的 HTTP 请求，当用户的请求响应后该进程并不消亡；将其设为 xinetd 时，对于任何传入的 HTTP 请求，产生一个新的服务器，该服务器在请求服务完成以后立即消亡。
- ServerRoot 指令：用来设置服务器目录的绝对路径，其通知服务器到哪个位置查找所有的资源和配置文件。
- Port 指令：指定服务器运行在哪个端口上，默认为 80，这是标准的 HTTP 端口号。
- User 和 Group 指令：用来设置用户 ID 和组 ID，服务器将使用它们来处理请求。通常保留这两个设置的默认值：nobody 和 nogroup。
- ServerAdmin 指令：应该被设置为管理服务器的 Web 管理人员的地址，它应该是一个有效的 E-mail 地址或者别名。当服务器出现问题时，这一地址将返回给访问者。
- ServerName 指令：用来设置服务器将返回的主机名，其应该设置为一个完全限定的域名。
- DocumentRoot 指令：设置为文档目录树的绝对路径，该路径是 Apache 提供文件的顶级目录。
- UserDir 指令：定义和本地用户的主目录树相对的目录，可以将公共的 HTML 文档放入该目录中。
- DirectotyIndex 指令：指明作为目录索引的文件名。
- TimeOut 指令：设置网络超时时间，其命令格式为 TimeOut n。其中 n 为整数，单位是 s。
- MaxSpareServers 指令：设置 Apache 的最大空闲进程数。
- StartServers 指令：指明启动 Apache 后等待接受请求的空闲子进程数量。
- MaxKeepAliveRequests 指令：设置每个连接的最大请求数目。
- KeepAlive 和 KeepAliveTimeout 指令：设置 Session 的持续时间。Session 的使用

可以使很多请求都可以通过同一个 TCP 连接来发送,节约了网络资源和系统资源。
- HostnameLookups 指令:设置 Apache 对客户端进行域名验证。如果设置为 on,那么只进行一次反查;如果设置为 double,那么进行反查之后还要进行一次正向解析,只有两次的结果互相符合才行;而设置为 off 就是不进行域名验证。
- BindAddress 指令:设置 Apache 只在特定的 IP 地址监听,从而只响应特定 IP 地址的 HTTP 请求。
- LimitRequestBody 指令:设置 HTTP 请求的消息主体的大小,单位为 B。
- MaxClients 指令:设置 Apache 的最大连接数目。

用户在浏览器中输入一个 URL,该 URL 对应的 Web 服务器将返回一个页面,这个过程是:
- 用户输入一个合法的 URL;
- 服务器根据其配置,找到一个与此 URL 对应的文件;
- 服务器将该文件返回给用户浏览器;
- 用户浏览器根据返回的文件解析并显示。

这里涉及一个由 URL 转换为服务器上某个文件的问题,这个问题是由 Web 服务器根据具体配置完成的。

在 httpd.conf 文件中,通过设置相关参数可以实现管理员对 URL 地址定位的意图,主要可设置的参数如下:
- DocumentRoot:Apache 根据请求定位文件的默认操作是,取出 URL 路径附加到由 DocumentRoot 指定的文件系统路径后面,组成在网上所看见的文件树结构。
- DocumentRoot 以外的文件:可以在文件系统的 DocumentRoot 目录下设置符号链接以访问其外部文件,也可以用 Alias 命令将文件系统的任何部分映射到网络空间中。
- 用户目录:在 Linux 系统中,一个特定用户 user 的主目录通常是~user/。
- URL 的重定向:当需要通知客户其请求的内容位于其他 URL,并使客户产生新的对其他 URL 的请求时,可以用 Redirect 指令来实现重定向。
- 反向代理:Apache 允许将远程文档纳入到本地服务器的网络空间中,由于 Web 服务器从远程服务器取得文档并返回给客户,在其中扮演了一个代理服务器的角色,因此把这种机制称为反向代理。
- URL 的重写引擎:根据请求中诸如浏览器类型、源 IP 地址等特征来决定最终提交给客户的内容,还可以使用外部数据库或程序来决定如何处理一个请求,可以执行的 3 种映射是内部重定向、外部重定向和代理。
- "文件未找到"错误:URL 到文件系统的匹配失败时返回的出错信息页面,其状态码为 404,页面内容取决于 ErrorDocument 指令。

11.1.3 利用其他软件建立 WWW 服务器

还有很多第三方软件同样可以建立 WWW 服务器,下面简单地介绍几种,读者可以根据自己的实际需要和个人喜好选择相应的软件进行使用。

1. IBM WebSphere

WebSphere 软件平台能够帮助客户在 Web 上创建自己的业务或将自己的业务扩展到 Web 上,为客户提供了一个可靠、可扩展、跨平台的解决方案。作为 IBM 电子商务应用框架的一个关键组成部分,WebSphere 软件平台为客户提供了一个使其能够充分利用 Internet 的集成解决方案。

WebSphere 软件平台提供了一整套全面的集成电子商务软件解决方案。作为一种基于行业标准的平台,它拥有足够的灵活性,能够适应市场的波动和商业目标的变化。它能够创建、部署、管理、扩展出强大、可移植、与众不同的电子商务应用,所有这些内容在必要时都可以与现有的传统应用实现集成。以这一稳固的平台为基础,客户可以将不同的 IT 环境集成在一起,从而能够最大程度地利用现有的投资。

WebSphere 应用服务器是一种功能完善、开放的 Web 应用程序服务器,是 IBM 电子商务计划的核心部分,它基于 Java 的应用环境,用于建立、部署和管理 Internet 和 Intranet Web 应用程序。这一整套产品进行了扩展,以适应 Web 应用程序服务器的需要,范围从简单到高级,直到企业级。

WebSphere 针对以 Web 为中心的开发人员,他们都是在基本 HTTP 服务器和 CGI 编程技术上成长起来的。IBM 将提供 WebSphere 产品系列,通过提供综合资源、可重复使用的组件、功能强大并易于使用的工具,以及支持 HTTP 和 IIOP(互联网内部对象请求代理协议)通信的可伸缩运行环境,来帮助这些用户从简单的 Web 应用程序转移到电子商务世界。

2. BEA WebLogic 服务器

BEA WebLogic 服务器是一种多功能、基于标准的 Web 应用服务器,为企业构建自己的应用提供了坚实的基础。各种应用开发、部署所有关键性的任务,无论是集成各种系统和数据库,还是提交服务、跨 Internet 协作,起始点都是 BEA WebLogic 服务器。由于它具有全面的功能、对开放标准的遵从性、多层架构、支持基于组件的开发,基于 Internet 的企业都选择它来开发、部署最佳的应用。

BEA WebLogic 服务器在使应用服务器成为企业应用架构的基础方面继续处于领先地位。BEA WebLogic 服务器为构建集成化的企业级应用提供了稳固的基础,它们以 Internet 的容量和速度,在连网的企业之间共享信息、提交服务,实现协作自动化。BEA WebLogic 服务器的遵从 J2EE、面向服务的架构,以及丰富的工具集支持,便于实现业务逻辑、数据和表达的分离,提供开发和部署各种业务驱动应用所必需的底层核心功能。

3. IPlanet 应用服务器

作为 Sun 与 Netscape 联盟产物的 IPlanet 公司生产的 IPlanet 应用服务器满足最新 J2EE 规范的要求。它是一种完整的 Web 服务器应用解决方案,它允许企业以便捷的方式,开发、部署和管理 Internet 应用中的关键任务。该解决方案集高性能、高度可伸缩和高度可用性于一体,可以支持大量的具有多种客户机类型与数据源的事务。

IPlanet 应用服务器的基本核心服务包括事务监控器、多负载平衡选项、对集群和故障转移的全面支持、集成的 XML 解析器、可扩展格式语言转换(XLST)引擎以及对国际化的全面支持。由于所提供的全部特性和功能得益于 J2EE 系统构架,IPlanet 应用服务器企业版拥有更好的商业工作流程管理工具和应用集成功能。

4. Oracle IAS

Oracle IAS 的英文全称是 Oracle Internet Application Server,即 Internet 应用服务器。Oracle IAS 是基于 Java 的应用服务器,通过与 Oracle 数据库等产品的结合,Oracle IAS 能够满足 Internet 应用对可靠性、可用性和可伸缩性的要求。

Oracle IAS 最大的优势是其集成性和通用性,它是一个集成的、通用的中间件产品。在集成性方面,Oracle IAS 将业界最流行的 HTTP 服务器 Apache 集成到系统中,集成了 Apache 的 Oracle IAS 通信服务层可以处理多种客户请求,包括来自 Web 浏览器、胖客户端和手持设备的请求,并且根据请求的具体内容,将它们分发给不同的应用服务进行处理。在通用性方面,Oracle IAS 支持各种业界标准,包括 JavaBeans、CORBA、Servlets 以及 XML 标准等,这种对标准的全面支持使得用户很容易将在其他系统平台上开发的应用移植到 Oracle 平台上。

5. Tomcat

Tomcat 是一个开放源代码、运行 servlet 和 JSP Web 应用软件的基于 Java 的 Web 应用软件容器。Tomcat 服务器是根据 servlet 和 JSP 规范进行执行的,因此可以说 Tomcat 服务器也实行了 Apache-Jakarta 规范,且比绝大多数商业应用软件服务器要好。

Tomcat 是 Java Servlet 2.2 和 JavaServer Pages 1.1 技术的标准实现,是基于 Apache 许可证下开发的自由软件。Tomcat 是完全重写的 Servlet API 2.2 和 JSP 1.1 兼容的 Servlet/JSP 容器。Tomcat 使用了 JServ 的一些代码,特别是 Apache 服务适配器。随着 Catalina Servlet 引擎的出现,Tomcat 第 4 版的性能得到提升,使得它成为一个值得考虑的 Servlet/JSP 容器,因此目前许多 Web 服务器都是采用 Tomcat。

11.2 FTP 服务器的建立与配置

只有在作为服务器的电脑中开设了 FTP 服务,才能够当作一个 FTP 服务器使用,才允许用户使用 FTP 协议连接到这台电脑,在服务限定的范围内进行上传和下载。开设 FTP 服务的方法在这里介绍两种,一种是使用 Windows 系列操作系统中自带的 IIS 中的相关功能进行设置;另一种是使用第三方软件建立 FTP 服务器,例如 Serv-U 等。

11.2.1 Windows 平台下 FTP 服务器的建立与配置

利用微软的 IIS 可以建立多个不同的 FTP 服务器,并且可实现限制用户、锁定目录、锁定权限、封锁访问者的 IP 等一系列功能。

1. FTP 服务器的建立

在安装 IIS 的时候如果选择安装了文件传输协议(FTP)服务,如图 11-20 所示,那么在安装之后就会有一个"默认 FTP 站点"出现,只要对这个"默认 FTP 站点"的各项参数进行设置就可以满足自己的个性化要求了。

如果不愿意使用默认的站点或目录,可以自行建立站点和虚拟目录,新建一个 FTP 站点，可以使用"FTP 站点创建向导"。在 IIS 管理器中右击"FTP 站点"，选择"新建"→"FTP 站点"即可弹出"FTP 站点创建向导"的欢迎画面，一步步地按照提示进行设置即可，在此不再赘述。

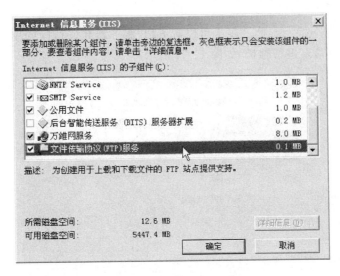

图 11-20　在安装 IIS 时选择 FTP 服务

2. FTP 站点的属性配置

在建立 FTP 站点与设置虚拟目录之后，就需要对 FTP 站点的属性进行设置了，右击欲管理的 FTP 站点（以"默认 FTP 站点"为例），在弹出的快捷菜单中选择"属性"命令就可以打开属性窗口，如图 11-21 所示。

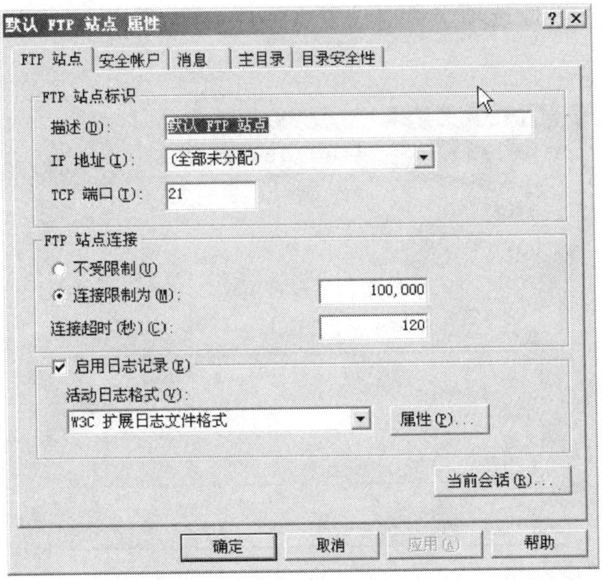

图 11-21　默认 FTP 站点属性页

在 FTP 站点的属性页中的各个选项卡可以分别对每一类属性进行设置和修改，下面分别介绍。

（1）"FTP 站点"选项卡：此标签页可以对 FTP 服务器的逻辑名称、使用的 IP 地址、使用的端口地址、最大连接数、连接超时时间、日志记录等信息进行设置和修改，如图 11-21 所示。

（2）"安全帐户"选项卡：此选项卡可以对 FTP 服务器允许访问的用户类型、管理 FTP 的管理员的账号等信息进行维护，如图 11-22 所示。

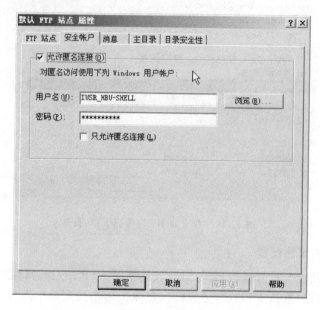

图 11-22 "安全帐户"选项卡

（3）"消息"选项卡：此选项卡可以设置当用户登录、离开或达到最大连接数目时的消息，如图 11-23 所示。

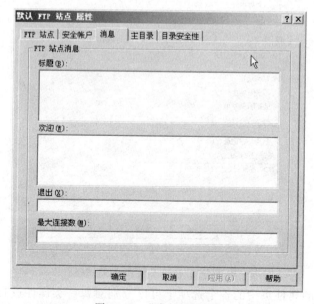

图 11-23 "消息"选项卡

(4)"主目录"选项卡:此选项卡可以设置FTP的主目录路径、用户在本目录下的权限、传送给FTP用户的目录列表样式等参数,如图11-24所示。

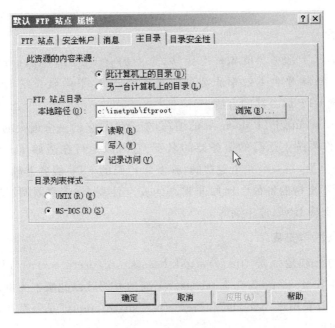

图 11-24 "主目录"选项卡

(5)"目录安全性"选项卡:此选项卡可以设置授予/拒绝计算机上的FTP服务器,可以单击"授权访问"或"拒绝访问"项之后再单击"添加"按钮来加入单一计算机或计算机组,如图 11-25 所示。

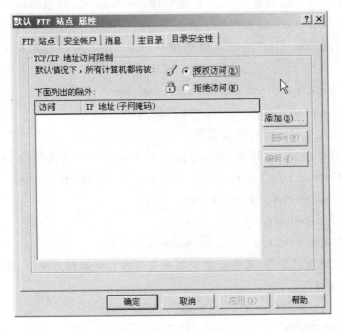

图 11-25 "目录安全性"选项卡

11.2.2　Linux 平台下 FTP 服务器的建立与配置

1. vsftpd 简介

　　Linux 下构建 FTP 服务器的软件有很多，常用的有 wu-ftp、tftp、porftpd 和 vsftp 等。其中 vsftpd 是在 Linux 平台下效率非常高的服务器软件，下面就介绍 Linux 平台下利用 vsftpd 构建和配置 FTP 服务器的方法。

　　vsftpd 是 very secure FTP daemon 的缩写，安全性是它的一个最大的特点。vsftpd 是一个 UNIX 类操作系统上运行的服务器的名字，它可以运行在诸如 Linux、BSD、Solaris、HP-UNIX 等系统上面，是一个完全免费的、开发源代码的 FTP 服务器软件，支持很多其他的 FTP 服务器所不支持的特征。比如非常高的安全性需求、带宽限制、良好的可伸缩性、可创建虚拟用户、支持 IPv6、速率高等。

2. vsftpd 的获取和安装

　　vsftpd 程序的下载地址是 ftp://vsftpd.beasts.org/users/cevans/，目前最新版本为 2.0.3，源程序文件名为 vsftpd-2.0.3.tar.gz。下面的介绍就以此版本为例。

　　安装之前应该看看用户"nobody"和目录"/usr/share/empty"是否存在，如果不存在，需要新建这个用户和目录。

　　[root@shellspace root]# useradd nobody

　　[root@shellspace root]# mkdir /usr/share/empty

　　如果要允许匿名访问，还需要创建 ftp 用户，并将其主目录设置为/var/ftp。在 RedHat Linux 9.0 中这些都已默认设置好了，只需要创建一个/var/ftp 目录即可。

　　[root@shellspace root]# mkdir /var/ftp

　　为了安全，目录"/var/ftp"不应该属于用户"ftp"，也不应该有写权限。在此，做如下设置：

　　[root@shellspace root]# chown root.root /var/ftp

　　[root@shellspace root]# chmod 755 /var/ftp

　　做完以上准备工作就可以开始安装了。

　　以管理员身份登录 Linux 系统，将 vsftpd-2.0.3.tar.gz 复制到/root 目录下。

　　[root@shellspace root]# tar xzvf vsftpd-2.0.3.tar.gz

　　[root@shellspace root]# cd vsftpd-2.0.3

　　[root@shellspace vsftpd-2.0.3]# make

　　[root@shellspace vsftpd-2.0.3]# make install

　　由于采用源代码方式安装，很多必要的配置文件没有复制到系统中，需要手动复制。

- 复制配置文件

　　[root@shellspace vsftpd-2.0.3]# cp vsftpd.conf /etc

- 复制 pam 验证文件

　　多数使用 vsftpd 的用户在用源代码安装后都会遇到这样的问题：匿名用户可以登录，

而本地用户无论怎样设置都无法登录,原因就在于 vsftpd 采用了 PAM 验证的方式,需要复制一个验证文件本地用户才能访问。

[root@shellspace vsftpd-2.0.3]# cp /vsftpd.pam /etc/pam.d/ftp

3. vsftpd 的配置

vsftpd 服务器的配置文件为/etc/vsftpd.conf,其常用配置选项如下。

(1) 禁止匿名用户访问。

anonymous_enable = NO

(2) 允许本地用户登录并允许其上传文件。

local_enable = YES

write_enable = YES

要使上述选项生效,必须复制一个 pam 验证文件到/etc/pam.d,并改名为 ftp。当然也可以改为其他名称,但必须修改 pam_service_name 的值,默认为 ftp。

(3) 将本地用户锁定在主目录中,不允许切换到上一级目录中。

chroot_local_user = YES

(4) 禁止某些用户通过 FTP 登录服务器。

如果设置了 local_enable=YES,那么所有的用户包括 root 也能通过 FTP 登录服务器,出于安全考虑,需要对某些用户进行限制。

在 vsftpd.conf 中有如下 3 个选项控制:

userlist_deny = YES/NO

userlist_enalbe = YES

userlist_file = /etc/vsftpd.user_list

如果 userlist_deny=YES,/etc/vsftpd.user_list 中列出的用户名就不允许登录 FTP 服务器;如果 userlist_deny=NO,/etc/vsftpd.user_list 中列出的用户名就允许登录 FTP 服务器。

还需要在/etc 目录下创建 vsftpd.user_list 文件,文件内容为允许登录或禁止登录的用户名,每个用户占一行。

(5) 禁止用户通过 FTP 修改文件或文件夹的权限。

chmod_enable = NO(默认值为 YES)

(6) 设置本地用户上传的文件或文件夹的 umask 值。

local_umask = 022(默认值为 077)

umask 的值设为 022 表示,上传的如果是文件将权限改为 644,如果是文件夹将权限改为 755。在上传网页时,如果设置为 077,就会出现用户没有权限(Permission denied)访问网页的问题,所以建议将 umask 的值设为 022。

(7) 添加一个只能从 FTP 登录服务器,而不能从本地登录的用户。以下创建一个用户 ftpuser,不允许从本地登录,并创建该用户的密码。

[root@shellspace root]# useradd - g ftp - s /sbin/nologin ftpuser

[root@shellspace root]# passwd ftpuser

```
Changing password for user ftpuser.
New password:
Retype new password:
passwd: all authentication tokens updated successfully.
```
(8) 让 vsftp 服务器限制总的连接数以及每个 IP 最大的连接数。

- 最多同时允许 100 个客户连接：

`max_clients = 100`

- 每个 IP 地址最多允许开 3 个线程：

`max_per_ip = 3`

vsftpd 的配置参数还有很多，读者可通过互联网搜索详细的使用和配置进行学习。

11.2.3 利用软件 Serv-U 建立 FTP 服务器

利用 Serv-U 也可以建立 FTP 服务器环境，所需软件可以到 http://www.serv-u.com/ 自行下载，国内的各个软件下载站也提供 Serv-U 的共享版。为了中文用户的使用方便，可以找到所使用的 Serv-U 的对应版本的中文补丁进行下载和安装。

安装过程非常简单，这里不再赘述，下面重点介绍一下 Serv-U 安装之后的设置和使用方法。本节使用的 Serv-U 版本为 6.0.0.1，并使用了中文补丁。

在安装 Serv-U 之后的第一次运行时，或打开"Serv-U 管理员"之后选择"新建服务器"均可出现一个新建服务器的向导，这个向导可以帮助用户轻松地完成基本设置，如图 11-26 所示。

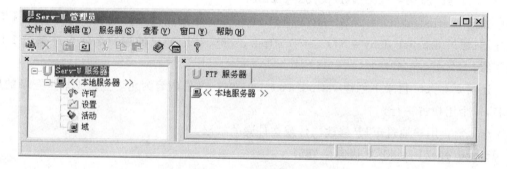

图 11-26 Serv-U 管理员界面

按照这个向导可以一步步地设置以下信息。

- FTP 服务器的 IP 地址或者 IP 名称，本例使用的 IP 地址为 10.186.214.240。
- FTP 服务器的端口号（默认为 21），本例使用的端口为 2121。
- FTP 服务器的名称，这是一个逻辑名称，本例使用"测试 FTP 服务器"。
- 用于维护服务器的用户的名称，本例使用 Admin。
- 登录到服务器的密码，本例使用 Admin。

在设置以上信息并单击"完成"之后，会出现确认窗口，在此时还可以将以上信息进行修改和确认,如图 11-27 所示。

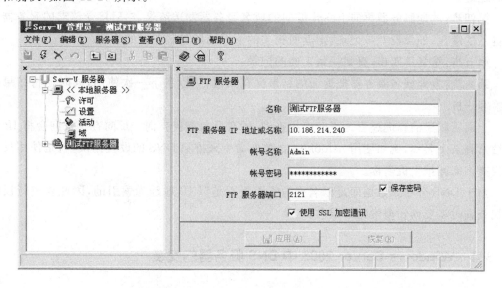

图 11-27　Serv-U 中建立新服务器后的属性信息

此时一个"测试 FTP 站点"的基本信息已经设置完成,但是目前互联网上的其他电脑还不能使用 FTP 的客户端软件访问它的资源,只有在 Serv-U 中设置了相关的域、用户名、使用权限、目录权限等必要信息并开启了 FTP 服务后,其他电脑才能够访问此服务器的开放资源。

使用 Serv-U 建立的 FTP 站点的所有属性和用户希望的功能可以通过"Serv-U 管理员"的相关功能实现,具体的设置过程不在本书的讨论范围之内,读者可以自行研究。

11.3　DNS 服务器的建立与配置

DNS(Domain Name System)是一个在 TCP/IP 网络上,用来将计算机名称转换为 IP 地址的服务系统。无论在 Intranet 或 Internet 上,都可以使用 DNS 来解析计算机名称,以及找出计算机的所在位置。使用计算机名称比较容易记忆,而且也不必担心 IP 地址更改的问题。

DNS 服务器是一套标准的网络名称服务,通过 DNS 服务可以让每一台客户机都能够登录与解析网络名称。DNS 根据一套层次式的命名策略代用 IP 地址来记忆主机地址,这套层次式的命名策略称为 Domain Name Space。

DNS 域名解析的过程可以简单地描述为以下几步。

第一步:客户机提出域名解析请求,并将该请求发送给本地的 DNS 服务器。

第二步:当本地的 DNS 服务器收到请求后,就先查询本地的缓存,如果有该记录项,则本地的域名服务器就直接把查询的结果返回。

第三步:如果本地的缓存中没有该记录,则本地域名服务器就直接把请求发给根域名服务器,然后根域名服务器再返回给本地域名服务器一个所查询域(根的子域)的主域名服务器的地址。

第四步：本地服务器再向上一步返回的域名服务器发送请求，然后接受请求的服务器查询自己的缓存，如果没有该记录，则返回相关的下级的域名服务器的地址。

第五步：重复第四步，直到找到正确的记录。

第六步：本地域名服务器把返回的结果保存到缓存，以备下一次使用，同时还将结果返回给客户机。

上面所叙述的查询过程是正向查找查询，还有反向查找查询。反向查找查询会将 IP 地址搜索到某个名称，例如使用 nslookup 之类的命令来排除 DNS 的设置错误，就是使用反向查找查询来回报主机名称。

由于 DNS 分布式数据库是以名称为索引而不是以 IP 地址为索引的，因此要进行反向查找查询时需要彻底搜索每个域名。

11.3.1 Windows Server 2003 中 DNS 服务器的安装

下面就在 Windows Server 2003 操作系统下介绍如何安装 DNS 服务器。

（1）选择"控制面板"→"添加或删除程序"命令，单击左侧的"添加/删除 Windows 组件"按钮，然后在组件清单中勾选"网络服务"项，如图 11-28 所示。

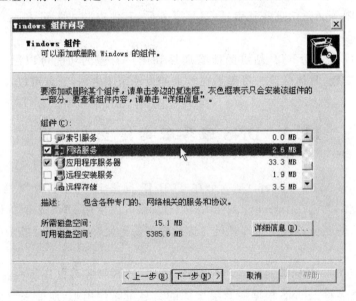

图 11-28　选择"网络服务"项

（2）单击"详细信息"按钮进入关于网络服务的详细设置，勾选上"域名系统(DNS)"项，并单击"确定"，如图 11-29 所示。

（3）在单击"确定"之后，会回到如图 11-28 所示的画面，单击"下一步"，开始安装 DNS，如图 11-30 所示。在安装过程中，可能会提示放入 Windows Server 2003 的安装光盘，按照屏幕提示操作即可，直至完成安装。

第11章 常用Internet服务器安装与配置

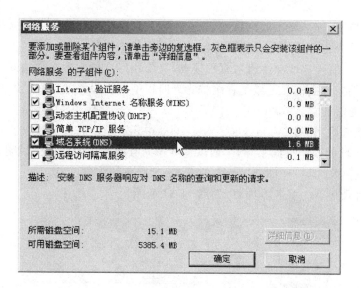

图 11-29 选择"域名系统(DNS)"项

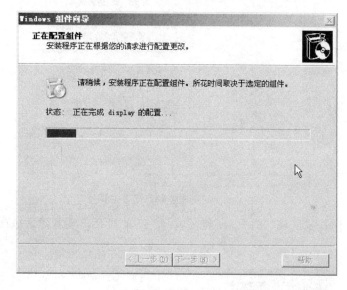

图 11-30 安装 DNS 的过程

11.3.2 DNS 服务器中区域的建立

在安装 DNS 服务器之后,接下来的步骤就是要建立一个区域(Zone)来服务名称解析的要求。所谓的区域代表了一个间隔的域空间,将一个域名空间分割成较小而容易管理的区段。在该区域内的主机数据就存储在 DNS 服务器内的区域文件(Zone File)中。虽然区域可以划分域名空间,但是必须为连续的域名空间。

在 Windows Server 2003 中支持以下 3 种区域类型。

- Active Directory 结合区域:为一个新区域的主要副本,该区域使用 Active Directory 来存储与复制区域文件。

- 主要区域:为一个新区域主机数据的正本,该区域使用标准的文本文件格式来存储,该区域的管理与维护是在建立该区域的计算机上执行。
- 辅助区域:既保存区域主机数据的复制,又使用标准的文本文件格式来存储,但是为只读文件。建立辅助区域是在维护管理时视情况而设置的,但必须是在建立主要区域后才能够建立。

除区域的类型之外,在 Windows Server 2003 中还有正向查找和反向查找。

建立各种区域的操作大同小异,下面以建立正向查找区域为例做一说明。

(1) 选择"管理工具"→"DNS"命令,打开 DNS 服务器管理工具。

(2) 展开目录树下的服务器项目,如图 11-31 所示。

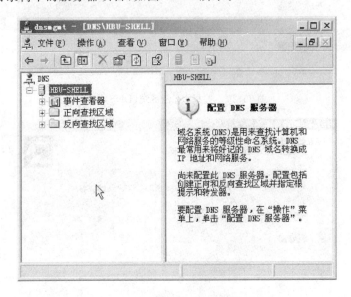

图 11-31　DNS 服务器管理工具

(3) 右击"正向查找区域",选择"新建区域"命令,此时会出现新建区域向导,如图 11-32 所示。

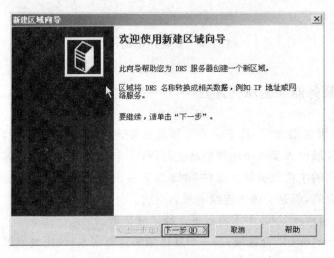

图 11-32　新建区域向导

(4) 依据此向导可以选择要新建区域的区域类型,填写要新建区域的区域名称,定义要新建区域的区域文件,配置新建区域的动态更新。

(5) 如果一切设置正常,在单击"完成"按钮之后就已经建立了一个正向查找区域,完成后的画面如图11-33所示。

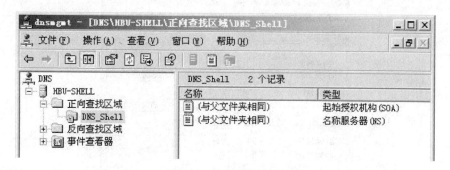

图 11-33　完成新建正向查找区域后的画面

11.3.3　Windows Server 2003 中 DNS 服务器的配置

维护 DNS 服务的域名,除了新建、删除域,面对来自客户端的各种名称查询,还需要针对具体的使用情况加以调整。用户可以通过对 DNS 服务器的各项参数进行配置来实现这个目的。

在 DNS 服务管理器里右击要设置的域名,在弹出菜单中选择"属性"命令,即弹出了设置这个域的参数设置窗口。

(1) "常规"选项卡

在此选项卡中,可以设置区域文件名,选择是否启动动态 DNS 功能,如图 11-34 所示。

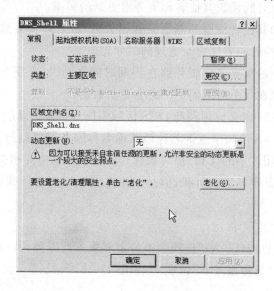

图 11-34　"常规"选项卡

(2)"起始授权机构(SOA)"选项卡

SOA 用来识别域名中由哪一个命名服务器负责信息授权。SOA 的设置数据影响名称服务器的数据保留与更新策略,如图 11-35 所示。

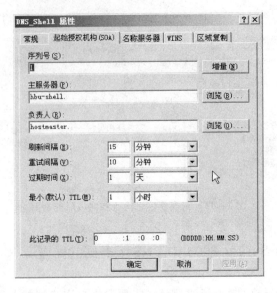

图 11-35 "起始授权机构(SOA)"选项卡

在此选项卡中各项的意义如下。

- 序列号:当名称记录更改时,序号也就随之增加,用来表示每次更改的序号,这样可以帮助辨认欲进行动态更新的机器。
- 主服务器:负责这个域的主要命名服务器。
- 负责人:负责人名称后面还有一个"."符号,表示 E-mail 地址中的"@"符号。
- 刷新间隔:这个时间代表其他名称服务器更新的频率。
- 重试间隔:假如其他名称服务器更新数据失败,或者连接失败,那么就会重试一次。通常重试间隔的时间要比重新整理的时间短。
- 过期时间:其中的次要名称服务器在到期时间来到时,必须与主要名称服务器更新一次数据,确保在这个时间周期一定会更新数据。
- 最小(默认)TTL:定义应用到此 DNS 区域中所有资源记录的生存时间。
- 此记录的 TTL:客户端来查询名称或其他名称服务器复制数据,数据留在这些机器上的时间。使用较小的 TTL 值可确保跨网的域命名空间相关数据的完整性。TTL 值虽然可以降低服务器的负载,但是如果在此期间内有所变更,客户端将收不到更新消息。

(3)"名称服务器"选项卡

除了在"起始授权机构(SOA)"选项卡中的主要服务器以外,其他的名称服务器都在这里添加数据,单击打开"名称服务器"选项卡,如图 11-36 所示。

(4)"WINS"选项卡

Windows Server 2003 的 DNS 可以让 WINS 来处理网络上仍然使用 WINS 服务的软

件或硬件的名称查询。要进行这样的结合，在"WINS"选项卡里进行相关设置即可，如图 11-37 所示。

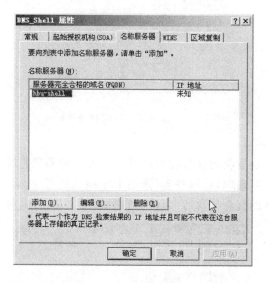

图 11-36 "名称服务器"选项卡

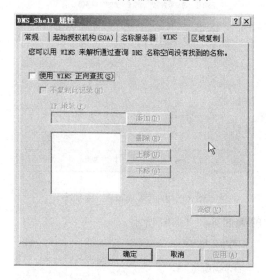

图 11-37 "WINS"选项卡

- 勾选"使用 WINS 正向查找"项，然后在"IP 地址"文本框中填写 WINS 服务器的 IP 地址，最后单击"添加"按钮就可将该 IP 地址加入列表。
- 如果勾选"不复制此记录"项，那么，当区域数据复制失败时，DNS 服务器也不会覆盖来自 WINS 的名称查询记录，当局域网中存在各种不同 DNS 服务器和 WINS 服务器时，勾选这个选项会相当有用。
- 如果单击"高级"按钮，则可设置"缓存超时"与"查找超时"。其中，"缓存超时"用来设置客户端查询名称服务器或其他名称服务器复制数据时，数据留存在这些机器上的时间；"查找超时"则是名称服务器等候 WINS 服务回应找不到名称的等候时间，如图 11-38 所示。

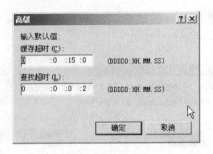

图 11-38　设置 WINS 缓存更新时间

(5) "区域复制"选项卡

此选项卡各参数的设置决定区域复制的开放程度。如果只打算让内部名称服务器复制数据,那么可以选择"只有在'名称服务器'选项卡中列出的服务器"或自行指定转送的服务器列表。如果要指定辅助服务器接收区域更新通知,可以单击"通知",如图 11-39 所示。

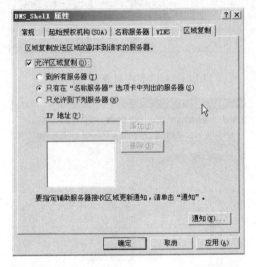

图 11-39　"区域复制"选项卡

单击"通知"按钮后的画面如图 11-40 所示。

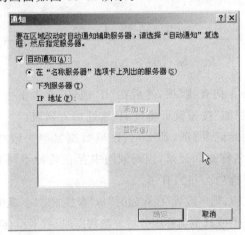

图 11-40　"区域复制"选项卡中的"通知"

11.4 DHCP 服务器

动态主机配置协议(DHCP)是一种 IP 标准,旨在通过使用服务器集中管理网络上使用的 IP 地址和其他相关配置细节来降低管理地址配置的复杂性。DHCP 包含用于执行多播地址分配的多播地址动态客户端分配协议(MADCAP)。当系统通过 MADCAP 向注册的客户端动态地分配 IP 地址时,客户端可以有效参与数据流过程。

DHCP 服务提供自动指定 IP 地址给使用 DHCP 客户端的计算机的功能,让管理人员能够集中管理 IP 地址发放的问题,避免许多手动设置 IP 地址可能遇到的困扰。TCP/IP 网络上的每台计算机都必须有唯一的计算机名及 IP 地址。当将计算机移动到不同的子网时,必须变更 IP 地址。DHCP 可以从局域网上的 DHCP 服务器的地址数据库中为客户端指派 IP 地址。如果是 TCP/IP 网络,则 DHCP 会降低系统管理员重新设置计算机工作的复杂性及工作量。

DHCP 的工作方式很简单,首先需要有一台安装有 DHCP 服务器的计算机,然后具有自动向 DHCP 服务器索取 IP 功能的客户端。在向服务器要求一个 IP 地址时,如果还有 IP 地址没有使用,则在数据库登记该客户端使用,然后回应这个 IP 地址以及相关的选项给客户端。

在 Windows Server 2003 的默认安装时,DHCP 服务器会自动安装,因此如无特殊要求,可以不用重新安装 DHCP 服务器。如果在"开始→程序→管理工具"清单中找不到"DHCP",则需要自行安装 DHCP 服务器。

在进行"添加/删除 Windows 组件"的操作中,选择"动态主机配置协议(DHCP)"并单击"确定",即可安装 DHCP 服务器,如图 11-41 所示。

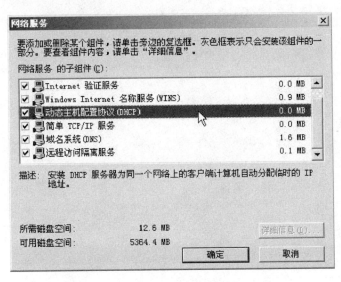

图 11-41 选择"动态主机配置协议(DHCP)"

安装好 DHCP 服务器之后,可以进行如下的设置。

(1) 设置 DHCP 作用域
- 新建作用域:新建一个发送 IP 地址范围的作用域。
- 设置排除地址:排除是指服务器不分配的地址或地址范围。
- 设置保留:保留是将特定 IP 给特定的服务器。
- 设置作用域选项:其他参数的设置。
- 管理客户端租用:了解客户端向 DHCP 服务器租用地址的状况。
- 计划路由 DHCP 网络:对多个子网段内的 DHCP 客户端提供服务。
- 设置 DHCP 服务器选项:指派 DHCP 客户端以外的参数设置。

(2) 设置超级作用域

当 DHCP 服务器上有两个以上的作用域时,就可以组成超级作用域,而超级作用域可以解决多重网络部分类型的 DHCP 配置问题。

(3) DHCP 数据库

DHCP 数据库的大小会因网络上客户端数目而定。

随着客户端在网络不断地启动及停止,DHCP 数据库也随之增长。随着时间推移,数据库会删除一些逐渐陈旧的 DHCP 客户端数据项目,因此会保留一些未使用的空间。如果要回收这些未使用空间,则必须压缩 DHCP 数据库,而 DHCP 服务器也会自动执行动态数据库压缩工作。

尽管动态压缩大大降低了离线压缩的需求,但并不能完全消除离线压缩的需要。离线压缩可以更加有效地回收空间。并且在拥有 1 000 个以上 DHCP 客户端的大型网络中,大约每月执行一次。对于较小的网络,每隔几个月执行一次手动压缩,就可以收到很好的效果。因为动态压缩是在数据库使用过程中进行的,所以不必停止 DHCP 服务器。不过,若为手动压缩,则必须停止 DHCP 服务器,而在离线时执行压缩。

第 12 章 网站的规划与建设

网站的规划是指在网站建设前对市场进行分析，确定网站的目的和功能，并根据需要对网站建设中的技术、内容、费用、测试、维护等做出规划。一个网站的成功与否与建站前的网站规划有着极为重要的关系。网站规划对网站建设起到计划和指导的作用，对网站的内容和维护起到定位作用。

网站的建设主要是指域名注册、申请空间、制作网站、后期维护等一系列跟网站具体实现有关的工作。

本章知识要点：
- 网站的规划；
- 域名注册；
- 建立网上环境；
- 网站设计原则和方法；
- 网页制作技术；
- 网页制作工具。

12.1 网站的规划

12.1.1 建立网站的目的

Internet 实现了世界范围内的网络间的互联和信息共享，没有地理差别，也没有时间限制，全天任何时候都可以与 Internet 进行数据交换。Internet 超越时空的特性将全世界紧密联系起来，成为信息的"高速公路"。在信息"高速公路"上存放数据信息或提供服务的地方就被称之为网站。由于各种各样的网站存放有大量的信息，所以可以提供各式各样的通信和服务。

互联网已经全面地介入了人们的生产、生活的方方面面，带动着整个社会、政治、经济与文化的飞速发展。尤其是新一代年轻人，他们的生存、生活方式受互联网的影响非常大，互联网或许将成为他们生活中不可缺少的一部分，成为重要的消费途径。当代企业也借助于互联网扩大自己的影响、推广自己的产品，同时通过互联网快速的消息传递加速自身的发展。

针对网络用户的各种需求,传统产业利用互联网进行产品宣传、电子商务,各种内容、形式和功能的网站层出不穷。网站的数量飞速增加,而且内容也不像以前那样单一,许多网站的内容都跨越了很多领域。

总的来看,建立网站的目的大致分为 5 类:
- 政府部门进行国家管理的辅助手段,例如政府的上网工程;
- 成为产业的辅助手段,例如产品宣传、企业间的电子商务等;
- 建立纯粹的商业网站进行经营,并以此获得利润;
- 大专院校以及科研机构进行学术交流和技术探讨,例如 Cernet 的绝大多数网站;
- 没有商业目的的公益性服务。

12.1.2 网站的分类

根据信息流转、传递以及提供服务的方式,网站大致可以分为以下几类。

(1) 信息类

浏览信息是 Internet 提供的最基本、最简单、最广泛的服务,Internet 被冠以第四媒体之称,有超越三大传统媒体(报纸、广播和电视)的趋势。今天无论进入哪一家网站的主页,都会看到形形色色、琳琅满目的分类综合信息。传统媒体如报刊、电台、影视等都有网络版;企事业单位也设立网站提供产品和服务信息;人们通过 Web 浏览器如 IE、Netscape 等,便可做到"秀才不出门,遍知天下事"。目前绝大多数网站都属于此类,例如中国中央电视台(www.cctv.com)、人民网(www.people.com.cn)等。

(2) 查询类

当对欲浏览的信息不确定时,仅仅通过超级链接浏览会很烦琐或者根本无从下手,通过在线查询类网站的数据库搜索,只要输入几个模糊的关键字,就可以按照要求显示出某一范围内的信息,从而进一步缩小查找区域,快速确定浏览目标。例如雅虎(www.yahoo.com)、百度(www.baidu.com)等。

(3) 免费资源服务类

它指着重提供 Internet 网络免费资源和免费服务的网站。免费资源包括自由软件、图片、电子图书、技术资料、音乐和影视等;免费服务包括电子邮件、BBS、虚拟社区、免费主页、传真等。免费资源服务有很大的公益性质,比较受欢迎。其中免费资源网站可以具有很少的维护工作量,而且有些资源的使用价值不随时间消减,可以长期保留,很适合于网站爱好者自行建立信息共享。

(4) 电子商务类

它指着重提供网上电子商务活动的网站。电子商务有 3 种模式:B2B(商业对商业)、B2C(商业对客户)和 C2C(客户对客户)。目前影响面较广的电子商务网站主要有淘宝网(www.taobao.com)、易趣网(www.ebay.com.cn)等。另外在很多服务行业、企业网站上也提供了在线支付、在线缴费等功能。

(5) 远程互动类

利用 Internet 进行远程教育、医疗诊断等交互性应用服务的网站。随着 Internet 基础技术的不断提高,远程互动类将由现在非实时互动向实时互动发展,并运用多媒体方式增强互动感性效果。

(6) 娱乐游戏类

提供各种娱乐方式和在线游戏的网站。例如联众世界(www.ourgame.com)、QQ游戏(game.qq.com)等已经是人们所熟知甚至迷恋的场所了。

(7) 网络媒介类

通过 Internet 网站作为中间媒介,加强人与人之间的联系,增进彼此间的交流,沟通感情。例如中国同学录(www.5460.net)等。

事实上有许多大型网站往往有很多侧重点,既提供信息发布又提供在线查询等服务,在这样的情况下,往往把该网站归入它做得最出色的那一类。

衡量一个站点建设得是否成功,其访问量通常是重要的标志,特别对于门户型网站来说,在发展和经营概念中,访问量往往成为唯一的评判标志。另外对一些有偿服务类的网站而言,访问量虽然也很重要,但并不是评判的唯一标准,实际上利润或者潜在的利润以及资本市场的成功才是真正的目的和评判标准。但不管怎么说,访问量的多少对于大多数类型的站点都是非常重要的。

对于一个没有其他收入支撑的商业网站(如门户网站、综合信息类网站、新闻媒体网站、论坛性网站、提供免费服务和免费资源的网站等)来说,只有较高的访问量才能够得到较高的广告收益和口碑,以维持网站经营和获取更多的融资可能。

网站访问量的衡量标准也有多种,一般说来,纯访问量更能体现访问人的多少,这对于商务类站点的意义比较重要,而页面点击数如果没有"作弊"行为的话,则更能够反映该站点的实际访问量。调查相关网站的数目、规模和访问量是进行市场调研的重要组成部分。调查表明网站内容仍然左右着网站流量,所以网站内容也是市场调研的一个方面。

有些站点不以访问量作为其衡量标准和追求目标。这些站点通常都是一些功能性站点,如政府类网站、技术服务性网站、学校和科研机构网站等,其建设网站的目的是为了完成一定的功能。对于这样的站点,其设计目标应当着重考虑网站功能的实现。

12.1.3 网站的建设和运作费用

在我国,网站的建设和运作费用主要包括以下几个部分。

(1) 域名费用。注册域名之后,每年需要缴纳一定的费用以维护该域名的使用权,不同层次的域名收费也不同,不同的注册服务商的费用也不同,可以直接通过服务商的网站来询价。

(2) 线路接入费用和合法 IP 地址费用。不同的 ISP、接入方式和速率下的费率有差别,具体费率要询问本地 ISP 服务商。

(3) 服务器硬件设备。有可能还需要路由器、防火墙等接入设备及配套软件。

(4) 如果进行主机托管或租用虚拟主机,那么可能要支付托管费或主机空间租用费。托管费一般按主机在托管机房所占空间大小(以 U 为单位,通常是指机架单元)来计算;空间租用费则按所占主机硬盘空间大小(以 MB 为单位)来计算。如果主机托管或虚拟主机的维护费用包括了接入费用,就不需要再另外交付接入费用了。

（5）系统软件费用。包括操作系统、服务器软件、数据库软件等。

（6）开发维护费用。软硬件平台搭建好之后，必须考虑具体的 Web 页面设计、编程和数据库开发以及后期的平台维护费用。网站的维护是一个长期的过程，其中可能要有很多的人力及物力支持。

（7）网站的市场推销和经营费用。包括为各种形式的宣传活动所支付的费用、为内容的授权转载而付出的费用以及其他在网站经营过程中所付出的额外费用等。

12.2 域名注册

域名对网站来说是极其重要的一个部分，它是网站的商标。虽然 Internet 上的每一台主机都是以 IP 地址来区分和访问的，但是大多数更愿意记忆和使用有一定意义的名字而不愿意记忆一大串抽象的数字。人们为网络商的每一个主机起了一个名字，但是从全球范围来看，互联网上相同的主机名是无法让人忍受的，为了方便主机命名管理，DNS 发展了起来。从技术上讲，域名是一种用于解决数字 IP 地址不易记忆的方法；而从管理上讲，域名体系使 IP 地址的使用更有秩序、更容易管理，是比 IP 地址更高级的地址形式。域名具有世界唯一性，域名注册机构保证全球范围内没有重复的域名。

国内的域名注册由中国互联网络信息中心负责，国际域名由设在美国的 Internet 信息管理中心 InterNIC 和它设在全球各地的分支机构负责批准域名的申请。

在进行域名申请的时候，选择的域名注册机构不同，流程会有些许不同，但大同小异，一般会经历如下的几步（假设向 CNNIC 申请域名）。

（1）域名查询。这一步是检查域名是否已经被他人注册。一般来说，在选择域名的时候要遵循几点：简单易记、反映站点性质、与机构的特征密切相关、中国互联网络的二级域名。一般各个域名注册机构都会提供快捷的方式帮助用户检查自己将注册的域名是否可用。

（2）申请注册。在经过查询确认自己要申请的域名为空闲后，就可以填写域名注册申请表并提交。

（3）语法检查。服务器会自动对递交的域名注册申请表进行格式与内容的检查。

（4）递交和审查注册材料。在语法检查无误后，向 CNNIC 递交机构和个人的有关文件的复印件，由 CNNIC 对机构和个人提供的注册材料进行审核。

（5）交费、开通。通过审核后，用户向 CNNIC 交纳域名注册费用。CNNIC 在收到域名注册费用后开通域名。

经过以上几步，用户可以开始正常使用申请的域名了。

12.3 建立网上环境

拥有域名后，接着就要建立网上环境。目前有 3 种解决方案：虚拟主机、服务器托管和专线接入。

1. 虚拟主机

所谓虚拟主机,是使用特殊的软硬件技术,把一台计算机主机分成一台台虚拟的主机,每一台虚拟主机都具有独立的域名和 IP 地址(或共享的 IP 地址),具有完整的 Internet 服务器功能,对应于一个网站。在同一台硬件、同一个操作系统上,运行着为多个用户打开的不同的服务器程序,互不干扰;而各个用户拥有自己的一部分系统资源(IP 地址、文件存储空间、内存、CPU 时间等)。虚拟主机之间完全独立,在外界看来,每一台虚拟主机和一台独立的主机的表现完全一样。这种方式极大地减少了上网成本,方便了网上应用的开展。通常这种方式一年所需费用仅几千元,因此受到了众多企业的青睐。采用这种方式的企业,只需根据业务需要确定所需的硬盘空间大小和相关的增值服务项目即可。但是对于个人用户来说,却很少有采用这种收费的虚拟主机的方式,而是用一些免费的虚拟空间来构建自己的网站。

虚拟主机技术的出现,使每个用户承受的硬件费用、网络维护费用、通信线路的费用均大幅度降低,Internet 真正成为了人人用得起的网络。

在选择虚拟主机服务商时,主要应从系统资源、服务和价格这 3 个方面来考虑。

首先,网站一个很重要的成功因素就是被访问的速度,再好的网站如果速度很慢也不会有多少人访问。提供虚拟主机的服务商的系统资源会决定访问网站的速度,通常应了解服务商提供服务的主机性能、因特网的出口带宽等技术指标。

一般决定服务器访问速度的因素有如下一些项目:

- 服务器的硬件配置(包括服务器的类型、CPU、硬盘速度、内存大小、网卡速度等);
- 服务器所在的网内环境与速度;
- 服务器所在的网络环境,以及服务器与 Internet 骨干网相联的速率;
- ISP 与 ChinaNet 之间的专线速率;
- ISP 向客户端开放的端口接入速率;
- 访问者计算机的配置等。

其次,要了解服务商都提供哪些服务,这些服务能解决哪些问题。因为企业上网绝不是简单的申请域名、建个网站就万事大吉了,进一步的增值应用服务才是企业上网的最终目的。企业应根据自己的实际需求选择相应的服务,但至少应当关注以下几个服务项目。

- 独立域名:每块空间对应一个独立的域名。
- 独立使用目录:每个用户拥有自己的独立目录(存放静态页面文件和动态页面文件)。
- 方便的远程管理:在同一块空间上同时具有 Web、E-mail、FTP 3 种服务器功能。通过用户名和密码方式赋予用户远程登录(Telnet)和文件传输(FTP)的特权,用于站点信息内容的下载和日常维护。

最后,还要考虑价格,价格的差别主要是由服务商的资源不同和服务不同所引起的。

2. 服务器托管

最初,网站只是满足于用户浏览网页以及查看文字和图形,虚拟主机就足够用了。但是对于非常重要的服务器的解决方案来说,虚拟主机已经不再是网络管理员的首选。这是因为,如果用户虚拟主机所在的服务器上运行了过多的虚拟主机,最后的结果就是系统非常容易过载、性能迅速下降,使用户网站提供服务的性能下降。

当用户的系统是独立主机时,可以获得一个很高的控制权限,能够决定服务质量(QoS)和其他一些重要的问题。用户可以随时监视系统资源的使用情况,在系统资源紧张、出现"瓶颈"的时候,马上根据具体情况对服务器进行升级。如果用户希望自己的站点迅速发展并且能够解决足够多的访问量和数据库查询的话,那么这是非常有用的。

服务器托管有如下几个特点。

- 灵活性:当用户的站点需要灵活地进行组织变化的时候,虚拟主机将不能满足需要。当 Web 已经成熟后,Web 用户希望内容动态化、连接互动化、个性化,而这需要依靠独立主机才能得到较好的解决。
- 稳定性:在共享的环境下,如果其他用户执行了一些非法或不合适的行为,如乱发电子邮件等,接受者可能会通过各种方法对他进行报复,那么用户的站点也会被牵连;另外,如果有用户执行了有问题的程序,可能会由此造成整个服务器瘫痪。而在独立主机的环境下,用户就可以对自己的行为和程序严密把关、精密测试,将服务器的稳定性提升到最高。
- 安全性:服务器被用做虚拟主机的时候是非常容易被黑客和病毒袭击的,因为有多个用户对这台服务器有不同的权限。另外,如果服务商没有处理好安全问题,可能其他用户可以轻易地通过程序来进行浏览、删除、修改等操作。
- 速度:因为虚拟主机是共享资源,因此服务器响应速度和连接速度都较独立主机慢得多。

3. 专线上网

专线上网就是通过申请相应速率的数字数据网(DDN)线路连接到 Internet 上。通过这条专线,服务器就可以被 Internet 访问了。使用这种方式时,用户的服务器就放在自己的机房中,方便自己维护和管理。但用户要申请数据线路。

关于专线上网,读者可以参阅前述章节的相关内容。

12.4 网站设计原则和方法

网站设计阶段的主要任务是按照对网站的需求分析报告,利用各种 Web 系统设计技术,提出可供实现人员遵照执行的系统执行规格说明书。此说明书必须能够体现出有待实现的 Web 站点的全貌,系统实现人员据此可以利用 HTML 和 CGI 语言、ASP、PHP 及数据库等工具建立起可以运行的 Web 站点。

关于站点的设计,每个人可能会有每个人的风格,但是有一些基本原则是开发人员必须要遵守的:

- 最大限度地满足用户的需求;
- 最有效地利用系统资源;
- 创建美观、一致、有效的页面风格。

Web 网站系统的设计通常也可以采用一般软件系统设计所采用的自顶向下、自底向上和及时增量这3种设计方法。不过在具体设计一个 Web 站点的时候,并不一定是一成不变地采用同一种方法,设计人员可以根据需要将多种设计方法结合起来使用。

12.5 网页制作技术

12.5.1 HTML

网站的静态网页主要是通过 HTML 实现的,即静态网页是用 HTML 制作的。HTML 语言是超文本标识语言,是一种描述文档结构的语言,使用描述性的标识符(称为标签)来指明文档的不同内容。标签是区分文档各个组成部分的分界符,用来把 HTML 文档划分成不同的逻辑部分(或结构),如段落、标题和表格等。一般地,HTML 文件是以".htm"或".html"作为文件的扩展名。

1. HTML 的基本结构

超文本传输协议规定了浏览器在运行 HTML 文档时所遵循的规则和进行的操作。HTTP 协议的制定使浏览器在运行超文本时有了统一的规则和标准。用 HTML 编写的超文本文档称为 HTML 文档,它能独立于各种操作系统平台。自 1990 年以来 HTML 就一直被用作 WWW 的信息表示语言。使用 HTML 语言描述的文件,需要通过 Web 浏览器显示出效果。

所谓超文本,是因为它可以加入图片、声音、动画、影视等内容。事实上每一个 HTML 文档都是一种静态的网页文件,这个文件里面包含了 HTML 指令代码,这些指令代码并不是一种程序语言,它只是一种排版网页中资料显示位置的标记结构语言,易学易懂,非常简单。HTML 的普遍应用带来了超文本的技术——通过单击鼠标从一个主题跳转到另一个主题、从一个页面跳转到另一个页面,与世界各地主机的文件链接,直接获取相关的主题。例如

<IMG SRC="文件名">//图片调用

<FONT SIZE="＋5" COLOR="♯00FFFF">文字</FONT>//定义文字格式

<A HREF="文件路径/文件名"></A>//页面跳转

从上面可以看到 HTML 超文本文件需要用到的一些标签。在 HTML 中每个用来作标签的符号都是一条命令,它告诉浏览器如何显示文本。这些标签均由"＜"和"＞"符号以及一个字符串组成。而浏览器的功能是对这些标签进行解释,显示出文字、图像,播放动画、声音。这些标签符号用"＜标签名 属性＞"来表示。

HTML 只是一个纯文本文件。创建一个 HTML 文档,只需要两个工具,一个是 HTML编辑器,另一个是 Web 浏览器。HTML 编辑器是用于生成和保存 THML 文档的应用程序;Web 浏览器是用来打开 Web 网页文件,提供给人们查看 Web 资源的客户端程序。

一个 HTML 文档是由一系列的元素和标签组成的。元素名不区分大小写;HTML 用标签来规定元素的属性和它在文件中的位置。HTML 超文本文档分文档头和文档体两部分,在文档头里,对这个文档进行了一些必要的定义;文档体中才是要显示的各种文档信息。

下面是一个最基本的 HTML 文档的代码：

```
<HTML>
<HEAD>
<TITLE>HTML 示例 </TITLE>
</HEAD>
<BODY>
<CENTER>
<H1>欢迎光临</H1>
<BR>
<HR>
<FONT SIZE = 7 COLOR = red>
HTML 基本结构示例
</FONT>
</CENTER>
</BODY>
</HTML>
```

　　<HTML></HTML>在文档的最外层，文档中的所有文本和 HTML 标签都包含在其中，它表示该文档是以超文本标识语言（HTML）编写的。事实上，现在常用的 Web 浏览器都可以自动识别 HTML 文档，并不要求有 HTML 标签，也不对该标签进行任何操作。但是为了使 HTML 文档能够适应不断变化的 Web 浏览器，还是应该养成不省略这对标签的良好习惯。

　　<HEAD></HEAD>是 HTML 文档的头部标签，在浏览器窗口中，头部信息是不被显示在正文中的，在此标签中可以插入其他标记，用以说明文件的标题和整个文件的一些公共属性。若不需头部信息则可省略此标记，良好的习惯是不省略。

　　<TITLE>和</TITLE>是嵌套在<HEAD>头部标签中的，标签之间的文本是文档标题，它被显示在浏览器窗口的标题栏。

　　<BODY> </BODY>标签一般不省略，标签之间的文本是正文，是在浏览器要显示的页面内容。

　　上面的这几对标签在文档中都是唯一的，HEAD 标签和 BODY 标签是嵌套在 HTML 标签中的。

　　标签是用来分割标签文本的元素，以形成文本的布局、文字的格式及五彩缤纷的画面。标签通过指定某块信息为段落或标题等来标识文档某个部件。属性是标签里的参数的选项。

　　HTML 的标签分单标签和成对标签两种。成对标签是由首标签<标签名> 和尾标签</标签名>组成的，成对标签的作用域只作用于这对标签中的文档；单标签的格式为<标签名>，单标签在相应的位置插入元素就可以了。大多数标签都有自己的一些属性，属性要写在首标签内。属性用于进一步改变显示的效果，各属性之间无先后次序。属性是可选

的,也可以省略而采用默认值。属性的格式如下:

<标签名 属性1 属性2 属性3 … >内容</标签名>

作为一般的原则,大多数属性值不用加双引号。但是包括空格、"％"、"♯"等特殊字符的属性值必须加双引号。为了养成好的习惯,提倡全部对属性值加双引号,如

<font color="♯ff00ff" face="宋体" size="30">字体设置</font>

2. 版面编辑中的主要标签

(1) HTML的主体标签<body>

在<body>和</body>中放置的是页面中所有的内容,如图片、文字、表格、表单、超链接等。<body>标签有自己的属性,设置 <body>标签的属性,可控制整个页面的显示方式。<body>标签的属性有:

- link:设定页面默认的链接颜色;
- alink:设定鼠标正在单击时的链接颜色;
- vlink:设定访问后链接文字的颜色;
- background:设定页面背景图像;
- bgcolor:设定页面背景颜色;
- leftmargin:设定页面的左边距;
- topmargin:设定页面的上边距;
- bgproperties:设定页面背景图像为固定,不随页面的滚动而滚动;
- text:设定页面文字的颜色。

(2) 颜色的设定

颜色值是一个关键字或一个RGB格式的数字。颜色是由"red"、"green"、"blue"三原色组合而成的,在HTML中对颜色的定义用十六进制。对于三原色,HTML分别给予两个十六进制位去定义,也就是每个原色可有256种彩度,故此三原色可混合成16 777 216种颜色。例如,白色的组成是 red=ff,green=ff,blue=ff,RGB值即为ffffff。应用时常在每个RGB值之前加上"♯"符号,如bgcolor="♯336699"。用英文名字表示颜色时直接写名字,如bgcolor=green。

RGB颜色可以有如下4种表达形式:

- ♯rrggbb,如♯00cc00;
- ♯rgb,如♯0c0;
- rgb(x,x,x),x是一个介于0到255之间的整数,如rgb(0,204,0);
- rgb($y\%,y\%,y\%$),y是一个介于0到100之间的整数,如rgb(0％,80％,0％)。

(3) 换行标签

换行标签是一个单标签,也叫空标签,不包含任何内容。在HTML文件中的任何位置只要使用了
标签,当文件显示在浏览器中时,该标签之后的内容将显示在下一行。

(4) 换段落标签<P>

由<P>标签所标识的文字,代表同一个段落的文字。不同段落间的间距等于连续加了两个换行符,也就是要隔一行空白行,用以区别文字的不同段落。它可以单独使用,也可以成对使用。单独使用时,下一个<P>的开始就意味着上一个<P>的结束。良好的习惯是成对使用。

(5) 原样显示文字标签<pre>

要保留原始文字排版的格式,就可以通过<pre>标签来实现,方法是把制作好的文字排版内容前、后分别加上首标签<pre>和尾标签</pre>。

(6) 对齐标签<center>

文本在页面中使用<center>标签进行居中显示。<center>是成对标签,在需要居中的内容部分开头处加<center>,结尾处加</center>。

(7) 引文标签(缩排标签)<blockquote>

<blockquote>标签可以用来建立一个引文,它特别适合较长文本的引用。引文显示时将会自动右移,左边空出几个格,以示区别。

(8) 水平分隔线标签<hr>

<hr>标签是单独使用的标签,是水平线标签,用于段落与段落之间的分隔,使文档结构清晰明了,使文字的编排更整齐。通过设置<hr>标签的属性值,可以控制水平分隔线的样式。

(9) 署名标签<address>

署名标签<address>一般用于说明这个网页是由谁或是由哪个公司编写的,以及其他相关信息。在<address>与</address>之间的文字显示效果是斜体字。

(10) 注释标签

在 HTML 文档中可以加入相关的注释标签,便于查找和记忆有关的文件内容和标识,这些注释内容并不会在浏览器中显示出来。注释标签的格式是:

<!--注释的内容-->

(11) 标题文字标签<hn>

<hn>标签用于设置网页中的标题文字,被设置的文字将以黑体或粗体的方式显示在网页中。标题标签的格式是:

<hn align=参数>标题内容</hn>

<hn>标签是成对出现的。<hn>标签共分为 6 级,在<h1>与</h1>之间的文字就是第一级标题,是最大、最粗的标题;在<h6>与</h6>之间的文字是最后一级,是最小、最细的标题文字。align 属性用于设置标题的对齐方式,其参数为 left(左)、center(中)、right(右)。<hn>标签本身具有换行的作用,标题总是从新的一行开始。

(12) 文字格式控制标签<font>

<font>标签用于控制文字的字体、大小和颜色。控制方式是利用属性设置得以实现的,<font>标签的格式是:

<font face=值 1 size=值 2 color=值 3>文字</font>

3. 建立超链接

建立超链接的标签为<A>和</A>,格式为:

<A HREF="资源地址" TARGET="窗口名称" TITLE="指向链接显示的文字">超链接名称</A>

标签<A>表示一个链接的开始,</A>表示链接的结束。

属性 HREF 定义了这个链接所指的目标地址。目标地址是最重要的,一旦路径上出现差错,该资源就无法访问。

TARGET 属性用于指定打开链接的目标窗口,其默认方式是原窗口,其他属性选项如下:
- _parent:在上一级窗口中打开,一般使用分帧的框架页会经常使用;
- _blank:在新窗口打开;
- _self:在同一个帧或窗口中打开,这项一般不用设置;
- _top:在浏览器的整个窗口中打开,忽略任何框架。

TITLE 属性用于指定指向链接时所显示的标题文字。

"超链接名称"是要单击到链接的元素,元素可以包含文本,也可以包含图像。文本链接带下划线且与其他文字颜色不同,图形链接通常带有边框显示。用图形作链接时只要把显示图像的标签<img>嵌套在<A HREF="URL">与</A>之间就能实现图像链接的效果。当鼠标指向"超链接名称"处时会变成手状,单击这个元素可以访问指定的目标文件。

4. 建立列表

在 HTML 页面中,合理地使用列表标签可以起到提纲和格式排序文件的作用。列表分为两类,一是无序列表,二是有序列表。无序列表就是项目各条列间并无顺序关系,纯粹只是利用条列来呈现资料而已,此种无序标签,在各条列前面均有一符号以示区隔;而有序条列就是指各条列之间是有顺序的,比如从 1,2,3……一直延伸下去。

关于列表的主要标签如下。

- <UL>:无序列表。无序列表指没有进行编号的列表,每一个列表项前使用<LI>。<LI>的属性 type 有 3 个选项,这 3 个选项都必须小写。它们是 disc(实心圆)、circle(空心圆)、square(小方块)。<UL>如果不使用其项目<LI>的属性值,即默认情况下的<UL>会加实心圆。
- <OL>:有序列表。有序列表和无序列表的使用格式基本相同,它使用标签对<OL></OL>,每一个列表项前使用<LI>。<OL>列表的结果是带有前后顺序之分的编号。如果插入和删除一个列表项,编号会自动调整。顺序编号的设置是由<OL>的两个属性 type 和 start 来完成的。start=编号开始的数字,如 start=2 则编号从 2 开始;如果从 1 开始可以省略;或是在<LI>标签中设定 value="n"改变列表行项目的特定编号,例如<li value="7">。type=用于编号的数字、字母等的类型,如 type=a,则编号用英文字母。为了使用这些属性,把它们放在<OL>或<LI>的首标签中。
- <DIR>:目录列表。格式同无序列表。
- <DL>:定义列表。
- <MENU>:菜单列表。格式同无序列表。
- <DL>/<DT>/<DD>:定义列表的标签。
- <LI>:列表项目的标签。

5. 图像的处理

浏览器可以显示的图像格式有 jpeg,bmp,gif。其中 bmp 文件存储空间大、传输慢,不提倡用。常用的 jpeg 和 gif 格式的图像相比较,jpeg 图像支持数百万种颜色,即使在传输过程中丢失数据,也不会在质量上有明显的不同,占位空间比 gif 大;gif 图像仅包括 265 种色彩,虽然质量上没有 jpeg 图像高,但具有占位储存空间小、下载速度最快、支持动画效果及背景色透明等特点。因此使用图像美化页面可视情况而决定使用哪种格式。

与图像处理有关的标签如下。

(1) 设置背景图像:<body background="image-url">。

(2) 网页中插入图片标签<img>。

网页中插入图片用单标签<img>,当浏览器读取到<img>标签时,就会显示此标签所设定的图像。如果要对插入的图片进行修饰时,仅仅用这一个属性是不够的,还要配合其他属性来完成。

主要属性有:

- src,图像的 URL 的路径;
- alt,提示文字;
- width,宽度,通常只设为图片的真实大小以免失真;
- height,高度,通常只设为图片的真实大小以免失真;
- dynsrc,avi 文件的 URL 的路径;
- loop,设定 avi 文件循环播放的次数;
- loopdelay,设定 avi 文件循环播放延迟;
- start,设定 avi 文件的播放方式;
- lowsrc,设定低分辨率图片,若所加入的是一张很大的图片,可先显示该图片;
- usemap,映像地图;
- align,图像和文字之间的排列属性;
- border,边框;
- hspace,水平间距;
- vlign,垂直间距。

6. 表格

表格在网站应用中非常广泛,可以方便灵活地排版。很多动态大型网站也都是借助表格排版,表格可以把相互关联的信息元素集中定位,使浏览页面的人一目了然。在 HTML 文档中,表格是通过<table>,<th>,<tr>,<td>标签来完成的。

- <table></table>:用于定义一个表格开始和结束。
- <th></th>:定义表头单元格。表格中的文字将以粗体显示,在表格中也可以不用此标签,<th>标签必须放在<tr>标签内。
- <tr></tr>:定义一组行标签,一组行标签内可以建立多组由<td>或<th>标签所定义的单元格。
- <td></td>:定义单元格标签,一组<td>标签将建立一个单元格,<td>标签必须放在<tr>标签内。

在一个最基本的表格中,必须包含一组<table>标签、一组<tr>标签和一组<td>标签或<th>标签。

<table>标签的属性有:

- width,表格的宽度;
- height,表格的高度;

- align,表格在页面的水平摆放位置;
- background,表格的背景图片;
- bgcolor,表格的背景颜色;
- border,表格边框的宽度(以像素为单位);
- bordercolor,表格边框颜色;
- bordercolorlight,表格边框明亮部分的颜色;
- bordercolordark,表格边框昏暗部分的颜色;
- cellspacing,单元格之间的间距;
- cellpadding,单元格内容与单元格边界之间的空白距离的大小。

表格是按行和列(单元格)组成的,一个表格有几行组成就要有几个行标签<tr>,行标签用它的属性值来修饰,属性都是可选的。<tr>标签的属性有:

- align,行内容的水平对齐;
- valign,行内容的垂直对齐;
- bgcolor,行的背景颜色;
- bordercolor,行的边框颜色;
- bordercolorlight,行的亮边框颜色;
- bordercolordark,行的暗边框颜色。

<th>和<td>都是插入单元格的标签,这两个标签必须嵌套在<tr>标签内,是成对出现的。<th>是表头标签,表头标签一般位于首行或首列,标签之间的内容就是位于该单元格内的标题内容,其中的文字以粗体居中显示;数据标签<td>标记该单元格中的具体数据内容。<th>和<td>标签的属性都是一样的,<th>和<td>标签的属性有:

- width/height,单元格的宽和高,接受绝对值(如 80)及相对值(如 80%);
- colspan,单元格向右打通的栏数;
- rowspan,单元格向下打通的行数;
- align,单元格内字画等的摆放贴位置(水平),可选值为 left,center,right;
- valign,单元格内字画等的摆放贴位置(垂直),可选值为 top,middle,bottom;
- bgcolor,单元格的底色;
- bordercolor,单元格边框颜色;
- bordercolorlight,单元格边框向光部分的颜色;
- bordercolordark,单元格边框背光部分的颜色;
- background,单元格背景图片。

7. 网页的动态、多媒体效果

在网页的设计过程中,动态效果的插入会使网页更加生动灵活、丰富多彩。

(1) 滚动字幕

<marquee>标签可以实现元素在网页中移动的效果,以达到动感十足的视觉效果。<marquee>标签是一个成对的标签,格式为:

<marquee>…</marquee>

<marquee>标签有很多属性,用来定义元素的移动方式。

<marquee>的属性有：
- align，指定对齐方式，可选值有 top，middle，bottom；
- scroll，单向运动；
- slide，如幻灯片，一格格的，效果是文字一接触左边就停止；
- alternate，左右往返运动；
- bgcolor，设定文字卷动范围的背景颜色；
- loop，设定文字卷动次数，其值可以是正整数或 infinite（表示无限次），默认为无限循环；
- height，设定字幕高度；
- width，设定字幕宽度；
- scrollamount，指定每次移动的速度，数值越大速度越快；
- scrolldelay，文字每一次滚动的停顿时间，单位是 ms，时间越短滚动越快；
- hspace，指定字幕左右空白区域的大小；
- vspace，指定字幕上下空白区域的大小；
- direction，设定文字的卷动方向，left 表示向左，right 表示向右，up 表示向上滚动；
- behavior，指定移动方式，scroll 表示滚动播出，slibe 表示滚动到一方后停止，alternate 表示滚动到一方后向相反方向滚动。

（2）插入多媒体文件

在网页中可以用<embed>标签将多媒体文件插入，比如可以插入音乐和视频等。用浏览器可以播放的音乐格式有 midi 音乐、wav 音乐、mp3、AIFF、AU 格式等。另外在利用网络下载的各种音乐格式中，mp3 是压缩率最高、音质最好的文件格式。但要说明一点，虽然用代码标签插入了多媒体文件，但 IE 浏览器通常能自动播放某些格式的声音与影像，但具体能播放什么样格式的文件，取决于所用计算机的类型以及浏览器的配置。对于 IE，若无预先安装好的插件程序，它会提示用户打开文件、保存文件或取消下载。若打开未知类型的文件，浏览器会试图使用外部的应用程序显示此文件，但这要取决于操作系统的配置。

<embed>标签的使用格式为<embed src="音乐文件地址">，常用属性如下：
- src="filename"，设定音乐文件的路径；
- autostart=true/false，是否要音乐文件传送完就自动播放，true 是要，false 是不要，默认为 false；
- loop=true/false，设定播放重复次数，loop=6 表示重复 6 次，true 表示无限次播放，false 表示播放一次即停止；
- startime="分：秒"，设定乐曲的开始播放时间，如 20 s 后播放写为 startime=00:20；
- volume=0-100，设定音量的大小，如果没设定的话，就用系统的音量；
- width height，设定播放控件面板的大小；
- hidden=true，隐藏播放控件面板；
- controls=console/smallconsole，设定播放控件面板的样式。

(3) 嵌入多媒体文件

除了可以使用上述方法插入多媒体文件外,还可以在网页中嵌入多媒体文件,这种方式将不调用媒体播放器。

<bgsound>标签用来设置网页的背景音乐,格式如下:

<bgsound src="your.mid" autostart=true loop=infinite>

常用属性如下。

- src="your.mid":设定 midi 档案及路径,可以是相对或绝对。声音文件可以是 wav,midi,mp3 等类型的文件。
- autostart=true:是否在音乐文件传完之后就自动播放音乐。true 表示是,false 表示否(默认值)。
- loop=infinite:是否自动反复播放。loop=2 表示重复两次;infinite 表示重复多次,直到网页关闭为止。

8. 框架

框架就是把一个浏览器窗口划分为若干个小窗口,每个窗口可以显示不同的网页。使用框架可以非常方便地在浏览器中同时浏览不同的页面效果,也可以非常方便地完成导航工作。

所有的框架标记要放在一个 HTML 文档中。HTML 页面的文档体标签<body>被框架集标签<frameset>所取代,然后通过<frameset>的子窗口标签<frame>定义每一个子窗口和窗口的页面属性。

语法格式为:

<html>
<head>
</head>
<frameset>
　　<frame src="url 地址 1">
　　<frame src="url 地址 2">
　　…
<frameset>
</html>

frame 子框架的 src 属性的每个 URL 值指定了一个 HTML 文件地址,地址路径可使用绝对路径或相对路径,这个文件将载入相应的窗口中。

框架结构可以根据框架集标签<frameset>的分割属性分为 3 种:左右分割窗口、上下分割窗口、嵌套分割窗口。

(1) 框架集

<frameset>标签的属性有:

- border,设置边框粗细,默认是 5 像素;
- bordercolor,设置边框颜色;

- frameborder,指定是否显示边框,"0"代表不显示边框,"1"代表显示边框;
- cols,用"像素数"和"％"分割左右窗口,"＊"表示剩余部分;
- rows,用"像素数"和"％"分割上下窗口,"＊"表示剩余部分;
- framespacing,表示框架与框架间的保留空白的距离;
- noresize,设定框架不能够调节,只要设定了前面的,后面的将继承。

如果想要在水平方向将浏览器分割为多个窗口,这需要使用到框架集的左右分割窗口属性 cols。分割几个窗口,其 cols 的值就有几个。值的定义为宽度,可以是数字(单位为像素),也可以是百分比和剩余值。各值之间用逗号分开。其中剩余值用"＊"号表示,剩余值表示所有窗口设定之后的剩余部分。当"＊"只出现一次时,表示该子窗口的大小将根据浏览器窗口的大小自动调整;当"＊"出现一次以上时,表示按比例分割剩余的窗口空间。cols 的默认值为一个窗口。如<frameset cols="40％,2＊,＊"> 表示将窗口分为 40％,40％,20％。

上下分割窗口的属性设定和左右分割窗口的属性设定是一样的,参照以上叙述即可。

(2) 子窗口标签<frame>的设定

<frame>是一个单标签。<frame>标签要放在框架集标签<frameset>中,<frameset>设置了几个子窗口就必须对应几个<frame>标签,而且每一个<frame>标签内还必须设定一个网页文件。

<frame>的常用属性有:
- src,指示加载的 URL 文件的地址;
- bordercolor,设置边框颜色;
- frameborder,指示是否要显示边框,"1"代表显示边框,"0"代表不显示边框(不提倡用 yes 或 no);
- border,设置边框粗细;
- name,指示框架名称,是连结标记的 target 所要的参数;
- noresize,指示不能调整窗口的大小,省略此项时就可调整;
- scorlling,指示是否要滚动条,auto 表示根据需要自动出现,yes 表示要,no 表示不要;
- marginwidth,设置内容与窗口左右边缘的距离,默认为 1;
- marginheight,设置内容与窗口上下边缘的边距,默认为 1;
- width,框窗的宽及高,默认为 width="100",height="100";
- align,可选值为 left,right,top,middle,bottom。

子窗口的排列遵循从左到右、从上到下的次序规则。

(3) 窗口的名称和链接

如果在窗口中要做链接,就必须对每一个子窗口命名,以便于被用于窗口间的链接。窗口命名要有一定的规则,名称必须是单个英文单词;允许使用下划线,但不允许使用"-"、句点和空格等;名称必须以字母开头,不能使用数字,也不能使用网页脚本中保留的关键字。在窗口的链接中还要用到一个新的属性"targe",用这个属性就可以将被链接的内容放置到想要放置的窗口内。

(4) 浮动窗口标签<iframe>

<iframe>这个标签只适用于 IE 浏览器,它的作用是在浏览器窗口中可以嵌入一个框窗以显示另一个文件。通常 iframe 配合一个辨认浏览器的 JavaScript 会较好,若 JavaScript 认出该浏览器并非 Internet Explorer,便会切换至另一版本。

<iframe> 的参数设定格式为:

<iframe src="iframe.html" name="test" align="MIDDLE" width="300" height="100" marginwidth="1" marginheight="1" frameborder="1" scrolling="Yes">

<iframe>的常用属性有:

- src,浮动窗框中的要显示的页面文件的路径,可以是相对或绝对;
- name,框窗名称,这是连结标记的 target 参数所要的;
- align,可选值为 left,right,top,middle,bottom;
- height,框窗的高,以 pixels 为单位;
- width,框窗的宽,以 pixels 为单位;
- marginwidth,该插入的文件与边框所保留的宽度;
- marginheight,该插入的文件与边框所保留的高度;
- frameborder,使用"1"表示显示边框,使用"0"则表示不显示;
- scrolling,使用 yes 表示允许卷动,使用 no 表示不允许卷动。

9. 表单的设计

(1) 表单标签<form>

表单在网页中用来给访问者填写信息,从而采集客户端信息,使网页具有交互的功能。一般是将表单设计在一个 HTML 文档中,当用户填写完信息后做提交操作,于是表单的内容就从客户端的浏览器传送到服务器上,经过服务器上的 ASP 或 CGI 等处理程序处理后,再将用户所需信息传送回客户端的浏览器上,这样网页就具有了交互性。关于 ASP 等的内容在后续章节介绍,在本节只介绍如何使用 HTML 标签来设计表单。

表单是由窗体和控件组成的,一个表单一般应该包含用户填写信息的输入框、提交和复位按钮等,这些输入框、按钮叫做控件,表单能够容纳各种各样的控件。

一个表单用<form></form>标签来创建,即定义表单的开始和结束位置,在开始和结束标签之间的一切定义都属于表单的内容。<form>标签具有 action,method 和 target 属性。

- action 的值是处理程序的程序名,如<form action="用来接收表单信息的 url">,如果这个属性是空值(""),则当前文档的 URL 将被使用。当用户提交表单时,服务器将执行网址里面的程序。
- method 属性用来定义处理程序从表单中获得信息的方式,可取值为 GET 和 POST 中的一个。GET 方式是处理程序从当前 HTML 文档中获取数据,然而这种方式传送的数据量是有所限制的,一般限制在 1kB 以下。POST 方式传送的数据量比较大,它是当前的 HTML 文档把数据传送给处理程序,传送的数据量要比使用 GET 方式传送的数据量大得多。

- target 属性用来指定目标窗口或目标帧。可选当前窗口_self、父级窗口_parent、顶层窗口_top、空白窗口_blank。

表单标签的格式为：

<FORM action ="url" method = get | post name ="myform" target ="_blank">…</FORM>

(2) 写入标签<input>

标签<input>能够将浏览器中的控件加载到 HTML 文档中,该标签是一个单标签,没有结束标签。<input type="">标签用来定义一个用户输入区,用户可在其中输入信息。此标签必须放在 <form></form>标签对之间。

<input>的语法格式为：

<input 属性1 属性2……>

<input>的常用属性有：

- name,控件名称；
- type,控件类型；
- align,指定对齐方式,可取值 top, bottom, middle；
- size,指定控件的宽度；
- value,用于设定输入默认值；
- maxlength,在单行文本的时候允许输入的最大字符数；
- src,插入图像的地址；
- event,指定激发的事件。

<input type="">标签中共提供了 9 种类型的输入区域,具体是哪一种类型由 type 属性来决定。type 的属性值定义如下。

① <input type="TEXT" size="" maxlength="">

说明:单行的文本输入区域,size 与 maxlength 属性用来定义此种输入区域显示的尺寸大小与输入的最大字符数。

此控件的属性有：

- name,定义控件名称；
- value,指定控件初始值,该值就是浏览器被打开时在文本框中的内容；
- size,指定控件宽度,表示该文本输入框所能显示的最大字符数；
- maxlength,表示该文本输入框允许用户输入的最大字符数；
- onchange,当文本改变时要执行的函数；
- onselect,当控件被选中时要执行的函数；
- onfocus,当文本接受焦点时要执行的函数。

② <input type="button">

说明:普通按钮,当这个按钮被单击时,就会调用属性 onclick 指定的函数。在使用这个按钮时,一般配合使用 value 指定在它上面显示的文字。用 onclick 指定一个函数,一般为 JavaScript 的一个事件。

此控件的属性有：
- name，指定按钮名称；
- value，指定按钮表面显示的文字；
- onclick，指定单击按钮后要调用的函数；
- onfocus，指定按钮接受焦点时要执行的函数。

③ <input type="SUBMIT">

说明：提交到服务器的按钮，当这个按钮被单击时，就会连接到表单 form 属性 action 指定的 URL 地址。

④ <input type="RESET">

说明：重置按钮，单击该按钮可将表单内容全部清除，重新输入数据。

⑤ <input type="CHECKBOX" checked>

说明：复选框，checked 属性用来设置该复选框默认时是否被选中。

此控件的属性有：
- name，定义控件名称；
- value，定义控件的值；
- checked，设定控件初始状态是被选中的；
- onclick，定义控件被选中时要执行的函数；
- onfocus，定义控件为焦点时要执行的函数。

⑥ <input type="HIDDEN">

说明：隐藏区域，用户不能在其中输入，用来预设某些要传送的信息。hidden 隐藏控件用于传递数据，对用户来说是不可见的。

此控件的属性有：
- name，控件名称；
- value，控件默认值；
- hidden，隐藏控件的默认值会随表单一起发送给服务器。

⑦ <input type="IMAGE" src="URL">

说明：使用图像来代替 submit 按钮，图像的源文件名由 src 属性指定，用户单击后，表单中的信息和单击位置的 x,y 坐标一起传送给服务器。

此控件的属性有：
- name，指定图像按钮名称；
- src，指定图像的 URL 地址。

⑧ <input type="PASSWARD">

说明：输入密码的区域，当用户输入密码时，区域内将会显示"＊"号。password 口令控件表示该输入项的输入信息是密码，在文本输入框中显示"＊"号。

此控件的属性有：
- name，定义控件名称；
- value，指定控件初始值，该值就是浏览器被打开时在文本框中的内容；

- size,指定控件宽度,表示该文本输入框所能显示的最大字符数;
- maxlegnth,表示该文本输入框允许用户输入的最大字符数。

⑨ <input type="RADIO">

说明:单选按钮类型,checked 属性用来设置该单选框默认时是否被选中。
此控件的属性有:
- name,定义控件名称;
- value,定义控件的值;
- checked,设定控件初始状态是被选中的;
- onclick,定义控件被选中时要执行的函数;
- onfocus,定义控件为焦点时要执行的函数。

(3) 菜单下拉列表框

<select></select>标签对用来创建一个菜单下拉列表框。此标签对用于<form></form>标签对之间。<select>具有 multiple,name 和 size 属性。multiple 属性不用赋值,直接加入标签中即可使用,加入了此属性后列表框就成了可多选的了;name 是此列表框的名字,它与 name 属性的作用是一样的;size 属性用来设置列表的高度,默认时值为 1。若没有设置(加入)multiple 属性,显示的将是一个弹出式的列表框。

<option>标签用来指定列表框中的一个选项,它放在<select></select>标签对之间。此标签具有 selected 和 value 属性,selected 用来指定默认的选项;value 属性用来给<option>指定的那一个选项赋值,这个值是要传送到服务器上的,服务器正是通过调用<select>区域的名字的 value 属性来获得该区域选中的数据项的。

(4) 多行文本框

<textarea></textarea>用来创建一个可以输入多行的文本框,此标签对用于<form></form>标签对之间。

<textarea>的属性有:
- onchange,指定控件改变时要执行的函数;
- onfocus,当控件接受焦点时要执行的函数;
- onblur,当控件失去焦点时要执行的函数;
- onselect,当控件内容被选中时要执行的函数;
- name,文字区块的名称,作识别之用,将会传给 cgi;
- cols,文字区块的宽度;
- rows,文字区块的列数,即其高度;
- wrap,定义输入内容大于文本域时显示的方式,可选值如下。
    ◆ 默认值,文本自动换行。当输入内容超过文本域的右边界时会自动转到下一行,而数据在被提交处理时自动换行的地方不会有换行符出现。
    ◆ off,用来避免文本换行。当输入的内容超过文本域右边界时,文本将向左滚动。
    ◆ virtual,允许文本自动换行。当输入内容超过文本域的右边界时会自动转到下一行,而数据在被提交处理时自动换行的地方不会有换行符出现。
    ◆ physical,允许文本换行,当数据被提交处理时换行符也将被一起提交处理。

10. 一个 HTML 文档的示例

对任何一个页面,都可以得到它的 HTML 源代码,使用下面的方法即可:在网页的空白处右击,选择"查看源文件",然后在弹出的窗口里面即可以查看源代码。下面为河北大学首页(http://www.hbu.cn)的 HTML 文档部分源代码,供读者学习和参考。

```
<html>
<head>
<meta http-equiv = "Content-Type" content = "text/html; charset = gb2312">
<LINK href = "include/css.css" rel = stylesheet type = text/css>
<title>|| 欢迎访问河北大学 ||</title>
<script language = "javascript">
        function CheckLocationLeftTop(intLeft,intTop,strID)
        {
        var currentX = eval("document.body.scrollLeft");//横向滚动条向右
                                                         拉动的距离
        var currentY = eval("document.body.scrollTop");//纵向滚动条向下
                                                        拉动的距离
        x = intLeft + currentX;//离屏幕左边距离
        y = intTop + currentY;//离屏幕上端距离
        document.getElementById(strID).style.left = x;
        document.getElementById(strID).style.top = y;
        setTimeout("CheckLocationLeftTop(" + intLeft + "," + intTop + ",'" +
        strID + "')",10);
        }
      </script>

<div id = dd
style = "Z-INDEX: 1; WIDTH: 111px; POSITION: absolute; HEIGHT: 35px"> <a href =
"http://jwc2.hbu.edu.cn/english/" target = _blank><img src = "/images/in2.gif"
width = "111" height = "35" border = "0"></a></div>
    <script language = JavaScript>
    <! -- Begin
    //more javascript from http:/
    var xPos = 20;// 起始横向位置(从左算起,单位像素)
    var yPos = document.body.clientHeight;// 页面本身高度
    var step = 1;
    var delay = 30; // 速度,值越大速度越慢
    var height = 0;
```

```javascript
var Hoffset = 0;
var Woffset = 0;
var yon = 0;
var xon = 0;
var pause = true;
var interval;
dd.style.top = yPos;
function changePos() {
width = document.body.clientWidth;// 判断浏览器窗口的宽度
height = document.body.clientHeight; // 判断浏览器窗口的高度
Hoffset = dd.offsetHeight;
Woffset = dd.offsetWidth;
dd.style.left = xPos + document.body.scrollLeft;
dd.style.top = yPos + document.body.scrollTop;
if (yon) {
yPos = yPos + step;
}
else {
yPos = yPos - step;
}
if (yPos < 0) {
yon = 1;
yPos = 0;
}
if (yPos >= (height - Hoffset)) {
yon = 0;
yPos = (height - Hoffset);
}
if (xon) {
xPos = xPos + step;
}
else {
xPos = xPos - step;
}
if (xPos < 0) {
xon = 1;
xPos = 0;
```

```
    }
    if (xPos >= (width - Woffset)) {
    xon = 0;
    xPos = (width - Woffset);
    }
    }
    function start() {
    dd.visibility = "visible";
    interval = setInterval('changePos()', delay);
    }
    function pause_resume() {
    if(pause) {clearInterval(interval);pause = false;}
    else {interval = setInterval('changePos()',delay);pause = true;}
    }
    start();
    // End -->
    </script>

</head>
<body bgcolor = "#808080" topmargin = "0">

<!--
<body bgcolor = "#808080" topmargin = "0" onload = "CheckLocationLeftTop(20,
20,'dlL');CheckLocationLeftTop(858,20,'dlR');">

    <div id = "img" style = "position:absolute; visibility: visible;">
    <object classid =" clsid: D27CDB6E-AE6D-11cf-96B8-444553540000" codebase =
"http://download.macromedia.com/pub/shockwave/cabs/flash/swflash.cab#version =
6,0,29,0" width = "128" height = "58">
        <param name = "movie" value = "images/hbdxgs.gif">
        <param name = "quality" value = "high">
        <embed src = "images/hbdxgs.gif" quality = "high"
    pluginspage = "http://www.macromedia.com/go/getflashplayer"
    type = "application/x-shockwave-flash" width = "128" height = "58"></embed>
    </object>
    </div>
```

```
-->
    <table border="0" cellpadding="0" cellspacing="0" width="686" align="center" height="527">
      <tr>
        <td colspan="3" height="56"><map name="FPMap1">
          <area href="http://www.hbu.net.cn/en/" shape="rect" coords="600,36,656,52">

          <area href="download/download.htm" target="_blank" shape="rect" coords="599,16,677,33">

        </map><img name="index_r1_c1" src="images/index_r1_c1a.jpg" width="686" height="56" border="0" alt="河北大学主页" usemap="#FPMap1"></td>
      </tr>
      <tr>
        <td colspan="3" height="32"><map name="FPMap0">
          <area coords="22,7,77,24" shape="rect" href="index_intr.asp">
          <area href="index_college.asp" shape="rect" coords="104,7,160,24">
          <area coords="191,7,243,24" shape="rect" href="index_inst.asp">
          <area href="index_teacher.asp" shape="rect" coords="274,6,330,23">
          <area href="http://sat.hbu.edu.cn" target="_blank" shape="rect" coords="363,7,416,24">
          <area href="index_recruit.asp" shape="rect" coords="448,7,500,23">
          <area href="http://job.hbu.net.cn/" shape="rect" coords="534,6,585,23" target="_blank">
          <area href="http://oice.hbu.edu.cn/" target="_blank" shape="rect" coords="619,8,671,24">
        </map>
        ...
</body>
</html>
```

12.5.2 JavaScript

当今随着 Internet 技术的突飞猛进,各行各业都在加入 Internet 的行业中。而 WWW 已成为当前 Internet 上最受欢迎、最为流行、最新型的信息检索工具。它利用了超文本和超媒体技术,并结合超级链接(Hyper Link)的链接功能将各种信息组织成网络结构,构成网络文档,实现 Internet 上的"冲浪"。

而描述 WWW 网上信息资源的是 HTML 超文本标识语言,通过 HTML 符号的描述就可以实现文字、表格、声音、图像、动画等多媒体信息的检索。然而采用这种超链接技术存在一定的缺陷,那就是它只能提供一种静态的信息资源,缺少动态的客户端与服务器端的交互。虽然可通过 CG 通用网关接口实现一定的交互,但由于该方法编程较为复杂,因而在一段时间妨碍了 Internet 技术的发展。而 JavaScript 的出现使得信息和用户之间不仅是一种显示和浏览的关系,而且实现了一种实时的、动态的、可交互的表达能力,从而使基于 CGI 的静态 HTML 页面被这种可提供动态实时信息并对客户操作进行响应的 Web 页面所取代。JavaScript 脚本正是满足这种需求而产生的语言,它深受广大用户的喜爱和欢迎。它是众多脚本语言中较为优秀的一种。

JavaScript 是一种基于对象和事件驱动并具有安全性能的脚本语言。使用它的目的是与 HTML 超文本标识语言、Java 脚本语言(Java 小程序)一起实现在一个 Web 页面中链接多个对象,与 Web 客户交互作用,从而可以开发客户端的应用程序等。它是通过嵌入在标准的 HTML 语言中实现的。它的出现弥补了 HTML 语言的缺陷,是 Java 与 HTML 折中的选择。它具有以下几个基本特征。

(1) 简单性

JavaScript 是一种脚本语言,它采用小程序段的方式实现编程。其基本的结构形式与 C,C++,VB,Delphi 十分类似。但它不像这些语言一样,需要先编译,而是在程序运行过程中被逐行地解释。它与 HTMI 标识结合在一起,从而方便用户的使用操作。

JavaScript 的简单性还主要体现在:首先它是一种基于 Java 基本语句和控制流之上的简单而紧凑的设计,从而对于学习 Java 是一种非常好的过渡;其次它的变量类型是采用弱类型,并未使用严格的数据类型。

(2) 基于对象的语言

JavaScript 是一种基于对象的语言,同时也可以看做是一种面向对象的语言。这意味着它能运用自己已经创建的对象。因此,许多功能可以来自于脚本环境中对象的方法与脚本的相互作用。

(3) 动态性

JavaScript 是动态的,它可以直接对用户或客户输入做出响应,无须经过 Web 服务程序。它对用户的响应,是采用事件驱动的方式进行的。所谓事件驱动,就是指在主页中执行某种操作所产生的动作,简称为事件(Event)。比如按下鼠标、移动窗口、选择菜单等都可以视为事件。当事件发生后,可能会引起相应的事件响应。

(4) 较强的安全性

JavaScript 是一种安全性语言,它不允许访问本地的硬盘,并不能将数据存入到服务器上,不允许对网络文档进行修改和删除,只能通过浏览器实现信息浏览或动态交互,从而有效地防止病毒和蠕虫的入侵。

(5) 多平台性

实际上 JavaScript 依赖于浏览器本身,而与操作环境无关,只要能运行浏览器的计算机,并支持 JavaScript 的浏览器就可正确执行。

JavaScript 与 Java 虽然有紧密的联系,但却是两个公司开发的不同的两个产品。Java 是 SUN 公司推出的新一代面向对象的程序设计语言,特别适合于 Internet 应用程序开发;而 JavaScript 是 Netscape 公司的产品,其目的是为了扩展 Netscape 的功能而开发的一种可以嵌入 Web 页面中的基于对象和事件驱动的解释性语言。JavaScricpt 的前身是 Livescript,这是与 Livewire 服务协议有关的一门语言;而 Java 的前身是 Oak 语言。

两种语言的异同主要有下面几点。

- JavaScript 是一种非常有用的语言,可以用来制作与网络无关的、与用户交互作用的复杂软件,是一种基于对象和事件驱动的编程语言。Java 则是一种真正的面向对象的语言,即使是开发简单的程序,也必须设计对象。
- JavaScript 是一种解释性编程语言,其源代码在发往客户端执行之前不需经过编译,而是将文本格式的字符代码发送给客户端由浏览器解释执行。而 Java 的源代码在传递到客户端执行之前,必须经过编译,因而客户端上必须具有相应平台上的仿真器或解释器。它可以通过编译器或解释器实现独立于某个特定的平台编译代码的束缚。
- JavaScript 的代码是一种文本字符格式,可以直接嵌入 HTML 文档中,并且可动态装载。Java 则是一种与 HTML 无关的格式,必须通过像 HTML 中引用多媒体那样进行装载,其代码以字节代码的形式保存在独立的文档中。
- JavaScript 中的变量声明采用弱类型,即变量在使用前不需声明,而是解释器在运行时检查其数据类型。Java 采用强类型变量检查,即所有变量在编译之前必须先声明。
- JavaScript 采用动态联编,即 JavaScript 的对象引用在运行时进行检查,如不经运行就无法实现对象引用的检查;Java 则采用静态联编,即 Java 的对象引用必须在编译时进行,以使编译器能够实现强类型检查。
- 在 HTML 文档中,两种编程语言的标识不同,JavaScript 使用<Script></Script>来标识,而 Java 使用<applet></applet>来标识。
- JavaScript 提供了足够的能力来建立自身对象的方法,但它与 Java 中所提供的类和继承性是不尽一样的,因而它的扩展功能受到了一定的限制。Java 与其他面向对象的编程语言一样,能够真正创建自己的类,具有全部扩展的能力。
- 虽然 JavaScript 制作的 Web 页面具有实时的、动态的交互能力,但这种交互能力是有限的,它除了能分析、建立和调用 URL 外,并不能直接与 Web 服务器交谈。Java 具备了真正与 URL 工作及与 HTML 服务器交谈的能力,特别适合分布式的 Internet 网络。

在上例中由<script></script>括起来的部分就是和 JavaScript 使用相关的一部分代码。

12.5.3 ASP

ASP(Active Server Pages)集超文本标识语言(HTML)、脚本语言(Script)以及 Microsoft ActiveX 的服务器方构件于一体,提供了一个开放的、无须编译的应用开发环境。对于中、小数据库应用而言，ASP是一个优越的WWW解决方案。从技术实现上来说，ASP是一种综合了API和脚本语言的一种实现方式，这主要表现在ASP应用中使用脚本程序调用ActiveX Controls作为其服务器API。

ASP是一个服务器方软件，它必须而且只须安装在WWW服务器上。作为Microsoft公司的系列产品，ASP能够与下列WWW服务器软件兼容：

- Microsoft Internet Information Server(IIS)，工作于Windows Server 2003等平台上；
- Microsoft Peer Web Servers，工作于Windows NT Workstation上；
- Microsoft Personal Web Server（PWS），工作于Windows 98/95上。

在以前，用纯HTML语言写就的WWW页面只能是静态的、非交互的。用脚本语言可以实现同用户的交互，但是用这些脚本语言（如VBScript和JavaScript)写成的脚本程序都是由Web浏览器来执行，这就要求用户必须使用能支持相应的脚本语言的客户浏览器。而Active Server Pages将脚本程序内嵌在HTML页面里，为WWW节点创制动态的、交互性的内容。同时Active Server Pages是通过Web服务器来执行VBScript和JavaScript命令的，因此任意的客户浏览器都可以正确地与Web服务器相连，而无须关心浏览器是否支持或支持哪一种脚本语言。

脚本语言是居于HTML和编程语言（如Java，C++和Visual Basic等）之间的中间产物。HTML通常用来规定输出格式和文本链接，而编程语言一般用于一些复杂结构的定义和控制。脚本语言的作用从某种程度上来讲居于两者之间，而就其功能而言，与HTML文档相比更接近编程语言，但是脚本语言与编程语言的主要差异在于各自的句法和规则，显然后者要比前者严密得多，也复杂得多。

执行脚本语言的脚本引擎是所谓的COM（Component Object Model）对象。Active Server Pages为脚本引擎提供了一个主机环境，并把嵌在.asp文件中的脚本程序交由脚本引擎解释执行。所以只要在Web服务器上安装了相应的脚本引擎，除VBScript和JavaScript(这两种脚本引擎已经包含在ASP软件包中)外，别的一些脚本语言（如REXX，Perl等）都可以作为COM对象被ASP访问。对于WWW开发者来说，通过ASP可以很容易实现使用多种脚本语言完成WWW应用程序，而不用考虑用户的浏览器是否支持这些脚本语言。实际上，多种脚本语言可以在一个.asp文件里同时使用，这只需要在脚本程序的开始用HTML标记注明脚本语言的种类就可以实现。

Active Server Pages的主要内建对象有以下几种。

1．Request对象

可以使用Request对象访问任何基于HTTP请求传递的所有信息，包括从HTML表格用POST方法或GET方法传递的参数、Cookie和用户认证。Request对象使用户能够访问客户端发送给服务器的二进制数据。

Request的语法是：

    Request[．集合｜属性｜方法］(变量）

(1) Form

Form集合通过使用POST方法的表格检索邮送到HTTP请求正文中的表格元素

的值。

（2）QueryString

QueryString 集合检索 HTTP 查询字符串中变量的值，HTTP 查询字符串由问号（?）后的值指定。

（3）Cookie

什么是 Cookie？Cookie 其实是一个标签，当用户访问一个需要唯一标识站址的 Web 站点时，该站点会在用户的硬盘上留下一个标记，下一次用户访问同一个站点时，站点的页面会查找这个标记。每个 Web 站点都有自己的标记，标记的内容可以随时读取，但只能由该站点的页面完成。每个站点的 Cookie 与其他所有站点的 Cookie 存在同一文件夹中的不同文件内（可以在 Windows 的目录下的 Cookie 文件夹中找到它们）。一个 Cookie 就是一个唯一标识客户的标记，Cookie 可以包含在一个对话期或几个对话期之间某个 Web 站点的所有页面共享的信息，使用 Cookie 还可以在页面之间交换信息。Request 提供的 Cookies 集合允许用户检索在 HTTP 请求中发送的 Cookie 的值。这项功能经常被使用在要求认证客户密码以及电子公告板、Web 聊天室等 ASP 程序中。

（4）ServerVariables

在浏览器中浏览网页的时候使用的传输协议是 HTTP，在 HTTP 的标题文件中会记录一些客户端的信息，如客户的 IP 地址等。有时服务器端需要根据不同的客户端信息做出不同的反应，这时候就需要用 ServerVariables 集合获取所需信息。

2. Response 对象

与 Request 是获取客户端 HTTP 信息相反，Response 对象是用来控制发送给用户的信息，包括直接发送信息给浏览器、重定向浏览器到另一个 URL 或设置 Cookie 的值。

Response 的语法是：

`Response.collection|property|method`

Response 对象的主要属性和方法如下。

- Buffer 属性：Buffer 属性指示是否缓冲页输出。当缓冲页输出时，只有当前页的所有服务器脚本处理完毕或者调用了 Flush 或 End 方法后，服务器才将响应发送给客户端浏览器。服务器将输出发送给客户端浏览器后就不能再设置 Buffer 属性，因此应该在.asp 文件的第一行调用 Response.Buffer。
- Charset 属性：Charset 属性将字符集名称附加到 Response 对象中 content-type 标题的后面。对于不包含 Response.Charset 属性的 ASP 页，content-type 标题将为 content-type：text/html。
- ContentType 属性：ContentType 属性指定服务器响应的 HTTP 内容类型。如果未指定 ContentType，默认为 text/html。
- Expires 属性：Expires 属性指定了在浏览器上缓冲存储的页距过期还有多少时间。如果用户在某个页过期之前又回到此页，就会显示缓冲区中的页面。如果设置 response.expires=0，则可使缓存的页面立即过期。这是一个较实用的属性，当客户通过 ASP 的登录页面进入 Web 站点后，应该利用该属性使登录页面立即过期，以确保安全。

- ExpiresAbsolute 属性：与 Expires 属性不同，ExpiresAbsolute 属性指定缓存于浏览器中的页面的确切到期日期和时间。在未到期之前，若用户返回到该页，该缓存中的页面就显示。如果未指定时间，该主页在当天午夜到期。如果未指定日期，则该主页在脚本运行当天的指定时间到期。如下示例指定页面在 1998 年 12 月 10 日上午 9:00:30 到期。

    <% Response.Expires Absolute = ♯Dec12,1998 9:00:30♯ %>

- Clear 方法：可以用 Clear 方法清除缓冲区中的所有 HTML 输出。但 Clear 方法只清除响应正文而不清除响应标题。可以用该方法处理错误情况。但是如果没有将 Response.Buffer 设置为 TRUE，则该方法将导致运行时错误。

- End 方法：End 方法使 Web 服务器停止处理脚本并返回当前结果，文件中剩余的内容将不被处理。如果 Response.Buffer 已设置为 TRUE，则调用 Response.End 将缓冲输出。

- Flush 方法：Flush 方法立即发送缓冲区中的输出。如果没有将 Response.Buffer 设置为 TRUE，则该方法将导致运行时错误。

- Redirect 方法：Redirect 方法使浏览器立即重定向到程序指定的 URL。这也是一个经常用到方法，这样程序员就可以根据客户的不同响应，为不同的客户指定不同的页面或根据不同的情况指定不同的页面。一旦使用了 Redirect 方法，任何在页中显式设置的响应正文内容都将被忽略。然而，此方法不向客户端发送该页设置的其他 HTTP 标题，将产生一个将重定向 URL 作为链接包含的自动响应正文。Redirect 方法发送下列显式标题，其中 URL 是传递给该方法的值。如：

    <% Response.Redirect("www.jzxue.com")%>

- Write 方法：Write 方法是平时最常用的方法之一，它是将指定的字符串写到当前的 HTTP 输出。

3. Application 对象

(1) 属性

虽然 Application 对象没有内置的属性，但可以使用以下句法设置用户定义的属性（也可称为集合）：

Application("属性/集合名称") = 值

可以使用如下脚本声明并建立 Application 对象的属性：

<%
Application("MyVar") = "Hello"
Set Application("MyObj") = Server.CreateObject("MyComponent")
%>

一旦分配了 Application 对象的属性，它就会持久地存在，直到关闭 Web 服务器服务使得 Application 停止。由于存储在 Application 对象中的数值可以被应用程序的所有用户读取，所以 Application 对象的属性特别适合在应用程序的用户之间传递信息。

(2) 方法

Application 对象有两个方法，它们都是用于处理多个用户对存储在 Application 中的数据进行写入的问题。

- Lock 方法：禁止其他客户修改 Application 对象的属性。Lock 方法阻止其他客户修改存储在 Application 对象中的变量，以确保在同一时刻仅有一个客户可修改和存取 Application 变量。如果用户没有明确调用 Unlock 方法，则服务器将在.asp 文件结束或超时后即解除对 Application 对象的锁定。

下面来看一段用 Application 来记录页面访问次数的程序：

```
<%
Dim NumVisitsNumVisits = 0
Application.LockApplication("NumVisits") = Application("NumVisits") + 1
Application.Unlock
%>
欢迎光临本网页，你是本页的第 <% = Application("NumVisits") %> 位访客！
```

将以上脚本保存在.asp 文件中，就轻而易举地在该页面中添加了一个访问流量计数器。

- Unlock 方法：和 Lock 方法相反，Unlock 方法允许其他客户修改 Application 对象的属性。在上面的例子中，Unlock 方法解除对象的锁定，使得下一个客户端能够增加 NumVisits 的值。

(3) 事件

- Application_OnStart：Application_OnStart 事件在首次创建新的会话（即 Session_OnStart 事件）之前发生。当 Web 服务器启动并允许对应用程序所包含的文件进行请求时就触发 Application_OnStart 事件。Application_OnStart 事件的处理过程必须写在 Global.asa 文件之中。

Application_OnStart 事件的语法如下：

```
<SCRIPT LANGUAGE = ScriptLanguage RUNAT = Server>
Sub Application_OnStart...
End Sub
</SCRIPT>
```

- Application_OnEnd：Application_OnEnd 事件在应用程序退出时于 Session_OnEnd 事件之后发生，Application_OnEnd 事件的处理过程也必须写在 Global.asa 文件之中。

4. Session 对象

与 Application 对象具有相近作用的另一个非常实用的 ASP 内建对象就是 Session。可以使用 Session 对象存储特定的用户会话所需的信息。当用户在应用程序的页之间跳转时，存储在 Session 对象中的变量不会清除；而用户在应用程序中访问页面时，这些变量始终存在。当用户请求来自应用程序的 Web 页时，如果该用户还没有会话，则 Web 服务器将自动创建一个 Session 对象。当会话过期或被放弃后，服务器将终止该会话。

通过向客户程序发送唯一的 Cookie 可以管理服务器上的 Session 对象。当用户第一次请求 ASP 应用程序中的某个页面时，ASP 要检查 HTTP 头信息，查看在报文中是否有名为 ASP SessionID 的 Cookie 发送过来。如果有，则服务器会启动新的会话，并为该会话生成一个全局唯一的值,再把这个值作为新 ASP SessionID Cookie 的值发送给客户端。正是使用这种 Cookie,可以访问存储在服务器上的属于客户程序的信息。Session 对象最常见的作用就是存储用户的首选项。例如,如果用户指明不喜欢查看图形,就可以将该信息存储在 Session 对象中。另外其还经常被用在鉴别客户身份的程序中。要注意的是,会话状态仅在支持 Cookie 的浏览器中保留,如果客户关闭了 Cookie 选项,Session 也就不能发挥作用了。

(1) 属性
- SessionID:SessionID 属性返回用户的会话标识。在创建会话时,服务器会为每一个会话生成一个单独的标识。会话标识以长整形数据类型返回。在很多情况下 SessionID可以用于 Web 页面注册统计。
- Timeout:Timeout 属性以 min 为单位为该应用程序的 Session 对象指定超时时限。如果用户在该超时时限之内不刷新或请求网页,则该会话将终止。

(2) 方法

Session 对象仅有一个方法,就是 Abandon。Abandon 方法删除所有存储在 Session 对象中的对象并释放这些对象的源。如果用户未明确地调用 Abandon 方法,一旦会话超时,服务器将删除这些对象。当服务器处理完当前页时,下面示例将释放会话状态。

＜% Session.Abandon %＞

(3) 事件

Session 对象有两个事件,可用于在 Session 对象启动和释放时运行过程。

① Session_OnStart 事件

Session_OnStart 事件在服务器创建新会话时发生。服务器在执行请求的页之前先处理该脚本。Session_OnStart 事件是设置会话期变量的最佳时机,因为在访问任何页之前都会先设置它。

尽管在 Session_OnStart 事件包含 Redirect 或 End 方法调用的情况下 Session 对象仍会保持,然而服务器将停止处理 Global.asa 文件并触发 Session_OnStart 事件的文件中的脚本。

为了确保用户在打开某个特定的 Web 页时始终启动一个会话,就可以在 Session_OnStart 事件中调用 Redirect 方法。当用户进入应用程序时,服务器将为用户创建一个会话并处理 Session_OnStart 事件脚本。用户可以将脚本包含在该事件中以便检查用户打开的页是不是启动页,如果不是,就指示用户调用 Response.Redirect 方法启动网页。程序如下:

```
< SCRIPT RUNAT = Server Language = VBScript>
Sub Session_OnStart
startPage = "/MyApp/StartHere.asp"
currentPage = Request.ServerVariables("SCRIPT_NAME")
if strcomp(currentPage,startPage,1) then
Response.Redirect(startPage)
end if
```

End Sub

</SCRIPT>

上述程序只能在支持 Cookie 的浏览器中运行。因为不支持 Cookie 的浏览器不能返回 SessionIDcookie,所以,每当用户请求 Web 页时,服务器都会创建一个新会话。这样,对于每个请求服务器都将处理 Session_OnStart 脚本并将用户重定向到启动页中。

② Session_OnEnd 事件

Session_OnEnd 事件在会话被放弃或超时时发生。

会话可以通过以下 3 种方式启动。

- 一个新用户请求访问一个 URL,该 URL 标识了某个应用程序中的.asp 文件,并且该应用程序的 Global.asa 文件包含 Session_OnStart 过程。
- 用户在 Session 对象中存储了一个值。
- 用户请求了一个应用程序的.asp 文件,并且该应用程序的 Global.asa 文件使用 <OBJECT> 标签创建带有会话作用域的对象的实例。

如果用户在指定时间内没有请求或刷新应用程序中的任何页,会话将自动结束。这段时间的默认值是 20 min。可以通过在 Internet 服务管理器中设置"应用程序选项"属性页中的"会话超时"属性改变应用程序的默认超时限制设置。应依据用户的 Web 应用程序的要求和服务器的内存空间来设置此值。例如,如果希望浏览 Web 应用程序的用户在每一页仅停留几分钟,就应该缩短会话的默认超时值。过长的会话超时值将导致打开的会话过多而耗尽服务器的内存资源。对于一个特定的会话,如果想设置一个小于默认超时值的超时值,可以设置 Session 对象的 Timeout 属性。例如,下面这段脚本将超时值设置为 5 min:

<% Session.Timeout = 5 %>

当然也可以设置一个大于默认设置的超时值,Session.Timeout 属性决定超时值。还可以通过 Session 对象的 Abandon 方法显式结束一个会话。例如,在表格中提供一个"退出"按钮,将按钮的 Action 参数设置为包含下列命令的.asp 文件的 URL:

<% Session.Abandon %>

12.6 网页制作工具

12.6.1 Microsoft FrontPage 2003

FrontPage 2003 是微软公司推出的网页制作工具,它具有很强的网页编辑和管理功能。它采用所见即所得的编辑方式来编辑网页,利用它可以轻松地组织、编辑网页并将其发布到网络上去,在发布之后还可对站点进行更新管理。

FrontPage 2003 是目前非常流行、功能强大的网页制作软件之一,是微软公司专门为制作网页而开发的软件。FrontPage 2003 集成在 Office 2003 中,具有 Office 2003 所具有的简单明了、功能强大的优点,而且还可以利用同版本的套装软件,如在 Web 页面中直接插入 Excel 电子表格。

FrontPage 2003 的网页编辑功能非常强大,它可以非常简单直观地实现 HTML 语言几乎所有的功能。

FrontPage 2003 的网页编辑功能主要有以下几种。

- 新建和修改一个网页。FrontPage 2003 既可以新建一个 HTML 文件,也可以打开计算机已有或某个指定 Web 站点的网页文件,并对其进行编辑。
- 新建一个 Web 站点。FrontPage 2003 不仅可以新建一个单独的网页,还可以新建一个 Web 站点。在这个 Web 站点的各个网页之间有一定的关系,一般有一个主页,其余为主页下的分支网页。在建好的 Web 站点中,FrontPage 2003 可以设定各个网页之间的链接关系,也可以在此基础上进行编辑和修改或增加新的网页节点。
- 在网页中插入一些常见的动态元素。FrontPage 2003 可以在网页中直接加入常见的一些动态元素,不需要编写额外的代码。这些动态元素包括滚动字幕、动态广告横幅、活动按钮以及 Web 站点计数器等。
- 自带大量的图片。图片对于一个网页来说是不可缺少的,插入适当的图片不仅可以装饰网页,也有利于突出网页的主题。FrontPage 2003 自带有大量的图片,分为校园、动物、建筑和卡通等多种类型。
- 使用跨浏览器的增强绘图工具绘图。使用增强绘图工具,如连接直线、艺术字、阴影和文本框等,可以使网页更引人注目。
- 设置动态效果。FrontPage 2003 不仅可以在网页中直接加入动态元素,还可以使网页中的静态元素动起来,包括逐字放入、弹性效果、飞入、跳跃、螺旋、波动、擦除和缩放等。
- 设置网页过滤效果。FrontPage 2003 可以设置网页过渡效果,即浏览器在加载或关闭时网页所产生的动态效果。这些效果包括混合、盒状收缩、盒状展开、圆形收缩、圆形放射、向上擦除、向下擦除、向右擦除、向左擦除、垂直遮蔽、水平遮蔽、横向棋盘式、纵向棋盘式、随机溶解等 20 多种效果。
- 自定义链接栏。可通过在导航视图中创建站点范围内的链接栏或创建应用于站点中任何位置的专用链接栏,链接到站点内部或外部的网页。

FrontPage 2003 不仅有强大的网页编辑功能,还有强大的站点发布和管理功能。

FrontPage 2003 具有的管理功能主要有以下几种。

- 文件夹管理。这一功能主要是对当前 Web 站点的所有文件和文件夹进行管理。这些文件包括当前站点上使用的网页文件、图形文件和其他文件。FrontPage 2003 对这些文件和文件夹可以进行复制、删除、修改属性等操作。
- 远程管理网站。远程网站管理是在 Web 网站发布后对网站的各个文件进行更新修改的工具。这是 FrontPage 2003 新增的功能,使对发布后的网站进行管理更加方便。
- 报表管理。报表管理是 FrontPage 2003 对 Web 站点上的文件进行管理的另外一种形式。报表管理可以系统全面地管理当前站点的文件,使用报表管理不仅可以查询各文件的大小、属性和文件的总数,还可以查询文件的发布状态、当前站点超链接的使用情况等信息。
- 导航管理。导航管理主要是管理当前 Web 站点各网页文件之间的链接关系,它通常给出一个文件链接树形结构图,用户可以通过它来查看、修改文件或添加新的文件。使用导航管理器管理网页更加直观、方便。
- 超链接管理。超链接管理和导航管理有点类似,两者不同之处在于导航管理显示的是各网页之间链接的层次图,而超链接管理显示的是每个网页文件与其他文件的关系图。使用超链接管理可以看出各个文件之间的链接关系,还可以用来检查站点中网页链接是否正确。
- 任务管理。新建一个 Web 站点后,需要对各个网页文件单独编辑。为了方便,将所有网页添加到任务栏中,然后按照任务栏的提示对各个网页逐一编辑,并将编辑完的网页从任务栏删除。这样,工作就不会重复,也不会遗漏。当一个站点由多个人合作编写,任务管理器就特别有用。在设计整个站点之前,可以通过任务管理器给每个人分配任务,这样可以有效地协调各成员之间的工作,提高工作效率。
- 使用率分析报表。从能被导出为 HTML 或 Microsoft Excel 格式的每日、每周、每月报表中,可以迅速找到点击次数最多的网页,并了解客户是如何找到该站点的,从而了解该站点的访问者。

FrontPage 2003 的界面如图 12-1 所示。

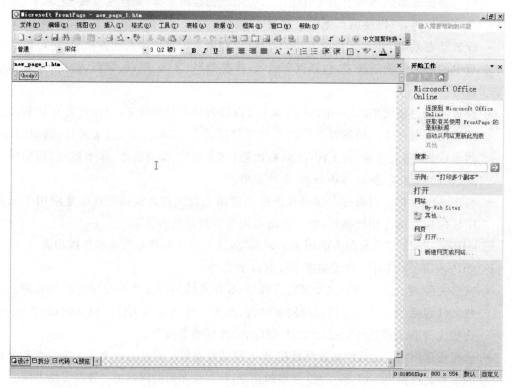

图 12-1 FrontPage 2003 的界面

12.6.2 Macromedia Dreamweaver 8

Macromedia Dreamweaver 8 是一款专业的 HTML 编辑器，用于对 Web 站点、Web 页和 Web 应用程序进行设计、编码和开发。无论用户愿意享受手工编写 HTML 代码时的驾驭感，还是偏爱在可视化编辑环境中工作，Dreamweaver 都提供了有用的工具，使得开发者能够拥有更加完美的 Web 创作体验。

利用 Dreamweaver 中的可视化编辑功能，可以快速地创建页面而无须编写任何代码。可以查看所有站点元素或资源并将它们从易于使用的面板直接拖到文档中。可以在 Macromedia Fireworks 或其他图形应用程序中创建和编辑图像，然后将它们直接导入 Dreamweaver，或者添加 Macromedia Flash 对象，从而优化开发工作流程。

Dreamweaver 还提供了功能全面的编码环境，其中包括代码编辑工具，以及有关层叠样式表（CSS）、JavaScript 和 ColdFusion 标记语言（CFML）等的语言参考资料。Macromedia 的可自由导入导出 HTML 技术可导入 HTML 文档而不会重新设置代码的格式，用户可以随后用首选的格式设置样式来重新设置代码的格式。

Dreamweaver 还使用户可以使用服务器技术（如 CFML, ASP. NET, ASP, JSP 和 PHP）生成由动态数据库支持的 Web 应用程序。

Dreamweaver 可以完全自定义。用户可以创建自己的对象和命令，修改快捷键，甚至编写 JavaScript 代码，用新的行为、属性检查器和站点报告来扩展 Dreamweaver 的功能。

Dreamweaver 8 包含了许多新增的功能，这些新增功能改善了软件的易用性，并使用户无论处于设计环境还是编码环境都可以方便地制作页面。

首先，Dreamweaver 8 为最佳做法和业界标准提供了支持，其中包括对高级 CSS 使用、XML 和 RSS 源以及辅助功能要求的支持。

- 利用 XML 数据进行可视化创作：使用功能强大的可视化工具，可快速利用 XML 将源集成到工作中，并揭开 XML 到 HTML 转换的神秘面纱。使用简单的拖放工作流程，可将基于 XML 的数据（如 RSS 源）集成到 Web 页中。使用改善的 XML 和 XSLT 代码提示功能，可跳转到"代码"视图来自定义转换。
- 新的标准 CSS 面板：可以通过新的标准 CSS 面板集中学习、了解和使用以可视化方式应用于页面的 CSS 样式。全部 CSS 功能已合并到一个面板集合中，并已得到增强，可以更加轻松、更有效率地使用 CSS 样式。使用新的界面可以更方便地看到应用于具体元素的样式层叠，从而能够轻松地确定在何处定义了属性。属性网格允许进行快速编辑。
- CSS 布局可视化：在设计时应用可视化助理来描画 CSS 布局边框或为 CSS 布局加上颜色。应用可视化助理可揭示出复杂的嵌套方案，并改善所选内容。单击 CSS 布局可看到十分有用的工具提示，这些提示有助于了解设计的控制元素。
- "样式呈现"工具栏：利用新的 CSS 媒体类型支持，可按照与用户所看到内容相同的方式查看内容，而不管传送机制如何。使用"样式呈现"工具栏可切换到"设计"视图，以查看它在印刷品、手持设备或屏幕上的显示方式。

- 改善的 CSS 呈现功能:"设计"视图的准确性有了显著改善,从而能够在大多数浏览器中呈现复杂的 CSS 布局。Dreamweaver 现在完全支持高级 CSS 技术,如溢出、伪元素和表单元素。
- 支持 WCAG/W3C 优先级 2 检查点:除了第 508 款和 WCAG 优先级 1 检查点的集成辅助功能评估工具外,Dreamweaver 现在还利用包括 WCAG 优先级 2 检查点在内的升级评估工具同时支持 CSS 和辅助功能。
- 改进的 WebDAV:Dreamweaver 8 中的 WebDAV 现在支持为安全文件传送使用摘要身份验证和 SSL,并且连接也有所改善,可连接到更多的服务器。

利用经过优化的用户工作流程(缩短了完成常见任务所需的时间),可以在更短的时间内完成更多的工作。Dreamweaver 8 消除了完成一些烦琐操作的麻烦,因此使用户能够花费更多的时间来设计和开发出色的 Web 站点和应用程序。

- 后台文件传输:在 Dreamweaver 8 将文件上载到服务器时继续工作。
- 缩放:使用缩放可以更好地控制设计。放大并检查图像,或使用复杂的嵌套表格布局。缩小可预览页面的显示方式。
- 辅助线:使用辅助线来测量页面布局,将页面布局和页面模型加以比较,精度可达至像素级别。可视化反馈有助于准确地测量距离,并且支持智能靠齐。
- "编码"工具栏:新的"编码"工具栏在"代码"视图一侧的沟槽栏中提供了用于常见编码功能的按钮。
- 代码折叠:通过隐藏和展开代码块,重点显示想要查看的代码。
- 工作区布局:自定义和保存工作区配置。Dreamweaver 8 自带了针对设计人员和编码人员的需求定制的 4 种不同配置,也可以构建自定义工作区。
- 用于 Mac 的选项卡式文档:Mac 上新的文档选项卡可帮助简化用户界面,并使选择文档变得更加容易。
- 新的起始页面:新的布局和设计使用户能够快速地创建站点。
- 改进的站点同步和存回/取出功能:更可靠并且更有把握地管理站点。改进的站点同步功能有助于确保所使用的文件是最新版本。利用改进的存回/取出功能,可防止意外覆盖其他人的工作。
- 比较文件:快速比较文件以确定变更之处。可以比较两个本地文件、本地计算机上的文件和远程计算机上的文件,或者远程计算机上的两个文件。在 Macintosh 和 Windows 平台上,将用户最常用的文件比较工具和 Dreamweaver 结合使用。
- 选择性粘贴:利用 Dreamweaver 中新的粘贴选项,用户可以保留在 Microsoft Word 中创建的所有源格式设置,也可以只粘贴文本。
- 站点相关引用:通过确保引用与站点(而不是本地文件)相关,从而可在设计时和运行时与服务器端紧密结合。
- 改进的代码编辑功能:可更好地控制 Dreamweaver 如何提供代码提示和完全标签,以适合不同用户的编码风格。

Dreamweaver 8 支持学习和利用新的技术,其中包括 PHP 5、Flash 视频、ColdFusion MX 7 和 Macromedia Web Publishing System。

- 支持 ColdFusion MX 7：更新的 ColdFusion MX 7 支持功能包括新的服务器行为和代码提示。为了将代码提示和调试功能与 ColdFusion 的正确版本相匹配，Dreamweaver 将在第一次连接到站点时自动检测服务器版本。Dreamweaver 与 ColdFusion 的紧密集成使用户能够直接从"数据库"面板中添加和删除数据库，并查看当前站点中定义的 ColdFusion 专有组件。
- 支持 PHP 5：利用更新的 PHP 5 支持功能，其中包括服务器行为和代码提示。
- Flash 视频：快速便捷地将 Flash 视频文件插入 Web 页。
- Macromedia Web Publishing System：通知和事件记录跟踪在站点内进行的每项操作。Dreamweaver 中的事件可通知 Macromedia Web Publishing System 服务器，以便记录 WPS 系统中的所有 Web 站点变更。
- O'Reilly 提供的更新参考资料：参考新的 XML，XSLT 和 Xpath 参考内容，以及 ASP 和 JSP 的更新内容。

Macromedia Dreamweaver 8 的主界面如图 12-2 所示。

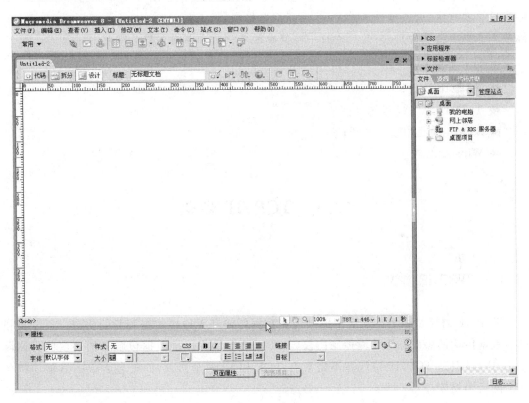

图 12-2　Macromedia Dreamweaver 8 的主界面

第13章 基于TCP/IP协议的网络编程

本章主要讲述基于TCP/IP协议的网络编程的基本原理和思路以及网络编程中常用的客户机/服务器模式,介绍套接口编程的各个环节,并给出实例,以加深理解。

所谓网络编程实际是指实现客户端和服务器的数据传输。首先简单介绍一下TCP/IP协议以及客户机/服务器通信模式;然后介绍套接字,讨论基于套接字的编程原理,并详细讲解基本套接字函数的用法;最后通过一些简单的实例来加深对知识的理解。

本章知识要点:
- TCP/IP 协议;
- TCP/IP 应用编程接口;
- Socket 编程的基本原理;
- Winsock。

13.1 TCP/IP 协议

13.1.1 TCP/IP 协议

TCP/IP协议是一组在网络中提供可靠数据传输和无连接数据服务的协议。其中提供可靠数据传输的协议称为传输控制协议(TCP),而提供无连接数据包服务的协议叫做网际协议(IP)。但是TCP/IP协议并不是只有TCP和IP两个协议,而是包含很多其他协议的一个网络协议族。

TCP/IP协议于1983年开始在ARPA网上运行,并于当年插入BSD UNIX操作系统的内核,成为该操作系统的一部分。随后TCP/IP协议随着UNIX系统的普及而广泛流行,逐渐成为使用最广泛的协议。

TCP/IP协议的体系结构包含4层(从高到低)。

(1) 应用层

应用层包括网络应用程序和网络进程,是与用户交互的界面,它为用户提供所需要的各种服务,包括远程登录、文件传输和电子邮件等。

(2) 传输层

它为应用程序提供通信服务,这种通信又称端对端通信。它有 3 个主要协议:传输控制协议(TCP)、用户数据报协议(UDP)和互联网控制消息协议(ICMP)。

- TCP 协议

以建立高可靠性的消息传输连接为目的,它负责把大量的用户数据按一定的长度组成多个数据包进行发送,并在接收到数据包之后按分解顺序重组和恢复用户数据。它是一种面向连接的、可靠的、双向通信协议。

- UDP 协议

提供无连接数据包传输服务,它把用户数据分解为多个数据包后发送给接收方。它具有执行代码小以及系统开销小和处理速度快等特点。

- ICMP 协议

主要用于端主机和网关以及互联网管理中心等的消息通信,以达到控制管理网络运行的目的。ICMP 协议能发送出错消息给发送数据包的端主机,还有限制流量的功能。

(3) 网络层

该层使用的协议是 IP 协议。它是用来处理机器之间的通信问题的,它接收传输层请求,传输某个具有目的地址的信息的分组。该层把分组封装到 IP 数据包中,填入数据包的头部(包头),使用路由算法来选择是直接把数据包发送到目标主机还是发给路由器,然后把数据包交给下面的网络接口层中的对应网络接口模块。

(4) 网络接口层

它负责接收 IP 数据包和把数据包通过选定的网络发送出去。

图 13-1 给出 TCP/IP 协议各层间数据的传输。

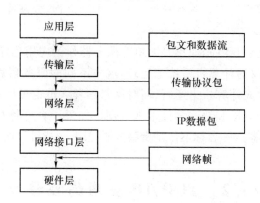

图 13-1　TCP/IP 协议各层间数据的传输

13.1.2　客户机/服务器模式

TCP/IP 协议允许程序员在两个应用程序间建立通信并来回传递数据,提供一种对等通信,这种对等应用程序可以在同一台机器上,也可以在不同的机器上运行。尽管 TCP/IP 协议指明了数据是如何在一对正在通信的应用程序间传递的,但是它并没有规定对等的应用程序在什么时间交互以及为什么交互,也没有规定程序员在一个分布式环境下应该如何组织这些应用程序。实践中,有一种组织的方法在使用的 TCP/IP 中占据主要地位,现在网络上的绝大多数的通信应用程序都使用这种机制。

客户机/服务器模式要求每个应用程序由两个部分组成:一个部分负责启动通信,另一个部分负责对它进行应答。它们通常运行在不同的主机上,分别被称为客户机和服务器。服务器是指能在网络上提供服务的程序;客户机是指用户为了得到某种服务所需要运行的应用程序。一个服务器接收网络上客户机的请求,完成服务后将结果返回给客户机,它们之间的关系如图 13-2 所示。

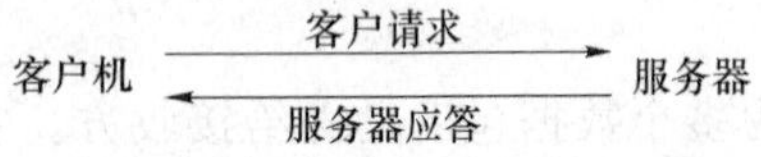

![客户机和服务器的关系]

图 13-2 客户机和服务器的关系

服务器能完成简单和复杂的任务,一台主机可以同时运行多个服务器程序,一个服务器程序可以同时接受一个或多个客户的请求。当客户发送某个服务请求时,服务器将其在提供该服务的端口排队,然后从队列中提取请求,为每个请求创建一个子进程,由子进程来处理具体的服务细节。

通常情况下,服务器包括两个部分:主程序和从程序。主程序负责接收来自客户的请求;从程序一般有几个,它们负责处理各个客户的请求。服务器工作过程如图 13-3 所示。

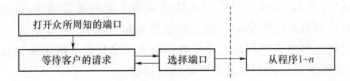

图 13-3 服务器工作过程

如果客户请求所指的端口不是众所周知的端口,则应为它请求分配一个临时端口,然后启动从程序,等待新的客户请求。从程序通常是一个子进程,处理完一个客户请求后就中止并返回结果。

服务器通常是作为应用程序,而不是主机。服务器作为应用程序的优点是:它们可以在任何一个支持该通信协议的计算机系统上运行,这样不同的服务器就可以同在一个分时系统上运行,或者在一台个人计算机上运行,同时网络编程人员也可以在同一台机器上同时运行客户和服务器程序,为测试和调试软件带来方便。如果一台计算机的主要任务是支持某个服务器程序,那么服务器这一名称不但是指服务器程序,也指计算机。同理,客户机也一样。

13.2 TCP/IP 应用编程接口

13.2.1 Socket 概述

套接字(Sockets)最早是作为 BCD 规范提出来的,并成为 Linux 操作系统下 TCP/IP 网络编程的标准,但是,随着网络技术的进步,Socket 的应用范围已不再局限于 Linux 操作系统和 TCP/IP 网络。目前,Windows,Windows NT,OS/2,Sun OS 等诸多的操作系统都开始提供套接字接口,它们在兼容 4.3BSD Linux Sockets 的基础上附加了一些适应自身操作系统特性的扩充内容。Winsock 便是一个用于 Windows 系列操作系统的 Sockets 版本。同时,套接字所支持的网络协议种类也不断增加,例如 Winsock 不仅支持 TCP/UDP 协议,而且支持 IPX/SPX,ppleTalk,Decnet 等网络协议。另外,套接字还增加了非 C 语言支持。由此可见,套接字的开放性能正逐渐完善,已经成为网络编程的通用接口。

总之,套接字是进行程序间通信的一种方法,是网络通信的基本操作单元,它提供了不同主机间进程双向通信的端点,这些进程在通信前各自建立一个套接字,并通过对套接字的读/写操作实现网络通信功能。

为了理解 Socket 的机制,需要了解以下知识。

- 地址:在通信过程中,要想将数据发送到目的地,必须采用一种方式来标识目的方。在 TCP/IP 网络中,IP 层采用 IP 地址来标识一台机器。IP 地址是一个 32 位(IPv4)或 128 位(IPv6)的整数。
- 端口:在 TCP/IP 网络中,一台主机可以同时与另一台主机建立多个通信过程。为了能够区分不同的过程,在上层协议(TCP/UDP)中采用一个 16 位的整数(端口号)来标识不同的过程。
- 连接:在 TCP/IP 网络中,连接是一个逻辑的通路,该通路可以同时接收、发送数据。
- 半相关:是标识连接的一端的一个三元组(协议、本地地址、本地端口号)。
- 全相关:是可以唯一标识一个连接的五元组(协议、本地地址、本地端口号、远地地址、远地端口号)。

13.2.2　Socket 分类

系统提供以下 3 种类型的套接字。

(1) 流式套接字(SOCK_STREAM)

提供了一个面向连接、可靠的数据传输服务,数据无差错、无重复地发送,且按发送顺序接收。内设流量控制,避免数据流超限;数据被看做是字节流,无长度限制。文件传送协议(FTP)使用的是流式套接字。

(2) 数据报套接字(SOCK_DGRAM)

提供了一个无连接服务。数据包以独立包形式被发送,不提供无错保证,数据可能丢失或重复,并且接收顺序混乱,常用于单个报文传输或可靠性要求不高的场合。网络文件系统(NFS)使用的是数据报套接字。

(3) 原始套接字(SOCK_RAW)

该接口允许对较低层协议,如 IP、ICMP 直接访问。常用于检验新的协议实现或访问现有服务中配置的新设备。

13.2.3　套接口的数据结构

套接口的数据结构与使用它的数据结构有关。在 Linux 中,每一种协议都有自己的网络地址数据结构,这些结构以 sockaddr_开头,不同的后缀表示不同的协议。下面先介绍通用套接口地址数据结构。

套接口数据结构总是通过指针来向一个套接口函数传递信息。为了做到协议无关性，在套接口函数中的套接口地址指针必须支持所有的协议族的套接口地址指针。通用套接口地址数据结构定义如下：

```
struct sockaddr
{
    uint8_t sa_len;
    sa_family_t sa_family;
    char sa_data[14];
}
```

它包含在头文件<sys/socket.h>中。

下面介绍 IPv4 对应的数据结构。

IPv4 套接口地址结构以"sockaddr_in"命名，定义在头文件<netinet/in.h>中，数据解释如下：

- Sockaddr_in,结构中成员均以 sin_开头；
- Sin_len,数据长度成员，固定长度为 16 B,一般不用设置它；
- Sin_family,协议族名 IPv4 为 AF_INET；
- Sin_port,TCP 或 UDP 协议的端口号。

具体结构如下：

```
#include <netinet/in.h>
struct in_addr
{
    in_addr_t s_addr;
};
struct sockaddr_in
{
    uint8 sin_len;
    sa_family_t sin_family;
    in_port_t sin_port;
    struct in_addr sin_addr;
    char size_zero[8];
};
```

13.3 Socket 编程的基本原理

套接字编程均采用客户机/服务器的协作模式，即由客户进程向服务器进程发出请求，服务器进程执行被请求的任务并将响应结果返回给客户进程。

服务器程序的编写步骤如下。

第一步:调用 socket 函数创建一个用于通信的套接字。
第二步:给已经创建的套接字绑定一个端口号,这一般通过设置网络套接口地址和调用 bind()函数来实现。
第三步:调用 listen()函数,使套接字成为一个监听套接字。
第四步:调用 accept()函数来启动套接字,这时程序就等待客户端的连接了。
第五步:处理客户端的连接请求。
第六步:终止连接。

客户端程序与服务器程序稍微不同,步骤如下。
第一步:调用 socket 函数创建一个用于通信的套接字。
第二步:通过设置套接字地址结构,说明要与客户端通信的服务器的 IP 地址和端口号。
第三步:调用 connect()函数来建立与服务器的连接。
第四步:调用读写函数发送或者接收数据。
第五步:终止连接。

如图 13-4 所示为客户机/服务器通信模型。

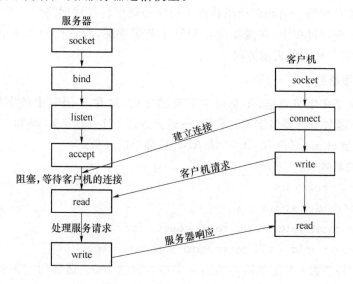

图 13-4　客户机/服务器通信模型

13.3.1　字节处理

1. 字节顺序

网络中存在多种类型的机器,如基于 INTEL 芯片的 PC 机和基于 RISC 芯片的工作站。这些不同类型的机器表示数据的字节顺序是不同的。考虑一个 16 位的整数 A103,它由 2 个字节组成,高位字节是 A1,低位字节是 03。在内存中可以有两种方式来存储这个整数:低位字节存储在这个整数的开始位置,如图 13-5(a)所示;或者高位字节存储在开始地址位置,如图 13-5(b)所示。第一种字节顺序是

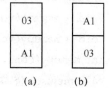

图 13-5　主机字节序

little-endian方式,基于INTEL芯片的机器采用的是这种方式;第二种字节顺序是big-endian方式,大多数基于RISC芯片的机器采用的是这种方式。主机存储数据的顺序被称为主机字节序。

网络协议中的数据采用统一的网络字节顺序,因为只有采用统一的字节顺序,才能在不同类型的机器之间正确地发送和接收数据。Internet规定的网络字节顺序采用big-endian方式。例如TCP协议数据段中的16位端口号和32位IP地址就是使用网络字节顺序进行传送的。

Linux系统提供4个库函数来进行字节转换:

＃include <netinet/in.h>
unsigned long int htonl(unsigned long int hostlong);
unsigned short int htons(unsigned short int hostshort);
unsigned long int ntohl(unsigned long int netlong);
unsigned short int ntohs(unsigned short int netshort);

以上4个函数中,h代表host,n代表network,s代表short,l代表long。short是16位整数,long是32位整数。前面两个函数将主机字节顺序转换成网络字节顺序,而后两个函数则刚好相反。编程过程中,在需要使用网络字节顺序时,应该使用这几个函数来进行转换,绝对不要依赖于机器的表示方法。

2. 字节处理函数

套接字地址是多字节数据,不是以空字符结尾的,这和C语言中的字符串是不同的。Linux提供两组函数来处理多字节的数据,一组函数以b(byte)开头,是和BSD系统兼容的函数;另一组函数以mem(内存)开头,是ANSIC提供的函数。

以b开头的函数有:

＃include <string.h>
void bzero(void *s, int n);
void bcopy(const void *src, void *dest, int n);
int bcmp(const void *s1, const void *s2, int n);

函数bzero将参数s指定的内存的前n个字节设置为0。通常用它来将套接字地址清零,如:

bzero(&servaddr,sizeof(servaddr));

函数bcopy从参数src指定的内存区域复制指定数目的字节内容到参数dest指定的内存区域。函数bcmp比较参数s1指定的内存区域和参数s2指定的内存区域的前n个字节内容,如果相同则返回0;否则返回非0。

以mem开头的函数有:

＃include <string.h>
void *memset(void *s, int c, size_t n);
void *memcpy(void *dest, const void *src, seze_t n);
int memcpy(const void *s1, const void *s2,size_t n);

函数memset将参数s指定的内存区域的前n个字节设置为参数c的内容。函数memcpy和函数bcopy的功能相似,两个函数的差别是:函数bcopy能处理参数src和参数

dest 所指定的区域有重叠的情况,而另一个函数 memcpy 对这种情况没有定义,这时应该使用函数 bcopy。函数 memcmp 比较参数 s1 和 s2 指定区域的前 n 个字节内容,如果相同则返回 0;否则返回非 0。

13.3.2 基本系统调用和库函数

1. socket( )

函数 socket()用于创建一个套接字描述符,定义如下:

```
int socket(int domain, int type, int protocol);
```

参数 domain 用来说明网络程序所在的主机采用的通信协议族,这些协议族在头文件 <sys/socket.h> 中定义,经常用到的为 AF_INET(IPv4)和 AF_INET6(IPv6)。另外,Linux 系统也支持一些其他的协议族,这里不再叙述。

参数 type 用来指明创建的套接字类型,对应前面所讲的 3 种类型,3 个参数值如下:

SOCK_STREAM:流式套接字

SOCK_DGRAM:数据报套接字

SOCK_RAW:原始套接字

参数 protocol 用来指定在 Socket 上使用的特定协议。一般来说,可能对一个通信域只有一个特定的协议支持特定的 Socket 类型,因此对大多数应用程序该参数被设置为 0。然而,可能在给定的协议族中有多个协议存在,它可以支持指定的 Socket 类型,这时就需要 protocol 参数来指定,该参数的设置与通信域有关。

该函数调用成功时返回一个套接字描述符,否则返回-1 并设置相应的错误代码。

2. bind( )

在服务器端,得到套接字描述符以后,用 bind()函数将套接口和机器上的一定的端口号绑定在一起。该函数定义如下:

```
int bind(int sockfd, struct sockaddr * my_addr, int addrlen);
```

sockfd 是调用 socket 函数返回的文件描述符。my_addr 是指向数据结构 struct sockaddr 的指针,它保存了本地套接字的地址信息。addrlen 设置为 sizeof(struct sockaddr),即套接字地址的长度。

bind()函数在成功被调用时返回 0;遇到错误时返回-1,并设置 errno 为相应的错误类型码。

3. listen( )

listen()函数将一个套接字转换为被动监听套接字,并在套接字指定的端口上开始监听。该函数定义如下:

```
int listen(int sockfd, int backlog);
```

sockfd 是 socket 系统调用返回,经过 bind()之后的 socket 描述符;backlog 指定在请求队列中允许的最大请求数,进入的连接请求将在队列中等待 accept()函数调用接收连接。backlog 对队列中等待服务的请求的数目进行了限制,大多数系统默认值为 20,也可以对最大连接数进行设置。

调用该函数成功时返回值为 0；遇到错误时返回值为－1，并设置 errno 为相应的错误类型码。

4. accept( )

accept( )函数从侦听套接字的完成连接队列中接收一个连接。当某个客户端进程试图与服务器监听的端口连接时，该连接请求将排队等待服务器调用 accept( )函数来接收它。通过调用 accept( )函数来建立连接。函数定义如下：

int accept(int sockfd,struct sockaddr * addr, int * addrlen);

参数 sockfd 是被设置为侦听的套接字描述符；参数 addr 是一个指向套接字地址结构的指针变量，该变量来存放提出连接请求服务的对方主机的地址信息；addrlen 通常为一个指向 sizeof(struct sockaddr)的整型指针变量。

调用该函数错误时返回值为－1，并设置 errno 为相应的错误类型码。

5. connect( )

函数 connect( )用来与远端服务器建立一个 TCP 连接请求，函数定义如下：

int connect(int sockfd, struct sockaddr * serv_ addr, int addrlen);

sockfd 是调用函数 socket( )返回的套接字描述符；参数 serv_addr 用于指定远程服务器的 IP 地址和端口号；addrlen 是这个套接字地址的长度，通常设置为 sizeof(struct sockaddr)。

调用 connect( )函数成功时返回 0；遇到错误时会返回－1，并设置 errno 为相应的错误类型码。

6. select( )

select( )函数在指定的 socket 集上等待指定的事件发生。函数定义为：

int select(int numfds, fd_set * readfds, fd_set * writefds, fd_set * exceptfds, struct timeval * timeout);

这个函数监视一系列 socket 描述符，它们由 readfds，writefds 和 exceptfds 指定。fd_set 是一种特殊的数据类型，表示一些描述符的集合。readfds 表示等待该集合中的某个 socket 可读；writefds 表示等待该集合中的某个 socket 可写；exceptfds 表示等待该集合中的某个 socket 有异常。numfds 等于所有被监视的 socket 描述符中最大的值加 1。如果想知道是否能够从标准输入和套接字描述符 sockfd 读入数据，只要将文件描述符 0 和 sockfd 加入到集合 readfds 中即可。参数 numfds 应该等于两者中较大的文件描述符的值加 1。当函数 select( )返回的时候，readfds 的值修改为反映所选择的哪个文件描述符可以读。参数 timeout 是指向一个数据结构 struct timeval 的指针。该参数设定一个时限，当限时结束时，如果还无等待事件发生，select( )也将返回。成功返回 0，否则返回－1。

7. send( )和 recv( )

send( )用来控制对套接字的写操作，函数定义如下：

int send(int sockfd, void * buf, int len, int flags);

参数 sockfd 是用户准备发送数据的套接字描述符；参数 buf 是指向要发送的数据的指针；len 是数据的长度；flags 是控制选项。

控制选项有以下几种设置。

- MSG_OOB：表示可以发送带外的数据。
- MSG_DONTROUTR：这个选项表示目的主机在本地网络,无须为数据包查找路由表。
- MSG_DONTWAIT：该选项表示可以在发送数据时像无阻塞方式那样工作。

带外数据使用的通道与普通数据使用的通道不同。带外数据一般用来发送一些重要的数据,如通信的一方有重要的事情通知另一方时,协议能将这些数据快速地发送到对方。Linux 系统的套接字机制支持带外数据的发送和接收。

send()返回实际发送的字节数,如果返回的字节数比要发送的字节数少,以后必须发送剩下的数据。当 send()出错时,返回－1。

recv()用来控制对套接字的读操作,函数定义如下：

```
int recv(int sockfd, void * buf, int len, int flags);
```

同 send()类似,sockfd 是用户准备读数据的套接字描述符；参数 buf 是指向要读的数据的指针；len 是数据的长度；flags 是控制选项。

控制选项有以下几种设置。
- MSG_OOB：表示可以接收带外的数据。
- MSG_PEEK：这个选项查看套接字缓冲区的数据。
- MSG_WAITALL：等待程序希望接收的数据字节到达后才返回。
- recv() 返回实际读取到缓冲区的字节数,如果出错则返回－1。

8. recvfrom( )和 sendto( )

系统调用 recvfrom()和 sendto()与调用 send()和 recv()的方法类似。两个函数的定义如下：

```
int recvfrom(int sockfd,void * buf, int len, unsigned int flags, struct sockaddr * from, int * fromlen);
int sendto(int sockfd,const void * msg, int len, unsigned int flags, struct sockaddr * to, int * tolen);
```

除了两个参数外,recvfrom()其他的参数和系统调用 recv()时相同。参数 from 是指向本地计算机中包含源 IP 地址和端口号的数据结构 sockaddr 的指针；参数 fromlen 设置为 sizeof(struct sockaddr)。

recvfrom()返回接收到的字节数,如果出错返回－1。

sendto()中参数 to 是指向包含目的 IP 地址和端口号的数据结构 sockaddr 的指针；参数 tolen 可以设置为 sizeof(struct sockaddr)。

sendto()返回实际发送的字节数,如果出错返回－1。

9. close( )和 shutdown( )

这两个函数均用来关闭套接字。close()定义如下：

```
int close(int sockfd);
```

参数 sockfd 为将要关闭的套接字描述符。当套接字被正常关闭时,该函数返回 0；否则返回出错信息。

shutdown()函数定义如下：

```
int shutdown(int sockfd, int howto);
```

参数 sockfd 是要关闭的套接字描述符。howto 有以下 3 种值。
- 0——关闭读通道。进程将不能从套接字读到任何新的数据,任何对此套接字的读操作将返回 0,表示已读到文件结束符。
- 1——关闭写通道。进程将不能再向这个套接字写任何新的数据,在关闭了读通道以后,任何对此套接字的写操作将产生 SIGPIPE 信号,表示通道不能写。
- 2——关闭读写通道。TCP 协议按以上两种方式操作,分别关闭读通道和写通道。

10. gethostbyname( )和 gethostbyaddr( )

在网络上标识一台主机可以用域名或者 IP 地址,可以使用函数 gethostbyname( )指定主机的域名来获取该主机的 IP 地址。函数定义如下:

struct hostent ＊gethostbyname(const char ＊hostname);

参数 hostname 是主机的域名,函数查询成功返回一个包含主机 IP 地址信息的 struct hostent 结构指针,否则返回空指针。

其中 struct hostent 结构在＜netdb.h＞中有如下定义:

struct hostent
{
　　char ＊h_name;
　　char ＊h_alliases;
　　int h_addrtype;
　　int h_length;
　　char ＊＊h_addr_list;
}

函数 gethostbyaddr( )可以查询指定的 IP 地址对应的主机域名地址。它可以将一个 32 位的 IP 地址转换为结构指针。函数定义如下:

struct hostent ＊gethostbyaddr(const char ＊addr, size_t len, int type);

参数 addr 是指向 in_addr 结构的指针,它包含 IP 地址。len 是 IP 地址的长度,对于 IPv4 来说,长度为 4 B。type 是使用的协议族 AF_INET。

该函数也返回一个 hostent 结构指针,结构的 h_name 域将被填写查询到的主机的正式域名,其他别名由指针 h_alias 指向。如果函数查询失败,将返回空指针。

11. read( )和 write( )

read( )函数用来从套接字缓冲区读取数据,write( )函数用于往套接字缓冲区写数据。它们分别定义如下:

int read(int sockfd, char ＊buf, int len);
int write(int sockfd, char ＊buf, int len);

参数 sockfd 是要进行读写操作的连接套接字描述符(由 connect( )函数或 accept( )函数返回);参数 buf 使用于存放欲接收或待发送数据的应用缓冲区;参数 len 指定了发送或接收数据的字节数。

调用 read( )函数将从套接字接收缓冲区读取 len 字节的数据,如果 read( )函数成功返回,返回值将是实际读取数据的字节数,否则将有以下情况:

- 返回0,表示文件接收结束,对方已关闭了写通道;
- 出错,返回-1,错误类型为 EINTR,表明由读中断引起错误;
- 出错,返回-1,错误类型为 ECONNREST,表明网络连接出了问题;

调用 write()函数将往套接字发送缓冲区写入 len 字节的数据,如果 write()函数成功返回,返回值将是实际写入数据的字节数,否则将有以下两种情况:
- 出错,返回-1,错误类型为 EINTR,表明由中断引起错误;
- 出错,返回-1,错误类型为 ECONNREST,表明网络连接出了问题。

调用 read()和 write()函数从缓冲区读写数据,有时希望这两个函数能够返回指定的字节数,而不受套接字阻塞的影响,这就需要多次调用 read()或 write()函数。为了方便,这里提供了对流式套接字读写操作的另外几个函数:
- 函数 readn 用于从一个套接字描述符读取 n 字节数据;
- 函数 readline 用于从一个套接字描述符读取一个文本行,一次读一个字节,直到遇到换行符为止;
- 函数 writen 用于往一个套接字描述符写 n 字节数据。

如果通信当中对方已关闭套接字,那么进程正在调用函数 read()读数据时,read()将返回0,再次调用 read()函数将发生阻塞,再调用 write()函数往缓冲区写数据时,会产生信号 SIGPIPE。

12. getsockname( )和 getpeername( )

函数 getsockname()返回套接字的本地地址;函数 getpeername()返回套接字对应的远程地址。其定义如下:

```
#include <sys/socket.h>
int getsockname(int sockfd, struct sockaddr *localaddr, int *addrlen);
int getpeername(int sockfd, struct sockaddr *peeraddr, int *addrlen);
```

参数 sockfd 指定一个套接字描述符;参数 localaddr 和 peeraddr 为指向一个 internet 套接字地址结构的指针;参数 addrlen 为指向一个整型变量的指针。函数 getsockname 成功执行时,返回0,并在后两个参数中返回结果,参数 localaddr 指向的结构中存储本地套接字地址,参数 addrlen 指向的整型变量中存储返回的套接字地址的长度。函数 getpeername 成功执行时,返回0,并在后两个参数中返回结果,参数 peeraddr 指向的结构中存储套接字对应的远程地址,参数 addrlen 指向的整型变量中存储返回的套接字地址的长度。两个函数执行失败时均返回-1。

下面的程序显示如何使用这两个函数:

```
#include <sys/socket.h>
#include <sys/type.h>
#include <netinet/in.h>
void disp-addrcont(struct sockaddr_in *addr)
{
    if(addr->sin_family! = AF_INET)
    {
        perror("not an internet socket\n");
```

```c
    return;
  }
  printf("address is: %s: %d\n",inet_ntoa(addr->sin_addr),ntohs(addr->sin_port));
}
main()
{
  int listenfd, connfd;
  struct sockaddr_in servaddr, cliaddr,addr;
  int cliaddrlen, addrlen;
  if((listenfd = socket(AF_INET,SOCK_STREAM,0))<0)
  {
    perror("socket error\n");
    exit(1);
  }
  bzero(&servaddr,sizeof(servaddr));
  servaddr.sin_family = AF_INET;
  servaddr.sin_port = htons(8080);
  seraddr.sin_addr.s_addr = htonl(INADDR_ANY);
  if(bind(listenfd,(struct sockaddr *)&servaddr, sizeof(servaddr))<0)
  {
    perror("bind port 8080 error\n");
    exit(1);
  }
  if(listen(listenfd,1)<0)
  {
    perror("listen error\n");
    exit(1);
  }
  for(;;)
  {
    confd = accept(listenfd,(struct sockaddr *)&cliaddr, &cliaddrlen);
    if(connfd<0)
    {
      perror("accept error\n");
      exit(1);
    }
    printf("accept returned client address\n");
    disp_addrcont(&cliaddr);
```

```
        getpeername(connfd,(struct sockaddr *)&addr,&addrlen);
        printf("getpeername returned client address\n");
        disp_addrcont(&addr);
        getsockname(connfd,(struct sockaddr *) &addr, &addrlen);
        printf("getsockname returned server address\n");
        disp_addrcont(&addr);
    }
}
```

一般在下列 3 种情况下使用这两个函数。

第一,客户机在成功执行调用函数 connect()之后,可以用函数 getsockname()来获得系统在套接字地址中填充的本地 IP 地址和自动选择的本地端口号。

第二,以特殊 IP 地址、INADDR_ANY 调用函数 bind()的 TCP 服务器,在接收到连接之后(调用函数 accept()),可以调用 getsockname()来获得系统在套接字地址中填充的本地 IP 地址。

第三,服务器获得一个连接套接字之后,可以调用函数 getpeername()来获得客户机的套接字地址。

13.3.3 套接字编程例子

本节运用已经学过的知识,编写一个简单网络通信程序,实现一个字符串数据的传送。可以在一个窗口上运行此程序,然后在另一个窗口运行 telnet:

```
telnet remotehostname 3490
```

其中 remotehostname 为运行程序的机器名,3490 为设置的端口号。

```
#include <stdio.h>
#include <stdlib.h>
#include <errno.h>
#include <string.h>
#include <sys/type.h>
#include <netinet/in.h>
#include <sys/socket.h>
#include <sys/wait.h>
#define MYPORT 3490
#define BACKLOG 10
main()
{
    int sockfd,new_fd;
    struct sockaddr_in,my_addr;
    struct sockaddr_in their_addr;
    int sin_size;
```

```c
if((sockfd=socket(AF_INET,SOCK_STREAM,0))==-1)
{
    perror("socket");
    exit(1);
}
my_addr.sin_family=AF_INET;
my_addr.sin_port=htons(MYPORT);
my_addr.sin_addr.s_addr=INADDR_ANY;
bzeof(&(my_addr.sine_zero),8);
if(bind(sockfd,(struct sockaddr *)&my_addr,sizeof(struct sockaddr))==-1)
{
    perror("bind");
    exit(1);
}
if(listen(sockfd,BACKLOG)==-1)
{
    perror("listen");
    exit(1);
}
while(1)
{
    sin_size=sezeof(struct sockaddr_in);
    if((new_fd=accept(sockfd,(struct sockaddr *)&their_addr,&sin_size))==-1)
{
    perror("accept");
    contine;
}
printf("server:got connection from %s\n",inet_ntoa(their_addr.sin_addr));
if(!fork())
{
    if(send(new_fd,"welcome\n",14,0)==-1)
        perror("send");
    close(new_fd);
    exit(0);
}
close(new_fd);
while(waitpid(-1,NULL,WNOHANG)>0);
}
}
```

运行这个程序后,服务器进程在 3490 端口等待来自客户端的连接。一旦有连接到来,即创建一个子进程来处理客户端的请求,发送"welcome",父进程仍在 3490 端口等待其他的连接。在该程序中设置的侦听套接字的最大请求连接数为 10。

客户机所做的工作是连接到程序中指定的主机的 3490 端口,它读取服务器发送的字符串。客户端的程序代码如下:

```c
#include <stdio.h>
#include <stdlib.h>
#include <errno.h>
#include <string.h>
#include <sys/type.h>
#include <netinet/in.h>
#include <sys/socket.h>
#include <netdb.h>
#define SERVER_PORT 3490
#define MAXDATASIZE 100
int main(int argc, char * argv[])
{
    int sockfd,numbytes;
    char buf[MAXDATASIZE];
    struct hostent * he;
    struct sockaddr_in their_addr;
    if(argc! = 2)
    {
        fprintf(stderr,"usage:client hostname\n");
        exit(1);
    }
    if((he = gethostbyname(argv[1])) = = NULL)
    {
        fprintf(stderr,"gethostbyname error");
        exit(1);
    }
    if(sockfd = sockt(AF_INET,SOCK_STREAM,0)) = = -1)
    {
        fprintf(stderr,"socket error\n");
        exit(1);
    }
    their_addr.sin_family = AF_INET;
    their_addr.sin_port = htons(PORT);
    their_addr.sin_addr = *((struct in_addr *)he->h_addr);
```

```
    bzero(&(their_addr.sin_zero),8);
    if(connect(sockfd,(struct sockaddr * )&their_addr, sizeof(struct sockad-
dr)) = = -1)
    {
      perror("connect");
      exit(1);
    }
    if(numbytes = recv(sockfd,buf,MAXDATASIZE,0)) = = -1)
    {
      perror("recv");
      exit(1);
    }
    buf[numbytes] = '\0';
    printf("received: %s",buf);
    close(sockfd);
    return 0;
}
```

客户端程序应运行在服务器程序之后,否则客户端程序将会得到一个"connection refused"的信息。

13.4 Windows Sockets

13.4.1 Windows Sockets 概述

Windows 下网络编程的规范——Windows Sockets(简称 Winsock)——是 Windows 下得到广泛应用的、开放的、支持多种协议的网络编程接口。从 1991 年的 1.0 版到 1995 年的 2.0.8 版,经过不断完善并在 Intel,Microsoft,Sun,SGI,Informix,Novell 等公司的全力支持下,Windows Sockets 规范已成为 Windows 网络编程的事实上的标准。

Windows Sockets 规范以 U.C. Berkeley 大学 BSD UNIX 中流行的 Socket 接口为范例定义了一套 Microsoft Windows 下网络编程接口。它不仅包含了人们所熟悉的 Berkeley Socket 风格的库函数;也包含了一组针对 Windows 的扩展库函数,以使程序员能充分地利用 Windows 消息驱动机制进行编程。Windows Sockets 规范本意在于提供给应用程序开发者一套简单的 API,并让各家网络软件供应商共同遵守。此外,在一个特定 Windows 版本的基础上,Windows Sockets 也定义了一个二进制接口(ABI),以此来保证应用 Windows Sockets API 的应用程序能够在任何网络软件供应商的符合 Windows Sockets 协议的实现上工作。因此这份规范定义了应用程序开发者能够使用,并且网络软件供应商能够实现的一套库函数调用和相关语义。遵守这套 Windows Sockets 规范的网络软件称之为Windows

Sockets 兼容的,而 Windows Sockets 兼容实现的提供者称之为 Windows Sockets 提供者。一个网络软件供应商必须百分之百地实现 Windows Sockets 规范,其所提供的网络软件才能做到与 Windows 兼容。任何能够与 Windows Sockets 兼容实现协同工作的应用程序就被认为是具有 Windows Sockets 接口,称这种应用程序为 Windows Sockets 应用程序。Windows Sockets 规范定义并记录了如何使用 API 与 Internet 协议族连接,尤其要指出的是,所有的 Windows Sockets 实现都支持流式套接字和数据报套接字。应用程序调用 Windows Sockets 的 API 实现相互之间的通信。

13.4.2　Windows Sockets 对 BSD Socket 的修改与扩展

虽然 Windows 希望尽量保持与 POSIX 中 Socket 标准的一致性,以方便系统的移植,但是由于 Windows 系统消息驱动的特殊性,Windows Sockets 仍然对 BSD Socket 做了必要的修改与扩充,主要体现在以下几个方面。

(1) 套接字数据类型

Windows Sockets 规范中定义了一个新的数据类型 Socket(32 位非负整数)。在 UNIX 中所有句柄(包括套接字句柄)都是非负的短整数。Windows Sockets 句柄则没有这一限制,除了 INVALID_Socket 不是一个有效的套接字外,套接字可以取从 0 到 INVALID_Socket-1 之间的任何值。

(2) 出错处理

要想成功编写 Windows Sockets 应用程序,检查和处理错误是至关重要的,所以这里首先对此进行介绍。事实上,对 Windows Sockets 函数来说,返回错误是很常见的,但是在有些情况下,这些错误是无关紧要的,通信仍可在那个套接字上进行。Windows Sockets 调用失败时最常见的返回值是 SOCKET ERROR,SOCKET ERROR 常量实际上是 −1。如果调用 Windows Sockets 函数时出现了错误,可以调用 WSAGetLastError() 函数来获得一段代码,这段代码专用来说明错误。该函数的定义如下:

　　int WSAGetLastError(void);

发生错误之后调用这个函数,返回的是所发生的错误的整数代码。WSAGetLastError() 函数返回的这些错误代码都有已经预先定义的常量值,因 Windows Sockets 版本的不同,这些值的声明可能在 Winsock1.h 中,也可能在 Winsock2.h 中。两个头文件的唯一差别是 Winsock2.h 中包含更多针对 Windows Sockets 2 中引入的一些新 API 函数和功能的错误代码。

(3) 函数重命名

为避免与其他的 WindowsAPI 冲突,Windows Sockets 将函数 close() 改为 closesocket()。在 Berkeley 套接字中,套接字出现的形式与标准文件描述字相同,所以 close() 函数可以像关闭正规文件一样用来关闭套接字。Windows 下套接字描述字并不认为是和正常文件句柄对应的,套接字必须使用 closesocket() 函数来关闭套接字。

(4) 异步请求函数

在 BSD Socket 中请求服务函数 getXbyY() 是阻塞的。Windows Sockets 除了支持该类函数外,还提供相应的异步函数:WSAAsyncGetXbyY(),这些异步函数在完成请求服务后向指定窗口发送消息。

(5) 启动与终止

对于所有采用 Windows Sockets 开发的应用程序，在调用 Windows Sockets API 之前，必须先调用启动函数 WSAStarup()来完成 Windows Sockets DLL 的初始化，协商版本支持，分配必要的资源。在应用程序不再使用 Windows Sockets 时，要调用 WSACleanup()来注销，释放资源。

二者还有许多其他的区别，相对 BSD Socket 来说，Windows Sockets 还扩充增加了一些库函数，这里不再叙述。

13.4.3 Windows Sockets 编程原理

使用 Windows Sockets 编程与使用 BSD Socket 编程在本质上并没有区别，但 Windows Sockets 程序设计还是有其特殊性。

(1) 启动与终止

启动函数 WSAStartup()必须是 Windows Sockets 应用程序第一个调用的 Windows Sockets 函数，它允许程序指定 Windows Sockets API 要求的版本，获取特定的 Windows Sockets 的一些实现细节。程序只有在成功调用 WSAStartup()后，才能正确调用其他 Windows Sockets API。WSAStartup()函数的定义如下：

```
int WSAStartup(WORD wVersionRequested, LPWSADATA * lpWSAData);
```

Windows Sockets 为了以后的升级，在 WSAStartup()函数中进行了一次版本协商。WSAStartup()与应用程序都向对方提供了自己所能支持的最高版本号，并且都要确认对方的最高版本是否可以接受。WSAStartup()检查应用程序要求的版本号是否高于 Windows Sockets 能够支持的最低版本号，如果高于则调用成功，否则调用失败。同时 WSAStartup()函数还会在 wHighVersion 中返回 Windows Sockets 能够支持的最高版本号，在 wVersion 中返回 Windows Sockets 的最高版本号与 wVersionRequested 中的较小者，应用程序要检测版本要求是否得到满足。在应用程序不再调用 Windows Sockets API 时，应该调用 WSACleanup()来将 Windows Sockets DLL 注销，该函数将关闭所有仍然打开的套接字。

(2) 在 Windows Sockets 中注册传输协议

在 Windows Sockets 2 下，要使 Winsock 能够利用一个传输协议，该传输协议必须在系统上安装并且在 Windows Sockets 中注册。Windows Sockets 2 的 DLL 包含了一组 API 来完成这个注册过程，这个注册过程包括建立一个新的注册和取消一个已有的注册。在建立新的注册时，调用者（假设是协议栈开发商的安装程序）必须提供一组或多组完整的关于协议的信息，这些信息将被用来填充 PROTOCOL_INFO 结构。

(3) 使用多个协议

在 Windows Sockets 2 下，一个应用程序可以通过 WSAEnumProtocol()功能调用来得到目前有多少个传输协议可以使用，并且得到与每个传输协议相关的信息，这些信息包含在 PROTOCOL_INFO 结构中。然而，某些传输协议可能表现出多种行为。例如 SPX 是基于消息的（发送者发送的消息的边界在网络上被保留了），但是接收的一方可以选择忽略这些边界并把套接口作为一个字节流来对待。这样就很合理地导致了 SPX 有两个不同的 PROTOCOL_INFO 结构条目，每一个条目对应了一种行为。在 Windows Sockets 1 中仅有一个地址族（AF_INET），它包含了数量不多的一些众所周知的套接口类型和协议标识符。

这在 Windows Sockets 2 中已经有所改变。除了现有的地址族、套接口类型和协议标识符为了兼容性原因被保留以外,Windows Socket 2 加入了许多唯一的,但是可能并不为大家所知的地址族、套接口类型和协议标识符。PROTOCOL_INFO 结构中包含的通信性质指明了协议的合适性,例如基于消息的对应于基于字节流的,可靠的对应于不可靠的等。所以 Windows Sockets 2 基于合适性原则选取协议而不使用某个特定的协议名和套接口类型。虽然如此,但由于 TCP/IP 协议族的广泛使用,大部分网络通信程序都采用了 TCP/IP 协议族。

(4) 异步选择机制

Windows Sockets 的异步选择函数提供了消息机制的网络事件选择,当使用它登记网络事件时,应用程序相应窗口函数将收到一个消息,消息中指示了发生的网络事件,以及与事件相关的一些信息。

Windows Sockets 提供了一个异步选择函数 WSAAsyncSelect(),其函数定义为:

int WSAAsyncSelect(int Sockets, IN HWND hWnd, IN unsigned int wMsg, IN long IEvent);

WSAAsyncSelect()调用允许应用程序注册一个或多个感兴趣的网络事件,这一 API 调用用来取代 slelect()。在 slelect()或非阻塞 I/O 例程已经被调用或将要被调用的情况下都可以使用 WSAAsyncSelect()调用。在这种情况下,在声明感兴趣的网络事件时,必须提供一个通知时使用的窗口句柄 hWnd。那么在声明的感兴趣的网络事件发生时,对应的窗口将收到一个基于消息 wMsg 的通知。

Windows Sockets 允许对于一个特定的套接口声明如下感兴趣的网络事件:

- 套接口已准备读数据;
- 套接口已准备写数据;
- 带外数据准备好;
- 套接口准备接收连接请求;
- 非阻塞连接操作结束;
- 连接关闭。

13.4.4 Windows Sockets 编程示例

下面采用 Windows Sockets API 类体系进行网络编程举例。该示例将显示如何利用 Windows Sockets API 编写网络程序,主要功能是客户发出字符串,服务器方回放收到的字符串。双方采用 STREAM Socket 方式。

服务器方:

```
BOOL CechoServerApp::InitInstance()
{
    WORD wRequest;
    WSADATA wsaData;
    int result;
    WRequest = MAKEWORD(1,1);
    result = ::WSAStarup(wRequest,&wsaData);
    if(result)
```

```cpp
    {
       AfxMessageBox("can not initialize socket dll");
       return FALSE;
    }
    if(LOBYTE(wsaData.wVersion)! = 1||HIBYTE(wsaData.wVersion)! = 1)
    {
       AfxMessageBox(" can not find the proper version");
       ::WSACleanup();
       return FALSE;
    }
}
int CEchoServerApp::ExitInstance()
{
    ::WSACleanup();
    return CwinApp::ExitInatance();
}
class CechoServerDlg:public CDialog
{
    public:
       void OnSockMsg(WPARAM wParam, LPARAM lParam);
    private:
       Socket m_hServerSock;
}
BEGIN_MESSAGE_MAP (CechoServerDlg, CDialog)
    ON_WM_PAINT();
    ON_MESSAGE(UM_SOCK,OnSockMsg)
END_MESSAGE_MAP()
const char SockMessage[] = "UM_SOCK";
BOOL CechoServerDlg::OnInitDialog()
{
    CDialog::OnInitDialog();
    ::RegisterWindowMessage(SockMessage);
    m_hClientSock = INVALID_Socket;
    struct sockaddr_in servaddr;
    m_hServerSock = socket(AF_INET,SOCK_STREAM,0);
    memset(&servaddr,0,sizeof(servaddr));
    servaddr.sin_family = AF_INET;
    seraddr.sin_port = htons(1025);
    servaddr.sin_addr.S_un.S_addr = htons(INADDR_ANY);
    bind(m_hServerSock,(struct sockaddr * )&servaddr,sizeof(servaddr));
```

```cpp
    WSAAsyncSelect(m_hServerSock, this->m_hWnd, UM_SOCK,FD_ACCEPT);
}
void CechoServerDlg::OnSockMsg(WPARAM wParam, LPARAM lparam)
{
    int len;
    int errno;
    char tmp[512];
    struct sockaddr clientaddr;
    switch(WSAGetSelectEvent(lParam))
    case FD_READ:
        len = recv(m_hClientScok, tmp,sizeof(tmp)-1,0);
        if(len = = Socket_ERROR)
        {
            AfxMessageBox("read data error!");
            return;
        }
        len = send(m_hClientScok, tmp,len,0);
        if(len = Socket_ERROR)
        {
            AfxMessageBox("send data error!");
            return;
        }
        break;
    case FD_CLOSE:
        closesocket(m_hClientSock);
        m_hClientSock = INVALID_Socket;
        WSAAsynsSelect(m_hServerSock, this->m_hWnd, UM_SOCK, FD_ACCEPT);
        break;
}
case FD_ACCEPT:
    len = sizeof(struct sockaddr_in);
    m_hClientSock = accept(m_hServerSock, (struct sockaddr *)&clientaddr,
    &len);
    if(m_hClientSock = INVALID_Socket)
    {
        AfxMessageBox("accept error");
        return;
    }
    WSAAsyncSelect(m_hServerSock, this->m_hWnd, UM_SOCK,0);
```

```
            WSAAsyncSelect(m_hClientSock,this->m_hWnd,UM_SOCK,FD_READ|FD_CLOSE);
            break;
        default:
            break;
    }
}
```

客户方：
```
BOOL CechoClientApp::InitInstance()
{
    WORD wRequest;
    WSADATA wsaData;
    int result;
    WRequest = MAKEWORD(1,1);
    result = ::WSAStartup(wRequest,&wsaData);
    if(result)
    {
        AfxMessageBox("can not initialize socket dll");
        return FALSE;
    }
    if(LOBYTE(wsaData.wVersion)! = 1||HIBYTE(wsaData.wVersion)! = 1)
    {
        AfxMessageBox(" can not find the proper version");
        ::WSACleanup();
        return FALSE;
    }
}

int CEchoClientApp::ExitInstance()
{
    ::WSACleanup();
    return CwinApp::ExitInatance();
}
const char SockMessage[] = "UM_SOCK";
BOOL CechoClientDlg::OnInitDialog()
{
    CDialog::OnInitDialog();
    ::RegisterWindowMessage(SockMessage);
    struct sockaddr_in servaddr;
    int len;
```

```
        m_hClientSock = socket(AF_INET,SOCK_STREAM,0);
WSAAsyncSelect(m_hClientSock,this-a. m_hWnd,UM_SOCK,FD_READ|FD_CLOSE );
        memset(&servaddr,0,sizeof(servaddr));
        servaddr. sin_family = AF_INET;
        seraddr. sin_port = htons(1025);
        servaddr. sin_addr. S_un. S_addr = inet_addr("10. 151. 0. 1");
        len = sizeof(struct sockaddr_in);
        connect(m_hClientSock, (struct sockaddr * )(&servaddr),&len);
    }
    class CechoClientDlg:public CDialog
    {
        public:
            void OnSockMsg (WPARAM wParam, Lparam lParam);
        private:
            Sockte m_hClientSock;
        public:
            CEdit m_echo;
            CEdit m_edit;
}
BEGIN_MESSAGE_MAP (CechoClientDlg, CDialog)
    ON_WM_PAINT();
    ON_MESSAGE(UM_SOCK,OnSockMsg)
END_MESSAGE_MAP()
void CechoClientDlg::OnSockMsg(WPARAM wParam, LPARAM lparam)
{
    int len;
    int errno;
    char tmp[512];
    struct sockaddr clientaddr;
    switch(WSAGetSelectEvent(lParam))
    case FD_READ:
        len = recv(m_hClientScok, tmp,sizeof(tmp) - 1,0);
        if(len = = Socket_ERROR)
        {
            AfxMessageBox("read data error!");
            return;
        }
    tmp[len] = 0;
    m_echo. SetWindowText(tmp);
```

```
        break;
    case FD_CLOSE
            closesocket(m_hClientSock);
            m_hClientSock = INVALID_Socket;
            break;
            default:
                break;
            }
    }
    BOOL CEchoClientDlg::PreTranslateMessage (MSG *pMsg)
    {
        cstring data;
        if(pMsg->message = = WM_KEYDOWN&&pMsg->wParam = = VK_RETURN)
        {
            m_edit.GetWindowText(data);
            send(m_hClientSock,data.GetBuffer (1), data.GetLength(),0);
            m_edit_SetWindowText("");
        }
        return CDialog::PreTranslateMessage(pMsg);
    }
```

参 考 文 献

[1] 曹文君,等.互联网应用理论与实践教程.成都:电子科技大学出版社,2001.
[2] 陈灿峰.宽带移动互联网.北京:北京邮电大学出版社,2005.
[3] 董小英,等.互联网信息资源的检索利用与服务.北京:北京大学出版社,2003.
[4] 张云勇,等.基于 IPv6 的下一代互联网.北京:电子工业出版社,2004.
[5] 周逊.IPv6——下一代互联网的核心.北京:电子工业出版社,2003.
[6] 黄家辉.互联网与 TCP/IP 进阶程序设计.2 版.北京:中国青年出版社,2002.
[7] 曾祥瑞.互联网信息检索.武汉:华中科技大学出版社,2002.
[8] 崔轩辉,等.国际互联网及其应用.重庆:重庆大学出版社,2002.
[9] [瑞士]吉桑尼.漫游——无线互联网的世界.王海权,等,译.北京:中信出版社,2002.
[10] 文柏礼,等.互联网与电子商务.成都:电子科技大学出版社,2000.
[11] 李连营.电子商务实用教程.成都:电子科技大学出版社,2005.
[12] 梁成华.电子商务技术.北京:电子工业出版社,2000.
[13] 费名瑜.电子商务概论.北京:高等教育出版社,2002.
[14] 邓刚,吴雪鹏.网络休闲指南.北京:北京科海电子出版社,2003.
[15] 中科红旗软件技术有限公司.红旗 Linux 桌面应用教程.北京:电子工业出版社,2001.
[16] 中科红旗软件技术有限公司.红旗 Linux 系统管理教程.北京:电子工业出版社,2001.
[17] 孙易嘉.红旗 Linux 使用教程.北京:中国水利水电出版社,2000.
[18] 陈光军.数据通信技术与应用.北京:北京邮电大学出版社,2005.
[19] 刘明彦.网络数据通信基础.北京:群众出版社,2005.
[20] 许宝强,等.宽带互动网络及其接入技术.北京:国防工业出版社,2003.
[21] 韩玲,等.xDSL 宽带接入技术.北京:北京邮电大学出版社,2002.
[22] 陶智勇,等.综合宽带接入技术.北京:北京邮电大学出版社,2002.
[23] 刘元安,等.宽带无线接入和无线局域网.北京:北京邮电大学出版社,2000.
[24] 邵波,等.计算机网络安全技术及应用.北京:电子工业出版社,2005.
[25] 吴金龙,等.网络安全.北京:高等教育出版社,2004.

[26] 戴红,等.计算机网络安全.北京:电子工业出版社,2004.

[27] [美]R.霍克.Internet通用搜索引擎检索指南.2版.金丽华,译.沈阳:辽宁科学技术出版社,2003.

[28] 公芳亮.网站服务器配置实训教程.上海:上海科学普及出版社,2005.

[29] 段水福,等.计算机网络规划与设计.杭州:浙江大学出版社,2005.

[30] 夏利民.ASP网络编程技术与实例.南京:东南大学出版社,2005.

[31] 李凌.Winsock 2网络编程实用教程.北京:清华大学出版社,2003.

[32] 邓全良.Winsock网络程序设计.北京:中国铁道出版社,2002.

[33] 国家计算机网络应急技术处理协调中心.CNCERT/CC 2007年网络安全工作报告.2008.1.

[34] 中国互联网络信息中心.中国互联网络发展状况统计报告.2008.1.